重点大学计算机教材

数据通信原理

毛羽刚 蔡开裕 陈颖文 编著

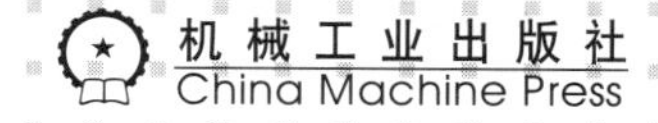

图书在版编目（CIP）数据

数据通信原理 / 毛羽刚，蔡开裕，陈颖文编著 . -- 北京：机械工业出版社，2022.1
重点大学计算机教材
ISBN 978-7-111-69597-4

I. ① 数… II. ① 毛… ② 蔡… ③陈… III. ① 数据通信 - 高等学校 - 教材 IV. ① TN919

中国版本图书馆 CIP 数据核字（2021）第 234528 号

本书主要介绍了数据通信系统的基本构成、原理和相关技术以及常见的现代通信系统。全书共 11 章，主要内容包括：通信系统的基本概念和组成、通信系统分析基础、模拟信号的数字传输、信道传输有关理论和特性、数字信号的基带传输和频带传输、系统同步、多路复用、差错控制编码、标准接口及通信控制规程、现代电信交换的基本原理以及典型的现代通信系统等。

本书可作为高等院校网络工程、计算机科学与技术、物联网工程以及通信工程等专业高年级本科生的教材或参考书，也可供相关技术人员和工程人员阅读及参考。

出版发行：机械工业出版社（北京市西城区百万庄大街 22 号 邮政编码：100037）
责任编辑：姚 蕾　　责任校对：殷 虹
印 刷：三河市宏图印务有限公司　　版 次：2022 年 1 月第 1 版第 1 次印刷
开 本：185mm×260mm 1/16　　印 张：20
书 号：ISBN 978-7-111-69597-4　　定 价：69.00 元

客服电话：(010) 88361066 88379833 68326294　　投稿热线：(010) 88379604
华章网站：www.hzbook.com　　读者信箱：hzjsj@hzbook.com

前　言

数据通信是现代通信系统和网络的主流技术，近年来发展迅猛，已深入到社会以及人们工作和生活的各个领域，可以说各个行业乃至人们的生活都离不开通信技术及系统的应用。尤其是当前通信与网络、计算、电子等领域已相互融合，密不可分，因此通信系统的基本原理和技术是电子以及网络与计算机等信息类专业学生需要学习或了解的重要内容。通信原理或数据通信原理课程已成为许多学校的网络工程、计算机科学与技术、物联网工程、电子信息工程等信息类专业的一门重要的专业基础课，对扩充学生的知识领域，开阔学生的视野，培养学生的通信理论分析与综合应用能力有着非常重要的作用。

本书是在原国防科技大学吴玲达教授编著的《计算机通信系统与原理》教材的基础上编写而成的，同时参阅了目前国内外一些优秀的同类教材和相关文献，并结合作者在计算机和网络工程领域多年的教学与科研工作实践，进行了较大幅度的更新。本书既注重数据通信的基础理论与基本概念的介绍，又强调核心知识与应用技术的讲解，同时涉及当今最新的通信技术和系统。通过本书的学习，学生能够了解和掌握数据通信的基本概念、基本分析方法，熟悉数据通信系统的构成及工作原理，掌握一定的通信理论基础知识和实践技能，并激发对通信领域浓厚的学习兴趣，从而为进一步学习计算机网络、物联网原理等相关课程以及将来深造或从事有关通信方面的工作打下一定的基础。

本书避免过多地介绍基础理论和大量定理，减少不必要的数学公式或中间推导，尽量将原理与实现技术或应用系统相联系，力争做到内容丰富、选材恰当、结构合理、层次清楚、叙述严谨、图文并茂，并本着循序渐进、通俗易懂、深入浅出的原则，合理地安排有关知识单元，使各章节内容划分得当且风格一致，同时保持内容的连贯性、系统性和先进性，方便学生理解和掌握相关知识。

本书由国防科技大学计算机学院网络工程教研室的老师编写。由于通信技术发展非常迅速，涉及的知识面广，加上编者水平有限，书中难免存在不足之处，恳请读者批评指正，我们将及时纠误。最后，感谢机械工业出版社的编辑对本书提出的宝贵意见以及为最终的出版和发行付出的辛勤劳动。

目 录

前言

第1章 绪论 ………… 1
1.1 通信系统模型的基本结构 ………… 2
1.1.1 通信系统的模型 ………… 2
1.1.2 模拟通信系统模型 ………… 4
1.1.3 数字通信系统模型 ………… 4
1.2 数据传输方式 ………… 6
1.2.1 并行传输与串行传输 ………… 6
1.2.2 单工、半双工和全双工数据传输 ………… 7
1.2.3 异步传输与同步传输 ………… 8
1.3 数据通信系统的主要性能指标 ………… 10
1.3.1 通信系统的有效性 ………… 10
1.3.2 数据传输速率 ………… 12
1.3.3 误码率（P_e）与误比特率（P_b） ………… 13
1.3.4 频带利用率和功率利用率 ………… 13
1.3.5 信噪比和信号强度 ………… 14
1.4 信息及其度量 ………… 14
1.4.1 离散消息的信息量 ………… 15
1.4.2 离散信源的平均信息量 ………… 16
1.5 通信协议及其体系结构 ………… 17
1.6 标准及标准化组织 ………… 19
1.6.1 国际标准化组织 ………… 20
1.6.2 国际电信联盟电信标准化部 ………… 22
1.6.3 电气电子工程师协会 ………… 22
1.6.4 电子工业协会 ………… 23
1.6.5 美国国家标准化协会 ………… 24
1.7 本书结构 ………… 24
本章小结 ………… 24
思考与练习 ………… 25
第2章 通信系统分析基础 ………… 27
2.1 信号的分类及特性 ………… 27
2.1.1 信号的分类 ………… 27
2.1.2 信号的特性 ………… 29
2.2 确知信号的时域特性与频域特性 ………… 29
2.3 确知信号的能量谱密度与功率谱密度 ………… 34
2.3.1 能量谱密度 ………… 34
2.3.2 功率谱密度 ………… 35
2.3.3 能量谱、功率谱与自相关函数的关系 ………… 36
2.4 系统响应及分析 ………… 36
2.4.1 冲激函数 ………… 37
2.4.2 系统响应及分析 ………… 39
2.4.3 信号无失真传输条件 ………… 41
2.4.4 幅度失真和相位失真 ………… 42
2.5 随机信号的描述及分析方法 ………… 44
2.5.1 随机过程的一般描述 ………… 44
2.5.2 平稳随机过程 ………… 45
本章小结 ………… 50
思考与练习 ………… 50
第3章 信道 ………… 53
3.1 信道的基本概念及模型 ………… 53
3.1.1 信道的定义及分类 ………… 53
3.1.2 信道的数学模型 ………… 54
3.2 信道的干扰 ………… 57
3.3 信道容量 ………… 60
3.3.1 奈奎斯特定理 ………… 60
3.3.2 香农公式 ………… 61
3.4 传输介质 ………… 62

3.4.1 有线传输介质…………………… 63

3.4.2 无线传输介质…………………… 69

本章小结 …………………………… 73

思考与练习 ………………………… 74

第4章 模拟信号的数字传输………… 75

4.1 引言 …………………………… 75

4.2 模拟信号的抽样 ……………… 76

4.2.1 低通信号的抽样定理 ……… 77

4.2.2 带通信号的抽样定理 ……… 80

4.3 量化 …………………………… 81

4.3.1 量化的定义 ………………… 81

4.3.2 均匀量化 …………………… 82

4.3.3 非均匀量化 ………………… 84

4.4 脉冲编码调制 ………………… 90

4.4.1 PCM 通信系统 ……………… 90

4.4.2 二进制码组 ………………… 91

4.4.3 编码/译码原理及方法 ……… 94

4.5 差分脉冲编码调制……………… 96

4.6 增量调制 ……………………… 98

本章小结…………………………… 100

思考与练习 ………………………… 100

第5章 多路复用技术 ……………… 103

5.1 引言 …………………………… 103

5.1.1 共享点到点信道 …………… 103

5.1.2 共享广播信道 ……………… 105

5.2 频分多路复用 ………………… 105

5.2.1 FDM 基本原理 ……………… 105

5.2.2 FDM 系统工作方式 ………… 107

5.2.3 FDM 系统举例 ……………… 108

5.2.4 波分多路复用 ……………… 109

5.3 时分多路复用 ………………… 110

5.3.1 TDM 基本原理 ……………… 110

5.3.2 TDM 系统工作方式 ………… 111

5.3.3 隔位扫描技术 ……………… 112

5.3.4 隔字符扫描技术 …………… 112

5.3.5 模拟和数字信号源的 TDM … 112

5.3.6 统计时分多路复用 ………… 113

5.4 PCM 基群传送方式 …………… 115

5.5 准同步数字系列 ……………… 117

5.6 同步数字系列 ………………… 118

5.7 码分多路复用 ………………… 120

5.8 集中器和时分交换机的原理 ……… 123

本章小结…………………………… 124

思考与练习 ………………………… 124

第6章 数字基带传输 ……………… 126

6.1 引言 …………………………… 126

6.2 基带传输系统组成 …………… 126

6.3 常用数字基带信号的码型及特点 …………………………… 127

6.4 数字基带信号功率密度谱………… 132

6.4.1 单极性不归零脉冲信号的频谱 …………………………… 133

6.4.2 单极性归零脉冲信号的频谱 …………………………… 133

6.4.3 数字基带信号的功率密度谱 …………………………… 134

6.5 数字基带信号的传输 ………… 137

6.5.1 基带脉冲传输与码间干扰 …… 137

6.5.2 升余弦频谱传输特性 ……… 140

6.6 眼图 …………………………… 143

6.7 均衡 …………………………… 144

6.7.1 频域均衡 …………………… 145

6.7.2 时域均衡 …………………… 145

本章小结…………………………… 149

思考与练习 ………………………… 149

第7章 数字频带传输 ……………… 152

7.1 引言 …………………………… 152

7.2 二进制振幅键控 ……………… 153

7.2.1 数学表示和波形 …………… 153

7.2.2 信号的频谱 ………………… 154

7.2.3 信号的产生与解调 ………… 156

7.2.4 单边带调制 ………………… 158

7.2.5 残留边带调制 ……………… 160

7.3 二进制频移键控 ……………… 161

7.3.1 信号的波形及数学表示 ········ 161
7.3.2 2FSK 信号的产生 ············ 162
7.3.3 2FSK 信号的功率密度谱 ······ 162
7.3.4 信号的产生与解调 ············ 164
7.4 二进制相移键控 ················ 165
7.4.1 二进制绝对相移键控调制 ······ 166
7.4.2 二进制相对相移键控调制 ······ 169
7.5 多进制数字调制与解调 ·········· 173
7.5.1 多进制振幅调制与解调 ········ 173
7.5.2 多进制频率调制与解调 ········ 175
7.5.3 多进制相位调制与解调 ········ 176
7.6 正交振幅调制 ·················· 186
7.7 正交频分多路复用 ·············· 189
本章小结 ·························· 192
思考与练习 ························ 193
第 8 章 同步 ······················ 195
8.1 同步的分类及方法 ·············· 195
8.2 载波同步 ······················ 196
8.2.1 直接法 ······················ 196
8.2.2 插入导频法 ·················· 198
8.3 位同步 ························ 199
8.3.1 插入导频法 ·················· 200
8.3.2 自同步法 ···················· 200
8.4 群同步 ························ 202
8.4.1 集中插入群同步码组 ·········· 203
8.4.2 “0”比特插入删除法 ·········· 206
8.4.3 起止式同步法 ················ 207
8.4.4 分散插入法 ·················· 207
8.4.5 自同步法 ···················· 208
8.5 网同步 ························ 209
8.5.1 全网同步系统 ················ 210
8.5.2 准同步系统 ·················· 211
本章小结 ·························· 213
思考与练习 ························ 214
第 9 章 差错控制编码 ·············· 215
9.1 纠错编码的分类 ················ 216
9.2 差错控制方式 ·················· 216
9.3 纠检错编码的基本原理 ·········· 218
9.4 码重、码距及纠检错能力 ········ 219
9.5 常用的简单差错控制编码 ········ 222
9.6 线性分组码 ···················· 224
9.6.1 基本概念及原理 ·············· 224
9.6.2 线性分组码的检错和纠错 ······ 227
9.7 循环码 ························ 230
9.7.1 循环码的基本概念 ············ 230
9.7.2 循环码的生成矩阵 ············ 232
9.7.3 循环码的生成多项式 $g(x)$ ··· 232
9.7.4 循环系统码的编码 ············ 234
9.7.5 循环冗余码的译码 ············ 236
9.8 汉明码 ························ 238
本章小结 ·························· 239
思考与练习 ························ 239
第 10 章 数据通信的接口及规程 ······ 241
10.1 串行通信接口标准 ············· 242
10.1.1 RS-232C 接口 ··············· 242
10.1.2 通用串行总线 ··············· 244
10.2 数据链路传输控制规程 ········· 249
10.2.1 数据链路传输控制规程的主要功能 ························ 249
10.2.2 面向字符型传输控制规程的主要特点 ···················· 251
10.2.3 面向比特型传输控制规程 ··· 252
10.3 规程应用举例 ················· 262
10.4 HDLC 的子集与相关协议 ······· 265
本章小结 ·························· 265
思考与练习 ························ 266
第 11 章 现代通信网络简介 ·········· 268
11.1 通信网结构 ··················· 268
11.2 一般通信网的性能要求及交换技术 ························ 270
11.3 通信网的交换方式 ············· 270
11.4 现代电信网络及交换 ··········· 271
11.5 数字微波通信系统 ············· 279
11.5.1 数字微波通信简介 ··········· 279

11.5.2 我国数字微波通信系统的发展历史 …… 280
11.5.3 数字微波通信的主要特点 …… 281
11.5.4 微波频段选择和射频波道配置 …… 282
11.5.5 数字微波通信系统模型 …… 283
11.5.6 数字微波的调制方式 …… 284
11.5.7 数字微波系统的应用 …… 285
11.6 移动通信系统 …… 286
11.6.1 移动通信发展简述 …… 287
11.6.2 GSM 网络 …… 288
11.6.3 3G 网络 …… 290
11.6.4 LTE 与 4G 网络 …… 293
11.6.5 5G 网络 …… 295
11.7 物联网无线通信系统 …… 301
11.7.1 窄带物联网 …… 302
11.7.2 远距离无线电 …… 303
11.7.3 SIGFOX 网络 …… 304
11.7.4 ZigBee 网络 …… 305
11.7.5 Z-Wave 网络 …… 306
11.7.6 近场通信 …… 307
本章小结 …… 308
思考与练习 …… 309
参考文献 …… 310

第1章　绪　论

在过去的300年中，每一个世纪都有一种技术占据主导地位。18世纪伴随着工业革命而来的是伟大的机械时代，19世纪是蒸汽机时代，20世纪随着信息技术的发展和普及，人类社会迎来了信息时代，“信息化、数字化、全球化和网络化”是21世纪人类社会的基本特征，信息、物质及能源一起构成当今社会的三大资源。但是，信息与其他两类资源不同，它有一个显著特点：信息在使用过程中不仅不会损耗，反而会随着人们的交流而得到增值。因而，信息的流通非常重要。而信息的流通离不开通信，在当今和未来的信息社会中，通信与计算等先进技术紧密结合，成为整个社会的高级“神经中枢”，是人们获取、传递和交换信息的重要手段。

早在19世纪就相继出现了以电信号来传送文字和语言的电报、电话通信，这两类通信方式为人类的生产和社会活动带来了极大的方便。随着社会的进步，传统的电话、电报通信方式已经远远不能满足大信息量传输的需要。以数据作为信息载体的通信手段已成为人们的迫切要求，用数据表示信息的内容十分广泛，如电子邮件、各种文本文件、电子表格、数据库文件、图形和二进制可执行程序等。计算机的出现，更是给人们的工作和生活带来了极大的变革。计算机与通信技术的结合大大促进了数据通信技术的发展。

数据通信是按照通信协议，在两点或多点之间以二进制形式进行信息传输与交换的过程。由于现在大多数信息传输交换是在计算机之间或计算机与打印机等外围设备之间进行的，因此数据通信有时也被称为计算机通信。即利用数据传输技术在计算机与计算机、计算机与终端或终端与终端之间进行数据信息传递。与传统的电话通信相比，数据通信有以下几个特点：

1）电话通信终端发送和接收的都是模拟电压信号，它的传输是利用现有的公用电话交换网。而数据通信终端发出的数据一般是离散数字信号，例如不同极性的电压、电流或脉冲，其传输可以利用现有的公用电话交换网，也可以利用数据网。如何在传输信道（通信线路）上正确地传输这些离散数字信号，以便在接收端再恢复出原始发送的数据信息，就是数据通信要解决的基本问题。

2）数据通信是计算机与计算机以及人与计算机之间的通信，而电话通信是人与人之间的通信。计算机不具有人脑的思维和应变能力，计算机之间的通信过程需要按照事先约定好的规程或通信协议来进行，而电话通信不必如此复杂。

3）数据传输的可靠性要求高。在数据传输过程中，由于信道的不理想和噪声的影响，可能使数据信号产生差错，导致接收信息完全不同。特别是对军事或银行业务系统，这些差错可能会引起严重后果。因此要采取一些措施对差错进行纠正或控制。

4）数据通信的用户是各种各样的计算机和终端设备，它们在数据传输速率、编码格式、同步方式和通信规程等方面都会有很大的差异。因此，为了使它们之间能够相互通信，数据通信网必须能够提供足够灵活的接口能力。

5）数据通信的通信量呈突发性，即数据传输速率的平均值和高峰值差异比较大，如瞬时高峰速率可能高出平均速率上百倍。这就要求网络设计折中考虑平均速率和峰值速率的要求，在保证一定传输时延的条件下，又能够充分利用网络的资源。

6）数据通信每次呼叫平均持续时间短。据美国国防部统计，大约25%的数据呼叫持续时间在1秒以下，约50%的数据呼叫持续时间在5秒以下，90%的数据呼叫持续时间在50秒以下。

当前信息时代，各国都在加强数据通信系统的建设。本书将讨论数据通信的基本原理、实现技术和应用。在深入讨论上述内容之前，本章先简要介绍一下通信系统的基本概念和有关基础知识。

1.1 通信系统模型的基本结构

通信的目的是传输信息，进行信息的时空转移。通信系统的作用是实现信息的传输和交换，将信息从信源发送到一个或多个目的地。实现通信的方式和手段有很多，如手势、语言、旌旗、烽火台和击鼓传令，以及现代社会的电报、电话、广播、电视、遥控、遥测、因特网和计算机通信等，这些都是消息传递的方式和信息交流的手段。伴随着人类文明和科学技术的发展，当前电信技术正以一日千里的速度飞速发展，本节先简要介绍通信系统的基本模型及相关概念。

1.1.1 通信系统的模型

如今，在自然科学领域涉及“通信”这一术语时，一般指“电通信”。广义来讲，也包括光通信，因为光也是一种电磁波。在电通信系统中，消息的传递是通过电信号或光信号来实现的。首先信源要把消息转换成电信号，经过发送设备，将信号送入信道，在接收端利用接收设备对接收信号做相应的处理后，送给信宿再转换为原来的消息，这一过程可用图1-1所示的通信系统模型来概括。

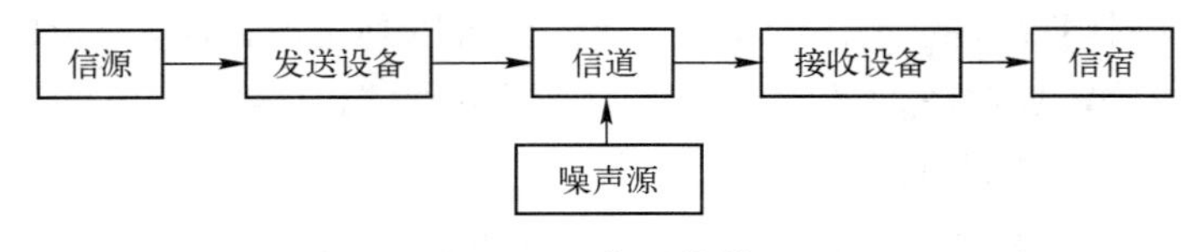

图1-1 通信系统模型

1. 信源

信息源（简称信源）的作用是把各种消息（包括文本、数字、图像、声音或视频等）转换成原始电信号。根据消息的种类不同，信源可分为模拟信源和数字信源。模拟信源输出连续的模拟信号，如话筒（声音→音频符号）、摄像机（活动场景→视频信号）；数字信源则输出离散的数字信号，如电传机（键盘字符→数字信号）、计算机等各种数字终端。

并且，模拟信源送出的信号经过数字化处理后也可变换成数字信号。

严格地讲，数字波形被定义为时间的函数，仅能有一组离散值。如果数字波形是二元波形，则仅允许有两个离散值。模拟波形被定义为时间的函数，具有一个连续范围的量值。

一个电子数字通信系统中的信号通常具有数字波形（例如脉冲波形）的电压和电流；然而，它也可以有模拟波形。例如，使用代表二进制“1”的 1000 Hz 正弦波和代表二进制“0”的 500 Hz 正弦波可以把来自一个二元信源的信息传输到信宿。这里数字信源信息利用模拟波形的频率参量来表示二进制信息并将其传输到信宿，因此仍被称为数字通信系统。所以，按照这个观点，我们应该既要懂得分析数字电路也要懂得分析模拟电路。

2. 发送设备

发送设备的作用是产生适合于在信道中传输的信号，使发送信号的特性和信道特性相匹配，以减小衰减和抗干扰，并且具有足够的功率来满足远距离传输的需要。因此，发送设备涵盖的内容很多，可能包含变换、放大、滤波、编码、调制等过程。对于多路传输系统，发送设备还包括多路复用器。

3. 信道

信道是一种物理介质，包括有线信道或无线信道，主要用于将来自发送设备的信号传送到接收端。它可能是一根单独的传输线，也可能是连接在源站设备和目的站设备之间复杂的通信系统。无论有线信道还是无线信道均有多种物理介质。在无线信道中，信道可以是大气、空间、水或岩、土等；而在有线信道中，物理介质可以是明线、电缆和光纤。信道既给信号以通路，也会对信号产生各种干扰和噪声。信道的固有特性及引入的干扰和噪声直接关系到通信的质量。

图 1-1 中的噪声源是信道中的噪声及分散在通信系统及其他各处的噪声的集中表示。噪声通常是随机的，形式多种多样，它的出现通常会干扰正常信号的传输。

4. 接收设备

接收设备的功能是将信号放大和反变换（如译码、解调等），其目的是从收到减损的接收信号中正确恢复出原始电信号。对于多路复用信号，接收设备中还包括解除多路复用，实现正确分路功能的设备或部件。此外，它还要尽可能减小在传输过程中噪声与干扰所带来的影响。

5. 信宿

信宿是消息传送的目的地，其功能与信源相反，能把原始电信号还原成相应的消息，如扬声器等。

图 1-1 简明地描述了一个通信系统的组成模型，该模型概括性地反映了通信系统的共性。根据研究的对象以及所关注的问题不同，通信系统应有不同形式的、更具体的模型。通信原理的讨论就是围绕通信系统模型中各模块而展开的。

通常按照信道中传输的是模拟信号还是数字信号，可以把通信系统分为模拟通信系统和数字通信系统。

1.1.2 模拟通信系统模型

模拟通信系统是利用模拟信号来传递信息的通信系统，如普通的电话、早期的广播和电视等系统都属于模拟通信系统。其模型如图 1-2 所示，其中包含两种重要变换，第一种变换是在发送端把连续消息变换成原始电信号，在接收端进行相反的变换，这种变换由信源和信宿完成，这里所说的原始电信号通常称为基带信号。有些信道可以直接传输基带信号，而以自由空间作为信道的无线电传输却无法直接传输这些信号，因此，模拟通信系统中常常需要进行第二种变换：把基带信号变换成适合在信道中传输的信号，并在接收端进行反变换，完成这种变换和反变换的通常是调制器和解调器。除上述两种变换，实际通信系统中还可能有滤波、放大、无线辐射等过程，上述两种变换起主要作用，而其他过程不会使信号发生质的变化，只是对信号进行放大和改善信号特性等。在模拟通信中，通过信道的信号频谱（信号所占的频率范围）通常相对比较窄，因此信道的利用率较高。

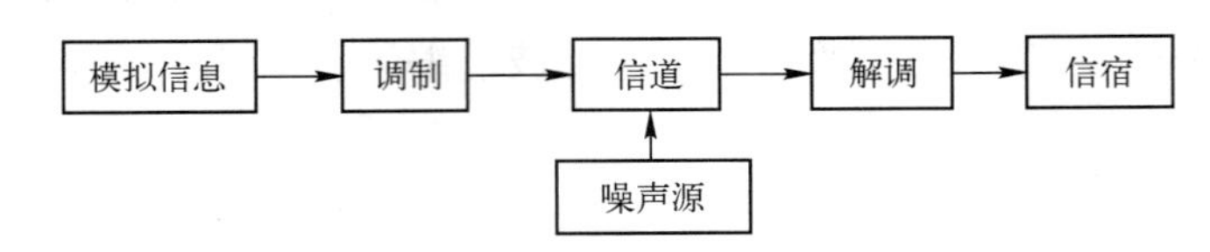

图 1-2　模拟通信系统模型

1.1.3 数字通信系统模型

无论是模拟通信还是数字通信，在不同的通信业务中都得到了广泛的应用。电报通信是最早的数字通信系统。一百多年来，由于电报通信不如电话通信方便，一直比电话通信发展速度慢。直到 20 世纪 60 年代末，数字通信才又日益兴旺起来，尤其是自从 20 世纪 90 年代以后，数字通信的发展速度已明显超过了模拟通信，成为当代通信技术的主流，本书要学习的主要内容也是与数字通信相关的原理和技术。图 1-3 所示为数字通信系统的模型及各组成模块。我们将逐一做简要概述（其中信源和信宿的功能与模拟通信系统类同），后面各章节会展开介绍。

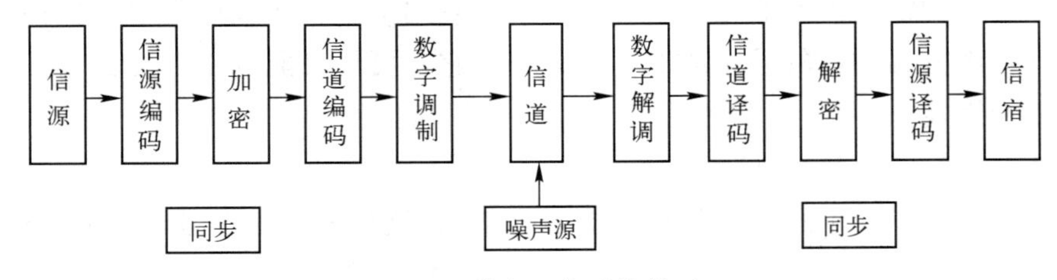

图 1-3　数字通信系统模型

1. 信源编码与译码

信源编码有两个基本功能：一是提高信息传输的有效性，二是对模拟信号进行编码（变换），得到相应的数字信号，即完成模/数（A/D）转换，因为信源发出的信号既可能是数字信号也可能是模拟信号。信源译码是信源编码的逆过程。

2. 信道编码与译码

信道编码是对数字信号进行再次编码，使之具有检错或纠错的能力，以减少误码率，其实质是增强数字信号的抗干扰能力。通常高质量的数字通信系统需要信道编码。接收端的信道译码器按相应的逆规则进行解码，从中发现错误或纠正错误，提高通信系统的可靠性。

3. 加密与解密

在需要事先保密通信的场合，为了保证所传信息的安全，人为地将被传输的数字序列打乱，即加上密码，这种处理过程称为加密。在接收端利用与发送端相同的密码复制品对收到的数字序列进行解密，以恢复原来的数字信息。

4. 数字调制与解调

数字调制的实质就是变频，即把数字基带信号的频谱搬移到高频处（解调是搬回），形成适合在信道中传输的带通信号以易于发送。在接收端可以利用相干解调或非相干解调等技术还原数字基带信号。或者说：是将二进制信息序列映射成连续信号波形，是对编码信号进行处理，使其变成适合传输的过程。数字调制一般是指调制信号（数字信号）是离散的，而载波信号（被调信号）是连续的调制方式，具体见第7章。

5. 同步

由于数字通信系统是一个接一个地按时钟节拍传输数字信号单元的（又称码元），因而接收端也必须按与发送端相同的节拍接收。不然，会因收发节拍不一致而造成混乱，使接收性能变差。同步的作用就是使收发两端的数字信号在时间上保持同步，是保证数字通信系统有序、准确、可靠工作的前提条件。此外，除了收发双方时钟需要保持同步外，通常数字通信系统还需要载波同步、群同步（或帧同步）等（具体见第8章）。

6. 信道

信道是通信系统传输信号的通道，一般是指通信双方传送信息的介质，是通信系统的重要组成部分。一条信道可以看作一条电路信道（逻辑部件）。一条物理信道（传输介质）上可以有多条逻辑信道（利用多路复用技术）。数字信号经过数/模变换后可以在模拟信道上传送，模拟信号经过模/数变换后也可以在数字信道上传送。

根据信道所用传输介质的不同，信道可分为两类：

1）有线信道。利用金属导体为传输介质，如常用的通信线缆等，这种以线缆为传输介质的通信系统称为有线通信系统。

2）无线信道。利用无线电波在大气、空间、水或岩、土等传输介质中传播而进行的通信，这种通信系统被称为无线电通信系统。

光通信系统也有“有线”和“无线”之分，它们所用的传输介质分别为光学纤维和大气、空间或水。

7. 噪声源

噪声源是信道中的噪声以及分散在通信系统其他各处噪声的集中表示。信号在传输过程中受到的干扰称为噪声，干扰可能来自外部，也可能由信号传输过程本身产生。

当然，实际上的数字通信系统并非一定要如图1-3所示包括所有的环节。调制与解调、加密与解密、编码与译码等环节究竟采用与否，还取决于具体设计方法及要求。

近年来，数字通信发展十分迅速，在大多数通信系统中已经替代模拟通信，成为当代通信系统的主流。这是因为与模拟通信相比，数字通信更能适应通信技术越来越高的要求。数字通信的主要优点如下：

1）抗干扰能力强。在远距离传输中，各中继站可以对数字信号波形进行整形再生而消除噪声的积累。此外，还可以采用各种差错控制编码方法进一步改善传输质量。

2）便于加密，有利于实现保密通信。

3）可以使用相对便宜的数字电路，并且易于实现集成化，使通信设备的体积小，功耗低。

4）数字信号便于存储、处理、交换以及和计算机连接，也便于用计算机进行管理。来自语音、视频、数据等信源的数据可以合并在一个共用的数字通信系统上传输。

5）可以有更大的动态变化范围（最大值与最小值之差）。

数字通信系统的缺点如下：

1）一般而言，数字通信系统比模拟通信系统需要更大的带宽。

2）数字通信系统需要比较复杂的同步技术。

在当前技术条件下，数字通信系统的优点远远超过其缺点，因此数字通信系统越来越普及。数字通信的许多优点都是用比模拟信号占据更宽的频带换得的。以电话为例，一路模拟电话通常只需占用 4 kHz 带宽，但一路数字电话却占据 20～60 kHz 的带宽，也就是说数字通信的频带利用率较低。另外，数字通信系统对同步性能要求高，因此系统及其设备相对复杂。随着社会生产力的发展，有待传输的数据量急剧增加，传输可靠性和保密性要求越来越高，所以在实际工程中，宁可牺牲系统频带及其复杂性也要采用数字通信。至于在频带宽裕的场合，比如微波通信、光通信等，数字通信则是唯一的选择。

1.2 数据传输方式

数据传输方式是指数据在信道上传送所采取的方式。如按数据代码传输的顺序可以分为：并行传输和串行传输；如按数据传输的同步方式可分为同步传输和异步传输；如按数据传输的方向和时间关系可分为单工、半双工和全双工数据传输。

1.2.1 并行传输与串行传输

在数字通信中，按照数字信号编码单元（码元）排列方法的不同，数据传输有串行传输和并行传输两种类型。串行传输指的是组成字符的各个比特按顺序一位接一位地在一条线或一个信道上以串行的方式传输，如图 1-4 所示。通常传输顺序为由高位到低位，传完这个字符再传下一个字符，因此收、发双方必须保持字符同步，以使接收方能够从接收的数据比特流中正确区分出与发送方相同的一个一个的字符。这是串行传输必须要解决的问题。串行传输只需要一条传输信道，易于实现，节省投资，但通常需要进行串并转换，增加变换设备以及同步的复杂性。

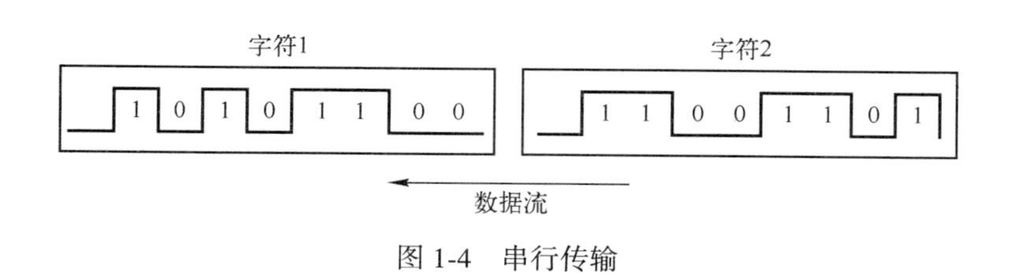

图 1-4　串行传输

并行传输是将数据以成组的方式在两条以上的并行信道上同时传输。例如采用 8 单位代码字符时可以用 8 条信道进行并行传输。通常还会另加一条“选通”线用来通知接收器，以指示各条信道上已出现某一字符的信息，可对各条信道上的电压进行抽样，如图 1-5 所示。并行传输不需要附加措施就可实现收发双方的字符同步。缺点是需要的传输信道多，设备复杂，成本高，故较少采用，一般适合于在距离较近的一些设备之间采用，例如在计算机或其他高速数字传输系统内部使用。当远程传输数据时，由于通信线路费用急剧增加，一般采用串行传输，虽然接收器和发送器复杂了，但总的费用还是大大降低了。在大多数数据通信系统中，串行传输比并行传输更为可取。

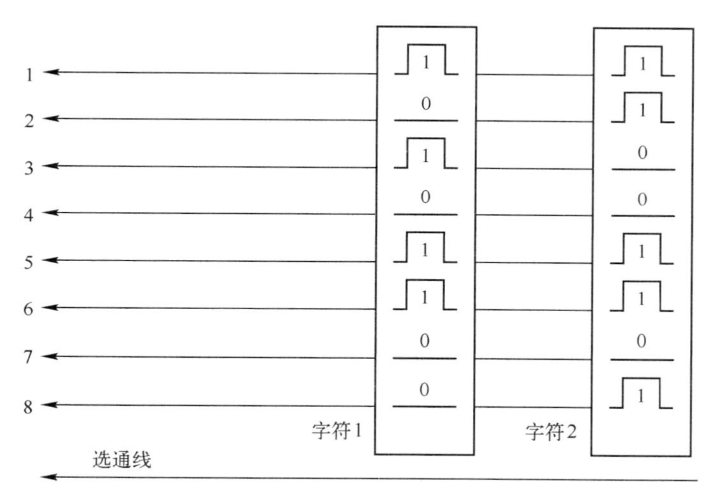

图 1-5　并行传输

1.2.2　单工、半双工和全双工数据传输

按消息传送的方向与时间不同，数据在通信系统中的传输方式可分为单工传输、半双工传输及全双工传输：

1）**单工传输**：又称为单向通信，即通信系统的两端数据只能沿一个方向发送和接收，而没有反方向的交互。如图 1-6a 中数据只能由 *A* 传送到 *B*，而不能由 *B* 传送到 *A*。无线或有线电广播以及电视广播就属于这种类型。计算机与监视器及键盘与计算机之间的数据传输也是单工传输的例子。

2）**半双工传输**：又称为双向交替通信，即通信的双方可以双向通信，但不能双方同时发送或同时接收数据，这种通信方式往往是一方发送另一方接收，如图 1-7 所示。例

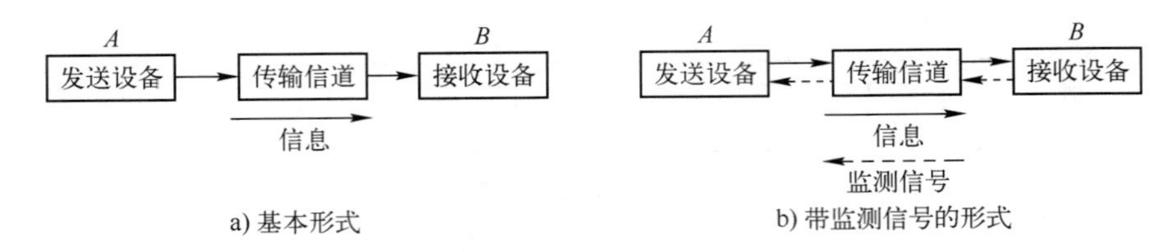

图 1-6　单工传输方式

如，使用同一载频工作的普通无线电收发报机就是半双工传输的例子。当 *A*、*B* 端进行对话通信时，半双工通信最有效。另外，问询、检索、科学计算等数据通信系统也适用于半双工数据传输。

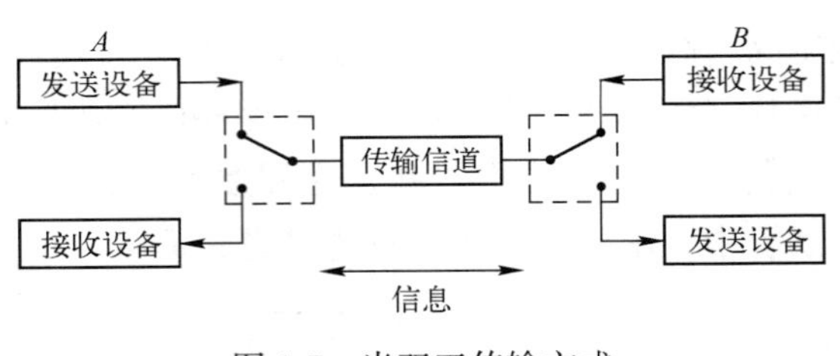

图 1-7　半双工传输方式

3）**全双工传输**：又称为双向同时通信，即通信双方可以同时发送和接收信息。普通电话、手机就是一种全双工通信方式，如图 1-8 所示。

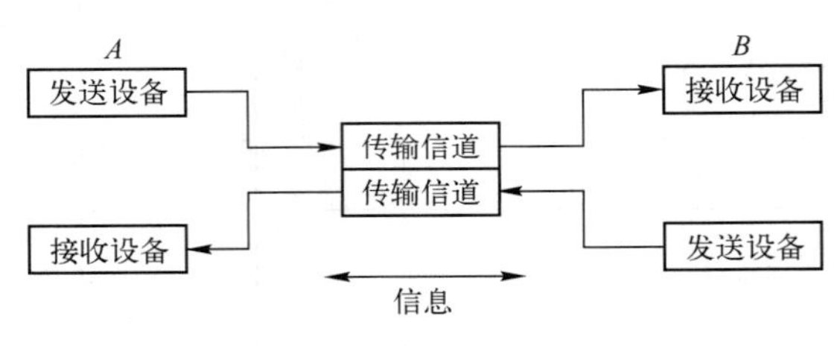

图 1-8　全双工传输方式

单向通信只需要一条信道，而双向交替通信或双向同时通信则都需要两条信道（每个方向各一条）。具体实现时，通常用四线线路实现全双工数据传输；二线线路实现单工或半双工数据传输。在采用频率复用、时分复用或回波抵消技术时，二线线路也可实现全双工数据传输。显然，双向同时通信的传输效率最高，适用于计算机之间的高速数据通信系统。

许多系统的正向信道传输速率较高，反向信道传输速率较低。例如，远程数据收集系统，如气象数据的收集。因为在这种数据收集系统中，大量数据只需要从一端传送到另一端，而另外需要少量联络信号（也是一种数据）通过反向信道传输。

1.2.3　异步传输与同步传输

发送设备和接收设备间的同步问题，是数据通信系统中的一个重要问题。通信系统能否正常有效地进行工作，很大程度上依赖于正确的同步。同步不好将会导致误码增加，甚至使整个系统不能正常工作。

在串行传输时，接收端如何从串行数据码流中正确地划分出发送的一个个字符所采取的措施称为字符同步。根据实现字符同步方式的不同，数据传输可分为异步传输和同步传输两种方式。所谓异步传输，是指数据传送以字符为单位，字符与字符间的传送是完全异步的，而位与位之间的传送基本上是同步的。电传机就采用这种传输方式。图 1-9a 表示异步传输情况，不论字符所采用的代码是多少位（通常 5~8 位），每次传送一个字符代码，即在发送每一个字符代码的前面均加上一个“起”信号（又称空号），极性为“0”，其长度规定为传输一个码元的时间。被编码的字符后面通常附加一个校验位（用奇偶校验），然后添加一个“止”信号（又称传号），极性为“1”，表示一个字符的结束。对于国际电报 2 号码，“止”信号长度为 1.5 个码元的时间长度；对于国际电报 5 号码或其他代码，“止”信号长度为 1 或 2 个码元的时间长度。字符可以连续发送，也可以单独发送。不发送字符时，连续发送“止”信号，即线路处于“传号”状态，只要接收端收到“起”信号，就清楚地表明字符的开始。

因此，每一个字符的起始时刻可以是任意的（这正是称为异步传输的含义），但在同一个字符内各码元长度相等。这样，接收端可根据字符之间从“止”信号到“起”信号的跳变（“1”→“0”）来检测识别一个新字符的“起”信号，从而正确地区分一个个字符。因此，这样的字符同步方法又称为起止式同步。异步传输的优点是：实现字符同步比较简单，收发双方的时钟信号不需要精确的同步（接收时钟和发送时钟只要相近即可）。缺点是每个字符增加了起、止的比特位，降低了传输效率。例如字符采用国际 5 号码，起始位为 1 位，终止位为 1 位，并采用 1 位奇偶校验位，则传输效率 $\eta=7/(7+1+1+1)=70\%$。所以，异步传输方式常用于 1200 bit/s 及其以下的低速数据传输。

同步传输是以固定时钟节拍来发送数据信号的。在串行数据码流中，各信号码元之间的相对位置都是固定的（即同步），接收端要从收到的数据码流中正确区分发送的字符，必须建立位定时同步和帧（数据块）同步。位定时同步又叫作比特同步，其作用是使接收设备的位定时时钟信号和其接收的数据信号同步，以便从接收的信息流中正确识别出一个个信号码元，从而产生接收数据序列。所以，在同步传输中，数据的发送是以一帧（数据块）为单位，如图 1-9c 所示。其中一帧的开头和结束加上预先规定的起始序列和终止序列作为标志。这些特殊序列的形式决定于所采用的传输控制规程。在 ASCII 代码中用 SYN（码型为“0110100”）作为“同步字符”，通知接收设备表示一帧的开始，用 EOT（码型为“0010000”）作为“传输结束字符”，以表示一帧的结束，如图 1-9b 所示。与异步传输相比，因为一次传输的数据块中包含的数据较多，所以接收时钟与发送时钟要求严格同步，实现技术较复杂，但它不需要对每一个字符单独加上“起”“止”码元作为识别字符的标志，只是在一串字符的前后加上标志序列，因此传输效率较高。通常用于速率为 2400 bit/s 及其以上的数据传输。由于同步传输以帧为单位传输数据，因此数据终端用这种方式发送和接收数据通常需要配备缓冲器以存储字符块。

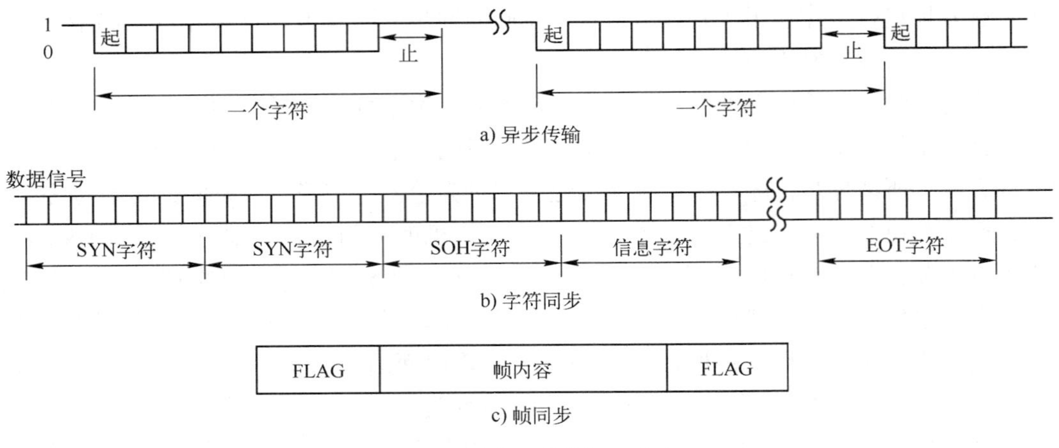

图 1-9　异步传输及同步传输

1.3　数据通信系统的主要性能指标

1.3.1　通信系统的有效性

有效性与可靠性是相辅相成的两个质量指标体系，模拟通信与数字通信又有所不同。在模拟通信系统中，每一路模拟信号需要占用一定的信道带宽，如何在信道具有一定带宽时充分利用它的传输能力，可有几个方面的措施。一方面是多路信号通过频率分割复用，即频分复用（FDM），以复用路数多少来体现其有效性，如同轴电缆最高可容纳 10 800 路 4 kHz 模拟语音信号。目前使用的无线电信号频段是从 $10^5 \sim 10^{12}$ Hz 范围的自由空间，更是利用多种频分复用方式实现各种无线通信。另一方面提高模拟通信有效性是根据业务性质减少信号带宽，如语音信号的调幅单边带（SSB）为 4 kHz，就比调频信号带宽小数倍，但可靠性较差。

数字通信的有效性主要体现在一个信道通过的信息速率。对于基带数字信号可以采用时分复用（TDM）以充分利用信道带宽。其他复用方式还有空分复用（SDM）、码分复用（CDM）、极化复用（PDM）和波分复用（WDM）以及相应的“多址”方式。数字信号频带传输可以采用多元调制提高有效性，如八进制信号是二进制信号信息量的三倍，它们的信息量单位通常为比特（bit）。另外，为了利用有限的信道带宽支持信源信息量大的通信业务传输，根据信息理论可以采用信源压缩编码，即消除源信息中冗余部分，如电视信号中只含有大约 4%的有效信息，采用无失真压缩编码，可以达到 30 多倍的压缩率。更进一步，根据不同应用要求的精度，由香农率失真理论，还可以去掉一些次要信息。这种有损压缩编码，往往可以压缩上百倍以上，如多媒体会议电视及可视电话可以分别利用 2 Mbit/s 速率及 PCM 系统和 3 kHz 带宽的 PSTN（公用交换电话网）进行传输，可满足一般需要。

通信的目的是快速、准确地传输信息。快速可以用有效性来描述，准确可以用可靠性来描述，模拟通信和数字通信对这两个指标要求的具体内容有较大差异。对于模拟通信系统而言，它的有效性通常用频带来表示，单位为赫兹（Hz）。因为信道的频率资源是有限的（即信道带宽是有限的），显然为传输某一信息而占用的信道带宽越小，信道所能传输的信息路数就越多，越能有效地利用信道的频率资源，通信系统的有效性就越好。对于数字通信系统而言，由于信号占用的信道带宽可以小于信号带宽，而且信号带宽还与信号码元的宽度有关，故不用信号带宽来描述有效性，而用信息传输速率（或比特率，单位为比特/秒或 bit/s）或频带利用率来描述有效性。信息传输速率或频带利用率越高，数字通信系统的有效性也就越高。

可靠性主要是指消息传输的“质量”指标，用来描述通信系统的抗噪声能力，无论是模拟传输系统，还是数字传输系统，可靠性都是用来描述信号在传输过程中没有出错的程度。信号传输产生错误，在模拟传输系统中叫作“失真”，在数字传输系统中叫作“误码”，可靠性越高越能准确地传输信息。由于模拟信号的特征是无穷多个连续的取值，因而任何值对模拟信号而言都可能是有效的，这就决定了模拟传输系统在传输过程中可能无法有效地去除混入的噪声。噪声的累积必将引起信号失真，并且噪声功率的大小是影响信号失真程度的决定性因素。也就是说，模拟传输系统只是近似地传输信号，不能保证准确无误地传输信号，所以模拟信号采用信噪比参数作为衡量传输可靠性的指标，信噪比越大，可靠性越好。如普通电话要求信噪比在 20 dB（分贝）以上，电视图像则要求信噪比在 40 dB 以上，信噪比是由信号功率和传输中引入的噪声功率决定的，通常用分贝表示：$10\log_{10}(P_S/P_N)$（dB）。不同调制方式在同样信道条件下所得到的输出信噪比是不同的。例如，调频信号的抗干扰性能比调幅信号好，但调频信号所需的传输带宽却大于调幅信号。

衡量数字通信系统可靠性的指标是传输的差错率，常用的有误码率、误字符率、误比特率等。抛开设备的因素，与模拟传输系统一样，在数字传输系统中造成数字信号传输错误的主要原因也是信道上的噪声。但数字信号的特征是信号取值数有限，只要噪声控制在一定程度内就可以通过再生的方法去除。如果噪声信号太强，造成接收端甄别不清，就会造成误码。

数字信号和模拟信号的本质区别在于离散近似和连续真实，模拟信号一旦发生畸变就很难使其复原，畸变就意味着失真，因而模拟信号的最终传输距离取决于用户对失真的认可度。相反，数字信号是近似地表示信号，它的波形细节不需要那么精确，只要设备能正确识别信号的逻辑状态，就可以通过再生的方法将已经发生畸变的信号完全恢复。从这个意义上讲，数字信号的传输距离是没有限制的。

通信系统的有效性和可靠性是一对矛盾。一般情况下，要增加系统的有效性就得牺牲一部分可靠性，反之亦然。在实际中，常常依据实际系统的要求采取相对统一的办法，即在满足一定可靠性的指标下，尽量提高消息的传输速率，或者在维持一定有效性的条件下，尽可能提高系统的可靠性。

由上述可知，衡量数字通信系统性能的主要指标是数据传输速率和差错率。下面将具体介绍。

1.3.2　数据传输速率

数据传输速率可以从几个不同角度去定义。最常用的是码元速率和信息传输速率。码元速率又称调制速率或符号速率，单位是波特（Baud 或 Bd）。信息传输速率又称比特率，单位是比特/秒（bit/s）。

1. 码元速率

数据以代码的形式表示，在传输时通常用某种波形或信号脉冲代表一个代码或几个代码的组合。这种携带数据信息的波形或信号脉冲叫作码元。因此数字信号由码元组成，而码元携带一定的信息量。如图 1-10 所示，图 1-10a 为二电平信号，用一种波形（+AV 或-AV）表示一个码元，一个码元有两种状态："1"或"0"。图 1-10b 为四电平信号，用一种波形（+3 V、-3 V、+1 V 或-1 V）表示一个四电平码元，一个码元有四种状态：可用"11""10""01"或"00"表示。单位时间传输的码元数即为码元速率 R_B，也称为传码率，单位为码元/秒，或波特（Baud，简记为 Bd）。它反映信号波形变换的频繁程度。若设信号码元持续时间（码元宽度或码元周期）为 T 秒，则每秒钟传输的码元数目 R_B，可表示为：

$$R_B = 1/T(\mathrm{Bd})$$

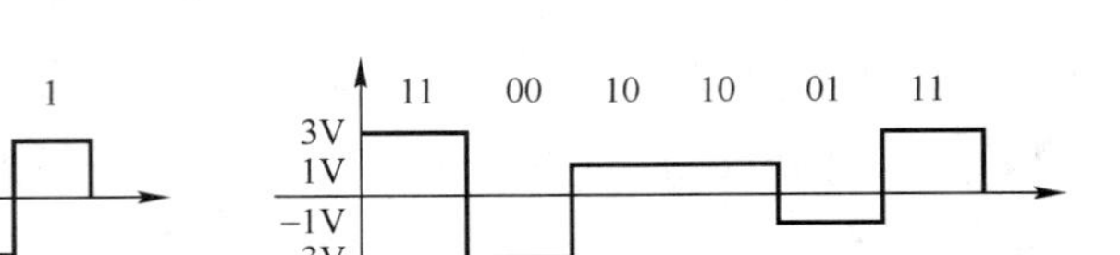

图 1-10　二电平和四电平数字信号

由此可见，对于码元速率，不论一个信号码元有多少种状态，只计算 1 s 内数据信号的码元个数。例如，若单位脉冲宽度 $T=833\times10^{-6}$ s，则码元速率 $R_s=1/T=1200$ Baud。注意这里信号码元宽度 T 是指信号码元中的最短时长，如图 1-10a 中连续两个"1"代码，信号正电压持续长度为 $2T$，但不能以 $2T$ 作为信号码元时长。

2. 信息传输速率

信息传输速率又称为数据传信速率或比特率，它定义为每秒传输的比特数（二进制码元个数），单位为 bit/s。比特在信息论中是作为信息量的度量单位（见下节）。在数据通信中，如果传输二进制代码"1"或"0"的概率相同，则每个"1"或"0"就含有一个比特的信息量。因此传递一个代码就相当于传递了 1 比特的信息，故称为信息传输速率。

码元速率与数据传输速率物理意义是不同的，即波特和每秒比特是两个不同的概念，前者描述了单位时间内系统所传输的码元数，而后者说明系统在单位时间内所传输的信息量，两者具有不同的定义，但它们之间有确定的关系。当数据信号是二进制脉冲即二状态时，两者的数值是相同的；但当数据信号采用多电平传输时，则两者的数值是不同的。若数据信号码元有 M 种电平，信号码元波形的持续时间为 T，则需要用 $\log_2 M$ 个二进制数字来表示这 M 种电平，也就是一个 M 进制码元所携带的信息量为 $\log_2 M$ 比特，相当于单位

时间内传送了 $\log_2 M/T$ 个比特的信息量。所以当信源各个码元（或符号）独立等概率时，信息速率与码元速率之间的关系为

$$R_b = (1/T)\log_2 M = R_B \log_2 M \quad (\text{bit/s}) \tag{1-1}$$

例如：若单位脉冲 $T = 833\times10^{-6}$ s，状态数 $M=4$，则数据传输速率 $R_b = 1/T\times\log_2 M = (1/833)\times10^6\times2\approx2400$ bit/s。

1.3.3　误码率（P_e）与误比特率（P_b）

误码率与误比特率是衡量数据传输系统正常工作情况下的可靠性指标，又被称为差错率，它指码元或比特被传错的概率。在数据序列很长时，它近似地等于被传错的码元或比特在所传输的总码元数或总比特数中所占的比例，即

$$P_e = \frac{\text{错误码元数}}{\text{传输总码元数}},\quad P_b = \frac{\text{错误比特数}}{\text{传输总比特数}}$$

误比特率也被称为误信率。在通信系统中传输的各符号一般是独立等概率的，容易证明：在二进制系统中由于 $R_b = R_B$，因此 $P_e = P_b$；但在多进制（$M>2$）系统中，一般 $P_b<P_e$。差错率是一个统计平均值，因此在测试或统计时总的发送比特（字符、码组）数应达到一定的数量，否则得出的结果没有意义。

1.3.4　频带利用率和功率利用率

在比较不同数据传输系统的有效性时，常以信息传输速率来比较，但是仅考虑信息传输速率是不够的，因为各种传输系统的带宽可能不同。一般来说，数据传输系统所占的频带越宽，传输信号的能力就越大。因而即使两个传输系统的信息传输速率相同，但所占频带宽度不同，也认为它们传输的效率不同。所以真正衡量数据传输系统有效性的指标是单位频带内的信息传输速率（即每赫兹每秒的比特数，bit/(s · Hz)），或单位频带内的调制速率（即每赫兹的波特数，Bd/Hz），即

$$\eta_B = \frac{R_B}{B_c} \quad (\text{Bd/Hz})$$

或

$$\eta_b = \frac{R_b}{B_c} (\text{bit/(s · Hz)})$$

根据式（1-1），有

$$\eta_b = \eta_B \log_2 M$$

显然，η_B越大，η_b越大，有效性越好，采用多进制可以提高 η_b。频带利用率比较全面地反映了数据传输系统对频带资源的利用水平和通信系统传输的有效程度。

功率利用率通常用比特差错率小于某一规定值时所要求的最低信噪比来衡量。所要求的信噪比越小，功率利用率就越高，反之则越低。功率利用率和频带利用率这两项性能指标主要取决于调制解调方式，在选择调制解调方式时应兼顾二者。在功率受限的某些系统

中，可适当牺牲频带利用率来提高功率利用率；而在频带受限的某些系统中，则应着重提高频带利用率，适当降低功率利用率。

1.3.5　信噪比和信号强度

信噪比是信号功率与噪声功率在传输线路相同点上的比率，是有用信息信号相对于噪声信号的相对强度，其单位通常为分贝（dB），用 P_S/P_N表示，P_S为信号强度，P_N为噪声强度。信噪比越高，信号在接收端就越清晰。

信号沿介质传输时往往要设置放大器或转发器以补偿功率衰减，衰减的大小常用分贝数（dB）来度量。而分贝是对数单位，用分贝表示增益或损耗不但直观、方便，而且可以用简单的加法和减法计算级联传输信道中的增益和损耗。分贝 N_p的定义为：$N_p=10\log_{10}(P_r/P_s)$(dB)。式中，P_s为信号发送端测得的功率；P_r为信号接收端测得的功率。例如，信号发送端功率是10 mW，从源点开始传输，在经过某一距离后测得功率为 5 mW，则其功率衰减为 $N_p=10\log_{10}(5\ \text{mW}/10\ \text{mW})=-3\ \text{dB}$，式中负号表示衰减。由于功率与电压的平方成正比，因而度量电压衰减的分贝数 N_v为：$N_v=20\log_{10}(V_r/V_s)$(dB)。式中，V_s为发送端的电压；V_r为接收端的电压。

通信中，信号的强度也常用信号功率（或电压）的分贝数来表示，上述用分贝表示的功率衰减或电压衰减都是指相对量。如果把 P_s或 V_s选定为一个约定的单位确定值，则 N_p所定义的分贝数就可表示功率和电压的绝对大小，通常定义为：

$$10\log_{10}(P_r\ \text{mW}/1\ \text{mW}) \quad 或 \quad 20\log_{10}(V_s\text{mV}/1\ \text{mV})$$

单位为 dBmW 或 dBmV，也就是说 1 mW 或 1 mV 对应 0 dBmW 或 0 dBmV。总之，dB 是表示两个量之间的比值或相对大小，dBm 表示的是功率或电压的绝对大小的分贝值。需要注意的是，用一个 dBm 减去另一个 dBm 得到的应该是 dB，如 30 dBm−0 dBm=30 dB。

用分贝可以非常方便地测量系统总的增益或损耗。例如，对于一般有放大器的通信链路，各段的损耗或增益如图 1-11 所示，则系统总的增益为−12+30−36 =−18 dB，即信号从 A 到 B 总的衰减是 18 dB。如果 A 端的起始功率为 20 dBmW，则 B 端接收的信号功率就只有 2 dBmW 了。

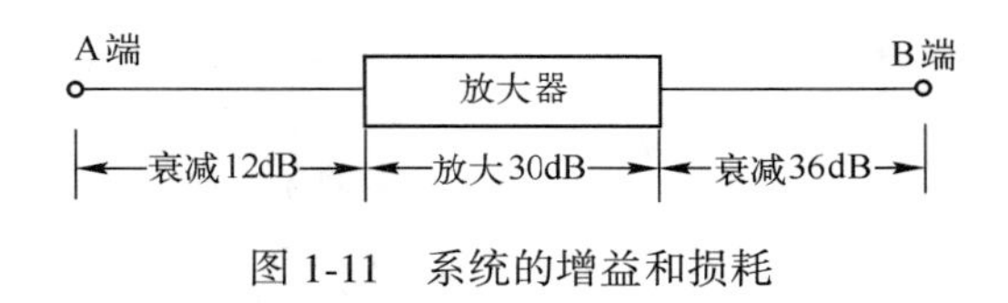

图 1-11　系统的增益和损耗

1.4　信息及其度量

通信系统的任务是传递信息，每条消息中必须包含接收者需要知道的信息。为了衡量通信系统传输信息的能力，必须对被传输的信息进行定量的测度。上节在定义信息传输速率时，曾涉及信息概念及其度量单位“比特”。本节将进一步介绍信息含义及其定量描述。

“信息”一词在概念上与“消息”的意义相似，但它的含义却更普遍化、抽象化。一般来说，信息可被理解为消息中包含的有意义的内容，用“信息量”来衡量。不同形式的消息可以包含相同的信息。例如，分别用语音和文字形式发送的天气预报，所含信息内容相同。但消息是多种多样的，因此度量消息中所含的信息量的方法，必须能够用来度量任何消息的信息量，而和消息种类及消息的重要程度无关。但到底如何衡量呢？直到 1948 年，香农提出了信息熵的概念，才解决了对信息量化的问题。香农信息论认为信源输出的消息是随机的，信宿在未收到消息之前，是不能肯定信源到底发送什么样的消息。而通信的目的就是要使接收者在接收到消息后，尽可能多地解除接收者对信源所存在的疑义（不定度），因此这个被解除的不定度实际上就是在通信中所要传送的信息量。也就是说，一条消息所包含的信息量大小和它的不确定性有直接的关系。比如说，要搞清楚一件非常不确定的事，或是我们一无所知的事就需要了解大量的信息。相反，如果我们对某件事已经有了较多的了解，则不需要太多的信息就能把它搞清楚。从这个角度可认为，信息量的度量就等于不确定性的多少。

概率论告诉我们，事件的不确定程度可以用其出现的概率来描述，即：事件出现的可能性越小，概率就越小；反之，则概率就越大。基于这种认识，可以得出：消息中的信息量与消息发生的概率紧密相关，消息出现的概率越小，则消息中包含的信息量就越大。比如，在日常生活中，越是发生了不可能发生的事件，则越是容易引起人们的关注，而司空见惯的事不会引起人们注意（人类对于刺激的反应时间和强度与该刺激所含的信息量有关），也就是说，稀罕的事所含信息量大，或者说消息中包含的信息量与我们接收到消息后所感受到的意外相关。比如，报文“海洋已遭核爆炸毁灭”就比“今天下雨”包含更多信息。如果用统计学的术语来描述，就是出现概率小的事件信息量多。即信息量的多少与事件发生的概率大小成反比。如果事件是必然的（概率为 1），则它传递的信息量应为零；如果事件是不可能的（概率为 0），则它将有无穷的信息量。如果得到的不是由一个事件构成而是由若干个独立事件构成的消息，那么这时得到的总的信息量就是若干个独立事件的信息量的总和。

1.4.1　离散消息的信息量

消息分为两大类：离散消息和连续消息。产生离散消息的信源为离散信源，产生连续消息的信源为连续信源。数字通信系统处理的都是离散消息，计算机能够把连续消息转换成离散消息来处理。因此，我们下面仅给出离散消息的信息量度量方法。

根据上节分析及描述可以看出，离散消息 x 中所含的信息量与消息出现的概率 $P(x)$ 间应满足如下数学关系：

1）消息 I 中所包含的信息量是出现该消息的概率 $P(x)$ 的函数，即

$$I=I[P(x)]$$

2）消息的出现概率越小，它所含的信息量越大；反之信息量越小，且当 $P(x)=1$ 时，$I=0$。

3）若干个互相独立事件构成的消息，它所含信息量等于各独立事件信息量的和，即

$$I[P(x_1)\cdot P(x_2)\cdots]=I[P(x_1)]+I[P(x_2)]+\cdots$$

不难看出，当消息中所含的信息量 I 与消息出现的概率 $P(x)$之间有如下关系：

$$I=\log_a[1/P(x)]=-\log_a P(x)$$

就可满足上述关系。

上式中的信息量单位取决于对数底 a 的确定。当 $a=\mathrm{e}$ 时，信息量的单位定义为奈特(nat)；当 $a=2$ 时，信息量的单位定义为比特（bit）；若取 10 为底，则信息量的单位称为十进制单位，或称为哈特莱（Hartley）。上述三种单位的使用场合应根据计算及使用的方便来决定。通常广泛使用的单位是比特。

【例题 1-1】若估计在一次国际象棋比赛中某参赛选手获得冠军的可能性为 0.1（记为事件 A)，而他在另一次国际象棋比赛中得到冠军的可能性为 0.9（记为事件 B)。试分别计算当你得知他获得冠军时，从这两个事件中获得的信息量各为多少?

解：

$$H(\mathrm{A})=-\log_2 P(0.1)=3.32193(\mathrm{bit})$$

$$H(\mathrm{B})=-\log_2 P(0.9)=0.152(\mathrm{bit})$$

1.4.2 离散信源的平均信息量

设信源输出 N 个统计独立的符号 $x_1,x_2,\cdots,x_N$，它们出现的概率分别为 $P(x_1)$，$P(x_2),\cdots,P(x_N)$，则根据概率论，不难求出每个符号所含信息量的统计平均值，即离散信源的平均信息量为

$$H(x)=-\sum_{i=1}^{N}p(X_i)\log_2 P(x_i)\quad(\text{bit/符号})$$

信源的平均信息量又被称为信源熵。信息熵表征信源的不定度，它等于消除这个不定度所需要的信息量。不难证明，最大信源熵发生在信源的每个符号等概率独立出现时，最大信源熵为 $\log_2 N$。所以信源通常都是独立等概率的发送消息符号。

通信系统在传送等概率离散消息时，可以认为需要传递的离散消息是在 M 个消息之中独立等概率地选择其一。因此，为了传递一个消息，信源只需采用一个 M 进制的波形来传送。也就是说，传送 M 个消息之一与传送 M 进制波形之一是完全等价的。M 进制中最简单的情况是 $M=2$，即二进制，而且任意一个 M 进制波形总可以用若干个二进制波形来表示。因此，用“$M=2$”时的波形定义信息量单位是恰当的，即定义传送两个等概率的二进制波形之一的信息量为 1 比特。该定义意味着：

$$I=-\log_2(1/2)=\log_2 2=1\ \mathrm{bit}$$

这里选择对数以 2 为底，因为在数字通信中以二进制传输方式为主，而且数学运算上也较方便。对于 $M>2$，传送每一波形的信息量应为 $I=\log_2 M$。若 M 是 2 的整幂次，即 $M=2^k(k=1,2,\cdots)$，则 $I=\log_2 2^k=k(\mathrm{bit})$。这表明，$M(=2^k)$进制的每一波形包含的信息量恰好是二进制每一波形包含信息量的 k 倍。如果某通信系统信源独立等概率地每秒发送 n 个 M 进制波形，则该系统的信息传输速率为：nk（bit/s）。

1.5 通信协议及其体系结构

计算机通信或数据通信通常是计算机与计算机之间的数据传输及交换，实际上是指计算机或终端系统上的实体之间进行数据交换。实体是指能够发送和接收数据的任何事物。例如应用程序、文件传输程序、数据库管理系统、电子邮件软件以及浏览器等。系统是指包含一个或多个实体的物理对象，例如前面提到的计算机或终端。

要想让不同系统上的两个不同实体顺利通信，必须要有一整套约定，即所谓的“通信控制规程”或“通信协议”。或者说，两个实体之间必须就通信内容（讲什么）、如何通信（怎么讲）、何时通信（什么时候讲）等事项达成一致，这就是协议。实际上，协议就是控制和管理两个实体之间数据通信过程的一组规则，而计算机通信系统体系结构则是能完成通信功能的一系列协议的结构化集合。协议的关键要素是语法、语义和时序。

1）语法（syntax）：规定诸如数据格式或信号电平之类的信息。例如，某协议可能规定发送的数据中前8位为发送方地址，接下来的8位是接收方地址，而余下的则是真正的用户数据。

2）语义（semantics）：包括用于相互协调及差错处理的控制信息，即规定发送的数据中每一部分的含义。例如，对于特定的位模式该如何理解？基于这样的理解该采取什么样的动作？

3）时序（timing）：包括两方面的特性，即发送方何时发送数据以及以多快的速率发送。例如，如果发送方以100 Mbit/s的速率发送，而接收方仅能处理1 Mbit/s速率的数据，这将使接收方超载并有可能导致大量数据丢失。

另外，要在两台计算机之间传送一个文件，通常在这两台计算机之间还必须建立一条数据通路，该通路可能是直接连接的，也可能会经过一个通信网络。但是，仅有这些是不够的，一般来说还需要完成以下工作：

1）源站系统必须激活直接连接的数据通路，或者向通信网络提供目的站系统的标识。

2）源站系统必须确定目的站系统已经准备好接收数据。

3）源站系统上的文件发送程序必须确定目的站系统上的文件接收程序已经准备好为某个用户接收并存储文件。

4）如果两个系统上使用的文件格式不一致，那么其中的一个系统必须执行文件格式转换的功能。

上面我们已经对协议的有关概念有所了解，接下来进一步讨论协议体系结构的概念。很显然，两台计算机之间要完成数据通信，必须要有密切的合作。为简化问题，减少协议涉及的复杂性，我们并不是把完成这一任务的所有功能以单一模块的形式实现，而是将这一任务划分成一些子任务，不同的子任务由不同的模块单独完成，而且这些模块之间形成单向依赖关系，即模块之间是单向的服务与被服务的关系。图1-12表示了两台计算机之间为了完成文件传输功能而引入了三个模块。文件传输模块完成文件收发以及文件格式转换（如果有必要的话），通信服务模块的任务是确保数据和文件传输命令在两台计算机之间可靠地传输，而网络接口模块完成两台计算机之间实际的物理通信。文件传输模块在完成自身任务时，要使用到通信服务模块以及网络接口模块的功能；同样的道理，通信服务模块在向文件传输模块提供服务时，也要使用到网络接口模块。

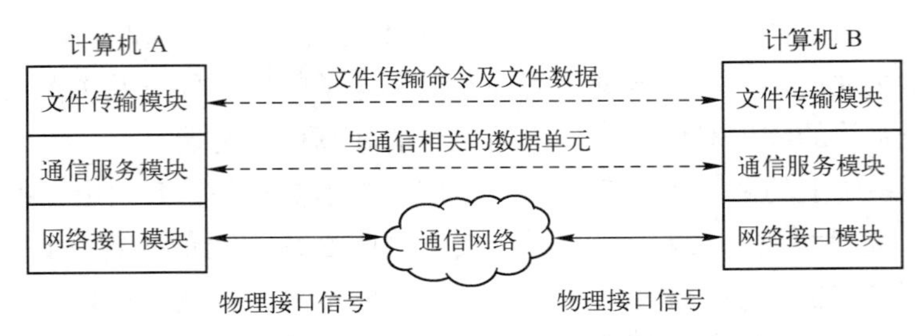

图 1-12　一个简单的计算机通信系统体系结构图

文件传输模块包含了所有文件传输应用所特有的逻辑，如用户登录、文件传输命令等。对于文件传输应用来说，可靠地传输文件和命令是非常必要的。因此，必须引入一个独立的通信服务模块来满足这一要求，而这个通信服务模块可以被各种不同的应用程序（如电子邮件应用）所共享。通信服务模块关心的是两个计算机系统是否保持活动状态，是否已经为数据传送做好了准备，并且跟踪被传输的数据，以保证数据可靠地传送到接收方。不过，这些任务的完成与使用何种类型的网络无关，因此真正和通信网络打交道的逻辑又被划分到一个独立的网络接口模块中去。这样，即便是两台计算机使用的通信网络发生了变化，也只会影响到网络接口模块，而通信服务模块和文件传输模块不会受到任何影响。

如此看来，计算机或终端之间的数据通信功能不是由单一模块来完成的，而是由一组有单向依赖关系的结构化模块来实现的。这种模块结构就称为协议体系结构或计算机通信体系结构。

下面我们简单讨论一种由国际标准化组织（International Standard Organization，ISO）开发的计算机通信体系结构——开放系统互连参考模型（Open System Interconnection/Reference Model，OSI/RM），通常用作协议标准开发的框架。ISO/OSI 参考模型包含七层，分别为应用层、表示层、会话层、传输层、网络层、数据链路层和物理层，如图 1-13 所示。图中我们给出了 ISO/OSI 参考模型中每一层要完成的主要功能。ISO/OSI 参考模型的宗旨是根据每一层上要完成的功能而开发相应的协议。

ISO/OSI 希望达到一种理想境界，即让全世界的计算机网络都遵循这个统一的标准，因而全世界的计算机都将能够很方便地进行互联和交换数据。在 20 世纪 80 年代，许多大公司甚至一些国家的政府机构都纷纷表示支持 OSI。然而到了 20 世纪 90 年代初期，虽然整套的 OSI 国际标准都已经制定出来，但由于因特网已经抢先在全世界覆盖了相当大的范围，而与此同时却找不到有什么厂家生产符合 OSI 标准的商用产品（实现复杂、运行效率低），因此 OSI 只获得了一些理论研究成果，而在市场化方面事与愿违，没有盛行起来。

应用层
为用户提供各种访问网络的接口，同时提供各种分布式应用
表示层
提供不同机器之间数据格式转换、数据压缩解压以及数据加密解密的功能
会话层
提供应用进程之间会话建立和终止以及会话管理等功能
传输层
提供不同主机上应用进程之间可靠的数据通信功能，即提供端到端的通信功能
网络层
提供通信网络中不同主机之间的数据通信功能，包括通信连接的建立、维护和终止
数据链路层
提供通信网络相邻节点之间数据的可靠传输，涉及差错控制、流量控制等机制
物理层
提供通信网络相邻节点之间原始比特流的传输，涉及各种物理接口特性的处理

图 1-13 ISO/OSI 参考模型

1.6 标准及标准化组织

对于数据通信，即使不考虑数据传输的正确性和效率因素，仅仅考虑通信的建立，也必须协调大量网络节点之间的通信。某些设备制造商可以保证它们自己生产的产品能够正确工作，但不同的设备制造商生产的产品就不一定能够保证相互之间的协调工作。例如，一台电视机如果只能接收某些频段的电视信号，而本地电视台可能根本就不播放这些频段的信号，这就会出现电视机不能播放本地电视台节目的情况。因此没有标准，就会出问题，可能会使一个厂家生产的非标准化产品不经过改装就无法替代同一系统上另一个厂家生产的同类型产品。但如果有了标准，就可提供产品开发的模型，使得无论哪个厂家开发的产品都能在一起协调工作。

早期，通信领域一直是通过各种标准来规范通信设备在机械、电气、功能和过程上的特性，但计算机行业并没有完全接受。当通信设备厂商要将他们的设备与其他厂商的设备进行物理连接及数据通信时，计算机厂商还在将他们的用户绑定在自己的设备上。随着数据通信以及分布式应用的激增，这种做法变得越来越不可行。来自不同厂商的计算机以及各种设备之间越来越需要互相通信，并且随着协议标准的不断发展，用户也不再接受那些专门用于协议转换的开发软件。现在，标准已经渗透到计算机和通信技术的各个领域。在数据通信等领域引入标准有许多优点，但也会带来一些问题，其中最重要的有：

1）制定标准可以确保各种设备具有广阔的市场前景，有助于大批量生产，从而降低成本。

2）标准的存在可以使来自多个厂商的产品之间能够互相通信，这样使消费者在设备的选型和使用上具有更大的灵活性。

3）标准也可能会使技术僵化。未能良好定义的标准可能会把开发者禁锢在原有的、不灵活的设计上，从而延缓开发进程和新技术的使用。标准制定者在制定标准时应有一定的预见性，应该保证标准能推进而不是阻碍技术的发展。

4）对于同一种技术可能会存在多个标准，同样会引起互联互通的问题，这通常与历史、经济等其他因素有关。近年来各标准化组织之间已经开始越来越紧密的合作以解决这种问题。

数据通信标准可以分为两大类：法定标准和事实标准。法定标准是指那些被官方认可的组织所制定的标准。未被官方认可的组织所确认，但在实际应用中被广泛采用的标准，称为事实标准。事实标准通常都是那些试图对新产品和新技术进行功能定义的厂商所建立的。

事实标准还可以进一步分为两类：私有的和非私有的。私有标准最初由某个厂商制定，作为其自身产品使用的基础。因为这类标准由制定它的厂商完全拥有，所以称为私有标准。私有标准也被称作封闭式标准，因为它不提供与其他厂商的产品间的通信能力。非私有标准是最初由某些组织或委员会制定并推向公共领域的标准，它们也被称为开放标准，因为它们提供了不同厂商产品之间的通信能力。

标准一般是由标准化委员会或各种技术论坛制定。尽管在全世界各地存在着许多标准化组织，但是大部分的数据通信方面的标准主要是由以下一些机构制定并发布：国际标准化组织 ISO、国际电信联盟电信标准化部 ITU-T、电气电子工程师协会 IEEE、电子工业协会 EIA 和美国国家标准化协会 ANSI。

1.6.1　国际标准化组织

国际标准化组织（International Organization for Standardization，ISO）是一个全球性的非政府组织，是国际标准化领域中一个十分重要的组织。ISO 的任务是促进全球范围内的标准化及其有关活动，以利于国际间产品与服务的交流，以及在知识、科学、技术和经济活动中发展国际间的相互合作。ISO 标准在世界上具有权威性和通用性，已成为国际经贸活动的重要规则，被誉为国际贸易的“通行证”，在减少国际贸易壁垒和经贸摩擦以致推动建立国际经济贸易新秩序等方面发挥着重要作用。

国际标准化组织 ISO 创建于 1947 年，主要由来自世界上 160 多个国家或地区的标准化团体组成，是世界上最大的非政府性标准化专门机构。ISO 总部设在瑞士日内瓦，最高权力机构是每年一次的“全体大会”，其日常办事机构是中央秘书处，中央秘书处有约 170 名职员，由秘书长领导。ISO 的官员有 5 位，包括主席 1 名、副主席 2 名以及司库（财务负责人）1 名和秘书长 1 名。中国是 ISO 的正式成员，并在 2008 年 10 月的第 31 届国际标准化组织大会上正式成为 ISO 的常任理事国，代表中国参加 ISO 的国家机构是中国国家技术监督局（CSBTS），来自中国的张晓刚曾在 2015 年 1 月 1 日至 2017 年 12 月 31 日担任 ISO 主席。

ISO 的主要机构有全体大会、理事会、技术管理局、技术委员会和中央秘书处，如图 1-14 所示。其中，理事会是 ISO 中一个事实上的最高权力机构，相当于一个集团的董事会，它不但需要某些成员的相对稳定，还需要政策方面的有效协调，ISO 主席、副主席和秘书长在其中起着穿针引线的重要作用。

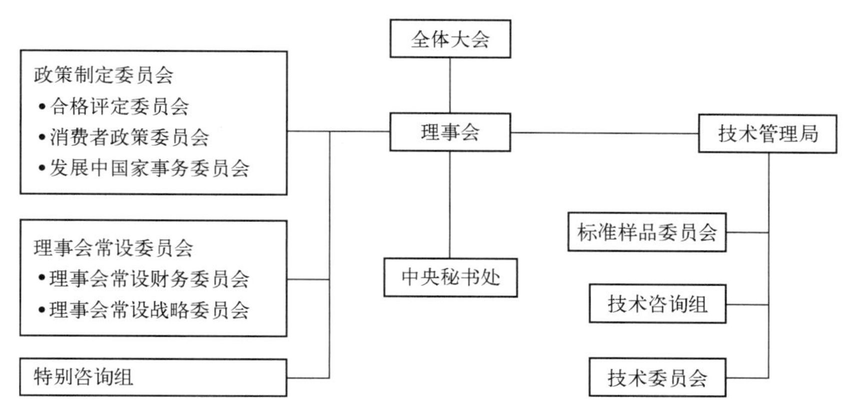

图 1-14　ISO 组织结构图

技术管理局（TMB）是负责 ISO 技术管理和协调的最高管理机构。TMB 的主要任务包括：

1）向理事会报告 ISO 全部技术工作的战略计划、协调、运作和管理等问题，并在需要时向理事会提供咨询。

2）负责技术委员会机构的全面管理。

3）审查 ISO 新工作领域的建议，批准成立或解散技术委员会（TC），修改技术委员会工作的导则。

4）代表 ISO 复审 ISO/IEC（International Electrotechnical Commission，国际电工委员会）技术工作导则，检查和协调所有的修改意见并批准有关的修订文本等。

ISO 的主要机构及运作规则都在 ISO/IEC 技术工作导则的文件中予以规定，ISO 技术工作是高度分散的，在 ISO 的技术管理局下，设有 200 多个技术委员会和 600 多个技术分委员会，以及 2000 多个工作组。这些委员会各设一个主席和一个秘书处，秘书处由各成员国分别担任，各秘书处与位于瑞士日内瓦的 ISO 中央秘书处保持直接联系。通过这些工作机构，ISO 已经发布了一万多个国际标准，如 ISO 的开放系统互联（OSI）系列（广泛用于信息技术领域）和有名的 ISO9000 质量管理系列标准等。

ISO 的财政经费主要用于中央秘书处的活动以及各技术委员会秘书处的技术工作。其财政来源主要来自各成员团体的会费（70%）和每年标准及其他出版物的发行收入（30%）。成员团体的会费由分摊给他们的单位数和每个单位的金额（以瑞士法郎计算）决定。每个成员团体的会费单位数根据该国的国民生产总值（GNP）和进出口额来定。每个财政年度的单位值由理事会决定。

1.6.2 国际电信联盟电信标准化部

早在20世纪70年代就有许多国家开始制定电信业的国家标准，但这些标准几乎不存在国际兼容性。因而联合国在它的国际电信联盟（International Tele-communication Union，ITU）组织内部成立了一个委员会，称作国际电报电话咨询委员会（CCITT）。该委员会致力于研究和建立适用于一般电信领域或特定的电话和数据系统的标准。1993年3月，该委员会的名称改为国际电信联盟电信标准化部（ITU-T）。

国际电信联盟（ITU）的历史可追溯到1865年。当时20个国家同意开展电信网络的标准化工作。作为协议的一部分，成立了ITU以从事后续修订工作。后来，ITU进入了电话管理、无线电通信和广播领域。在1927年，该联盟从事为无线电业务分配频带的工作，包括固定无线电、移动无线电（海上和空中）、广播以及业余或实验无线电。在1934年，该联盟更名为国际电信联盟，以更适合表明它在所有通信领域（包括有线、无线、光和电磁系统）中的地位。第二次世界大战后，ITU成为联合国的专门代理机构，并将总部迁往日内瓦。也是在那时，它强制执行频率分配表，为每项无线电业务分配频带，旨在避免飞行器与地面通信、汽车电话、海上通信、无线电台和航天器等设备之间进行通信时的相互干扰。

1924年在巴黎成立了国际电话咨询委员会（CCIF），1925年在巴黎成立了国际电报咨询委员会（CCIT），1927年在华盛顿成立了国际无线电咨询委员会（CCIR）。这三个咨询委员会都召开了不少会议，解决了不少问题。之后在1956年，两个单独的ITU委员会：CCIF和CCIT联合创建了CCITT（国际电报电话咨询委员会）以更有效的管理电话和电报通信。1993年3月1日，在芬兰首都赫尔辛基举行的国际电联第一届世界电信标准大会（WTSC-93）上，对电联原有的三个机构CCITT、CCIR和IFRB（International Frequency Registration Board，国际频率登记委员会）进行了改组，取而代之的是电信标准化部门（ITU-T）、无线通信部门（ITU-R）和电信发展部门（ITU-D）。其中国际电信联盟电信标准化部门分为若干个研究小组，各个小组注重电信业的不同方面。各国的标准化组织（类似于美国国家标准化协会）向这些研究小组提出建议。如果研究小组认可，建议就被批准为四年发布一次的ITU-T标准的一部分。

ITU-T制定的标准中最广为人知的是：规定了通过电话线进行数据传输的V系列标准（V. 32，V. 33，V. 42），规定了通过公用数字网进行数据传输的X系列标准（X. 25），规定了电子邮件和目录服务的X. 400、X. 500等标准，规定了综合业务数字网（Integrated Service Digital Network，ISDN）的标准，以及规定了移动通信网络的W-CDMA（宽带码分多址）、CDMA2000（码分多址2000）、TD-SCDMA（时分-同步码分多址）以及WiMAX（全球微波接入互操作性）四大主流无线接口标准，等等。

1.6.3 电气电子工程师协会

电气电子工程师协会（Institute of Electrical and Electronics Engineers，IEEE）是一个国际性的电子技术与信息科学工程师协会，也是世界上最大的专业技术组织之一（成员人数），它以地理位置或者技术中心作为组织单位（例如IEEE费城分会和IEEE计算机协会），在160多个国家中拥有420000+会员、342个分会（截至2019年12月31日），其中大多数成员是电子工程师、计算机工程师和计算机科学家，并且因为组织广泛的兴趣也吸引了其他学科（例如机械工程、土木工程、生物、物理和数学等）的工程师。另外，它还成立了38个专业技术协会和7个专业技术委员会，负责为局域网制定802系列标准（如IEEE802.3、802.4和802.5标准）的委员会就是IEEE的一个专业技术委员会。

IEEE成立于1963年1月1日，由当时的无线电工程师协会（IRE，成立于1912年）和美国电气工程师协会（AIEE，成立于1884年）合并而成，总部设在美国纽约市。作为一个国际性组织，它定位在科学和教育领域，直接面向电子电气工程、通信、计算机工程、计算机科学理论和原理研究的组织，以及相关工程分支的艺术和科学，并促进相关理论研究、创新活动和产品质量的提高。

IEEE承担着多个科学期刊和会议组织者的角色，每年出版的电气电子和计算机科学领域的技术文献约占世界总量的1/3，而且其文献的引用率在电子、通信和其他领域也名列前茅。IEEE每年在全球还主办或协办900多个技术会议，参会人数超过10万人。作为一个国际性的标准化组织之一，IEEE监督在计算机和通信领域国际标准的制定和采纳，其定义的标准在工业界有极大的影响，是一个广泛的工业标准开发者，制定了超过900个现行工业标准，主要包括电能、能源、生物技术和保健、信息技术、信息安全、通信、消费电子、运输、航天技术和纳米技术等领域。

1.6.4 电子工业协会

电子工业协会（Electronic Industries Association，EIA）是1924年在美国成立的一个电子制造商组织。EIA颁布了许多与电信和计算机通信有关的标准，并与其他协会如美国国家标准协会（ANSI）和国际电报电话咨询委员会（CCITT）有密切的联系，是一个致力于促进电子产品生产的非营利性组织。它的活动除了制定标准外还涉及公众观念教育等工作。在信息技术领域，EIA为制定数据通信的物理接口和信号特性等方面的规范做出了重要贡献，尤其是定义了调制解调器和计算机之间的串行接口标准。物理层接口规范定义了37针（DB-37）、25针（DB-25）和9针（DB-9）连接器及相关电缆，另外还有电气特性，如每个针上的信号类型及信号时序。下面是一些比较典型的标准。

1）RS（参考标准）-232-C：使用DB-25或DB-9连接器的串行连接标准，电缆最大长度50英尺。

2）RS-449：定义了RS-422与RS-423子集用DB-37连接的串行接口。

3）RS-422：定义了平衡式多点接口。

4）RS-423：非平衡数字接口。

5）EIA-232：就是众所周知的RS-232，它定义了数据终端设备（DTE）和数据通信设备（DCE）之间的串行连接。这个标准曾被广泛使用。EIA RS-232标准也即CCITT的V.24标准。但CCITT V系列协议比EIA标准稍具优势，它是欧洲的各国政府指定要使用的协议标准类型。EIA标准大部分和CCITT标准等价，例如Group3传真，一个传输率最高为 9.6 kbit/s 的传真机标准，它是 CCITT 的 T.4 建议，也是 EIA465 标准。

在结构化网络布线领域，EIA 又与电信工业协会（TIA）联合制定了商用建筑电信布线标准（EIA/TIA 568 和 569），这是一个在校园环境中使用数据级双绞线的分层布线系统的标准。这个标准提供的布线结构使得建筑设计者可以不必事先知道使用什么设备就可以进行高速数据通信设备的设计和布局。

1.6.5 美国国家标准化协会

美国国家标准化协会（American National Standards Institute，ANSI）是一个非营利性组织，它向 ITU-T 提交建议，并且是 ISO 中代表美国的全权机构，ANSI 的目的是包括为美国国内自发的标准化过程提供一个全国性的协调机构，推广标准采纳和应用以及保证对公众利益的参与和保护。ANSI 的成员来自各种专业协会、行业协会、政府和管理机构以及消费者。ANSI 涉及的领域包括 ISDN 业务、信令和体系结构，以及同步光纤网 SONET 等。

1.7 本书结构

第 1 章：绪论
第 2 章：通信系统分析基础
第 3 章：信道
第 4 章：模拟信号的数字传输
第 5 章：多路复用技术
第 6 章：数字基带传输
第 7 章：数字频带传输
第 8 章：同步
第 9 章：差错控制编码
第 10 章：数据通信的接口及规程
第 11 章：现代通信网络简介

本章小结

当前因特网时代是数字通信时代。数字通信与模拟通信相比，抗干扰能力强，无噪声积累，便于存储、处理和交换，而且保密性强，易于大规模集成和微型化，因此得到广泛应用。通信系统一般由发送端、接收端和信道三大部分组成。具体到数字通信系统主要由信源、编码/译码、调制/解调、信道和信宿等功能模块组成（各模块的功能和原理会在后面各章节中展开介绍）。衡量通信系统性能好坏的指标可分为有效性（信息传输速率、码元速率等）和可靠性（误码率、信噪比等），通常两者是矛盾的，设计和实现具体系统时需根据应用要求折中考虑。通信系统所传消息的信息量与消息发生的概率有关，其大小通常用比特来衡量。根据时空、方向、同步等分类标准的不同，数据在通信系统中的传输方式可分为并行传输和串行传输，单工、半双工和全双工传输，以及异步传输和同步传输等方式，不同的系统可根据应用特点及性能要求采取不同的传输方式。为使通信系统的实体之间能顺利而正确的交互，必须制定一套通信规程或协议；不同系统之间的信息交互则必须遵循同一标准，这也有利于系统的设计、实现、维护及升级。当前制定网络与通信领域标准的几个主要标准化组织有国际标准化组织 ISO、国际电信联盟电信标准化部（ITU-T）、电气电子工程师协会 IEEE 等。通信系统、设备及相关协议的标准化是推动数据通信领域理论、技术和应用迅速发展的一个重要因素。

思考与练习

1. 简述通信系统模型的组成。
2. 协议的组成要素是什么？
3. 简述 ISO/OSI 参考模型的组成及每一层的功能。
4. 通信领域引入标准的优缺点是什么？
5. 通信领域有哪些标准化组织？
6. 数字通信有哪些特点？
7. 通信系统是如何分类的？
8. 数据传输方式有哪几种？各有什么特点？
9. 异步传输与同步传输有什么异同点？
10. 通信系统的主要性能指标有哪些？
11. 设英文字母 e 出现的概率为 0.105，x 出现的概率为 0.002。试求 e 及 x 的信息量。
12. 设有 4 条消息 A、B、C、D 分别以概率 1/4、1/8、1/8、1/2 传送，每条消息的出现是相互独立的。试计算其平均信息量。
13. 一个由字母 ABCD 组成的字，对于传输的每一个字母用二进制脉冲编码，00 表示 A，01 表示 B，10 表示 C，11 表示 D。每个脉冲宽度为 5 ms。

1）不同的字母等概率出现时，试计算传输的平均信息速率；

2）若每个字母出现的可能性分别为 $P(A)=1/5$，$P(B)=1/4$，$P(C)=1/4$，$P(D)=3/10$，试计算传输的平均信息速率。

14. 设一信源的输出由 128 个不同符号组成。其中 16 个出现的概率为 1/32，其余 112 个出现的概率为 1/224。信源每秒发出 1000 个符号，且每个符号彼此独立。试计算该信源的平均信息速率。
15. 已知信源的信息速率为 1200 bit/s，若用二进制传输，速率是多少 bit/s？若将此信号变换成四进制传输，其传输速率是多少 bit/s？多少 Baud？已知信源的八进制码元速率为 1600 Baud，变换成二进制传输，其传输速率为多少 bit/s？
16. 有一并行系统，信道数为 3。在第一条信道上传输的为二进制单位脉冲，第二条与第三条信道上传输的分别为四进制和八进制单位脉冲，各信道中的单位脉冲宽度相等，均为 50 ms。求系统的信息传输速率和码元速率。并回答四进制与八进制的单位脉冲波形所能载运的比特数各是二进制脉冲波形所能载运的比特数的多少倍?

17. 设码元速率为 200 Baud，正弦波频率为 800 Hz。求出码元宽度和正弦波周期，并回答一个码元内有几个正弦波周期。

18. 已知二进制数字信号每个码元占有的时间为 1 ms，1、0 码等概率出现。求码元速率、每秒的信息量和信息传输速率。如果码元速率不变，改用八进制传输，且各种码元等概率出现，求每个码元的信息量和信息传输速率。

19. 一个二进制数字通信系统，码元速率为 10000 Baud，连续发送 1 h 后，接收端收到的错码为 10 个，求误码率 P_e。

20. 异步传输中，假设停止位为 2 倍的数据位宽度，不加奇偶校验位，数据位为 7 位，则该异步传输系统的传输效率为多少?

第2章　通信系统分析基础

2.1　信号的分类及特性

通信系统传输的是和原始信息相对应的信号，其根本问题是研究信号在系统中的传输和变换并保证信息传输正确可靠。

2.1.1　信号的分类

信号是信息的载体，它表现了物理量的变化，通常是时间或频率的函数。数据通信中传输的对象是电信号，声音等非电信号通过一定形式的转换便可成为电信号。从上一章知道，信号可分为模拟信号和数字信号。除此之外，从信号分析的角度来看，信号还可以划分为确知信号和随机信号、周期信号和非周期信号、连续信号和离散信号、功率信号和能量信号等。

1. 确知信号和随机信号

确知信号可以用确定的时间函数来描述。给定一个确定时刻，就有它相应确定的函数值。例如，有一衰减的指数函数，其表示式为$f(t)=Ke^{-2t}$。现特定$t=1$时，它的相应函数值应为$f(1)=Ke^{-2}=0.135K$，这意味着若在$t=0$时刻研究信号，可以确知经过一个单位时间，信号就衰减至$f(0)(=K)$值的13.5%。

随机信号不能给出确定的时间函数，对于特定时刻不能给出确切的函数值，也写不出明确的数学表达式，只能用概率统计的方法来描述。通信系统中传输的信号，一般情况下都是随机信号，因为含有信息的信号通常都具有不可预知性和不确定性。如果通信系统传输的都是确定性信号，人们就得不到任何新的信息。

2. 周期信号和非周期信号

周期信号可以定义为

$$f(t)=f(t\pm nT)\quad n=0,\pm1,\pm2,\cdots \tag{2-1}$$

即信号$f(t)$按一定的时间间隔T周而复始、无始无终地变化。式中T称为周期信号$f(t)$的周期。显然这种信号在实际中是不存在的，所以周期信号只能是在一定时间内按照某一规律重复变化的信号。

非周期信号不具有周而复始的特性，周期信号的周期T趋向无穷大时，它就变为非周期信号了。非周期信号从存在的时域来观察，又可分为时限信号和非时限信号。例如指数函数

$$f(t)=e^{-3}t,\quad |t|\geqslant 0 \tag{2-2}$$

是一个非时限信号。显然非时限信号存在于一个无界的时域内，而时限信号则存在于一个有界的时域内。例如，一方脉冲信号可用式（2-3）表示，其函数只在一定范围内有定义。

$$f(t)=\begin{cases}2 & |t|\leqslant 3\\0 & |t|>3\end{cases} \tag{2-3}$$

通信系统中常用于测试的正（余）弦信号、雷达中的矩形脉冲系列都是周期信号，而语音信号、开关启闭所造成的瞬态信号则是非周期信号。

3. 连续信号和离散信号

连续时间信号是对于每个实数 t（有限个间断点除外）都有定义的函数信号。连续时间信号的幅值可以是连续的，也可以是离散的（信号含有不连续的间断点）。图 2-1 中，图 2-1a 所示为幅值连续的连续时间信号，图 2-1b 所示为幅值离散的连续时间信号。时间和幅值都连续的信号又称为模拟信号。

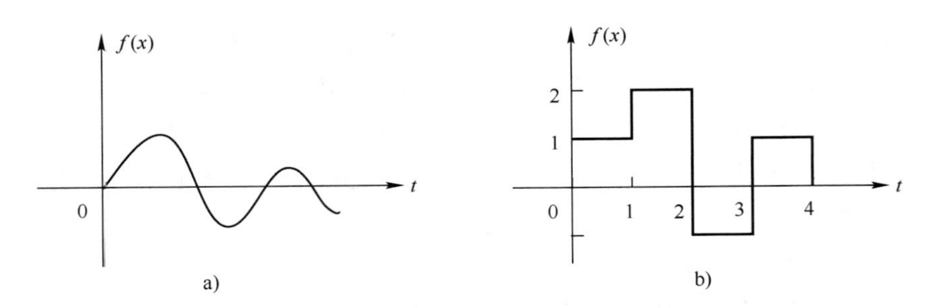

图 2-1　连续时间信号

离散时间信号是指对每个整数 n 有定义的函数。如果 n 表示离散时间，则称函数 $f(n)$ 为离散时间信号或离散序列。如果离散时间信号的幅值是连续的模拟量，则称该信号为抽样信号。因为抽样信号的幅值仍然为连续信号相应时刻的幅度，它可能有无穷多个值，难以编成数字码，所以在数字通信系统中，需要对抽样信号的幅值按四舍五入的原则进行分等级量化（具体见第 4 章），如图 2-2 所示。

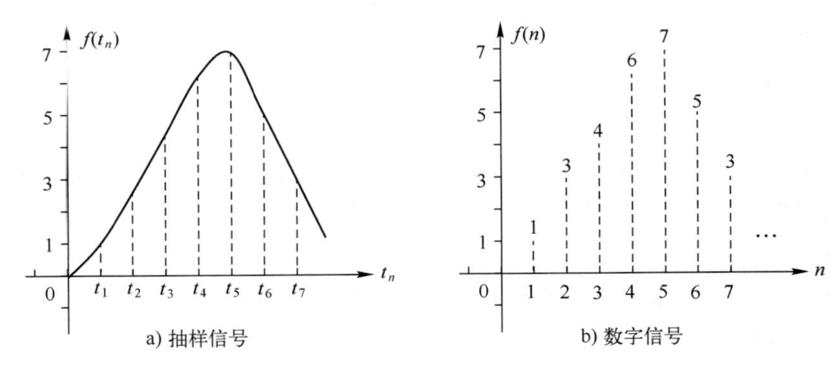

图 2-2　离散时间信号

4. 功率信号和能量信号

如果一个信号在整个时间域（$-\infty$，$+\infty$）内都存在，因此它具有无限大的能量，但其平均功率是有限的，这种信号被称为功率信号。

设信号$f(t)$为时间的实函数，通常把信号$f(t)$看作随时间变化的电压或电流，则当信号$f(t)$通过1Ω电阻时，其瞬时功率为$|f(t)|^2$，而平均功率定义为

$$P=\lim_{T\to\infty}\frac{1}{T}\int_{-T/2}^{T/2}f^2(t)\,\mathrm{d}t \tag{2-4}$$

一般地，平均功率（在整个时间轴上平均）等于0但其能量有限的信号（时域内有始有终）被称为能量信号。设能量信号$f(t)$为时间的实函数，则将电压$f(t)$加到单位电阻上所消耗的能量定义为$f(t)$的归一化能量（简称能量），即为

$$E=\int_{-\infty}^{\infty}f^2(t)\,\mathrm{d}t \tag{2-5}$$

通常，能量信号是时间有限的信号，信号能量有限，在全部时间内的平均功率为0。功率信号是时间无限的信号，具有无限的能量，但平均功率有限。周期信号和随机信号一般是功率信号，而非周期信号常常是能量信号。

2.1.2 信号的特性

信号的特性表现为它的时间特性和频率特性。信号的时间特性主要指信号随时间变化的特性。例如，对于周期信号来说，同一形状的波形重复出现周期的长短，在一个周期内信号变化的速率以及相应的振幅，信号这些随时间变化的表现包含了信号的全部信息量。

信号的频率特性可用信号的频谱函数来表示。频谱函数表征了信号的各频率成分，以及各频率成分的振幅和相位。在频谱函数中，包含了信号的全部信息量。

信号的频率特性和时间特性都包含了信号带有的信息量，也能表示出信号的特点，所以信号的频率特性和时间特性之间必然有密切的联系。

2.2 确知信号的时域特性与频域特性

确知信号和随机信号都可以用它们的时域特性和频域特性表示。时域特性表示信号电压或电流随时间的变化关系。频域特性则指任意信号总可以表示为许多不同频率正弦分量的线性组合。这些正弦分量的参数（振幅、频率、初相）随频率变化而变化的规律，我们称为该信号的频谱。例如，设有一个信号为

$$f(t)=\sin\omega_1 t+\frac{1}{3}\sin3\omega_1 t+\frac{1}{5}\sin5\omega_1 t$$

式中，$\omega_1=2\pi/T$，信号$f(t)$的波形和频谱如图2-3所示。

其中每一条谱线代表一个正弦分量，谱线的高度代表这一正弦分量的振幅，谱线的位置代表这一正弦分量的角频率。

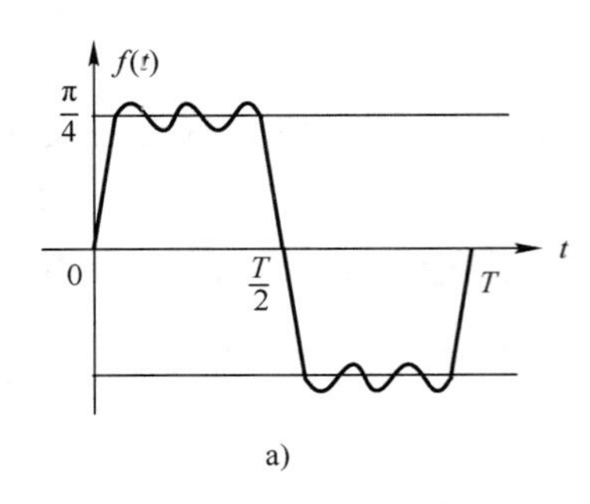

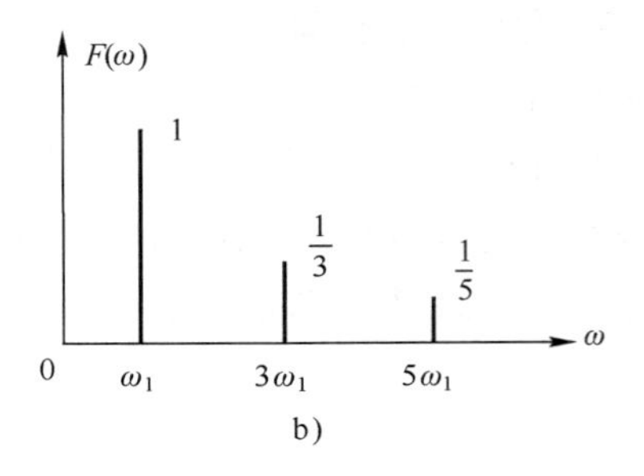

图 2-3　信号的波形及频谱图

根据傅里叶变换的原理，任何一个周期信号若满足狄利克雷条件，都可以表示为傅里叶级数，即如果

$$f(t)=f(t+mT)$$

则有

$$f(t)=A_0+\sum_{n=1}^{\infty}A_n\cos(n\omega t+\phi_n)=A_0+\sum_{n=1}^{\infty}a_n\cos(n\omega t)+\sum_{n=1}^{\infty}b_n\sin(n\omega t) \tag{2-6}$$

这里，$\omega=2\pi/T$ 称为基波角频率，所以对周期信号而言，其频谱由离散的频率成分组成，其中的系数可由下式求得：

$$\begin{aligned}
A_0 &= \frac{1}{T}\int_{t_1}^{t_1+T}f(t)\,\mathrm{d}t \\
a_n &= A_n\cos\varphi_n=\frac{2}{T}\int_{t_1}^{t_1+T}f(t)\cos(n\omega t)\,\mathrm{d}t \\
b_n &= A_n\sin\varphi_n=\frac{2}{T}\int_{t_1}^{t_1+T}f(t)\sin(n\omega t)\,\mathrm{d}t \\
A_n &= \sqrt{a_n^2+b_n^2} \\
\tan\phi_n &= -\frac{b_n}{a_n}\quad n=1,2,\cdots
\end{aligned} \tag{2-7}$$

从上式可知，若 $f(t)$ 为奇函数，则 $a_n=0$，若 $f(t)$ 为偶函数，则 $b_n=0$。如果一个信号包含了频率为 0 的信号分量，那么就称这个信号分量为直流分量。具有直流分量的信号在 $f=0$ 的频率项处有数值，即该信号的振幅平均值不为 0。

另外，根据欧拉公式 $\cos n\omega t=\frac{1}{2}(\mathrm{e}^{\mathrm{j}n\omega t}+\mathrm{e}^{-\mathrm{j}n\omega t})$，$\sin n\omega t=\frac{1}{2\mathrm{j}}(\mathrm{e}^{\mathrm{j}n\omega t}-\mathrm{e}^{-\mathrm{j}n\omega t})$，可推得 $f(t)$ 指数形式的傅里叶级数：

$$f(t)=\sum_{n=-\infty}^{\infty}F(n\omega)\mathrm{e}^{\mathrm{j}n\omega t} \tag{2-8}$$

其中，n 是从 $-\infty$ 到 $+\infty$ 的整数，$F(n\omega)$（可简写作 F_n）为

$$F_n=\frac{1}{T}\int_{t_0}^{t_0+T}f(t)\mathrm{e}^{-\mathrm{j}n\omega t}\,\mathrm{d}t$$

为方便起见，积分区间也可取为 $-T/2$ 到 $+T/2$，因此

$$F_n = \frac{1}{T}\int_{-T/2}^{T/2} f(t)\mathrm{e}^{-\mathrm{j}n\omega t}\mathrm{d}t \tag{2-9}$$

从式（2-9）可看出，F_n一般为复函数，所以这种频谱被称为复数频谱，每条谱线长度为

$$|F_n| = \frac{1}{2}A_n = \frac{1}{2}\sqrt{a_n^2+b_n^2}$$

【例题 2-1】 设函数$f(t)$为周期函数，波形如图 2-4 所示，求该信号的频谱。

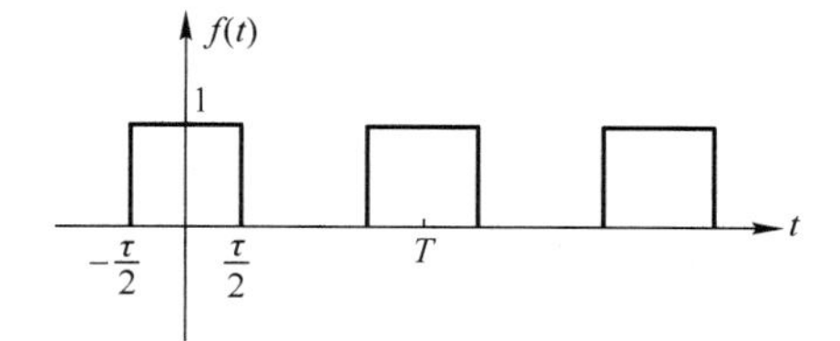

图 2-4　$f(t)$的波形图

解：

$$A_n = \frac{2}{T}\int_{-\frac{T}{2}}^{\frac{T}{2}} f(t)\mathrm{e}^{-\mathrm{j}n\omega t}\mathrm{d}t = \frac{2}{T}\int_{-\frac{\tau}{2}}^{\frac{\tau}{2}} \mathrm{e}^{-\mathrm{j}n\omega t}\mathrm{d}t = \frac{2}{T}\,\frac{\mathrm{e}^{-\mathrm{j}\frac{n\omega\tau}{2}} - \mathrm{e}^{\mathrm{j}\frac{n\omega\tau}{2}}}{-\mathrm{j}n\omega}$$

$$= \frac{4}{T}\,\frac{\sin\frac{n\omega\tau}{2}}{n\omega} = \frac{2\tau}{T}\,\frac{\sin\frac{n\omega\tau}{2}}{\frac{n\omega\tau}{2}} = \frac{2\tau}{T}S_a\left(\frac{n\omega\tau}{2}\right)$$

式中，$S_a(x)$称为抽样函数，该函数的频谱如图 2-5 所示。

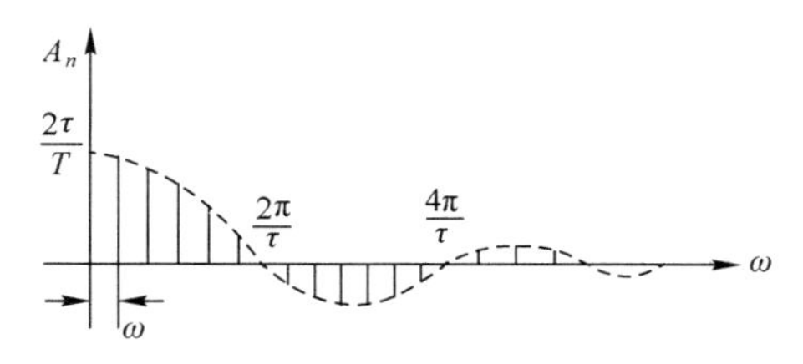

图 2-5　$f(t)$的频谱图

由上例可知，周期脉冲序列的频谱是离散的，其谱线的间隔为基波角频率，且谱线的间隔随 T 的减少而增大，反之谱线则随 T 的增大而变密。

当 $\omega=2n\pi/\tau$ 时，相应的频率分量幅值为零，称为零点。由上例可知，其零点 $\omega=2\pi/\tau$ 的值随 τ 的减少而增大，即脉冲越窄，第一个零点的值就越大。

对非周期信号$f(t)$来说，我们可看作 $T\to\infty$ 时的周期函数，故可用同样的办法求得其频谱。根据式（2-9）可得：

$$F_n T = \int_{-T/2}^{T/2} f(t)\mathrm{e}^{-\mathrm{j}n\omega t}\mathrm{d}t \tag{2-10}$$

但由于 $T\to\infty$，必有谱线间隔 $\omega=2\pi/T\to 0$，离散的谱线变成了无限密集的连续频谱，离散

变量 $n\omega$ 将变成连续变量 ω。令 $F_nT=F(\omega)$，则当 T 趋于无穷大时，式（2-10）可表示为

$$F(\omega)=\int_{-\infty}^{\infty}f(t)\mathrm{e}^{-\mathrm{j}\omega t}\mathrm{d}t \tag{2-11}$$

因此傅里叶级数就变成了傅里叶积分，称为信号 $f(t)$ 的频谱密度函数，简称频谱函数，它表示 $f(t)$ 在 ω 处单位频带（赫兹）内的频谱值。同理，还可求得（具体可参看信号分析的相关书籍）：

$$f(t)=\frac{1}{2\pi}\int_{-\infty}^{\infty}F(\omega)\mathrm{e}^{\mathrm{j}\omega t}\mathrm{d}\omega \tag{2-12}$$

习惯上把由 $f(t)$ 确定 $F(\omega)$ 的变换称为傅里叶正变换（简称傅里叶变换），反之称为傅里叶反变换。$f(t)$ 与 $F(\omega)$ 被称为傅里叶变换对，并表示为 $f(t)\longleftrightarrow F(\omega)$。频谱函数 $F(\omega)$ 一般是一个复函数，可记为

$$F(\omega)=|F(\omega)|\mathrm{e}^{\mathrm{j}\varphi(\omega)} \tag{2-13}$$

其中，$|F(\omega)|$ 是 $F(\omega)$ 的模，表示信号中各频率分量的相对大小；$\varphi(\omega)$ 是 $F(\omega)$ 的复角部分，它表示信号中各频率分量的相位关系。为了直观地表示信号的频谱密度，通常把 $|F(\omega)|$ 和 $\varphi(\omega)$ 画成曲线图，并分别称为振幅频谱图和相位频谱图。一般而言，若信号 $f(t)$ 满足绝对可积条件，即满足

$$\int_{-\infty}^{\infty}|f(t)|\mathrm{d}t<\infty \tag{2-14}$$

则它的傅里叶变换一定存在。不过有些信号尽管不满足这个条件，其傅里叶变换也存在，因此，绝对可积仅仅是傅里叶变换存在的充分条件，而非必要条件。

【例题 2-2】 试求图 2-6a 中所示矩形脉冲的傅里叶变换，并画出它的频谱图。

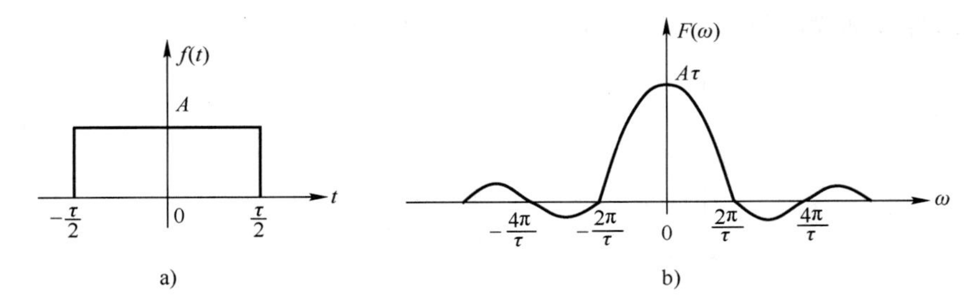

图 2-6 矩形脉冲及其频谱

解： 由图可知，矩形脉冲 $f(t)$ 可表示为

$$f(t)=\begin{cases}A & -\tau/2<t<\tau/2\\ 0 & \text{其他}\end{cases}$$

利用式（2-11），可求得 $f(t)$ 的傅里叶变换为

$$F(\omega)=\int_{-\infty}^{\infty}f(t)\mathrm{e}^{-\mathrm{j}\omega t}\mathrm{d}t=\int_{-\frac{T}{2}}^{\frac{T}{2}}A\mathrm{e}^{-\mathrm{j}\omega t}\mathrm{d}t=\frac{A}{\mathrm{j}\omega}(\mathrm{e}^{\mathrm{j}\omega\frac{\tau}{2}}-\mathrm{e}^{-\mathrm{j}\omega\frac{\tau}{2}})$$

$$=A\tau\frac{\sin(\omega\tau/2)}{\omega\tau/2}=A\tau S_a\left(\frac{\omega\tau}{2}\right)$$

由于 $F(\omega)$ 是实函数，所以可用 $F(\omega)$ 曲线同时表示振幅频谱和相位频谱，如图 2-6b 所示。

由上面所得到的结果可知，矩形信号的频谱按 $S_a(\omega\tau/2)$ 的规律变化，连续地分布在无限宽的频率范围上，但是由图 2-6b 中可见，它的主要功率分布于 $\omega=0\sim2\pi/\tau$，即 $f=0\sim1/\tau$ 的范围内。因而，通常认为它的频带宽度 B 近似为 $1/\tau$，即

$$B\approx\frac{1}{\tau}$$

也就是说，当单个脉冲波形给定时，脉冲序列信号的频宽与脉宽成反比。

信号的带宽是指它的频谱宽度。理论上任意持续期有限的信号的频谱总是无限宽的，但在实际应用中，频谱宽度被认为是信号能量比较集中的一个频率范围。人的语音信号的频谱大约在 20 Hz~20 kHz 之间，电话线中语音信号的频谱在 300 Hz~3400 Hz 之间。图 2-7 显示了人类说话时语音的频谱和音乐的频谱。典型的语音信号的频率范围大致在 100 Hz~7 kHz 之间。电话线路上的语音信号一般被限制在 300 Hz~3400 Hz 之间。典型的语音信号大约有 25 dB（10lg10 功率比）的动态范围，也就是说最大声音的能量可以比最小声音的能量大 300 倍。图 2-7 还反映了语音和音乐的频谱以及功率的动态范围。

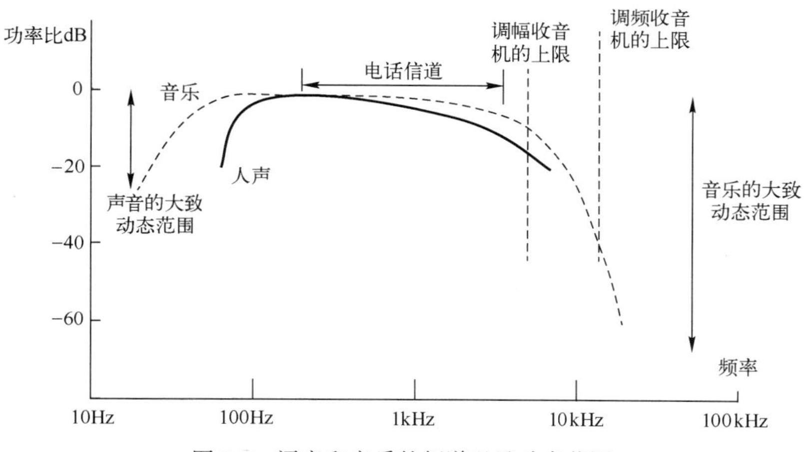

图 2-7　语音和音乐的频谱以及动态范围

在传输信号的系统中，对不同频率的正弦波其传输能力是不同的。如果对不同频率的正弦波测量出它们通过系统后各自的输出幅度与输入幅度之比 $K(f)$，则对于任何传输系统都可以获得一条频率响应曲线 $K(f)$。一个具有低通特性的系统，其典型的频率响应曲线如图 2-8 所示。当 $K(f)$ 降低到 $1/\sqrt{2}$ 时，对应的频率 f_c 称为该系统的截止频率。当输入信号的频率大于 f_c 时，它在该系统中传输时将有较大的衰减。因此，可以把 $0\sim f_c$ 称为具有低通特性的系统所具有的带宽。

式（2-11）与式（2-12）表明，信号的时域表示式与它的频谱之间有着完全确定的关系。在通信系统中，常常要对信号做一些处理，例如在时域内将信号进行延时，在频域中将信号的频谱进行搬移等。由于上面所提到的时域和频域间的关系，在某个域中的处理必然会导致另一个域中特性的相应变化，在分析这些变化关系方面，傅里叶变换的一些基本

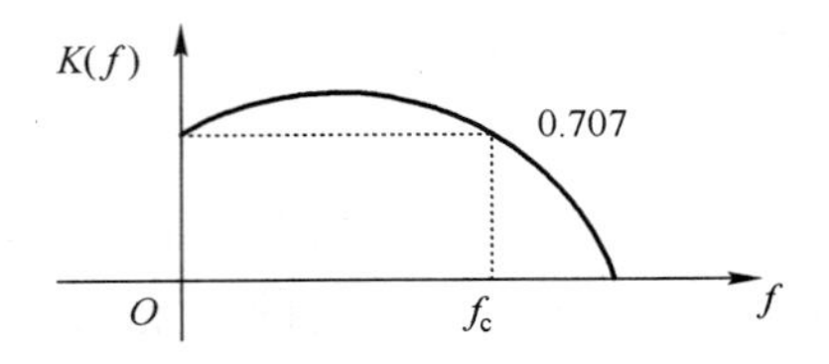

图 2-8　低通系统的频率响应曲线

性质或定理是非常有用的，这些性质及它们的证明在“信号分析”等课程中已进行了详细介绍，这里不再多述。

2.3　确知信号的能量谱密度与功率谱密度

2.3.1　能量谱密度

前面已经介绍了确知信号可分为能量信号和功率信号。对于能量信号 $f(t)$，从时域的角度可定义其能量为

$$E=\int_{-\infty}^{\infty} f^2(t)\,\mathrm{d}t \tag{2-15}$$

如满足狄利克雷条件，且绝对可积，则也可以从频域的角度来研究信号的能量。由于

$$f(t)=\frac{1}{2\pi}\int_{-\infty}^{\infty} F(\omega)\,\mathrm{e}^{\mathrm{j}\omega t}\mathrm{d}\omega \tag{2-16}$$

所以信号的能量可写成

$$\begin{aligned}E&=\int_{-\infty}^{\infty} f^2(t)\,\mathrm{d}t=\int_{-\infty}^{\infty} f(t)\left[\frac{1}{2\pi}\int_{-\infty}^{\infty} F(\omega)\,\mathrm{e}^{\mathrm{j}\omega t}\mathrm{d}\omega\right]\mathrm{d}t\\&=\frac{1}{2\pi}\int_{-\infty}^{\infty} F(\omega)\left[\int_{-\infty}^{\infty} f(t)\,\mathrm{e}^{\mathrm{j}\omega t}\mathrm{d}t\right]\mathrm{d}\omega=\frac{1}{2\pi}\int_{-\infty}^{\infty} F(\omega)F(-\omega)\,\mathrm{d}\omega\\&=\frac{1}{2\pi}\int_{-\infty}^{\infty} |F(\omega)|^2\mathrm{d}\omega\end{aligned} \tag{2-17}$$

式（2-17）称为能量信号的帕塞瓦尔等式。为了描述信号的能量在各个频率分量上的分布情况，定义单位频带内信号的能量为能量谱密度（简称能量谱），单位为焦耳/赫兹（J/Hz），用 $E_f(\omega)$ 来表示，即

$$E_f(\omega)=|F(\omega)|^2 \tag{2-18}$$

因此，能量信号在整个频率范围内的全部能量与能量谱之间的关系可表示为

$$E=\frac{1}{2\pi}\int_{-\infty}^{\infty} E_f(\omega)\,\mathrm{d}\omega \tag{2-19}$$

2.3.2 功率谱密度

对于功率信号，其能量为无限大，但其平均功率是有限的。如$f(t)$为确知的功率信号，它不能满足式（2-14）的条件，但我们可以研究它在（$-\infty$，$+\infty$）上的平均功率P，即

$$P=\lim_{T\to\infty}\frac{1}{T}\int_{-T/2}^{T/2}f^2(t)\,\mathrm{d}t \tag{2-20}$$

并认为这个平均功率是存在极限的。为此，从$f(t)$的波形上截取（$-T/2$，$T/2$）的一段，称为它的截断函数（见图 2-9），记为$f_T(t)$，即

$$f_T(t)=\begin{cases}f(t) & |t|\leqslant T/2\\ 0 & 其他\end{cases} \tag{2-21}$$

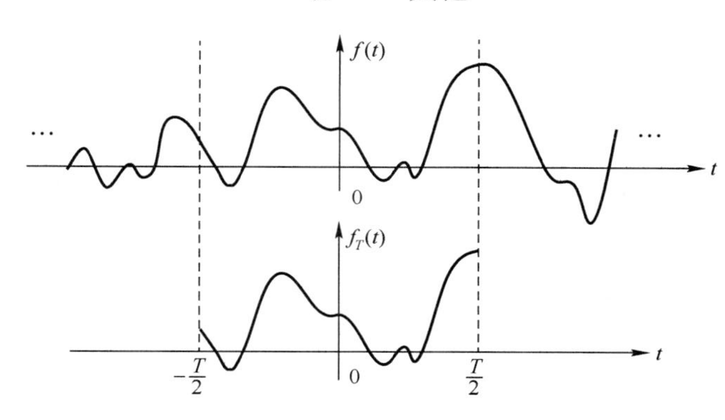

图 2-9 功率信号及截断函数

显然，$f_T(t)$满足条件式（2-14），为能量信号，其能量为

$$E=\int_{-\infty}^{\infty}f_T^2(t)\,\mathrm{d}t=\frac{1}{2\pi}\int_{-\infty}^{\infty}|F_T(\omega)|^2\mathrm{d}\omega \tag{2-22}$$

其中，$F_T(\omega)$为$f_T(t)$的傅里叶变换。根据式（2-20）及式（2-21），可得

$$P=\lim_{T\to\infty}\frac{1}{T}\int_{-T/2}^{T/2}f^2(t)\,\mathrm{d}t=\lim_{T\to\infty}\frac{1}{T}\int_{-\infty}^{\infty}f_T^2(t)\,\mathrm{d}t=\lim_{T\to\infty}\frac{1}{2\pi T}\int_{-\infty}^{\infty}|F_T(\omega)|^2\mathrm{d}\omega=\frac{1}{2\pi}\int_{-\infty}^{\infty}\lim_{T\to\infty}\frac{|F_T(\omega)|^2}{T}\mathrm{d}\omega$$

当极限存在时，令

$$p_f(\omega)=\lim_{T\to\infty}\frac{|F_T(\omega)|^2}{T} \tag{2-23}$$

于是，$f(t)$的平均功率表示为

$$P=\frac{1}{2\pi}\int_{-\infty}^{\infty}p_f(\omega)\,\mathrm{d}\omega \tag{2-24}$$

这里，$p_f(\omega)$称为$f(t)$的功率谱密度，表示角频率ω处的单位频带上的功率，而$f(t)$的平均功率P就是$p_f(\omega)$在频域上的积分。

2.3.3　能量谱、功率谱与自相关函数的关系

相关是现代通信中应用广泛的概念，是信号波形之间相似性或关联性的一种测度。描述信号相关性的函数主要有自相关函数和互相关函数。

若$f(t)$为能量信号，则其自相关函数定义为

$$R(\tau)=\int_{-\infty}^{\infty}f(t)f(t+\tau)\mathrm{d}t\qquad(-\infty<\tau<+\infty)$$

若存在傅里叶变换对$f(t)\longleftrightarrow F(\omega)$，可以证明能量谱与自相关函数是一对傅里叶变换，即

$$R(\tau)=\int_{-\infty}^{\infty}f(t)f(t+\tau)\mathrm{d}t\leftrightarrow F(\omega)F(-\omega)=F(\omega)F^{*}(\omega)=|F(\omega)|^{2}=E_{f}(\omega)\tag{2-25}$$

若$f(t)$为功率信号，则其自相关函数定义为

$$R(\tau)=\lim_{T\to\infty}\frac{1}{T}\int_{-T/2}^{T/2}f(t)f(t+\tau)\mathrm{d}t\quad(-\infty<\tau<+\infty)$$

可以证明：自相关函数与其功率密度谱也是一对傅里叶变换，即

$$R(\tau)=\lim_{T\to\infty}\frac{1}{T}\int_{-T/2}^{T/2}f(t)f(t+\tau)\mathrm{d}t\leftrightarrow\lim_{T\to\infty}\frac{|F_{T}(\omega)|^{2}}{T}=p_{f}(\omega)$$

或写为

$$R(\tau)=\frac{1}{2\pi}\int_{-\infty}^{\infty}p_{f}(\omega)\mathrm{e}^{\mathrm{j}\omega\tau}\mathrm{d}\omega\tag{2-26}$$

该关系又称为维纳-辛钦关系。

由上面可看出，自相关函数反映了一个信号与其延迟τ时间后的信号间相关的程度。自相关函数$R(\tau)$与时间t无关，只与时间差τ有关。当$\tau=0$时，不难看出，能量信号的自相关函数$R(0)$等于信号的能量，而功率信号的自相关函数$R(0)$等于信号的平均功率。

自相关函数的其他有用性质以及互相关函数的定义和有关性质，在此不做介绍，有兴趣的读者可参阅信号分析相关书籍。

2.4　系统响应及分析

在通信过程中，信号的交换和传输是由系统完成的。系统是由相互作用和相互依赖的若干个组成部分结合而成的具有特定功能的有机整体。从第1章的叙述中就可看出，通信系统模型是由许多相互连接和相互依赖的功能模块组成的，它们把包含信息的一系列信号进行各种处理，以达到从某一点向另一点传输信息的目的。因此，分析一个通信系统，本质上建立在对每一个功能模块进行分析的基础之上。信号在系统中的变换和传输可用图2-10表示，图中假设输入信号为$x(t)$，通过系统后得到的输出为$y(t)$。根据$x(t)$和$y(t)$的关

系，系统可分为：

1）**线性系统和非线性系统**。如果叠加原理适用于一个系统，那么该系统就是线性系统，否则便是非线性系统。设图 2-10 所示的系统为线性系统，且 $x_1(t)$ 的响应为 $y_1(t)$，$x_2(t)$ 的响应为 $y_2(t)$，那么当输入为 $[x_1(t)+x_2(t)]$ 时，系统响应为 $[y_1(t)+y_2(t)]$。对于线性系统而言，一个激励的存在并不影响另一个激励的响应。

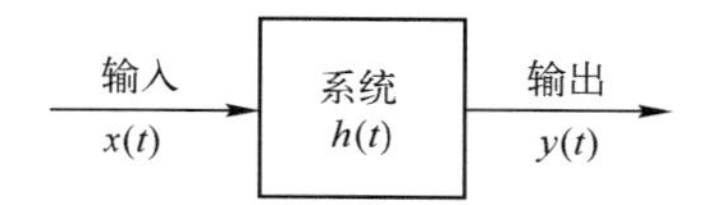

图 2-10　信号通过系统示意图

2）**时不变系统和时变系统**。当系统内的参数不随时间变化时，该系统称为时不变系统。或者说：系统输出信号的形状与输入信号加入的时刻无关。例如，若 $t=0$ 时刻输入信号为 $x(t)$，输出为 $y(t)$，则在 $t=t_1$ 时刻输入 $x(t-t_1)$，其输出 $y(t-t_1)$ 的信号形状不变。只要系统内的一个参数随时间变化，就称此系统为时变系统。时不变系统也称恒参系统，时变系统也称为变参（随参）系统。

工作在线性范围内的滤波器、大多数的通信信道，以及通信系统中的其他功能模块，都可以看作一个线性时不变系统。而且对于某些非线性系统，在限定范围和指定条件下，也符合或接近线性的规律。线性时不变系统的分析方法已经形成较完整严格的体系，而非线性系统的分析一般采用近似算法和图解法。

线性时不变系统的分析方法主要有时域分析法和频域分析法，即当信号通过系统时，其输出信号可以用时域分析法和频域分析法得出。在介绍这两种方法之前，需要引入冲激函数及相关概念。

2.4.1　冲激函数

1. 时域单位冲激函数

在通信系统的分析研究中，冲激函数具有极其重要的作用，它在分析信号通过通信系统进行传输时代替简化的数字信号序列，这能带来极大的方便。时域单位冲激信号就是时域内的单位冲激函数，其定义为

$$\delta(t-t_0)=\begin{cases}\infty & t=t_0\\ 0 & \text{其他}\end{cases}\quad \text{且}\quad \int_{-\infty}^{\infty}\delta(t-t_0)\,\mathrm{d}t=1 \tag{2-27}$$

因此，单位冲激信号 $\delta(t-t_0)$ 是这样一个信号：它在 $t=t_0$ 瞬间的值为无限大，在其他瞬间的值均为零，而且它所覆盖的面积（通常称为冲激强度）等于 1。

单位冲激信号具有许多重要性质。例如当 $\delta(t-t_0)$ 与另一信号 $f(t)$ 相乘时，由于它在除 $t=t_0$ 以外的其他瞬间都等于零，因此有

$$f(t)\delta(t-t_0)=f(t_0)\delta(t-t_0) \tag{2-28}$$

并且有

$$\int_{-\infty}^{\infty}f(t)\delta(t-t_0)\,\mathrm{d}t=\int_{-\infty}^{\infty}f(t_0)\delta(t-t_0)\,\mathrm{d}t=f(t_0)\int_{-\infty}^{\infty}\delta(t-t_0)\,\mathrm{d}t=f(t_0) \tag{2-29}$$

式（2-29）表明：信号 $f(t)$ 与单位冲激信号 $\delta(t-t_0)$ 的乘积仍然是一个冲激信号，但其强度等于该信号在单位冲激信号所在瞬间的值。上述性质就是函数所谓的抽样性。

利用抽样性质，很容易求得单位冲激信号的频谱函数为

$$F(\omega) = \int_{-\infty}^{\infty} \delta(t) \mathrm{e}^{-\mathrm{j}\omega t} \mathrm{d}t = \mathrm{e}^{\mathrm{j}\omega t} \big|_{t=0} = 1 \tag{2-30}$$

即

$$\delta(t) \leftrightarrow 1 \tag{2-31}$$

上述结果表明：单位冲激信号 $\delta(t)$ 的频谱等于常数 1，如图 2-11b 中所示，这意味着在整个频率范围内频谱是均匀分布的。同理可得：

$$\delta(t-t_0) \leftrightarrow \mathrm{e}^{-\mathrm{j}\omega t_0} \tag{2-32}$$

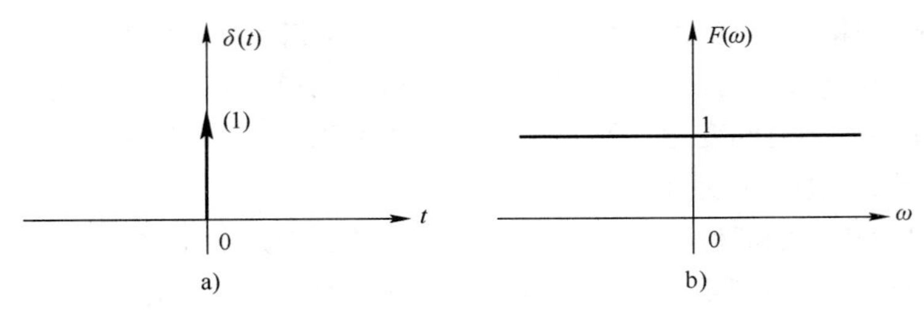

图 2-11　单位冲激信号 $\delta(t)$ 和它的频谱

2. 频域单位冲激函数

与时域单位冲激函数类似，频域单位冲激函数 $\delta(\omega-\omega_0)$ 的定义为

$$\delta(\omega-\omega_0) = \begin{cases} \infty & \omega = \omega_0 \\ 0 & \text{其他} \end{cases} \tag{2-33}$$

并且有

$$\int_{-\infty}^{\infty} \delta(\omega - \omega_0) \mathrm{d}\omega = 1 \tag{2-34}$$

利用傅里叶变换的对偶性质（若 $f(t) \leftrightarrow F(\omega)$，则 $F(t) \leftrightarrow 2\pi f(-\omega)$），由式（2-31）可直接得出：

$$1 \leftrightarrow 2\pi\delta(\omega) \tag{2-35}$$

上述关系表明：频域内位于零频率处强度为 2π 的冲激函数对应于时域内的常数 1。换言之，即数值为 1 的直流信号的傅里叶变换是频域内位于 $\omega=0$ 处，强度为 2π 的冲激函数，如图 2-12 所示。

同理，对式（2-32）运用对偶性质，可得：

$$\mathrm{e}^{\mathrm{j}\omega_0 t} \leftrightarrow 2\pi\delta(\omega-\omega_0) \tag{2-36}$$

即角频率 ω_0 处的复指数信号 $\mathrm{e}^{\mathrm{j}\omega_0 t}$ 对应于频域内 $\omega=\omega_0$ 处强度为 2π 的冲激函数。

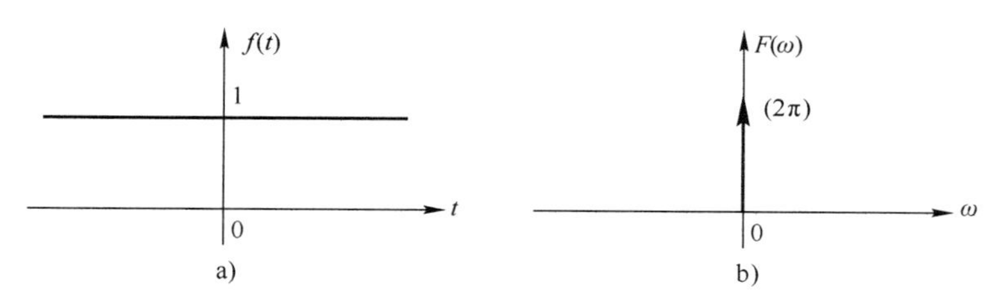

图 2-12　直流信号及其频谱

2.4.2　系统响应及分析

一个通信系统的输入信号称为激励，其输出信号称为响应。我们把给定系统及已知激励的条件下，求系统响应的过程叫作系统分析。对于线性系统或网络，我们最关心的问题就是它的输出信号与输入信号之间的关系。分析信号通过线性系统的方法有两种：时域分析法与频域分析法。

所谓时域分析法，即已知系统和激励的时间函数，求系统响应的时域表达式的方法；所谓频域分析法，即在分析的过程中，将时间变量变换为频率变量去分析。

在时域分析法中，线性网络的特性由它的单位冲激响应 $h(t)$ 来描述。所谓单位冲激响应，是指网络的输入信号是单位冲激信号 $\delta(t)$ 的输出，如图 2-13a 所示。当网络的输入端作用有信号 $v_i(t)$ 时，网络的输出信号 $v_0(t)$ 等于 $v_i(t)$ 与网络单位冲激响应 $h(t)$ 的卷积，即有

$$v_0(t)=\int_{-\infty}^{\infty}h(t-\tau)v_i(\tau)\mathrm{d}\tau=v_i(t)*h(t) \tag{2-37}$$

上式的符号“ * ”，我们定义为卷积运算，如图 2-13b 所示。

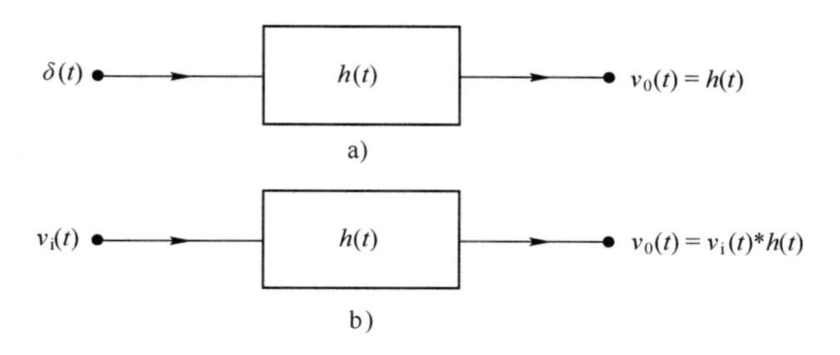

图 2-13　时域分析法示意图

上述分析法之所以能用式（2-37）的积分来求输出响应，是因为我们可以认为输入信号 $v_i(t)$ 是由许多间隔非常近（$\Delta\tau\to0$）的冲激信号构成的，各个冲激的强度或权值等于冲激出现时刻 $v_i(t)$ 的值与冲激间隔的乘积，如图 2-14 所示。于是，输出就是系统对所有加权冲激信号的响应之和（即叠加）。它实际上指出了将 $v_i(t)$ 分解为一组（正交）冲激函数的方法。各个冲激函数经过系统处理后给出相应的（加权、时移）冲激响应，再对全部的冲激响应进行求和，从而得到系统对整个输入信号的（重构）响应。此时，可将式（2-37）重新解释为：$v_i(\tau)\mathrm{d}\tau$ 是在时刻 τ 输入端出现的冲激权值，$h(t-\tau)$ 是 τ 时刻的 $\delta(t-\tau)$ 在系统输出端的冲激响应，而 $v_0(t)$ 就是这些冲激响应之和（见图 2-14）。如果系统是物理可实

现的，则当 $t<0$ 时，有 $h(t)=0$，也就是说脉冲响应 $h(t)$ 在 $\delta(t)$ 加入前为 0，则式（2-37）可改为

$$v_0(t)=v_i(t)*h(t)=\int_0^{\infty}h(t-\tau)v_i(\tau)\mathrm{d}\tau=\int_0^{\infty}h(\tau)v_i(t-\tau)\mathrm{d}\tau$$

根据卷积定义以及图 2-13a，我们还可推出：任意函数 $f(t)$ 与 $\delta(t)$ 的卷积就等于该函数 $f(t)$，即

$$f(t)*\delta(t)=\int_{-\infty}^{\infty}f(\tau)\delta(t-\tau)\mathrm{d}\tau=\int_{-\infty}^{\infty}f(\tau)\delta(\tau-t)\mathrm{d}\tau=f(t)\int_{-\infty}^{\infty}\delta(\tau-t)\mathrm{d}\tau=f(t)$$

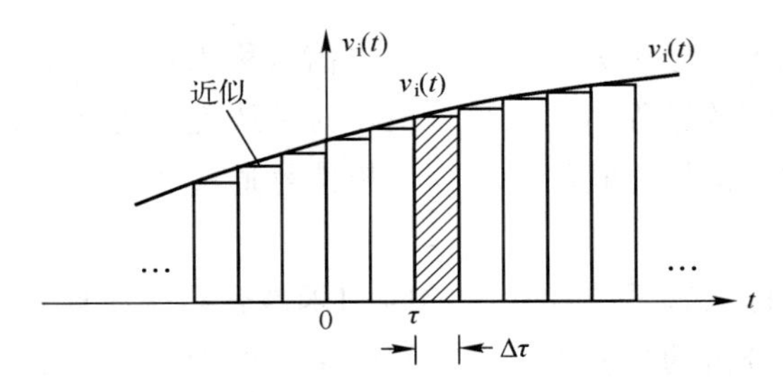

图 2-14　输入信号分解为冲激信号之和

另外，根据卷积定义，我们不难证明：如果 $f_1(t)$ 和 $f_2(t)$ 的傅里叶变换分别为 $F_1(\omega)$ 和 $F_2(\omega)$，则 $f_1(t)$ 和 $f_2(t)$ 卷积的傅里叶变换等于它们各自傅里叶变换的乘积，即

$$F[f_1(t)*f_2(t)]=\int_{-\infty}^{\infty}\left[\int_{-\infty}^{\infty}f_1(\tau)f_2(t-\tau)\mathrm{d}\tau\right]\mathrm{e}^{-\mathrm{j}\omega t}\mathrm{d}t=\int_{-\infty}^{\infty}f_1(\tau)\left[\int_{-\infty}^{\infty}f_2(t-\tau)\mathrm{e}^{-\mathrm{j}\omega t}\mathrm{d}t\right]\mathrm{d}\tau$$

$$=\int_{-\infty}^{\infty}f_1(\tau)F_2(\omega)\mathrm{e}^{-\mathrm{j}\omega t}\mathrm{d}t=F_2(\omega)\int_{-\infty}^{\infty}f_1(\tau)\mathrm{e}^{-\mathrm{j}\omega\tau}\mathrm{d}\tau=F_1(\omega)\times F_2(\omega)$$

也就是说，$f_1(t)*f_2(t)$ 与 $F_1(\omega)\times F_2(\omega)$ 是一对傅里叶变换对，可表示为

$$f_1(t)*f_2(t)\leftrightarrow F_1(\omega)\times F_2(\omega)$$

反之，不难推得：

$$f_1(t)\times f(t)\leftrightarrow\frac{1}{2\pi}[F_1(\omega)\times F_2(\omega)]$$

上述称为卷积定理。卷积定理应用十分广泛，例如，在频域分析法中，可用于求解系统频域输出。假定线性通信系统的特性用传输函数 $H(\omega)$（单位冲激响应 $h(t)$ 的傅里叶变换）来描述，则当 $v_i(t)=\mathrm{e}^{\mathrm{j}\omega t}$ 时：

$$v_o(t)=v_i(t)*h(t)=\int_0^{\infty}h(\tau)\mathrm{e}^{\mathrm{j}\omega(t-\tau)}\mathrm{d}\tau=\mathrm{e}^{\mathrm{j}\omega t}\times H(\omega)$$

$$H(\omega)=\left.\frac{v_0(t)}{v_i(t)}\right|_{v_i(t)=\mathrm{e}^{\mathrm{j}\omega t}} \tag{2-38}$$

因此，传输函数也等于输入是复指数信号 $\mathrm{e}^{\mathrm{j}\omega t}$ 时输出信号 $v_0(t)$ 与输入信号 $v_i(t)$ 之比。如图 2-15a 所示。传输函数与网络的结构和它所包括的元件数值有关，当网络的结构及元件的数值已知时，利用电路分析中大家所熟知的符号法就可以确定网络的 $H(\omega)$。

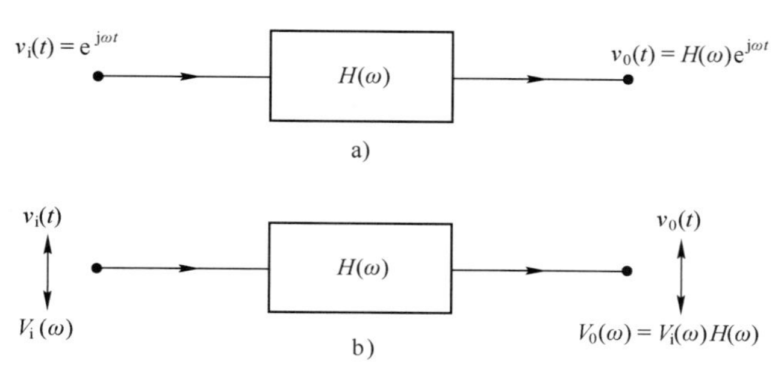

图 2-15　频域分析法示意图

当在网络的输入端上作用信号 $v_i(t)$，并且设 $v_i(t)\leftrightarrow V_i(\omega)$，$v_0(t)\leftrightarrow V_0(\omega)$时，根据卷积定理，不难推出：网络输出信号 $v_0(t)$的频谱 $V_0(\omega)$等于输入信号的频谱与网络传输函数 $H(\omega)$的乘积，即

$$V_0(\omega)=V_i(\omega)H(\omega) \tag{2-39}$$

如图 2-15b 所示。

2.4.3　信号无失真传输条件

实际通信中，信号通过一个传输系统（信道或收发设备等）时总会产生失真，失真程度依赖于信号带宽和系统传输函数的关系。信号无失真传输只是一种理想的情况，本节介绍无失真传输的意义在于它可以建立一个标准，指导如何接近这一目标。

无失真传输的含义是指一个通信系统的输出信号除了在幅度上可能被改变，并引入一个常值的时延外，在波形上应与输入信号准确一致，如图 2-16 所示。在实际应用中，利用频带足够宽的放大器或衰减器，就可以把输出波形调整到与输入波形一致。

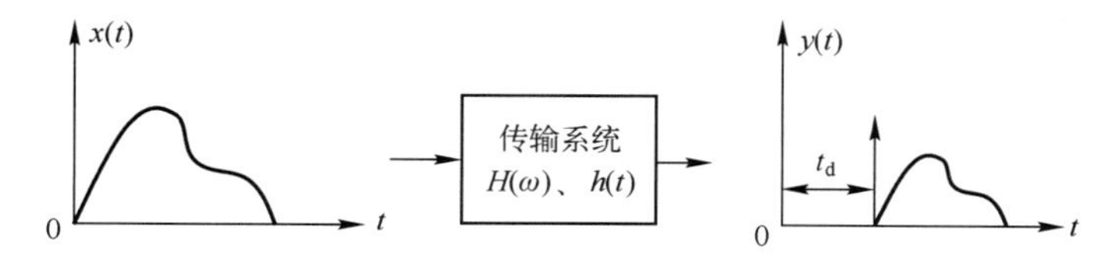

图 2-16　信号无失真传输示意图

设输入信号为 $x(t)$，经系统传输后的输出为 $y(t)$，若能满足

$$y(t)=kx(t-t_d) \tag{2-40}$$

就称为无失真传输。式中，k 为常数，表示幅度的变化；t_d为系统时延，也是常数。对上式进行傅里叶变换，并根据其时移特性，有

$$F_y(\omega)=kF_x(\omega)e^{-j\omega t_d}$$

或

$$H(\omega)=\frac{F_y(\omega)}{F_x(\omega)}=ke^{-j\omega t_d}$$

则可知

$$\begin{cases}|H(\omega)|=k\\ \varphi(\omega)=-\omega t_d\end{cases} \tag{2-41}$$

上式就是对线性时不变系统频域响应特性提出的无失真条件，即：

1）幅频特性 $|H(\omega)|$ 对所有的频率（全频率范围）来说均应为常数，即与频率无关，如图 2-17a 所示；

2）相频特性 $\varphi(\omega)$ 是通过原点的直线，它的斜率为 $-t_d$，如图 2-17b 所示。

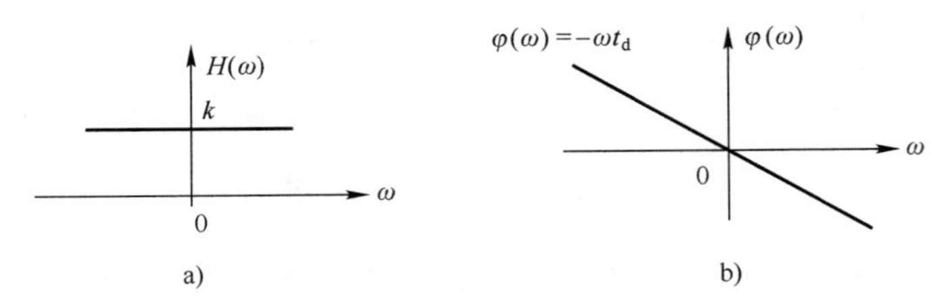

图 2-17　无失真传输系统的传输特性

如果输入信号的频谱局限在一个频带内，那么上述条件只要在该频带内满足就行了。这方面的应用是低通、带通和高通滤波器。但一个实际的物理信号，其频谱分量往往是无限多的，只不过某些频率分量的幅度很小而已。因此真正要求信号无失真传输，传输系统应做到在全频率范围内都满足式（2-41），而这样的系统在技术上是无法实现的，因此信号在传输中总存在失真。

当信号经过一个工作在线性范围的物理系统传输时，一般存在两种不同形式的信号畸变，即分别不满足式（2-41）两个条件的幅度失真和相位失真。

2.4.4　幅度失真和相位失真

1. 幅度失真

所谓幅度失真又称为幅度-频率畸变（也称为幅频畸变），是指信道的幅度-频率特性偏离图 2-17a 所示关系所引起的畸变。

在通常的有线电话信道中可能存在各种滤波器，尤其是带通滤波器，还可能存在混合线圈、串联电容器和分路电感等，因此电话信道的幅度-频率特性总是不理想的。图 2-18 所示为典型音频电话信道的总衰耗-频率特性。十分明显，有线电话信道的此种不均匀衰耗必然使传输信号的幅度-频率发生畸变，引起信号波形的失真。此时若要传输数字信号，还会引起相邻数字信号波形之间在时间上的相互重叠，即造成码间串扰（见第 6 章）。

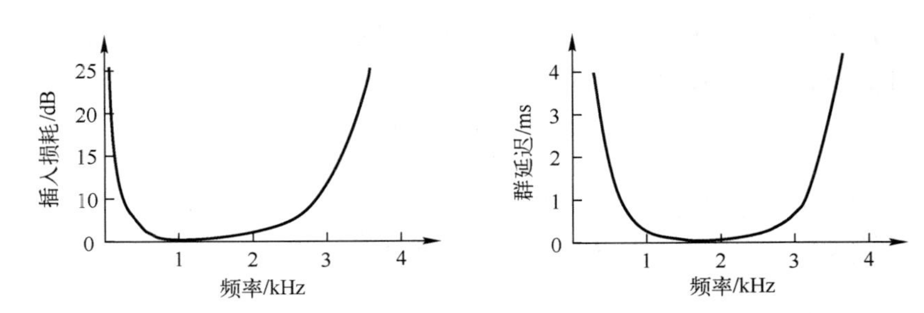

图 2-18　电话信道振幅频率特性与相位频率特性图

为了减小幅度-频率畸变，在设计总的电话信道传输特性时，一般都要求把幅度-频率畸变控制在一个允许的范围内。这就要求改善电话信道中的滤波性能，或者再通过一个线性补偿网络，使衰耗特性曲线变得平坦，接近于图 2-17a。后面的措施通常称为“均衡”。在载波电话信道上传输数字信号时，通常要采用均衡措施。均衡的方式有时域均衡和频域均衡，时域均衡的具体技术也将在第 6 章中介绍。

2. 相位失真

相位失真又称相位-频率畸变（也称为相频畸变）。电话信道的相位-频率畸变主要来源于信道中的各种滤波器及可能有的加感线圈，尤其在信道频带的边缘，相频畸变就更严重。因为数字信号是由很多频率成分组成的，当信号在通信介质中传输时，所有被传输的频率成分必须在同一时间内以相同的电平接收到，然而实际上所有的频率成分并不是按相同的速率传输的，使得某些频率成分要晚于其他频率成分到达接收端，从而引起信号的延迟失真或频率失真。图 2-18 所示为一个典型的电话信道的相位（群迟延）-频率特性。

相频畸变对模拟语音通道影响并不显著，这是因为人耳对相频畸变不太灵敏；但对数字信号传输却不然，尤其当传输速率比较高时，相频畸变将会引起严重的码间串扰，给通信带来很大损害。所以，在模拟通信系统内往往只注意幅度失真和非线性失真，而忽略相位失真。但是，在数字通信系统内一定要重视相位失真可能对信号传输带来的影响。

相位-频率畸变（群迟延畸变）如同幅频畸变一样，也是一种线性畸变。因此，也可采取相位均衡技术补偿群迟延畸变。也就是说，为了减小相位失真，在调制信道内采取相位均衡措施，使得信道的相频特性尽量接近图 2-17b 所示的线性，或者严格限制已调信号的频谱，使它保持在信道的线性相移范围内传输。

【例题 2-3】 设某信道的传输特性为

$$H(\omega)=[1+\cos\omega T_0]\mathrm{e}^{-\mathrm{j}\omega t_\mathrm{d}}$$

式中，t_d为常数。试确定信号 $s(t)$通过该信道后的输出信号表达式，并讨论该信道对信号传输的影响。

解： 该信道的传输函数为

$$H(\omega)=[1+\cos\omega T_0]\mathrm{e}^{-\mathrm{j}\omega t_\mathrm{d}}=\mathrm{e}^{-\mathrm{j}\omega t_\mathrm{d}}+\frac{1}{2}(\mathrm{e}^{\mathrm{j}\omega T_0}+\mathrm{e}^{-\mathrm{j}\omega T_0})\mathrm{e}^{-\mathrm{j}\omega t_\mathrm{d}}$$

$$=\mathrm{e}^{-\mathrm{j}\omega t_\mathrm{d}}+\frac{1}{2}\mathrm{e}^{-\mathrm{j}\omega(t_\mathrm{d}-T_0)}+\frac{1}{2}\mathrm{e}^{-\mathrm{j}\omega(t_\mathrm{d}+T_0)}$$

冲激响应为 $H(\omega)$的傅里叶反变换，即

$$h(t)=\delta(t-t_\mathrm{d})+\frac{1}{2}\delta(t-t_\mathrm{d}+T_0)+\frac{1}{2}\delta(t-t_\mathrm{d}-T_0)$$

则 $s(t)$的输出信号可求得为

$$y(t)=s(t)*h(t)=s(t-t_\mathrm{d})+\frac{1}{2}s(t-t_\mathrm{d}+T_0)+\frac{1}{2}s(t-t_\mathrm{d}-T_0)$$

由上可知，因为该信道的幅频特性不为常数，所以输出信号存在幅度失真，而相频特性是频率的线性函数，所以输出信号不存在相位失真。

2.5 随机信号的描述及分析方法

上面我们对确知信号进行了分析，但实际通信系统中由信源发出的信息通常是随机的，或者说是不可预知的，即它们的某个或几个参数不能预知或不能完全被预知。例如，语音信号、电视信号以及数据信号等。这种具有随机性的时间信号统称为随机信号。此外，通信网中还必然存在着噪声，例如各种电磁波噪声和通信设备本身产生的热噪声、散粒噪声等，通常它们更是不能预测的，凡是不能预测的噪声通常都称为随机噪声，或简称噪声。无论随机信号还是随机噪声，由于两者都是随机的，可用相同的原理来描述，也就是说，它们不能用一个确定的时间函数来描述，而必须根据随机过程理论来描述。

本节将简要讨论一下这类随机信号的分析方法，特别是平稳随机过程的基本理论。掌握随机信号的分析方法对于理解和评价各种通信系统是必不可少的基础条件。

2.5.1 随机过程的一般描述

通信网中所遇到的随机信号和噪声可归纳为依赖于时间参数 t 的随机过程，这种过程的基本特征是：其一，在观察区间内是一个时间函数；其二，任一时刻观察到的值是不确定的，是一个随机变量。其中每个时间函数称为一个实现，而随机过程就可看作一个由全部可能的实现构成的总体。

设有无数台性能相同的接收机，在同样条件下测其输出噪声，可得到如图 2-19 所示的噪声波形 $x_1(t),x_2(t),\cdots,x_n(t),\cdots$。

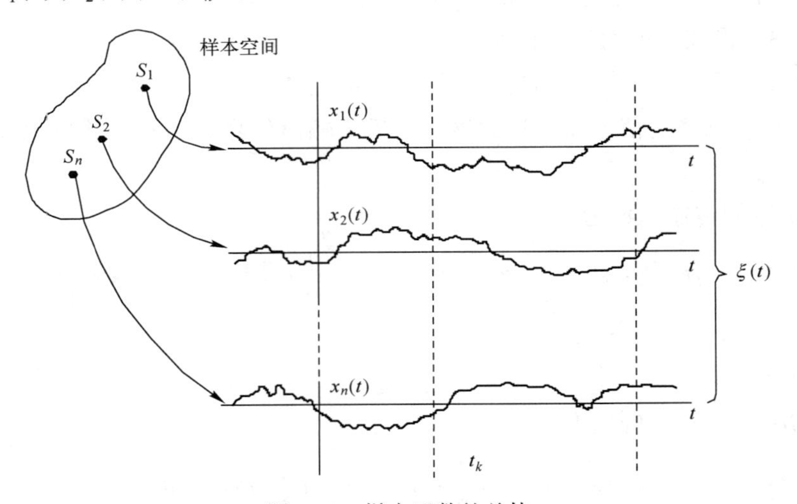

图 2-19 样本函数的总体

其中，每条曲线 $x(t)$ 都是一个随机起伏的时间函数，它不可能预先确定，只能通过测量获得。这种时间函数称为随机函数。无穷多个随机函数 $x_1(t),x_2(t),\cdots,x_n(t),\cdots$ 的集合在统计学中称作一个随机函数的总集（又称随机过程）$\xi(t)$，总集 $\xi(t)$ 中每一个随机函数 $x_i(t)$ 叫作随机过程的一个实现或样本函数。每个实现都是一个确定的时间函数，而随机性就体现在出现哪一个实现是不确定的，并且，我们假定在这个样本空间内的适当集合上所定义的概率分布是存在的。因此，随机过程具有随机变量和时间函数的特点。即：首先，它是一个时间函数；其次，每个时刻的函数值不是确定的，是随机的，并按一定的概率分布。如果时间是离散的，则这种随机过程叫作随机序列。例如通信中的热噪声是随机过程，而计算机产生的信号则是随机序列。我们研究随机过程的思路首先是研究随机过程在不同时刻的随机特性，然后研究某一实现的特性。

随机过程的两重性使我们可以用描述随机变量的相似方法来描述它的统计特性。设 $\xi(t)$ 是一个随机过程，它在任一时刻 t_1 的值 $\xi(t_1)$ 是一个随机变量。而随机变量的统计特性是可以用概率分布函数或概率密度函数来描述的。

2.5.2　平稳随机过程

随机过程按其概率分布函数或概率密度函数特性的不同，可以分为多种类型，如独立随机过程、马尔可夫（Markov）过程、独立增量过程及平稳随机过程等。其中平稳随机过程是应用广泛的一类随机过程，在通信领域中占有重要地位。其重要性主要表现在两个方面：其一，在实际应用中，特别是在通信中所遇到的过程大多属于或很接近平稳随机过程；其二，平稳随机过程可以用它的一维、二维统计特征很好地描述。由此发展了平稳随机过程的理论。下面将主要讨论平稳随机过程。

1. 平稳随机过程的定义

所谓平稳随机过程，是指它的 n 维分布函数或概率密度函数不随时间的平移而变化，或者说不随时间原点的选取而变化。用数学表示，即如果对于任意的 n 和 h，随机过程 $\xi(t)$ 的 n 维概率密度函数满足：

$$f_n(x_1,x_2,\cdots,x_n,t_1,t_2,\cdots,t_n)=f_n(x_1,x_2,\cdots,x_n,t_1+h,t_2+h,\cdots,t_n+h) \tag{2-42}$$

则称 $\xi(t)$ 为平稳随机过程。若上式中对于某个 n 值是成立的，则称此随机过程为 n 阶平稳随机过程。若 $\xi(t)$ 对所有阶都是平稳的，则称为严平稳随机过程或狭义平稳随机过程。尤其是，当 $n=1$，并令 $h=-t_1$，根据式（2-42）可得：

$$f_1(x_1,t_1)=f_1(x_1,t_1+h)=f_1(x_1,0)$$

即平稳随机过程的一维概率密度函数与时间 t 无关。

当 $n=2$，并令 $h=-t_1$，$\tau=t_2-t_1$，则有

$$f_2(x_1,x_2,t_1,t_2)=f_2(x_1,x_2,t_1+h,t_2+h)=f_2(x_1,x_2,0,t_2-t_1)=f_2(x_1,x_2,0,\tau)$$

上式表明二维概率密度函数仅依赖于时间间隔，而与时间的个别值 t_1 和 t_2 无关，可写成 $f_2(x_1,\ x_2;\tau)$。

注意到式（2-42）定义的平稳随机过程对于一切 n 都成立，这在实际应用中是十分困难的。幸好，在实际应用上通常只需考虑二维分布，即下面将要介绍的广义平稳随机过程。

2. 平稳随机过程的数字特征

在实际中，用随机过程的数字特征来描述随机过程的统计特性更简单方便。求取随机过程数字特征的方法有“统计平均”和“时间平均”两种。

(1) 统计平均

对于随机过程 $\xi(t)$ 某一特定时刻不同实现的可能取值，用统计方法得出的平均值叫作统计平均。根据平稳随机过程的定义，可以求得平稳过程 $\xi(t)$ 的数学期望、均方值、方差和自相关函数。

① 均值（数学期望）

随机过程在任意时刻 t 取值所得随机变量的均值称为随机过程的均值或数学期望。即

$$E[\zeta(t)] = \int_{-\infty}^{\infty} xf(x)\,\mathrm{d}x = a \tag{2-43}$$

式中，$f(x)$ 是随机过程 $\xi(t)$ 的一维概率密度函数。均值代表随机过程的摆动中心。

② 均方值

$$E[\zeta^2(t)] = \int_{-\infty}^{\infty} x^2 f(x)\,\mathrm{d}x \tag{2-44}$$

称为随机过程 $\xi(t)$ 的均方值。

③ 方差

$$\begin{aligned} D[\xi(t)] &= E\{[\xi(t) - a]^2\} \\ &= E[\xi^2(t)] - 2aE[\xi(t)] + a^2 = E[\zeta^2(t)] - a^2 \\ &= \sigma^2 \end{aligned} \tag{2-45}$$

称为随机过程 $\xi(t)$ 的方差。它等于随机过程的均方值与其均值的平方之差，表示随机过程在某时刻取值所得随机变量对于该时刻均值的偏离程度。当均值 a 为 0 时，有

$$D\{\xi(t)\} = E[\xi^2(t)] = \sigma^2 \tag{2-46}$$

均值和方差是刻画随机过程在各个孤立时刻的统计特性的重要数字特征。

④ 自相关函数

设 $\xi(t_1)$ 和 $\xi(t_2)$ 是随机过程 $\xi(t)$ 在任意两个时刻 t_1 和 t_2 的取值，$\tau = t_2 - t_1$，$f = f(x_1, x_2; t_1, t_2) = f(x_1, x_2; \tau)$ 是相应的二维概率密度函数，则

$$R(t_1, t_2) = E[\xi(t_1)\xi(t_2)] = \int_{-\infty}^{\infty}\int_{-\infty}^{\infty} x_1 x_2 f(x_1, x_2; \tau)\,\mathrm{d}x_1\mathrm{d}x_2 = R(\tau)$$

称为随机过程 $\xi(t)$ 的自相关函数，简称相关函数。它反映了随机过程的两个不同观测时刻取值的关联程度。若随机过程变化平缓，则 $R(t_1, t_2)$ 值较大，反之较小。当 $t_1 = t_2$ 时，根据定义可知，此时的自相关函数就等于均值为零的方差。

由上可见，平稳随机过程的数字特征变得简单了，数学期望、均方值和方差都是与时间无关的常数，自相关函数只是时间间隔 τ 的函数。

对于通信系统与其他很多自然现象，往往使用一维、二维统计特征足以表明随机过程的主要实质，或能满足基本分析需求。因此，我们定义满足均值为常数，相关函数只与时间间隔有关且均方值有限的随机过程为广义平稳随机过程或宽平稳随机过程。即满足以下条件：

$$\begin{cases} E[\xi(t)] = \text{常数} \\ E[\xi^2(t)] < +\infty \\ E[\xi(t)\xi(t+\tau)] = R(\tau) \end{cases} \tag{2-47}$$

相对地，按式（2-42）定义的平稳随机过程称为狭义平稳随机过程。因为广义平稳随机过程的定义只涉及与一维、二维概率密度有关的数字特征，所以对于一个狭义平稳随机过程来说，只要均方值 $E[\xi^2(t)]$ 有界，则它必定也是广义平稳随机过程，但反过来一般是不成立的。今后若不特别说明，所说的平稳随机过程都是指广义平稳随机过程或简称平稳过程。

（2）时间平均

对随机过程 $\xi(t)$ 的某一特定实现，用数学分析的方法对时间求平均叫作时间平均。

① 平均值（或直流分量）

设 $x(t)$ 是随机过程 $\xi(t)$ 的一个典型的样本函数，则该样本函数的时间平均定义为

$$\lim_{T\to\infty}\frac{1}{T}\int_{-T/2}^{T/2}x(t)\,\mathrm{d}t=\overline{a} \tag{2-48}$$

② 均方值（或总平均功率）

$$\lim_{T\to\infty}\frac{1}{T}\int_{-T/2}^{T/2}x^2(t)\,\mathrm{d}t=\overline{b} \tag{2-49}$$

③ 方差（或交流功率）

$$\lim_{T\to\infty}\frac{1}{T}\int_{-T/2}^{T/2}[x(t)-\overline{a}]^2\,\mathrm{d}t=\overline{b}-\overline{a}^2=\overline{\sigma}^2 \tag{2-50}$$

④ 自相关函数

样本函数 $x(t)$ 的自相关函数定义为

$$\overline{R(\tau)}=\lim_{T\to\infty}\frac{1}{T}\int_{-T/2}^{T/2}x(t)x(t+\tau)\,\mathrm{d}t \tag{2-51}$$

当 $\tau=0$ 时，$\overline{R(0)}=\overline{b}$。

在广义平稳条件下，上述诸多统计平均计算可以得到简化。

3. 各态历经性与时间平均

平稳随机过程在满足一定条件下有一个非常重要的特性，称为各态历经性。这种平稳随机过程的数字特征完全可由随机过程中任一实现的数字特征，即数学期望、方差和自相关函数决定，并满足下列条件：

$$\begin{cases}a=\overline{a}\\ \sigma^2=\overline{\sigma}^2\\ R(\tau)=\overline{R(\tau)}\end{cases}$$

该式表明，具有各态历经性的平稳随机过程要求它的数字特征不必进行无限多次试验，而只需求得一次试验的结果，从而使统计平均（集合平均）可用时间平均来代替，使计算过程大为简化。各态历经性的含义是：只要观测的时间足够长，这种随机过程的每个样本函数就好像遍历了随机过程的所有可能状态，因此，用一个样本函数的时间平均就可以代替它的统计平均（集合平均）。若随机过程的均值和自相关函数都具有各态历经性，则称随机过程是宽各态历经过程，简称随机过程为各态历经过程。不过应注意，具有各态

历经性的随机过程必定是平稳随机过程，但平稳随机过程不一定是各态历经性的。由于在通信领域中所遇到的信号及噪声一般均满足上述条件，所以本书后面讨论的随机过程都是具有各态历经性的，其统计平均与时间平均相等。

4. 平稳随机过程的功率谱密度

（1）功率谱密度

对于确知信号，傅里叶变换可用频谱来描述。但对于随机信号和噪声，不能直接应用傅里叶变换来进行频谱分析。由于随机过程的每一个样本函数都是在整个时间域内存在的，因此它属于功率信号。功率信号可用功率谱密度来描述。

平稳随机过程的功率谱密度以及它与自相关函数的关系可以利用确知功率信号类似的方法来推导。平稳随机过程的每个实现是一个时间信号，且为功率信号，因而每个实现的功率谱密度可由式（2-23）表示。但是，随机过程的每一个实现是不能预知的，因此，某一实现的功率谱密度不能当作平稳随机过程的功率谱密度，而必须进行统计平均。

与确知功率信号相似，令 $\xi_T(t)$ 为平稳随机过程 $\xi(t)$ 的截断函数，且其傅里叶变换存在，即有 $\xi_T(t) \to F_{\xi T}(\omega)$。同理，可以得到平稳随机过程的功率谱密度 $p(\omega)$ 为

$$p(\omega) = \lim_{T\to\infty} \frac{E\,|F_{\xi T}(\omega)|^2}{T} \tag{2-52}$$

式（2-52）与式（2-23）的区别在于增加了统计平均 E 的运算，而 $\xi(t)$ 的平均功率 P 可表示为

$$P = \frac{1}{2\pi}\int_{-\infty}^{\infty} p(\omega)\,\mathrm{d}\omega = \frac{1}{2\pi}\int_{-\infty}^{\infty} \lim_{T\to\infty} \frac{E\,|F_{\xi T}(\omega)|^2}{T}\mathrm{d}\omega \tag{2-53}$$

可以证明：平稳随机过程的功率谱密度 $p(\omega)$ 与自相关函数 $R(\tau)$ 是一对傅里叶变换，即

$$p(\omega) \leftrightarrow R(\tau)$$

可以表示为

$$\begin{cases} p(\omega) = \displaystyle\int_{-\infty}^{\infty} R(\tau)\,\mathrm{e}^{-\mathrm{j}\omega\tau}\,\mathrm{d}\tau \\ R(\tau) = \dfrac{1}{2\pi}\displaystyle\int_{-\infty}^{\infty} p(\omega)\,\mathrm{e}^{\mathrm{j}\omega\tau}\,\mathrm{d}\omega \end{cases} \tag{2-54}$$

根据上述关系式及自相关函数 $R(\tau)$ 的性质，不难推出功率谱密度 $p(\omega)$ 有如下性质：

① 非负性：$p(\omega) \geqslant 0$

② 偶函数：$p(\omega) = p(-\omega)$

由于随机信号的功率谱函数通常是确知函数，可以明确有效地说明随机信号中各频率成分的含量，所以，随机信号的频域分析主要是考察信号的功率谱密度，而非频谱。

（2）单边功率谱

由于功率谱总是正的实函数，实信号的功率谱还必定是偶函数，鉴于这种固有的偶函数特点，实信号经常只使用正频率部分，称之为单边功率谱。相对地，称原定义为双边功

率谱。显然，在实际应用中使用单边功率谱有更直观的物理意义。

设单边功率谱为 $G(f)$，为保持计算出的功率一样，有

$$G(f)=\begin{cases}2p(f) & f>0\\ 0 & f<0\end{cases}$$

单边功率谱如图 2-20 所示。

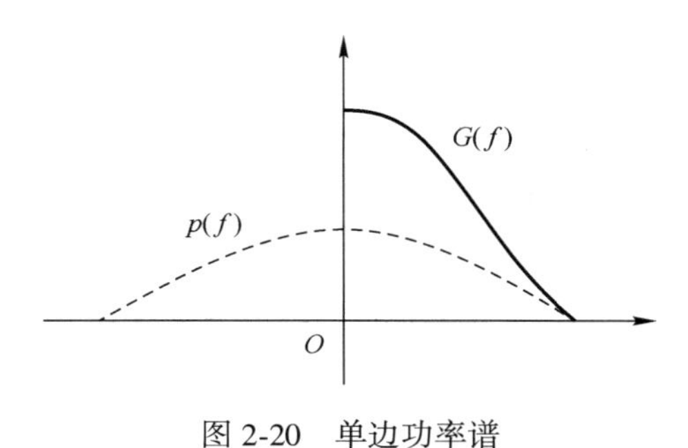

图 2-20　单边功率谱

【例题 2-4】已知某随机相位正弦波 $\xi(t)=\sin(\omega_c t+\theta)$，其中 θ 是在 $0\sim2\pi$ 内均匀分布的随机变量。求解下列问题：

1）$\xi(t)$ 是否是广义平稳？

2）$\xi(t)$ 是否是各态历经？

3）$\xi(t)$ 的功率谱密度是什么？

解：1）由判定广义平稳的条件可知，如果 $\xi(t)$ 满足式（2-47），则为广义平稳。

$$E[\zeta(t)]=E[\sin(\omega_c t+\theta)]=\int_0^{2\pi}\sin(\omega_c t+\theta)\cdot\frac{1}{2\pi}\mathrm{d}\theta=0$$

$$\begin{aligned}R(t,t+\tau)&=E[\xi(t)\zeta(t+\tau)]=E\{\sin(\omega_c t+\theta)\cdot\sin(\omega_c t+\omega_c\tau+\theta)\}\\&=E\{\sin(\omega_c t+\theta)\cdot\sin(\omega_c t+\theta)\cdot\cos(\omega_c\tau)\}+E\{\sin(\omega_c t+\theta)\cdot\cos(\omega_c t+\theta)\cdot\sin(\omega_c\tau)\}\\&=\cos(\omega_c\tau)E\{\sin^2(\omega_c t+\theta)\}+\frac{1}{2}\sin(\omega_c\tau)E\{\sin2(\omega_c t+\theta)\}=\frac{1}{2}\cos(\omega_c\tau)=R(\tau)\end{aligned}$$

$$D[\xi(t)]=E[\xi(t)]^2-\{E[\xi(t)]\}^2=E[\xi(t)]^2-0=R(0)=\frac{1}{2}$$

可见，满足广义平稳条件，所以是广义平稳。

2）若统计平均等于时间平均，则 $\xi(t)$ 是各态历经的随机过程。

根据式（2-48），当 T 趋于无穷时，有

$$\overline{a}=\frac{1}{T}\int_{-\frac{T}{2}}^{\frac{T}{2}}\sin(\omega_c t+\theta)\mathrm{d}t=0$$

$$\begin{aligned}\overline{R(\tau)}&=\frac{1}{T}\int_{-\frac{T}{2}}^{\frac{T}{2}}\sin(\omega_c t+\theta)\cdot\sin(\omega_c t+\omega_c\tau+\theta)\mathrm{d}t\\&=-\frac{1}{T}\int_{-\frac{T}{2}}^{\frac{T}{2}}\frac{1}{2}[\cos(2\omega_c t+\omega_c\tau+2\theta)-\cos(\omega_c\tau)]\mathrm{d}t=\frac{1}{2}\cos(\omega_c\tau)=R(\tau)\end{aligned}$$

所以，随机相位的正弦波是一个各态历经的随机过程。

3）根据式（2-54）可求得：

$$p(\omega)=\int_{-\infty}^{\infty}R(\tau)\mathrm{e}^{-\mathrm{j}\omega\tau}\mathrm{d}\tau=\int_{-\infty}^{\infty}\frac{1}{2}\cos\omega_{\mathrm{c}}\tau\mathrm{e}^{-\mathrm{j}\omega\tau}$$

$$=\int_{-\infty}^{\infty}\frac{1}{4}(\mathrm{e}^{\mathrm{j}\omega_{\mathrm{c}}\tau}+\mathrm{e}^{-\mathrm{j}\omega_{\mathrm{c}}\tau})\mathrm{e}^{-\mathrm{j}\omega\tau}\mathrm{d}\tau=\frac{1}{4}\int_{-\infty}^{\infty}\mathrm{e}^{-\mathrm{j}(\omega-\omega_{\mathrm{c}})\tau}\mathrm{d}\tau+\frac{1}{4}\int_{-\infty}^{\infty}\mathrm{e}^{-\mathrm{j}(\omega+\omega_{\mathrm{c}})\tau}\mathrm{d}\tau$$

$$=\frac{\pi}{2}\delta(\omega-\omega_{\mathrm{c}})+\frac{\pi}{2}\delta(\omega+\omega_{\mathrm{c}})$$

另外，根据式（2-24）可求得平均功率：

$$P=\frac{1}{2\pi}\int_{-\infty}^{\infty}p(\omega)\mathrm{d}\omega=R(0)=\frac{1}{2}$$

本章小结

研究通信系统本质上就是要研究信号在系统中的传输和变换，信号与系统分析是后续各章节中计算与分析的理论基础。信号是信息的载体，信号从不同的角度可以简单划分为：确知信号和随机信号、周期信号和非周期信号、连续信号和离散信号、功率信号和能量信号，等等。根据这些信号所表现出来的特性又可分为时域特性和频域特性。信号的频域特性给出了信号不同频率分量的大小，能够提供比时域信号波形更直观、更丰富的信息，因此通信领域大都使用这种方法来表示信号特征。确知信号的频域特性可使用傅里叶分解或傅里叶变换来求得。信号的能量谱密度和功率谱密度有助于了解信号的功率和能量在频域上的分布，可以更好地描述功率信号和能量信号，这也是求解随机信号频谱特性的基础。自相关函数在信号分析中是一个十分有用的工具，表征信号与其自身在时移 τ 后的关联程度，它与功率谱密度构成傅里叶变换对。

信号通过线性通信系统的分析方法，同理可分为时域分析法和频域分析法，并据此可导出信号通过线性通信系统无失真传输的条件。虽然实际通信系统总会存在失真，但它有助于指导实际系统的设计和实现，也为后续章节的学习奠定基础。由于实际通信系统中信源发出的信号通常是随机信号而不是确知信号，并且随机信号无法用确知的函数关系来描述，所以不能用傅里叶变换求其频谱特性，只能用功率谱密度来描述其频率特性。因此学习和了解随机信号的定义及分析方法，特别是平稳随机过程的数字特征求解方法和功率谱密度的计算方法具有重要意义。

思考与练习

1. 一个周期矩形波的一个周期波形与另一个非周期矩形波的波形完全相同，其频谱图有何区别？

2. 证明 $f(t)=1$ 的傅里叶变换为 $F(\omega)=2\pi\delta(\omega)$。

3. 求下列信号的振幅频谱，并绘出图形。

（1）$f(t)=S_a\left(\frac{\pi}{T}t\right)+2S_a\left[\frac{\pi}{T}(t-T)\right]+S_a\left[\frac{\pi}{T}(t-2T)\right]$

（2）$f(t)=S_a\left(\frac{\pi}{T}t\right)-S_a\left[\frac{\pi}{T}(t-2T)\right]$

4. 一升余弦脉冲信号的表示式为

$$f(t)=\frac{E}{2}\left(1+\cos\frac{\pi t}{T}\right)\quad 0\leqslant|t|\leqslant T)$$

试求其频谱。

5. 设有两矩形脉冲$f_1(t)$、$f_2(t)$如图 P2-1 所示，试求$f_1(t)*f_2(t)$，并绘出图形。

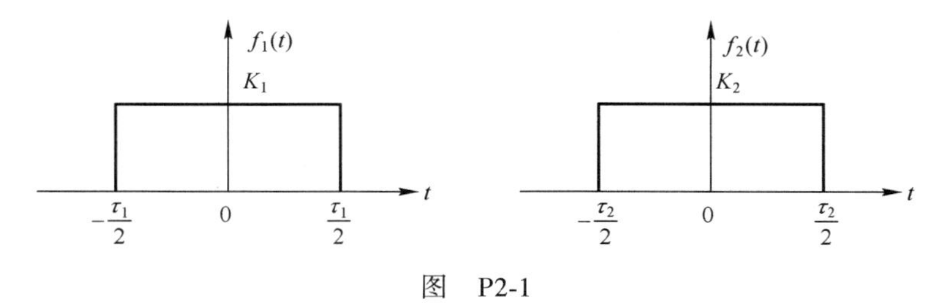

图　P2-1

6. 试确定下列信号的平均功率和功率谱密度。

（1）$A\cos(2000\pi t)+B\sin(200\pi t)$

（2）$[A+\sin(200\pi t)]\cos(2000\pi t)$

（3）$A\cos(200\pi t)\cos(2000\pi t)$

7. 求单个矩形脉冲（脉幅为 A，脉宽为 2）的自相关函数和能量谱密度。

8. 设周期信号为$f(t)=A\cos\omega_1 t$，试求它的自相关函数和功率谱密度。

9. 设随机过程$\xi(t)$可表示成$\xi(t)=2\cos(2\pi t+\theta)$，式中 θ 是一个离散随机变量，且 $P(\theta=0)=1/2$、$P(\theta=\pi/2)=1/2$，试求 $E_\xi(1)$及 $R_\xi(0,1)$。

10. 设$z(t)=x_1\cos\omega_0 t-x_2\sin\omega_0 t$是一随机过程，若 x_1 和 x_2 是彼此独立且具有均值为 0、方差为 σ^2 的正态随机变量，试求：

（1）$E[z(t)]$与 $E[z^2(t)]$。

（2）$z(t)$的一维分布密度函数$f(z)$。

（3）$B(t_1,t_2)$与 $R(t_1,t_2)$。

11. 功率谱为 $n_0/2$ 的白噪声，通过 RC 低通滤波器，如图 P2-2 所示。试求输出噪声的功率谱和自相关函数，并作图与输入噪声进行比较。

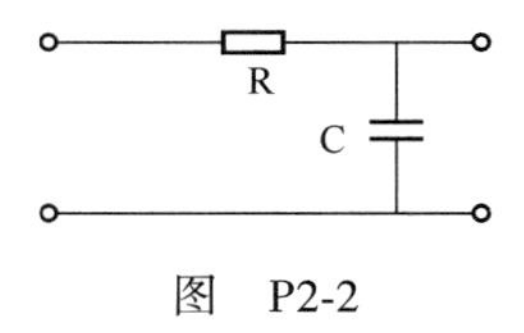

图　P2-2

12. 当图 P2-3 中的脉冲周期等于不同的脉冲宽度，例如，$T=5\tau$，4τ，3τ，2τ，1τ 时，分别求出此信号的各次谐波中没有哪些谐波成分。

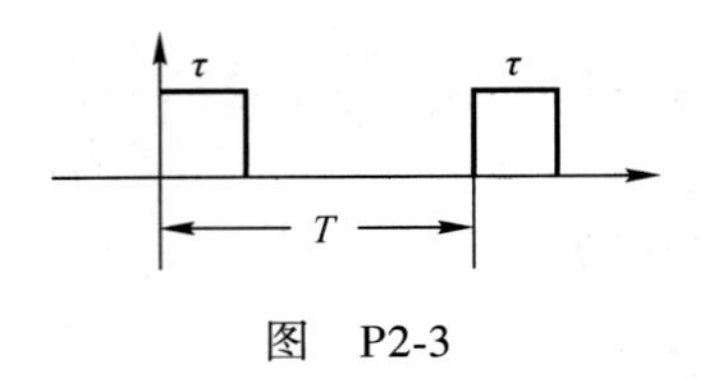

图　P2-3

13. 已知$f(t)$的频谱函数如图 P2-4 所示，画出$f(t)\cos\omega_0 t$的频谱函数图，设$\omega_0=5\omega_x$。

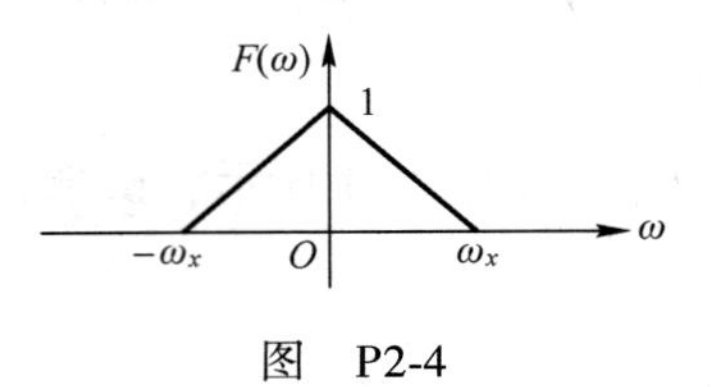

图　P2-4

第3章　信　　道

3.1　信道的基本概念及模型

3.1.1　信道的定义及分类

信道是任何信息传输系统不可缺少的组成部分。通俗地说，信道是指以传输介质为基础的信号通路。具体地说，它是由有线或无线电路提供的信号通路；抽象地说，它提供一段频带让信号通过，同时又对信号加以限制并给信号带来损害。

一般地，我们将仅指信号传输介质的信道称为狭义信道，它可分为有线信道和无线信道。目前，有线信道采用的传输介质有架空明线、电缆、光导纤维（光缆）等；无线信道指为自由空间提供的各种频段或波长的电磁波传播通道，例如中长波地表波传播、超短波及微波视距传播（含卫星中继）、短波电离层反射、超短波流星余迹散射、对流层散射、电离层散射、超短波超视距绕射、波导传播、光波视距传播等。可以这样认为，凡不属于有线信道的信号传输介质均可视为无线信道的介质。无线信道的传输没有有线信道的传输稳定和可靠，但无线信道具有方便、灵活、通信者可移动等优点。所以，狭义信道是指接在发送端设备和接收端设备中间的传输介质（以上所列）。狭义信道的定义直观，易理解。

从研究消息传输的观点看，通常把信源发出的模拟信号和数字编码的基带信号视为信息部分，而将从调制器到接收端解调器这一中间变换过程中，除包括的传输介质，还可能包括的转换器（如馈线、天线、调制器、解调器），以及交换、放大、中继等线路设备组成的传输路径称为广义信道。在讨论通信的一般原理时，通常采用的是广义信道。图 3-1 所示的调制信道与编码信道均称为广义信道。

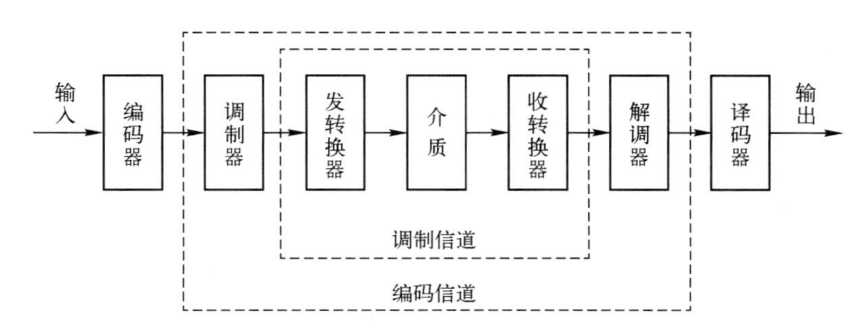

图 3-1　广义信道示意图

广义信道通常也可分成两种：调制信道和编码信道。

1. 调制信道

调制信道是从研究调制与解调的基本问题出发而构成的，它的范围是从调制器输出端到解调器输入端，如图 3-1 所示。因为从调制和解调的角度来看，我们只关心调制器输出的信号形式和解调器输入信号与噪声的最终特性，并不关心信号的中间变化过程，所以定义调制信道对于研究调制与解调问题是方便和恰当的。

调制信道又可分为恒参信道和随参信道。恒参信道的参数不随时间变化，或其变化相对于信道上传输信号的变化极其缓慢，否则，就是随参信道。恒参信道对信号传输的影响是固定的或者是变化相对较缓慢的，而随参信道对信号传输的影响较复杂。

2. 编码信道

在数字通信系统中，如果仅着眼于编码和译码问题，则可得到另一种广义信道——编码信道。这是因为从编码和译码的角度看，编码器的输出仍是某一个数字序列，而译码器输入同样也是一个数字序列，一般情况下它们是相同的数字序列。因此，从编码器输出端到译码器输入端的所有转换器及传输介质可用一个完成数字序列变换的方框加以概括，此方框称为编码信道。编码信道示意图也如图 3-1 所示。根据研究对象和关心问题的不同，我们还可以定义其他形式的广义信道，如表 3-1 所示。

表 3-1　信道分类表

<table>
<tr><td rowspan="6">信道</td><td rowspan="2">狭义信道</td><td colspan="2">有线（有界）信道，如明线、电缆、光纤等</td></tr>
<tr><td colspan="2">无线（无界）信道，如短波、微波等</td></tr>
<tr><td rowspan="4">广义信道</td><td rowspan="2">调制信道</td><td>恒参信道</td></tr>
<tr><td>随参信道</td></tr>
<tr><td rowspan="2">编码信道</td><td>无记忆</td></tr>
<tr><td>有记忆</td></tr>
</table>

另外，信道还可分为物理信道和逻辑信道。物理信道通常是指用于传输数据信号的物理通路，它由传输介质（例如，电缆、大气等）与有关通信设备组成；逻辑信道是指在物理信道的基础上根据不同应用要求人为定义的逻辑通路，它可以是在一条物理信道上根据频率、时间等参数划分的子信道，也可能是多条物理信道聚合而成的一条逻辑通道。

3.1.2　信道的数学模型

为了分析信道的一般特性及其对信号传输的影响，我们在信道定义的基础上引入调制信道和编码信道的数学模型。

1. 调制信道模型

在频带传输系统中，调制器输出的已调信号即被送入调制信道。对于研究调制与解调性能而言，可以不管调制信道究竟包括了什么样的变换器，也不管选用了什么样的传输介质，以及发生了怎样的传输过程，我们只需关心已调信号通过调制信道后的最终结果，即只需关心调制信道输入信号与输出信号之间的关系。

通过对调制信道进行大量的分析研究，发现它们有如下共性：

1）有一对（或多对）输入端和一对（或多对）输出端。

2）绝大部分信道都是线性的，即满足叠加原理。

3）信号通过信道具有一定的延迟时间。

4）信道对信号有损耗（固定损耗或时变损耗）。

5）即使没有信号输入，在信道的输出端也可能有一定的功率输出（噪声）。

根据上述共性，我们可用一个二对端（或多对端）的时变线性网络（属于随参信道）来表示调制信道。这个网络就称作调制信道模型，如图 3-2 所示。

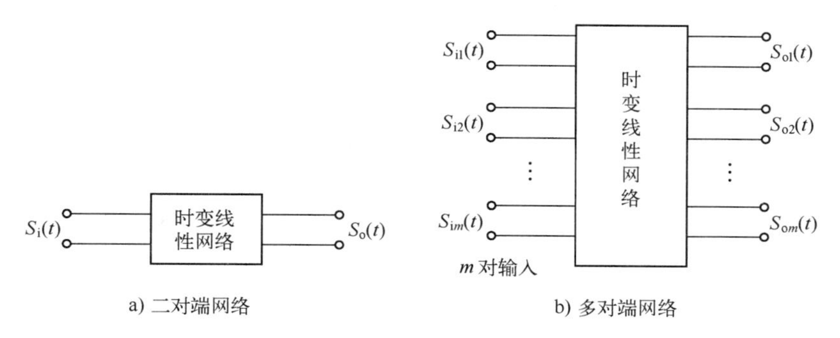

a) 二对端网络　　b) 多对端网络

图 3-2　调制信道模型

对于二对端的信道模型来说，其输出与输入之间的关系式可表示成：

$$S_o(t)=f[S_i(t)]+n(t) \tag{3-1}$$

式中，$S_i(t)$为调制信道输入的已调信号；$S_o(t)$为调制信道的总输出信号；$n(t)$为信道噪声（或称信道干扰），与$S_i(t)$无依赖关系，或者说$n(t)$独立于$S_i(t)$。我们常称$n(t)$为加性干扰（噪声），$f[S_i(t)]$表示已调信号通过网络所发生的时变线性变换。

为了进一步理解信道对信号的影响，不妨假设$f[S_i(t)]$可简写成$k(t)\cdot S_i(t)$。其中，$k(t)$依赖于网络的特性，$k(t)\cdot S_i(t)$反映网络特性对$S_i(t)$的“时变线性”作用。$k(t)$的存在对$S_i(t)$来说是一种干扰，常称为乘性干扰。于是，式（3-1）可写成：

$$S_o(t)=k(t)\cdot S_i(t)+n(t) \tag{3-2}$$

由以上分析可见，信道对信号的影响可归纳为两点：一是乘性干扰$k(t)$，它通常是由信道设备或器件不理想产生的，随传输信号的消失而消失；二是加性干扰$n(t)$，它通常是外界叠加在信道上的，不论传输信号有无始终存在。如果了解了$k(t)$和$n(t)$的特性，则信道对信号的具体影响就能确定。不同特性的信道，仅反映信道模型有不同的$k(t)$和$n(t)$。我们期望的信道（理想信道）应是$k(t)=$常数，$n(t)=0$，即

$$S_o(t)=k\cdot S_i(t) \tag{3-3}$$

实际中，乘性干扰$k(t)$一般是一个复杂函数，它可能包括各种线性畸变、非线性畸变。同时$k(t)$由于信道的延迟特性和损耗特性随时间而随机变化，故$k(t)$往往只能用随机过程加以表述。不过，经大量观察表明，有些信道的$k(t)$基本不随时间变化，也就是说，信道对信号的影响是固定的或变化极为缓慢；而有的信道却不然，其$k(t)$是随机快变化的。因此，在分析研究乘性干扰$k(t)$时，可以依据乘性噪声对信号的影响是否随时间变化而将调制信道分为两大类：恒参信道和随参信道。前者的$k(t)$可看作不随时间变化或变

化极为缓慢，后者的$k(t)$是随时间随机快变化的。随参信道是非恒参信道的统称，其主要特点是信道对信号的衰耗和信号传输时延都随时间随机变化，并且由发射点发出的电波往往要经多条路径到达接收点，引起多径传播现象（见图3-3）。由于多径传播的各条路径衰减和时延随时间变化，接收点合成信号的强弱必然随时间变化，因此随参信道对信号传输的影响较严重。

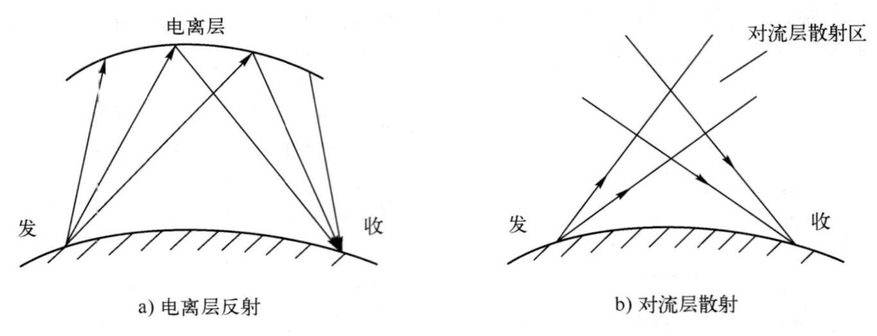

图3-3　多径传播示意图

通常，我们把前面所列的架空明线、电缆、波导、中长波地表波传播、超短波及微波视距传播、光导纤维以及光波视距传播等传输介质构成的信道称为恒参信道，其他介质构成的信道称为随参信道。

2. 编码信道模型

编码信道是包括调制信道及调制器、解调器在内的信道。它与调制信道模型有明显的不同：调制信道对信号的影响是通过$k(t)$和$n(t)$使调制信号发生“模拟”变化，而编码信道对信号的影响则是一种数字序列的变换，即把一种数字序列变成另一种数字序列。故有时把调制信道看作一种模拟信道，而把编码信道看作一种数字信道。

由于编码信道包含调制信道，因而它同样要受到调制信道的影响。但是，从编/译码的角度看，这个影响已反映在解调器的输出数字序列中，即输出数字序列以某种概率发生差错。显然，调制信道越差，即特性越不理想和加性噪声越严重，编码信道发生错误的概率就会越大。因此，编码信道的模型可用数字信号的转移概率来描述。例如，最常见的二进制数字传输系统的一种简单的编码信道模型如图3-4所示。之所以说这个模型是“简单的”，是因为这里假设解调器每个输出码元的差错发生是相互独立的。用编码的术语来说，这种信道是无记忆的（当前码元的差错与其前后码元的差错没有依赖关系）。

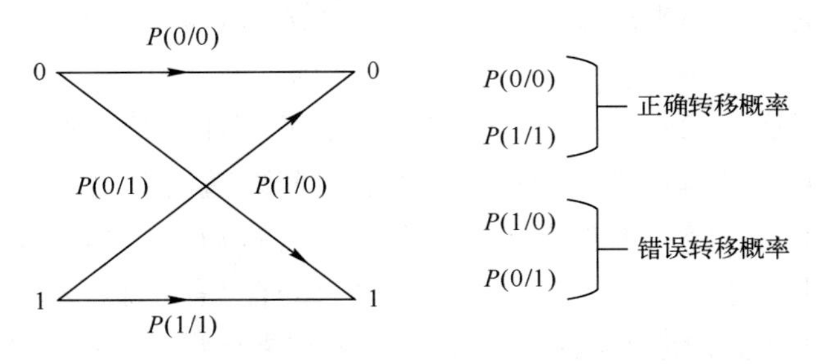

图3-4　二进制编码信道模型

在这个模型里，把 $P(0/0)$、$P(1/0)$、$P(0/1)$、$P(1/1)$ 称为信道转移概率。以 $P(1/0)$ 为例，其含义是“经信道传输，把 0 转移为 1 的概率”。具体地，我们把 $P(0/0)$ 和 $P(1/1)$ 称为正确转移概率，而把 $P(1/0)$ 和 $P(0/1)$ 称为错误转移概率。根据概率性质可知：

$$P(0/0)+P(1/0)=1 \tag{3-4}$$

$$P(0/1)+P(1/1)=1 \tag{3-5}$$

信道转移概率完全由编码信道的特性决定，一个特定的编码信道就会有相应确定的转移概率。应该指出，编码信道的转移概率一般需要对实际编码信道进行大量的统计分析才能得到。

由无记忆二进制编码信道模型容易推出无记忆多进制的模型。四进制无记忆编码信道模型如图 3-5 所示。

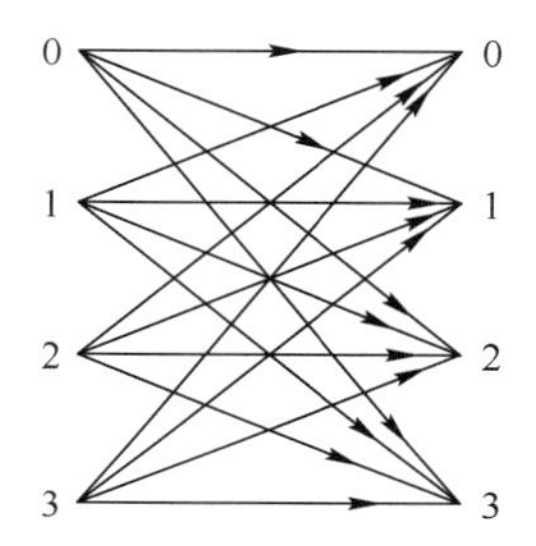

图 3-5　四进制无记忆编码信道模型

编码信道可细分为无记忆编码信道和有记忆编码信道。有记忆编码信道是指信道中码元发生差错的事件不是独立的，即当前码元的差错与其前后码元的差错是有联系的。在这种情况下，编码信道的模型要比图 3-4 的模型复杂得多，在此不予讨论。

3.2　信道的干扰

除了上述因狭义信道本身特征影响通信质量外，信道内还可能受到外部干扰和广义信道中各种设备带来的内部噪声干扰。这种不希望的电信号称为噪声。前面已经指出，调制信道对信号的影响有乘性噪声和加性噪声。加性噪声虽然独立于有用信号，但它却始终存在，干扰有用信号，因而不可避免地对通信造成危害。本节将讨论信道中的加性噪声，内容包括信道内各种噪声的分类及性质，以及定性地说明它们对信号传输的影响。

信道中加性噪声的来源很多，表现形式也多种多样。根据来源不同，一般可以将加性噪声粗略地分为四类：

1）无线电噪声。它来源于各种用途的外台无线电发射机。这类噪声的频率范围很宽广，从甚低频到特高频都可能有无线电干扰存在，并且干扰的强度有时很大。不过，这类干扰有一个特点，就是干扰频率是固定的，因此可以预先设法防止或避开。特别是在加强了无线电频率的管理工作后，在频率的稳定性、准确性以及谐波辐射等方面都有严格的规定，使得信道内信号受影响程度可降到最低。

2）工业噪声。它来源于各种电气设备，如电力线、点火系统、电车、电源开关、电力铁道、高频电炉等。这类干扰来源分布很广泛，无论是城市还是农村，内地还是边疆，都有工业干扰存在。尤其是在现代化社会里，各种电气设备越来越多，因此这类干扰的强度也就越来越大。它的特点是干扰频谱集中于较低的频率范围，如汽车点火干扰在几十兆赫范围内。采用屏蔽与考究的滤波措施，或选择高于这个频段工作的信道，就可以在很大程度上避开工业干扰。

3）天电噪声。它来源于闪电、大气中的磁暴、太阳黑子以及宇宙射线（天体辐射波）等。可以说整个宇宙空间都是产生这类噪声的根源，因此它的存在是客观的。由于这类自然现象与发生的时间、季节、地区等很有关系，因此受天电干扰的影响也是大小不同的。例如，夏季比冬季严重，赤道附近比两极地区严重。如太阳黑子发生变动（约11年一个周期）的年份，天电干扰加大，有时会长时间中断短波通信。这类干扰所占的频谱范围很宽，并且不像无线电干扰那样频率是固定的，因此很难防止它所产生的干扰影响。

4）内部噪声。它来源于信道本身所包含的各种电子器件、转换器以及天线或传输线等。例如，电阻及各种导体都会在分子热运动的影响下产生热噪声，电子管或晶体管等电子器件会由于电子发射不均匀等产生散弹噪声。这类干扰是由无数个自由电子进行不规则运动所形成的，因此它的波形也是不规则变化的，在示波器上观察就像一堆杂乱无章的茅草一样，通常称为起伏噪声。由于在数学上可以用随机过程来描述这类干扰，因此也可称为噪声。

以上是从噪声的来源来分类噪声的，优点是比较直观。但是，从防止或降低噪声对信号传输影响的角度考虑，按噪声的性质分类会更为有利。

从噪声性质可以将加性噪声分为三类：

1）单频噪声。它主要指无线电干扰。因为电台发射的频谱集中在比较窄的频率范围内，所以可以将其近似地看作是单频性质的。另外，像电源交流电、反馈系统自激振荡等也都属于单频干扰。它是一种连续波干扰，并且其频率是可以通过实测来确定的，因此在采取适当的措施后就有可能防止这类干扰的影响。

2）脉冲干扰。它包括工业干扰中的电火花、断续电流以及天电干扰中的闪电等。它的特点是波形不连续，呈脉冲性质。并且，发生这类干扰的时间很短，强度很大，而周期是随机的，因此它可以用随机的窄脉冲序列来表示。由于脉冲很窄，因此占用的频谱必然很宽。但是，随着频率的提高，频谱幅度逐渐减小，干扰影响也就减弱了。因此，在适当选择工作频段的情况下，这类干扰也是可以防止的。

3）起伏噪声。它主要指信道内部的热噪声和散弹噪声以及来自空间的宇宙噪声。它们都是不规则的随机过程，只能采用大量统计的方法来寻求其统计特性。由于起伏噪声来自信道本身，因此它对信号传输的影响是不可避免的。

需要说明的是，虽然脉冲干扰在调制信道内的影响不如起伏噪声那样大，在一般的模拟通信系统内可以不必专门采取措施来处理它，但是在编码信道内这类突发性的脉冲干扰往往会对数字信号的传输带来严重的后果，甚至发生一连串的误码。因此，为了保证数字通信的质量，在数字通信系统内经常采用差错控制技术，它能有效地对抗突发性脉冲干扰。

根据以上分析，我们可以认为，尽管对信号传输有影响的加性噪声种类很多，但是影响最大的是起伏噪声，它是通信系统中最基本的噪声源。通信系统模型中的“噪声源”就是分散在通信系统各处的加性噪声（以后简称噪声）——主要是起伏噪声的集中表示，它概括了信道内所有的热噪声、散弹噪声和宇宙噪声等。分析表明：这些噪声均为高斯噪声，且在很宽的频率范围内具有平坦的功率谱密度，因而将起伏噪声一律定义为高斯白噪声，也就是说它是一种既服从高斯分布而功率谱密度又服从均匀分布的噪声。因此通常把有这两种特征的噪声称为高斯白噪声。

高斯白噪声主要是由于导体中电子热运动而产生的，存在于所有的电子设备中，其能量随频谱是均匀分布的。根据概率论的极限中心定理，大量相互独立的均匀微小随机变量的总和趋于服从高斯分布，对于随机过程也是如此。作为通信系统内主要噪声来源的热噪声和散弹噪声，都可以被看作无数独立的微小电流脉冲的叠加，并且其统计特性服从高斯分布，因而是高斯过程。对于平稳的高斯过程，它的数学期望和方差都是与时间无关的常数，它的一维概率密度函数为

$$P(x)=\frac{1}{\sqrt{2\pi}\cdot\sigma}e^{\frac{-(x-a)^2}{2\sigma^2}}$$

式中，a 为幅度取值的均值，σ^2 为方差。对于噪声的特性，除了用概率分布进行描述以外，还可用功率谱密度进行描述。若噪声 $n(t)$ 的功率谱密度 $P_n(\omega)$ 在 $(-\infty,+\infty)$ 的整个频率范围内都是均匀分布的（见图3-6），我们就称它为白噪声，这是因为白噪声类似于光学中包括了全部可见光光谱的白色光。相应地，不符合上述条件的噪声就称为带限噪声或有色噪声。噪声功率在正负频率两侧的分布称为双边分布，仅在正频率一侧的分布称为单边分布。由于白噪声的功率谱密度为均匀分布，所以功率谱密度为常数，一般表示为 $P_n(\omega)=n_0/2$。其中，n_0 为单边功率谱密度，$n_0/2$ 为双边功率谱密度。

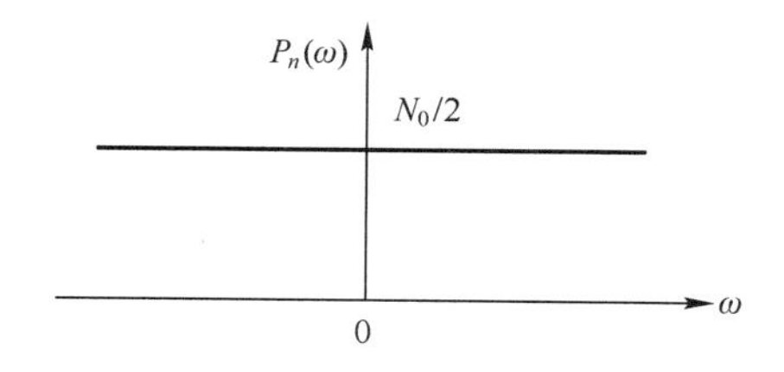

图3-6　白噪声的功率谱密度

上面讨论的白噪声只是一种理想化的模型。一般来说，只要噪声功率谱密度的宽度远大于它所作用的系统带宽，并且在系统的带宽内，它的功率谱密度基本上是常数，这样的噪声就可以作为白噪声处理。热噪声、散弹噪声在很宽的频率范围内都有均匀的功率谱密度，通常可以认为它们是白噪声。1 Hz 带宽中的白噪声功率称为噪声谱密度，用 P_{N0} 表示，则 $P_{N0}=kT=1.3803\times10^{-23}\ T$（W/Hz）。其中 $k=1.3803\times10^{-23}$ 称为玻耳兹曼常数，T 为开尔文温度。例如：带宽为 B_f 范围内的热噪声功率为 $P_{N0}=kTB_f$。

起伏噪声是最基本的噪声来源，但经过接收机带通滤波器的过滤后，白噪声成为窄带噪声，即变成一种低通型噪声或带限白噪声。既是“窄带”又符合高斯分布的噪声称为窄带高斯噪声。“窄带”的含义是频谱被限制在“载波”或中心频率附近的一个较窄的频带上，而这个中心频率离开零频率又相当远，如图 3-7 所示。

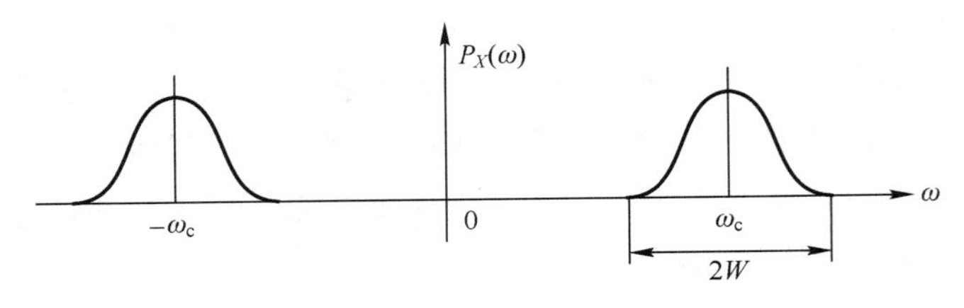

图 3-7 窄带高斯白噪声

3.3 信道容量

3.3.1 奈奎斯特定理

在信息论中，称信道无差错传输信息的最大信息速率为信道容量，记为 C。从信息论的观点来看，各种信道可概括为两大类：离散信道和连续信道。离散信道是指输入与输出信号都是取值离散的时间函数，而连续信道是指输入和输出信号都是取值连续的时间函数。可以看出，前者就是广义信道中的编码信道，后者则是调制信道。

针对平稳、对称和无记忆的离散信道，哈里·奈奎斯特（Harry Nyquist）证明，一个带宽为 B 赫兹的无噪声理想信道，其最大码元（信号）速率为 $2B$ 波特。其中，平稳、对称是指任一码元正确传输和错误传输的概率与其他码元一样且不随时间变化。这一限制是由于存在码间干扰。如果被传输的信号包含了 M 个状态值（信号的状态数是 M），那么 B 赫兹信道所能承载的最大数据率（信道容量）为

$$C=2\times B\times\log_2 M\ (\text{bit/s}) \tag{3-6}$$

假设带宽为 B 赫兹的信道中传输的信号是二进制信号（即信号有两个值），那么该信号所能承载的最大数据率是 $2B$ bit/s。例如使用带宽为 3 kHz 的语音信道通过调制解调器来传输数字数据，根据奈奎斯特定理，发送端每秒最多只能发送 $2\times3000=6000$ 个码元。如果信号的状态数为 2，每个信号可以携带 1 bit 信息，则语音信道的最大数据率就是 6 kbit/s。如果信号的状态数是 4，每个信号可以携带 2 bit 信息，则语音信道的最大数据率就是12 kbit/s。

因此，对于给定的信道带宽，可以通过增加信号单元的状态数来提高数据传输率。然而这样会增加接收端的负担。这是因为接收端每接收一个码元，它不再只是从两个可能的信号取值中区分一个出来，而是必须从 M 个可能的信号中区分一个出来。传输介质上的噪声将会限制 M 的实际取值。

当一个信道受到加性高斯噪声的干扰时，如果信道传输信号的功率和信道的带宽受限，则这种信道传输数据的能力将会如何？这一问题在信息论中有一个非常肯定的结论，

即高斯白噪声下关于信道容量的香农（Shannon）公式。下面介绍信道容量的概念及香农定理。

3.3.2 香农公式

奈奎斯特考虑了无噪声的理想信道，而且奈奎斯特定理指出，当所有其他条件相同时，信道带宽加倍则数据传输率也加倍。但是对于有噪声的信道，情况将会迅速变坏。现在让我们考虑一下数据传输率、噪声和误码率之间的关系。噪声的存在会破坏数据的一个比特或多个比特。假如数据传输率增加了，那么传输每比特数据就会变“短”，因而噪声会影响到更多比特，误码率更大。

对于有噪声信道，我们希望通过提高信号强度来提高接收端正确接收数据的能力。而衡量信道质量好坏的参数是信噪比 S/N（Signal-to-Noise ratio），即信号功率与在信道某一个特定点处所呈现的噪声功率的比值。通常信噪比在接收端进行测量，因为我们正是在接收端处理信号并试图消除噪声。为了方便起见，信道的噪声一般用分贝来表示：

$$S/N=10\log_{10}\text{（信号功率/噪声功率）} \tag{3-7}$$

S/N 表示有用信号相对于噪声的比值，以分贝为单位，S/N 的值越高表示信道的质量越好。

对于通过有噪声信道传输数字数据而言，信噪比非常重要，因为它设定了有噪声信道的一个可达到的数据传输率上限：对于带宽为 B 赫兹、信噪比为 S/N 的信道，其最大数据传输率（信道容量）为

$$C=B\times\log_2(1+S/N)\ (\text{bit/s}) \tag{3-8}$$

这就是信息论中具有重要意义的香农公式，它表明了当信号与作用在信道上的起伏噪声的平均功率给定时，在具有一定频带宽度 B 的信道上，理论上单位时间内可能传输的信息量的极限数值。

由于噪声功率 N 与信道带宽 B 有关，因此如果噪声单边功率谱密度为 n_0（W/Hz），则噪声功率 $N=n_0B$。因而，香农公式的另一种形式为

$$C=B\times\log_2[1+S/(n_0B)]\ (\text{bit/s}) \tag{3-9}$$

例如，对于一个带宽为3 kHz、信噪比为35 dB的语音信道，无论其使用多少个电平信号，其数据传输率都不可能大于34.8 kbit/s。值得注意的是，香农定理仅仅给出了一个理论极限，而实际应用中能够达到的速率要低得多。其中一个原因是香农定理只考虑了热噪声（白噪声），而没有考虑脉冲噪声以及衰减失真等因素。

香农定理给出的是无误码数据传输率。香农还证明，假设信道的实际数据传输率比无误码数据传输率低，那么使用一个适当的信号编码来达到无误码数据传输率在理论上是可能的。遗憾的是，香农并没有给出找到这种编码的方法。但是，香农定理确实提供了一个用来衡量实际通信系统性能的尺度。

由式（3-9）可见，一个连续信道的信道容量受 B、n_0、S 三个要素限制，只要这三个要素确定，信道容量也就随之确定。香农公式告诉我们如下重要结论：

1）在给定 B、S/N 的情况下，信道的极限传输能力为 C，而且此时能够做到无差错传输（即差错率为零）。这就是说，如果信道的实际传输速率大于 C 值，则无差错传输在理论上就已不可能。因此，实际传输速率 R_b 一般不能大于信道容量 C，除非允许存在一定的差错率。

2）增大信噪比 S/N（通过减小 n_0 或增大 S），可增加信道容量 C。特别是，若 $n_0 \to 0$，则 $C \to \infty$，这意味着无干扰信道容量为无穷大。

3）增大信道带宽 B，也可增加信道容量 C，但做不到无限制地增加。这是因为如果 S 和 n_0 一定，有

$$\lim_{B \to \infty} C = \frac{S}{n_0}\log_2 e \approx 1.44\frac{S}{n_0}$$

4）要维持同样大小的信道容量，可以通过调整信道的 B 及 S/N 来达到，即信道容量可以通过系统带宽与信噪比的互换来保持不变。例如，如果 $S/N=7$，$B=4000\,\text{Hz}$，则可得 $C=12\times10^3$ bit/s；但是，如果 $S/N=15$，$B=3000\,\text{Hz}$，也可得同样数值的 C 值。这就提示我们，为达到某个实际数据传输速率，在系统设计时可以利用香农公式中的互换原理来确定合适的系统带宽和信噪比。

通常，将实现了极限信息速率传送（即达到信道容量值）且能做到任意小差错率的通信系统称为理想通信系统。香农只证明了理想通信系统的“存在性”，却没有指出具体的实现方法。但这并不影响香农定理在通信系统理论分析和工程实践中所起的重要指导作用。

【例题 3-1】 假设电视图像由 300 000 个像素组成。对于一般要求的对比度，每一像素大约取 10 个可辨别的亮度电平（例如对应黑色、深灰色、浅灰色、白色等）。对于任何像素，10 个亮度电平等概率出现，每秒发送 30 帧图像，要求信噪比 S/N 为 1000（30 dB）。试计算传输上述信号所需的系统带宽。

解： 首先计算每一像素所含的信息量。因为每一像素能以等概率取 10 个亮度电平，所以每个像素的信息量为 $\log_2 10 \approx 3.32$(bit)，每帧图像的信息量为 $300\,000\times3.32=996\,000$ bit。又因为每秒有 30 帧，所以每秒内传送的信息量为 $996\,000\times30\approx29.9\times10^6$ bit。显然，这就是所需的信息传输速率。为了传输这个信号，信道容量 C 至少要等于 29.9×10^6 bit/s。因此可求得所需系统带宽：

$$B=\frac{C}{\log_2(1+S/N)}=\frac{29.9\times10^6}{\log_2 1001}\approx 3\times10^6(\text{Hz})$$

所以，所需带宽约为 3 MHz。

3.4 传输介质

传输介质通常分为有线传输介质和无线传输介质。有线介质将信号约束在一个物理导体之内，如双绞线、同轴电缆和光纤。在已知的金属中，导电性最强的前三个金属分别是银、铜、金，出于经济和性能的综合考虑，铜是使用最广泛的金属介质。

而无线传输介质不能将信号约束在某个空间范围之内。有些传输介质支持单工传输，而有些传输介质支持半双工或全双工传输方式。

3.4.1　有线传输介质

1. 双绞线

双绞线（Twisted Pair，TP）是一种最常用的传输介质。双绞线通常由直径约1mm相互绝缘的一对铜导线绞扭在一起组成，从而形成一个可以传输信号的电路。把两根绝缘铜导线按一定的密度互相绞在一起，可以减少串扰。将一对或多对双绞线安置在一个护套中，便形成了双绞线电缆。

双绞线的性能主要取决于导线直径、含铜量、导线单位长度绕数、屏蔽措施，这些因素的综合作用决定了双绞线的传输速率和传输距离。

1）导线直径：铜导线的直径，一般直径越大，传输能力越强。

2）含铜量：直观的表现就是导线的柔软程度，越柔软的导线含铜量越高，传输能力越强。

3）导线单位长度绕数：表征导线螺旋缠绕的紧密程度，单位长度内的绕数越多，对干扰的抵消作用就越强。

4）屏蔽措施：根据双绞线是否带有金属封装的屏蔽层，可以把双绞线分为非屏蔽双绞线（Unshielded Twisted Pair，UTP）和屏蔽双绞线（Shielded Twisted Pair，STP）。屏蔽措施越好，抗干扰的能力就越强。

理论上，屏蔽双绞线的传输性能更好。典型的屏蔽双绞线（STP）由四对铜线组成，如图3-8a所示。每对铜线是由两根铜线绞合在一起形成的，而每根铜线都外裹不同颜色的塑料绝缘体。每对铜线包裹在金属箔片（线对绝缘层）里，整个四对铜线又包在另外一层金属箔片（整体绝缘层）里，最后在屏蔽双绞线的最外面还包有一层塑料外套。屏蔽双绞线的优点是抗电磁干扰效果比非屏蔽双绞线好，缺点是比非屏蔽双绞线更难以安装，因为屏蔽层需要接地。如果安装不当，没有接地的屏蔽层相当于一根天线，很容易接收各种噪声信号，所以屏蔽双绞线对电磁干扰非常敏感。非屏蔽双绞线具有直径小、安装容易（不需要接地）、价格便宜等优点，因此被广泛使用的实际上是非屏蔽双绞线。目前比较典型的非屏蔽双绞线也是由四对铜线组成，每对铜线是由两根铜线绞合在一起形成的，而每根铜线都外裹不同颜色的塑料绝缘体，四对铜线的最外面包有一层塑料外套，使用的接头称为RJ-45，主要用于以太网中。如图3-8b所示。

a）屏蔽双绞线

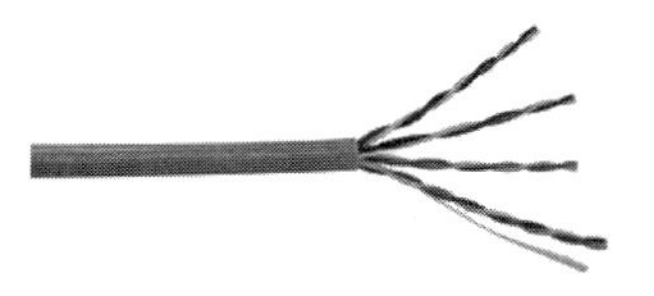

b）非屏蔽双绞线

图3-8　双绞线

双绞线既可以传输模拟信号，又能传输数字信号，其技术和标准都比较成熟，目前大量用在传统的电话系统和当今的以太网系统中。制定双绞线规格标准的组织主要有两个：一个是美国电子工业协会的远程通信工业分会（Telecommunication Industries Association，TIA），即通常所说的 EIA/TIA；另一个是美国国际商用机器（IBM）公司。EIA 负责“Cat”即 Category 系列非屏蔽双绞线标准制定。IBM 负责“Type”系列屏蔽双绞线标准制定，如 IBM Type 1 和 Type 2 等。大多数以太网在安装时使用符合 EIA/TIA 标准的非屏蔽双绞线，而大多数 IBM 令牌环网则倾向于使用符合 IBM 标准的屏蔽双绞线。下面是 EIA/TIA 标准关于非屏蔽双绞线的类型。

1）一类线：无缠绕，频谱范围窄，主要用于传输语音，而较少用于数据传输，最高只能支持 20 kbit/s 的数据速率。

2）二类线：无缠绕，主要用于语音传输和最高可达 4 Mbit/s 的数据传输。

3）三类线：缠绕绞距较疏（每米缠绕 12 次），主要用于语音传输和最高可达 10 Mbit/s 的数据传输，10base-T 的以太网就是采用三类线，通常由四对双绞线组成。

4）四类线：缠绕较密，用于语音传输和最高可达 16 Mbit/s 的数据传输，由四对双绞线组成。

5）五类线：缠绕最密（每米缠绕 72 次）的非屏蔽双绞线，用于语音传输以及高于 100 Mbit/s 的数据传输。由四对双绞线组成，主要用于百兆以太网，如用在 100 base-T 以太网中。

6）超五类线及六类线：由四对双绞线组成的非屏蔽双绞线。与五类线相比，这类双绞线使用的铜导线质量更高，导线单位长度绕数也更多，因而衰减更小，信号串扰更小，具有更小的时延误差，可以用于 1000base-T 以太网。

非屏蔽双绞线的主要缺点包括：

1）带宽有限：由于材料与本身结构的特点，双绞线的频带宽度是有限的。像在千兆以太网中就不得不使用四对导线同时进行传输，此时单对导线已无法满足要求。

2）信号传输距离短：双绞线的传输距离只能达到 1000 m 左右，这对于很多场合的布线存在着比较大的限制，而且传输距离的增大还会伴随着传输性能的下降。

3）抗干扰能力不强：双绞线对于外部干扰很敏感，特别是外来的电磁干扰，还有湿气、腐蚀以及相邻的其他电缆这些环境因素都会对双绞线产生干扰。在实际的布线中双绞线一般不应与电源线平行布置，否则就会引入干扰，而且对于需要埋入建筑物的双绞线，还应套入其他防腐防潮的管材中，以消除湿气的影响。

双绞线用于以太网时，通常采用星形网的布线连接，两端安装 RJ-45 头（水晶头），连接网卡与集线器或交换机，最大长度一般为 100 m，如果要加大网络的范围，在两段双绞线之间可安装中继器，最多可安装 4 个中继器，例如，安装 4 个中继器连接 5 个网段，最大传输范围可达 500 m。

2. 同轴电缆

另一种常用的金属传输介质是同轴电缆。同轴电缆中用于传输信号的铜芯和用于屏蔽的导体是共轴的，同轴之名由此而来。同轴电缆的屏蔽导体（外导体）是一个由金属丝编织而成的圆形空管，铜芯（内导体）是圆形的金属芯线，内外导体之间填充着绝缘介质，而整个电缆外包一层塑料管，具有高带宽和较好的噪声抑制特性，如图 3-9 所示。同轴电缆内芯的直径一般为 1.2~5 mm，外管的直径一般为 4.4~18 mm。内芯线和外导体一般都采用铜介质。

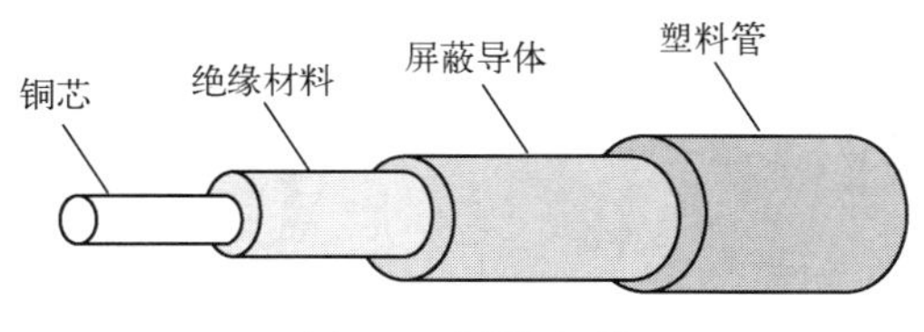

图 3-9 同轴电缆

目前广泛使用的同轴电缆有两种：一种是阻抗为 50 Ω 的基带同轴电缆，另一种是阻抗为 75 Ω 的宽带同轴电缆。基带同轴电缆可直接传输数字信号，主要用于 10 Mbit/s 以太网作为传输介质。以太网使用的基带同轴电缆又分为粗以太电缆和细以太电缆两种，它们之间最主要的区别是支持的最大段信号的传输距离不同。宽带同轴电缆用于传输模拟信号。宽带这个词最早来源于电话业，指比 4 kHz 语音信号更宽的频带。宽带同轴电缆目前主要用于闭路电视信号的传输，一般可用的有效带宽为 750 MHz。

同轴电缆的低频串音及抗干扰性不如双绞线，但当频率升高时，外导体的屏蔽作用加强，同轴电缆所受的外界干扰以及同轴电缆间的串音都将随频率的升高而减小，因而特别适合用于高频传输。由于同轴电缆具有寿命长、频带宽、质量稳定、外界干扰小、可靠性高、维护便利、技术成熟等优点，而且其费用又介于双绞线与光纤之间，在光纤通信没有大量应用之前，其在闭路电视传输系统中一直占主导地位。

3. 光纤

由于信号在金属介质中衰减明显且易受到干扰，人们一直在寻找其他的传输介质来替代双绞线电缆和同轴电缆。光纤的发明是通信领域的一次革命，自 20 世纪 70 年代投入使用后，很快显示出很多突出的优点。例如，光纤具有极低的衰减，因此它可以传输数百千米而不需要中继，且光纤几乎不会受到电磁干扰，适用于强电磁场的环境。另外，光纤重量极轻（光纤芯为 27 g/km），抗弯曲，耐湿热和腐蚀，敷设方便、灵活，价格极低等。上述优点使光纤离消费者越来越近，“光进铜退”已逐渐变成现实。

光纤是将电信号变为光信号（电/光转换）后进行光信号传输的物理介质。利用光纤来传输数据就是用光脉冲来表示“0”和“1”。由于可见光所处的频率段为10^8 MHz 左右，因而光纤传输系统可以使用的带宽范围极大（2×10^{14} Hz 以上）。事实上，目前光纤传输技术使得人们可以获得超过 50 THz 的带宽，而且今后还可能更高。目前通过密集波分复用（Dense Wave-length Division Multiplexing，DWDM）技术可以在单根光纤上获得超过 1 Tbit/s 的数据率。限制光纤传输系统数据率提高的主要因素是光/电以及电/光信号转换的速度跟不上。如果今后在网络中实现光交叉和光互联，即构成全光网络，则网络速度可成千上万倍地增加。

光纤介质一般为圆柱形，包含有纤芯和包层（即封套），如图 3-10 所示。纤芯直径为

5~75 μm，包层的外直径为100~150 μm，最外层的是塑料，对纤芯起保护作用。纤芯材料是二氧化硅掺以锗和磷，包层材料是纯二氧化硅。纤芯的折射率比包层的折射率高1%左右，这使得光局限在纤芯与包层的界面以内向前传播。

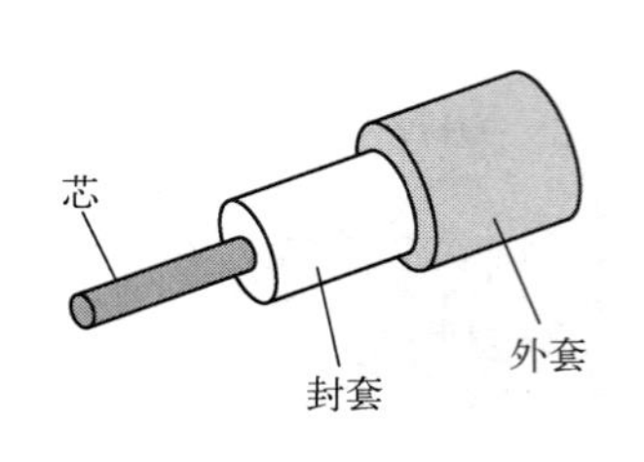

a) 1根光纤的侧面图

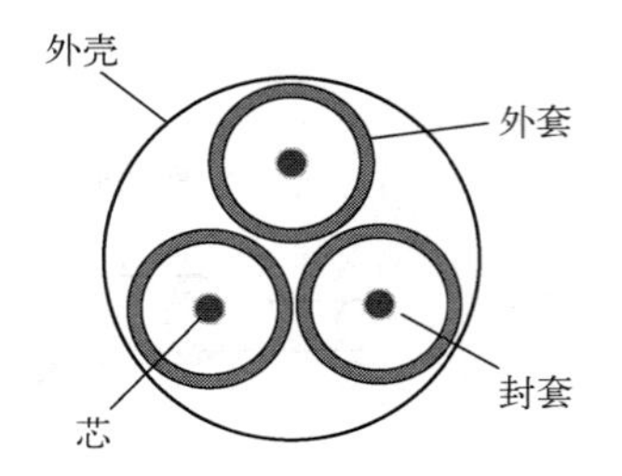

b) 1根光缆（含3根光纤）的剖面图

图 3-10　光纤

光纤之所以能传导光线，是因为光遵循全反射原理。也就是说，当光从光密介质射入光疏介质时，入射角增大到某一角度（临界角），使折射角达到90°，折射光将完全消失，只剩下反射光线。全反射原理适用于任何具有比周围介质较高的折射率的透明介质。例如，玻璃的折射率大于空气，所以相对于空气而言，玻璃就是光密介质。如图3-11a所示，假设光线在玻璃上的入射角为 α_1，则在空气中的折射角为 β_1，折射量取决于两种介质的折射率之比。当光线在玻璃上的入射角大于某一临界值时，光线将完全反射回玻璃，而不会射入空气，这样，光线将被完全限制在玻璃中，而且几乎无损耗地向前传播，如图3-11b所示。图3-11b仅给出了一束光在玻璃内部全反射传播的情形，实际上，任何以大于临界值角度入射的光线，在不同介质的边界都将按全反射的方式在介质内传播，而且不同频率的光线在介质内部将以不同的反射角传播。

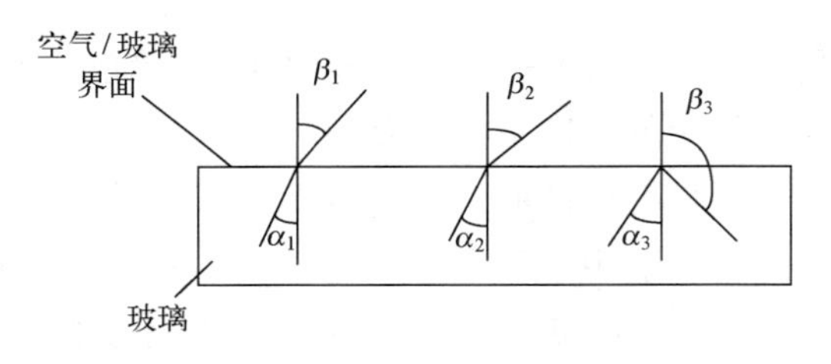

a) 光线以不同的角度从玻璃射入空气

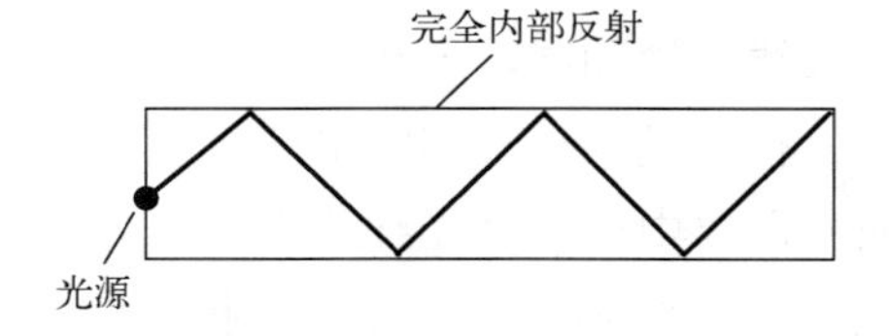

b) 光线在玻璃内全反射的情况

图 3-11　光折射原理

根据光波传播路径的不同，光纤可分为两种：单模（Single Mode，SM）光纤和多模（Multi Mode，MM）光纤。多模光纤是指光波在光纤中有多条传播路径，而单模光纤中的光波在光纤中只有一条传播路径。两种模式光纤的本质区别在于纤芯的直径以及介质的制作工艺。单模光纤的纤芯直径为8.3 μm，多模光纤的纤芯直径分50 μm和62.5 μm两种，一般肉眼很难区分。我们通常通过光纤标识来判断，SM为单模，MM为多模。由于多模光纤纤芯的直径较粗，所以当不同频率的光信号（实际上就是不同颜色的光）在光纤中传播时，将有可能在光纤中沿多个不同传播路径进行传播，这就是多模传输方式。如果将光纤纤芯直径一直缩小，直至光波波长大小，则光纤此时如同一个波导，光在光纤中的传播几乎没有反射，而是沿直线传播，这就是单模传输方式。单模光纤光源采用激光器，成本高，但其无中继传输距离非常远，可用作远距离传输，而且能获得非常高的数据传输率，一般用于广域网主干线路上。多模光纤光源采用发光二极管，发出的光波不是单色的，包含多个频率成分，各路径传输时延不同，存在色散现象，造成波形失真，带宽低，无中继传播距离要短些，数据传输率要小于单模光纤，一般用作近距离传输。但多模光纤造价低。单模光纤与多模光纤的比较如表3-2所示，表3-3给出了ITU规范的几种常用单模光纤的特性比较。

表3-2 单模光纤与多模光纤的比较

项目	单模光纤	多模光纤
距离	长	短
数据率	高	低
光源	激光器	发光二极管
信号衰减	小	大
端接	较难	较易
造价	高	低

表3-3 几种单模光纤的特性比较

G652光纤	在1310 nm处色散小、损耗大，在1550 nm处色散大、损耗小，是目前应用最广泛的光纤
G653光纤	在1550 nm处损耗和色散都最小，可实现大容量长距离传输。因出现四波混频效应，限制了它在波分复用方面的应用
G654光纤	在1550 nm处损耗最小，主要用于长距离再生中继的海底光缆
G655光纤	克服了G652光纤在1550 nm处色散受限和G653光纤在1550 nm处出现四波混频效应的缺陷，适用于WDM系统

与其他信道一样，光纤信道也有传输损耗，而且也存在延迟失真。制约光传输距离长短的主要因素有两个：损耗和色散。损耗是光信号在光纤中传输时发生的信号衰减，其单位为dB/km。色散是到达接收端的时延误差，即脉冲宽度，其单位是μs/km。光纤的损耗会影响传输的中继距离，色散会影响数据传输率，两者都很重要。自1976年以来，人们发现使用1.3 μm和1.55 μm波长的光信号通过光纤时光损耗幅度为0.5~0.2 dB/km，而使用0.85 μm波长的光信号通过光纤时光损耗幅度大约为3 dB/km。多模光纤在使用0.85 μm波长的光信号传输时，色散大约可以降至10 μs/km以下。而单模光纤在使用1.3 μm波长的光信号传输时，产生的色散接近于零。因此单模光纤在传输光信号时，产生的损耗和色散都比多模光纤要低得多，因此单模光纤支持的无中继距离和数据传输率都比多模光纤要大得多。

为了延长系统的传输距离，主要从减小色散和损耗方面入手。目前，在朗讯(Lucent)、北电（Nortel)、阿尔卡特（Alcatel）、西门子（Siemens）等公司的实验室中，光纤传输技术已经达到数千千米无中继的先进水平。

需要说明的是，并不是任意波长的光信号在光纤中都可以很好地工作。科学家们通过大量实验发现，只有 3 个波长的光信号在光纤传输时具有极低的衰减，它们分别是 850 nm、1310 nm 和 1550 nm 窗口，我们称之为光纤的 3 个低损耗窗口。其中，850 nm 窗口主要应用于多模光纤；1310 nm 窗口称为零色散窗口，光信号在此窗口传输色散最小；1550 nm 窗口称为最小损耗窗口，光信号在此窗口传输损耗最小。如图 3-12 所示。

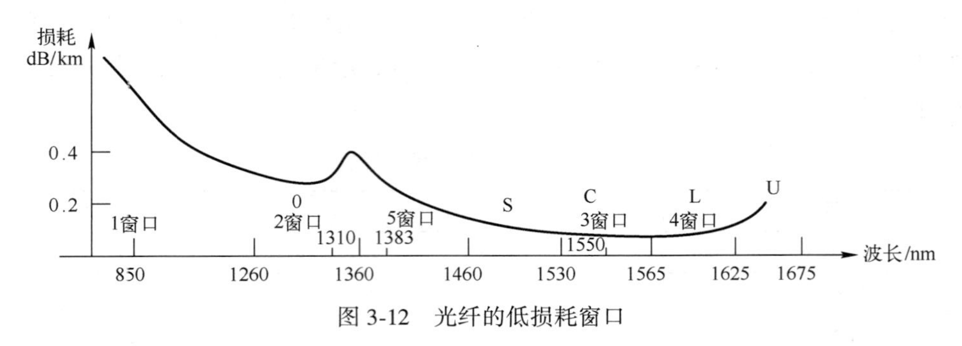

图 3-12 光纤的低损耗窗口

光纤传输系统一般由三个部分组成：光纤信道、光源和检测器。光纤就是超细玻璃或熔硅纤维。光源可以是发光二极管（Light Emitting Diode，LED）或激光二极管，这两种二极管在通电时都发出光脉冲。检测器就是光电二极管，当光电二极管检测到光信号时，它会产生一个电脉冲，从而完成光/电转换。

光纤信道既可以传送模拟信息，也可以传送数字信息。但目前由于光源特别是激光器的非线性比较严重，模拟光纤系统用得较少，而广泛采用的是数字光纤信道，即用光载波脉冲的有无来代表二进制数据。要传送的电信号（可以是模拟信号）经处理变成可以对光进行调制的电信号，例如二进制电信号。从光源发出的光和该电信号输入光调制器，输出的已调光信号能够反映电信号的变化，然后耦合到光纤线路中去。在接收端的光探测器检测到光波，转换（解调）成相应的电信号，并经处理输出给用户可以接收的信号形式。图 3-13 给出了光纤传输系统传输信息的基本过程。

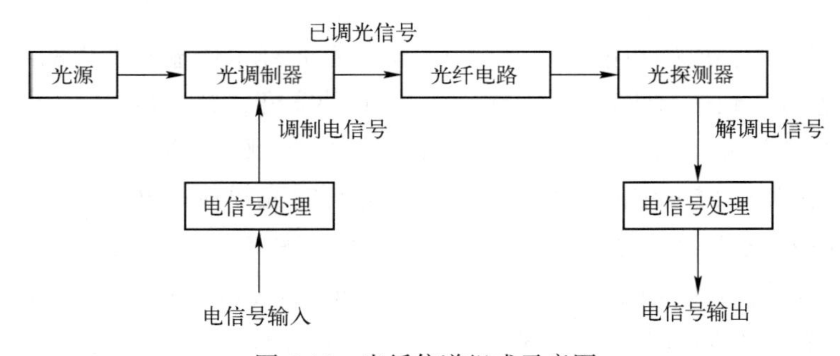

图 3-13 光纤信道组成示意图

光纤通信的优点包括频带宽，传输容量大，重量轻，尺寸小，不受电磁干扰和静电干扰，保密性强，原材料丰富。因而光纤介质已经成为当前主要发展的传输介质。

3.4.2 无线传输介质

无线通信的传输介质就是无线信道，更确切地说，无线信道是基站天线与用户天线之间的传播路径。天线感应电流而产生电磁振荡并辐射出电磁波，这些电磁波在自由空间或空中传播，最后被接收天线所感应并产生感应电流。电磁波的传播路径可能包括直射传播和非直射传播，多种传播路径的存在造成了无线信号特征的变化。了解无线信道的特点对于理解无线通信是非常必要的。

无线传输介质不使用电或光导体进行电磁信号的传输，而是利用电磁信号可以在自由空间中传播的特性传输信息。无线传输介质实际上是一套无线通信系统。在无线通信系统中为了能够区分不同的信号，通常以信号的频率来做标志，因此在无线通信中频率是非常重要的资源。世界各国都有相关的无线电管理部门来负责管理本国的无线频率资源，唯有如此，才能保证各种无线信号在各自规定的频率范围内工作而不发生相互冲突。另外在无线通信中常常需要传输的数据基带信号本身是低频信号，但为了能够依照频率的划分来区分各种信号，需要对信号进行调制，即把低频信号通过一定的调制方式附着在特定频率的高频信号上，然后进行发送，以便信号能够进行远距离传输，同时避免造成信号之间的干扰。无线通信根据所占频段的不同可分为无线电波通信（包括无线电广播、地面微波通信、卫星通信、移动通信等）、激光通信和红外线通信等。

1. 无线电波通信

根据无线电波在自由空间的传播特性，可人为地将无线电波分为长波（波长 1000 m 以上）、中波（波长 100～1000 m）、短波（波长 10～100 m）、超短波和微波（波长 10 m 以下）等，如表 3-4 所示。

表 3-4 无线电波频段划分

频段/Hz	名　称	波长范围	主要应用
30 k～300 k	LF（低频）、长波	1000～10 000 m	导航
300 k～3000 k	MF（中频）、中波	100～1000 m	商用调幅无线电
3 M～30 M	HF（高频）、短波	10～100 m	短波无线电
30 M～300 M	VHF（甚高频）、超短波	1～10 m	甚高频电视、调频无线电
300 M～3000 M	UHF（超高频）、微波	100～1000 mm	超高频电视、地面微波
3 G～30 G	SHF（特高频）	10～100 mm	地面微波、卫星微波
30 G～300 G	EHF（极高频）	1～10 mm	实用点到点通信

电磁波在自由空间的传播方式大体可分为三种：一是靠地面传播，称为“地波”；二是靠空间两点间直线传播，称为“空间波”；三是靠地球上空的电离层反射到地面的单跳或多跳方式传播，称为“天波”。

地波沿大地与空气的分界面进行传播，如图 3-14a 所示。传播时无线电波可随地球表面的弯曲而改变传播方向，传播比较稳定，且不受昼夜变化的影响。根据波的衍射特性，当波长大于或相当于障碍物的尺寸时，无线电波才能明显地绕到障碍物的后面。由于地面上的障碍物一般不太大，长波可以很好地绕过它们，中波和中短波也能较好地绕过，而短波和微波由于波长过短，绕过障碍物的本领很差。所以长波、中波和中短波通常用来进行无线电广播（从几百千赫到数兆赫），如民用广播从 535 kHz ~ 1605 kHz 频段，每 10 kHz 左右一个节目频段。但沿地表传播的地波，会因电磁波跳跃性传播产生感应电流，从而受到地面这种非良导体衰减，且频率越高集肤效应越大，损耗就越大，因此地波频率通常控制在3 MHz 以下。在传播途中的衰减大致与距离成正比。中波和中短波的传播距离一般在几百千米范围内，收音机在这两个波段一般只能收听到本地或邻近省市的电台。长波沿地面传播的距离要远得多，但发射长波的设备庞大，造价高，所以长波很少用于无线电广播，多用于超远程无线电通信和导航等。另外，用中、低频无线电波进行数据通信的主要问题是它们的通信带宽较低，能携带的信息量较少。

天波是靠电磁波在地面和电离层（100 km ~ 500 km 高）之间来回反射而传播的，如图 3-14b 所示。频率范围在高频段（3 MHz ~ 30 MHz）。天波传播方式是短波的主要传播途径。短波信号由天线发出后，经电离层反射回地面，又由地面反射回电离层，可以多次反射，因而传播距离很远，可达上万千米，这与天线入射角大小有关。由于电离层会对反射的电磁波进行吸收、衰减，电离浓度越大则损耗越大，且对不同波长的电磁波表现出不同的特性。波长超过 3000 m 的长波，几乎会被电离层全部吸收。对于中波、中短波、短波，波长越短，电离层对它吸收得越少而反射得越多。因此，短波最适宜以天波的形式传播。但是，电离层是不稳定的，白天受阳光照射时电离程度高，夜晚电离程度低。因此夜间电离层对中波和中短波的吸收减弱，这时中波和中短波也能以天波的形式传播。收音机在夜晚能够收听到许多远地的中波或中短波电台，就是这个缘故。

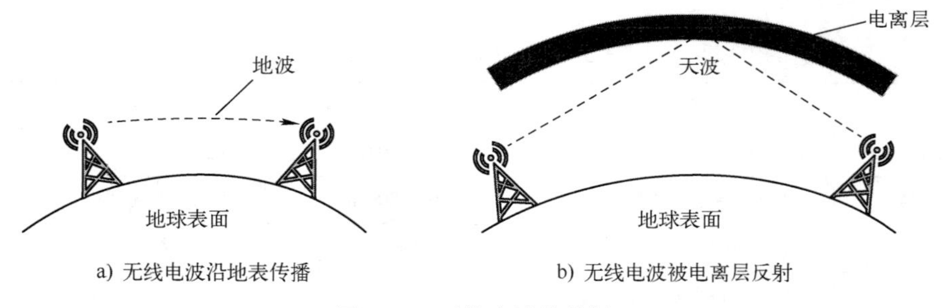

a) 无线电波沿地表传播　　b) 无线电波被电离层反射

图 3-14　无线电波的传播

频率高于 30 MHz 的电磁波（微波波段）将穿透电离层，不能被反射回来，且电离层的吸收很少。它只能进行视线传播，即直线传播。典型的是利用微波接力站进行微波通信。天线越高，传播距离越远。如卫星通信，电磁波可穿透电离层传播到卫星，这种空间波传播与光有类似性。

微波通信系统主要分为地面微波与卫星微波两种。尽管它们使用同样的频段，又非常相似，但能力上有较大的差别。

1）地面微波：一般采用定向抛物面天线，发送方与接收方之间的通路不能有大障碍，或者说要求视线能及。地面微波系统的频率一般为 4 GHz ~ 6 GHz 或 21 GHz ~ 23 GHz。对于几百米的短距离系统较为便宜，甚至采用小型天线进行高频传输即可，超过几千米的系统价格则要相对贵一些。

无论大小，微波通信系统的安装都比较困难，需要良好的定位，并要申请许可证。传输率一般取决于频率，小的为 1 Mbit/s ~ 10 Mbit/s。衰减程度随信号频率和天线尺寸而变化。对于高频系统，长距离会因雨天或雾天而增大衰减，近距离对天气的变化不会有什么影响。无论近距离、远距离，微波对外界干扰都非常灵敏。

2）卫星微波：利用地面上的定向抛物天线，将视线指向地球同频卫星。卫星微波传输可跨越陆地或海洋。同步通信卫星信道是一种特殊的无线信道，在地球赤道上空 35 978 km（约 3.6 万 km）均匀分布三个同步卫星（运行方向与地球自转方向相同，运行速度约为地球自转的角速度 3.1 km/s），就可以通过它们的转发器（transponder）实现除两极外的全球通信（见图 3-15a）。自 20 世纪 60 年代初（1962 年）问世以来，同步卫星至今稳定使用上行 6 GHz、下行 4 GHz 频点的系统，总带宽为 500 MHz，并提供带宽各为 36 MHz 的 12 个转发器，各又能容纳 1200 路数字电话或 25 ~ 150 个窄带会议电视。一个转发器可支持 5 到 6 个 HDTV（高清晰度数字电视）的传输。由于跨洋卫星通信（如中美两国间）需经由两个卫星的转发器与双方地球站沟通信息，因此远达 15 万 km 的距离，通信延迟将高达近 0.5 秒，双方对话均有明显延时的感觉。目前国内卫星通信已开办大量业务，如卫星电视节目、远程教育等。

中、低轨道卫星（见图 3-15b）主要用于移动通信，一般距地面 1000 km。由于卫星的轨道高度低，卫星形成的覆盖小区在地球表面快速移动，绕地球一周约需两个小时，传输延时短，路径损耗小，若干数量的卫星组成空间移动通信网，在任一时间和地球上的任一地点，都有至少一颗卫星可以覆盖。卫星之间实行空间交换，以保证陆地、海洋乃至空中的移动通信不间断地进行。

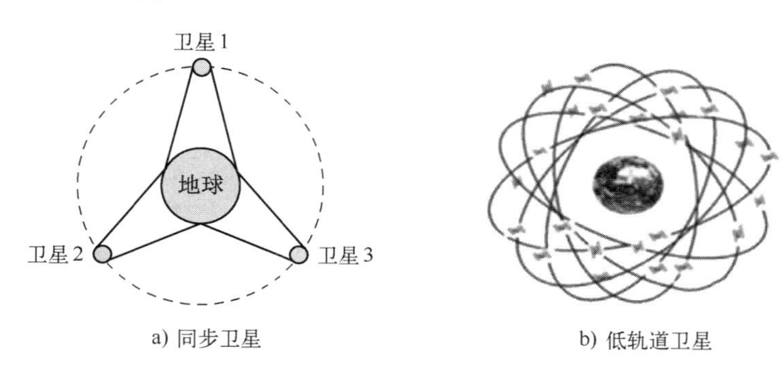

a) 同步卫星　　b) 低轨道卫星

图 3-15　卫星通信系统示意图

卫星设备费用相当昂贵，但是对于超长距离通信，它的安装费用则会比电缆安装要低。由于涉及卫星这样的现代空间技术，它的安装要复杂得多。地球站的安装要简单一些。对于单频数据传输来讲，传输速率一般为 1 Mbit/s ~ 10 Mbit/s。同地面微波一样，卫星微波会由于雨天或大雾，使衰减增大，抗电磁干扰性也较差。

上述无线通信均通过自由空间（包括空气和真空）传播，为了合理使用频段，各地区、各种通信又不致互相干扰，ITU 科学地分配了各种通信系统所适用的频段。各频段频率与其波长对应值及其名称，由国际电信联盟无线电委员会（ITU-R）颁布，各国、各地区和城市均设有相应的无线电管理委员会，负责本国、本地区无线频点的合理协调。

此外，电磁波也可在水中传播，但在水中有着不同于空气中的传播特性。海水对电磁波能量的吸收作用很强，但对于不同波长的电磁波又有所不同，波长越短，衰减越大。水的电导率越高，衰减也越大，一般来说，长波可穿透水的深度是几米，甚长波穿透水的深度是10~20米，超长波穿透水的深度是100~200米。因此，极低频段用于海底通信通常有较好的传输性能。

2. 红外线通信

红外传输系统是建立在红外线信号之上的。采用发光二极管（LED）、激光二极管（ILD）来进行站与站之间的数据交换。红外设备发出的光非常纯净，一般只包含电磁波或小范围电磁频谱中的光子。传输信号可以直接或经过墙面、天花板反射后被接收装置收到。

红外信号没有能力穿透墙壁和一些其他固体，每一次反射都要衰减一半左右，同时红外线也容易被强光源给盖住。红外波的高频特性可以支持高速率的数据传输，它一般可分为点到点与广播式两类传输。

1）**点到点红外系统：**这是我们最熟悉的，如大家常用的遥控器。红外传输器使用光频（100 GHz~1000 THz）的最低部分。除高质量的大功率激光器较贵以外，一般用于数据传输的红外装置都非常便宜。然而，它的安装必须精确到点到点。目前它的传输率一般相对较低，根据发射光的强度、纯度和大气情况，衰减有较大的变化，一般距离为几米到几千米不等。点到点传输具有极强的抗干扰性。

2）**广播式红外系统：**广播式红外系统是把集中的光束以广播或扩散方式向四周散发。这种方法也常用于遥控和其他一些消费设备上。利用这种设备，一个收发设备可以与多个设备同时通信。

3. 激光通信

激光是一种方向性极好的单色相干光。利用激光来有效地传送信息，叫作激光通信。激光通信依据传输介质的不同，可分为光纤通信、大气通信、空间通信和水下通信四类，其中最常见、发展最成熟的是大气激光通信和光纤通信。大气激光通信的主要优点如下：

1）与光纤通信类似，通信容量极大。在理论上，激光通信可同时传送1000万路电视节目和100亿路电话。

2）保密性强。激光不仅方向性特强，而且可采用不可见光，因而不易被敌方所截获。

3）结构轻便，设备经济。由于激光束发散角小，方向性好，激光通信所需的发射天线和接收天线都可做得很小，一般天线直径为几十厘米，重量不过几千克，而功能类似的微波天线，重量则以几吨、十几吨计。

大气激光通信存在的主要问题包括：

1）大气衰减严重。激光在传播过程中受大气和气候的影响比较严重，云雾、雨雪、尘埃等会妨碍光波传播。这就严重地影响了通信的距离。

2）瞄准困难。激光束有极高的方向性，这给发射点和接收点之间的瞄准带来不少困难。为保证发射点和接收点之间瞄准，不仅对设备的稳定性和精度提出很高的要求，而且操作也复杂。

激光通信系统包括发送和接收两个部分。发送部分主要有激光器、光调制器和光学发射天线。接收部分主要包括光学接收天线、光学滤波器、光探测器。要传送的信息送到与激光器相连的光调制器中，光调制器将信息调制在激光上，通过光学发射天线发送出去。在接收端，光学接收天线将激光信号接收下来，送至光探测器，光探测器将激光信号变为电信号，经放大、解调后变为原来的信息。

大气激光通信不但可以传送电话，还可以传送数据、传真、电视和可视电话等。现在各国研究主要集中在增大通信距离、提高全天候性能和传输速率以及实现移动通信等方面。据报道，美国海军电子中心在17.6 km二氧化碳激光通信中实现了可通信率为99%的准全天候通信，日本用氦氖激光器使得在2 km线路上的传输速率达到1.544 kbit/s。此外，美激光系统公司研制的系统中装有高倍双目望远镜，可将活动目标放大20倍，从而解决了移动通信问题，可用于各种移动车辆、舰艇、高速直升机的移动通信。可见，大气激光通信已成为现代保密通信的得力工具。

无线通信具有有线通信不可替代的优点，包括不受线缆约束，自由自在、随处随地均可通信的特点。但与有线通信相比，无线通信保密性差，传输质量不高，易受干扰，价格贵，速度低。无线通信的主要技术难题是无线频率是不可再生的资源且十分有限，信道复杂和传输环境恶劣。此外，它需要设计复杂的通信协议而且效率低，因此性能不好且不稳定（干扰起伏）。但近年来，由于编码和调制技术及DSP算法和硬件的突破性进展已经使无线通信技术得到蓬勃发展，它是将来通信技术开发和研究的主要方向。

本章小结

信道是数据传输的通路，是任何通信系统必不可少的重要组成部分。信道根据不同的要求可分为广义信道和狭义信道，广义信道又可分为调制信道和编码信道，狭义信道又可分为有线信道和无线信道。信道干扰是影响信号传输质量的一个主要因素，干扰可分为外部干扰和内部干扰（由线缆设备引起）。一种典型的内部干扰是高斯白噪声，它的瞬时值服从高斯分布，而它的功率谱密度服从均匀分布。高斯白噪声是分析信道加性噪声的理想模型，通信中的主要噪声源——热噪声就属于这类噪声。奈奎斯特定理和香农定理是网络传输中计算信道容量的两个基本定理。奈奎斯特定理用来推算无噪声的、有限带宽信道的最大数据传输速率，而香农定理则扩展了奈奎斯特的工作，用来在有随机噪声干扰的情况下计算信道的最大数据传输速率。

传输介质是通信系统传输信息的载体，常用的传输介质分为有线传输介质和无线传输介质两大类，包括光纤、双绞线、无线电波及微波、卫星通信等。不同的传输介质，其特性也不相同，不同的特性对网络中数据通信质量和通信速度有较大影响，不同的应用应该根据不同的要求使用不同的传输介质。

思考与练习

1. 比较各种有线传输介质的优缺点。

2. 无线信道传输有何特点？

3. 比较一下各种无线传输介质的优缺点。

4. 影响传输系统信号损耗的因素是什么？

5. 什么是信道的截止频率和带宽？

6. 若信号功率是噪声功率的 2 倍，信噪比是多少分贝？

7. 对于带宽为 4 MHz 的无噪声电视信道，如果采用二进制信号传输，则该电视信道的最大数据传输率是多少？

8. 要在带宽为 4 kHz 的信道上用 4 s 发送完 20k 字节的数据块，按照香农公式，信道的信噪比应为多少分贝（取整数值）？

9. 对于带宽为 3 kHz、信噪比为 30 dB 的语音信道，如果采用二进制信号传输，该语音信道的最大数据传输速率是多少？

10. 设某恒参信道可用图 P3-1 所示的线性二端口网络来等效。试求它的传输函数 $H(\omega)$，并说明信号通过该信道时会产生哪些失真。

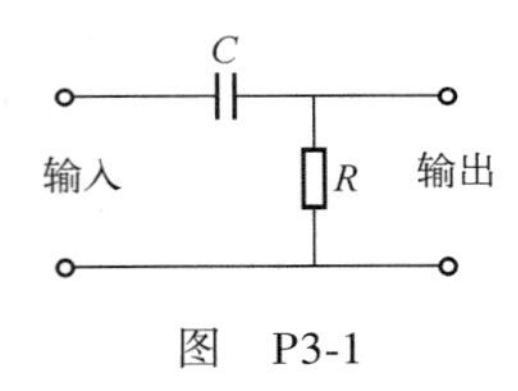

图　P3-1

11. 什么是调制信道和编码信道，两者有何不同？

12. 什么是广义信道？什么是狭义信道？

13. 奈奎斯特定理在通信中有何作用？

14. 香农公式说明了什么？

15. 信道干扰有哪些？对信号的传输有什么影响？

16. 对于 6.5 MHz 的某高斯信道，若信道中的信号功率与噪声功率谱密度之比为 45.5 MHz，试求其信道容量。

17. 设一幅黑白数字相片为 400 万像素，每个像素有 16 个亮度等级。若用 3 kHz 带宽的信道传输它，且信号噪声功率比等于 10 dB，试问需要传输多长时间？

18. 计算机设备通过信道传输数据：

（1）要求信道的 $S/N = 30$ dB，该信道的容量是多少？

（2）设线路上的最大信息传输速率为 4800 bit/s，所需的最小信噪比是多少？

第4章　模拟信号的数字传输

4.1　引言

前面已经指出，通信系统可以分为模拟通信系统和数字通信系统两类。随着微电子技术的发展和计算机的应用和普及，数字通信具有显著优点，是现代通信的发展趋势及主流。但现今通信的许多业务，其信源信号仍是模拟的，例如许多语音和图像传输业务。因此，为了在数字通信系统中传输模拟信息，发送端的信息源中应包括一个模/数转换装置，而在接收端的信宿中应包括一个数/模转换装置，用来将接收到的数字信号恢复成模拟信息。本章将讨论这个模/数转换装置和数/模转换装置，以便在数字通信系统中传输模拟信息。而且这里将着重分析模拟语音信号的数字传输。

将模拟语音信号转换为数字信号的方法很多，通常分为三类：波形编码、参量编码和混合编码。其中，波形编码和参量编码是两种基本类型。波形编码是将时间域信号直接变换为数字代码，力图使重建语音波形保持原语音信号的波形形状。波形编码的基本原理是在时间轴上对模拟语音按一定的速率抽样，然后将幅度样本分层量化，并用代码表示。解码是其反过程，将收到的数字序列经过解码和滤波恢复成模拟信号。波形编码具有适应能力强、语音质量好等优点，但所用的编码速率高，在对信号带宽要求不太严格的通信中得到应用，而对频率资源相对紧张的移动通信来说，这种编码方式是不适用的。脉冲编码调制（PCM）和增量调制（ΔM），以及它们的各种改进型自适应增量调制（ADM）、自适应差分编码（ADPCM）等，都属于波形编码技术，或者说都是特殊的脉冲编码调制技术。它们分别在64 kbit/s以及16 kbit/s的速率上，能给出较高的编码质量，当速率进一步下降时，性能会下降较快。

与波形编码不同，参量编码又称为声源编码，是将信源信号在频率域或其他正交变换域提取特征参量，并将其变换成数字代码进行传输。解码为其反过程，将收到的数字序列经变换恢复特征参量，再根据特征参量重建语音信号，并力图使重建语音信号具有尽可能高的可靠性，即保持原语音的语意。但重建信号的波形同原语音信号的波形可能会有相当大的差别。这种编码技术可实现低速率语音编码，比特率可压缩到2 kbit/s~4.8 kbit/s，甚至更低。但语音质量只能达到中等，特别是自然度较低，连熟人都不一定能听出讲话人是谁。线性预测编码（LPC）及其他改进型都属于参量编码。

计算机的发展为语音编码技术的研究提供了强有力的工具，大规模、超大规模集成电路的出现，则为语音编码的实现提供了基础。20世纪80年代以来，语音编码技术有了实质性的进展，产生了新一代的编码算法，这就是混合编码。它将波形编码和参量编码组合起来，克服了原有波形编码和参量编码的弱点，结合各自的长处，力图保持波形编码的高质量和参量编码的低速率，在 4 kbit/s～16 kbit/s 速率上能够得到高质量的合成语音。多脉冲激励线性预测编码（MPLPC）、规划脉冲激励线性预测编码（KPELPC）、码本激励线性预测编码（CELP）等都是属于混合编码技术。很显然，混合编码是适合于数字移动通信的语音编码技术。

脉冲编码调制（Pulse Code Modulation，PCM）是一种最重要的波形编码技术，在光纤通信、数字微波通信、卫星通信等均获得了极为广泛的应用，现在的数字传输系统大多采用 PCM 体制。PCM 是最早采用的模/数转换方法，最初并不是为传送计算机数据而用的，而是为了解决电话局之间中继线的不够用，使一条中继线不是只传送一路而是可以传送几十路电话。PCM 过程主要由抽样、量化与编码三个步骤组成。抽样是把时间上连续的模拟信号转换成时间上离散的抽样信号，量化是把幅度上连续的模拟信号转换成幅度上离散的量化信号，编码则是把时间离散且幅度离散的量化信号用一个二进制码组表示。

本章将着重讨论脉冲编码调制方法的基本理论及相关技术。图 4-1 是利用该方法来实现模拟信号的数字传输系统方框图。在发送端，模拟信息源发出模拟随机信号 $m(t)$，经过抽样，得到一系列的抽样值 $m(kT_s)$，该抽样值被量化和编码后，即可得到相应的数字序列 S_k。该数字序列在利用数字通信系统进行传输后，在接收端收到的数字随机序列 S_k' 再经过译码和低通滤波，便可获得模拟随机信号 $m'(t)$，该信号非常逼近发送端信号 $m(t)$，即模拟信号被恢复。但如果抽样间隔较宽，量化也粗，虽然信号数据处理量少，但精度不高，甚至可能失掉信号最重要的特征。

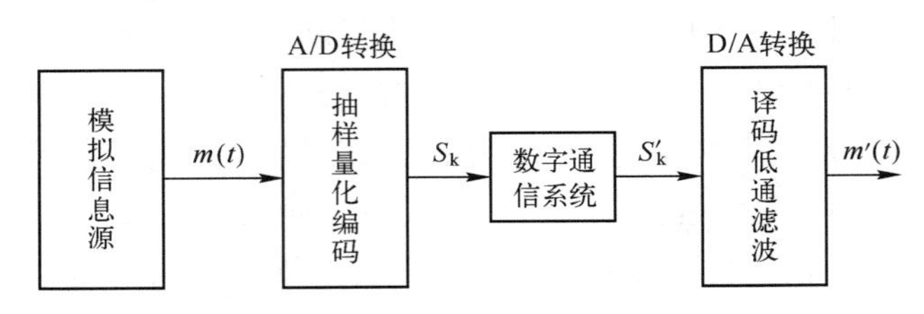

图 4-1　模拟信号的数字传输系统

因此，脉冲编码调制技术的理论基础是抽样定理，该定理告诉我们：如果对某一带宽有限的时间连续信号（模拟信号）进行抽样，且抽样速率达到一定数值（抽样间隔足够小）时，根据这些抽样值就能准确地确定原信号。这就是说，若要传输模拟信号，不一定要传输模拟信号本身，可以只传输按抽样定理得到的抽样值。至于模拟信号抽样值的传输，既可直接传输抽样值（脉冲幅度调制 PAM 信号），也可以将抽样值进行量化后再传输，还可以把这个经过抽样、量化的值以数字编码方式来传输。下节将详细介绍抽样定理。

4.2　模拟信号的抽样

模拟信号数字化的第一步是在时间上对信号进行离散化处理，即将连续时间、连续幅度的信号变成离散时间、连续幅度的离散信号，这一过程称为抽样，量化和编码都是在它基础之上进行的。连续信号在时间上离散化的抽样过程如图 4-2 所示。具体来说，就是某一时间连续信号 $f(t)$，仅取 $f(t_0)$，$f(t_1)$，$f(t_2)$，…，$f(t_n)$ 等各离散点数值，就变成了离散时间信号 $f_s(t)$。

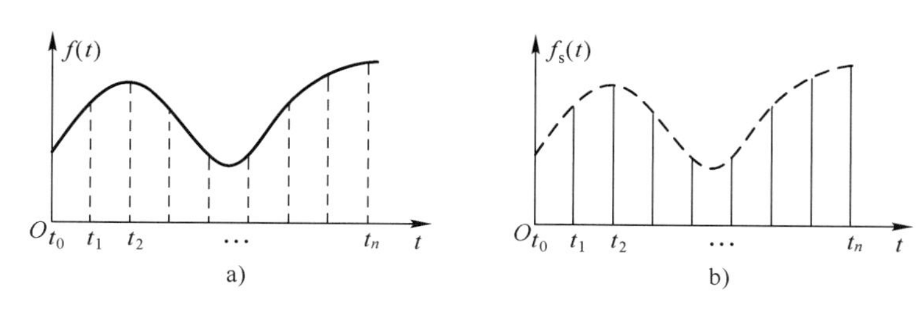

图 4-2　连续信号抽样示意图

4.2.1　低通信号的抽样定理

为了使抽样后的信号能完全表示原信号的全部信息，也就是离散的抽样序列能在接收端被不失真地恢复出原模拟信号，抽样过程必须遵循抽样定理，该定理是对模拟信号进行抽样的理论基础。

低通信号抽样定理：设有一个频带限制在$(0,f_{max})$内的时间连续信号 $f(t)$，如果用时间间隔为 $T_s \leqslant 1/(2f_{max})$的开关信号对 $f(t)$ 进行等间隔抽样，则 $f(t)$ 就可被样值信号 $f_s(t)=f(nT_s)$唯一地表示。或者说，要从样值序列无失真地恢复原时间连续信号，其抽样频率 f_s 应大于等于 $2f_{max}$。

该定理是 1928 年由美国电信工程师奈奎斯特首先提出来的，因此称为奈奎斯特采样定理，简称抽样定理。$1/(2f_{max})$这个最大抽样间隔称为奈奎斯特间隔，最小抽样速率 $2f_{max}$ 称为奈奎斯特速率。上述定理可通过下面分析理想抽样信号序列的频谱来简单地得到证明。

若连续信号 $f(t)$ 的频谱为 $F(\omega)$，其频谱限制在 ω_M（对应频率 f_{max}）内，假定采用理想抽样方式进行抽样，即抽样后的信号可被视为信号 $f(t)$ 与单位冲激序列 $S_T(t)$ 相乘的结果：

$$f_s(t)=f(t)\times S_T(t) \tag{4-1}$$

抽样过程可用图 4-3 所示的相乘器电路模型来表示。电路输出的乘积函数 $f_s(t)$ 便是均匀间隔为 T_s 秒的冲激序列，其强度等于相应瞬时上 $f(t)$ 的值，它表示对函数 $f(t)$ 的抽样，如图 4-4 所示。

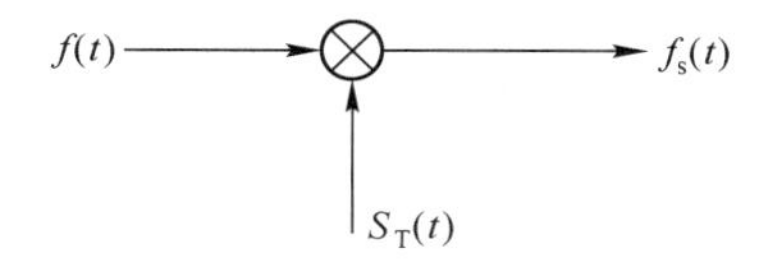

图 4-3　相乘器抽样模型

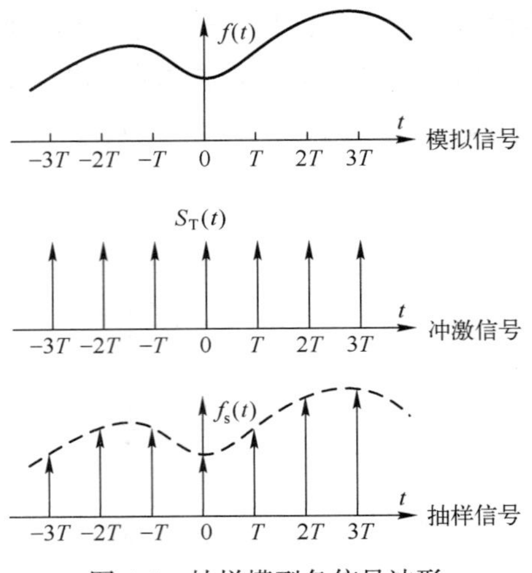

图 4-4 抽样模型各信号波形

图中 $S_T(t)$ 的数学表达式可写为

$$S_T(t)=\sum_{n=-\infty}^{\infty}\delta(t-nT_s) \tag{4-2}$$

式中，T_s为序列周期，即抽样周期，其对应的频域表达式可写为

$$S_T(\omega)=\frac{2\pi}{T_s}\sum_{n=-\infty}^{\infty}\delta(\omega-n\omega_s)=\omega_s\sum_{n=-\infty}^{\infty}\delta(\omega-n\omega_s) \tag{4-3}$$

式中，$\omega_s=2\pi/T_s$。当被抽样信号$f(t)$已知时，$F(\omega)$也就已知。令$f_s(t)$的频谱为$F_s(\omega)$，则根据频率卷积定理，可得式（4-1）对应的频域表达式：

$$F_s(\omega)=\frac{1}{2\pi}[F(\omega)*S_T(\omega)] \tag{4-4}$$

将式（4-3）代入式（4-4）可得

$$\begin{aligned}F_s(\omega)&=\frac{1}{2\pi}\left[F(\omega)*\omega_s\sum_{n=-\infty}^{\infty}\delta(\omega-n\omega_s)\right]\\&=\frac{1}{T_s}\left[F(\omega)*\sum_{n=-\infty}^{\infty}\delta(\omega-n\omega_s)\right]=\frac{1}{T_s}\left[\sum_{n=-\infty}^{\infty}F(\omega-n\omega_s)\right]\end{aligned} \tag{4-5}$$

式（4-5）即为抽样后样值序列频谱，其示意图如图 4-5 所示（理想情况：$\omega_s=2\omega_M$）。

式（4-5）和图 4-5 所示样值序列频谱表明，一个频带受限的信号经抽样后其样值序列的频谱将被展宽，即产生了一系列的上、下边带。样值序列的频谱相当于原信号的频谱搬移，即将原信号的频谱搬移到以 ω_s，$2\omega_s$，$3\omega_s$…为中心的上、下两个边带位置，并且每一对边带频谱形状都与以 0 为中心的原被抽样信号形状相同。

对式（4-5）可以画出f_{max}与f_s三种不同取值的情况，即$f_s=2f_{max}$、$f_s<2f_{max}$和$f_s>2f_{max}$的情况，如图 4-6 所示。从图中可看出，对于$f_s=2f_{max}$和$f_s>2f_{max}$的情况，两个相邻边带之间都是不重叠的；而对于$f_s<2f_{max}$的情况，则两个相邻边带之间有一部分互相重叠。因此，对于前两种情况，即

$$f_s\geqslant 2f_{max} \quad 或 \quad T_s\leqslant(1/2f_{max})$$

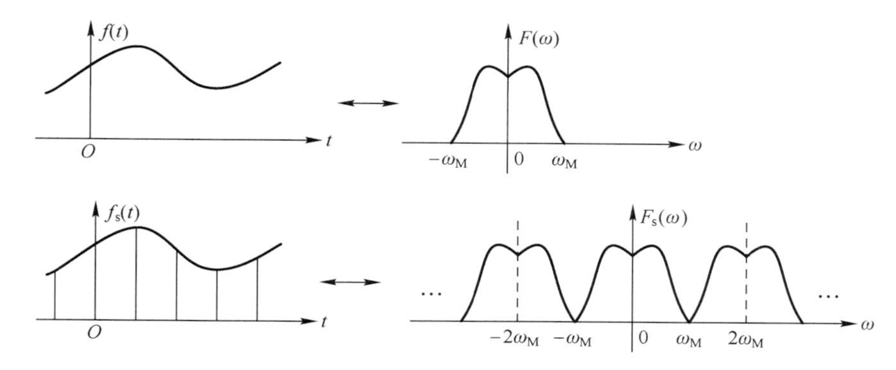

图 4-5　理想抽样样值序列频谱

都可用一个适当的低通滤波器取出一个完整的不受干扰的原信号频谱；而对于后一种情况，则无法用低通滤波器取出不受干扰的原信号频谱。

根据图 4-6 和前述分析，证明了对最高频率分量小于 f_{max} 的带限信号可唯一地由其在小于或等于 $1/(2f_{max})$ 秒的均匀间隔上的离散样点值所确定。或者说，以抽样速率 $f_s \geq 2f_{max}$ 抽样时才可能从离散样值序列无失真地恢复原被抽样信号。例如，声音数据一般限于 4000 Hz 以下的频率，一种满足清晰度要求的保守抽样速率是 8000 次/s，这足以描述声音信号的特征。

抽样定理说明：对于一个频率受限的信号波形绝不可能在很短的时间内产生独立的、实质性的变化，它的最高变化速度受信号最高频率分量的限制。为保留波形所有频率分量的全部信息，要求在一个周期（按信号最高频率分量）的时间间隔内至少抽样两次，或者说等间隔抽样频率必须大于等于信号最高频率的 2 倍。

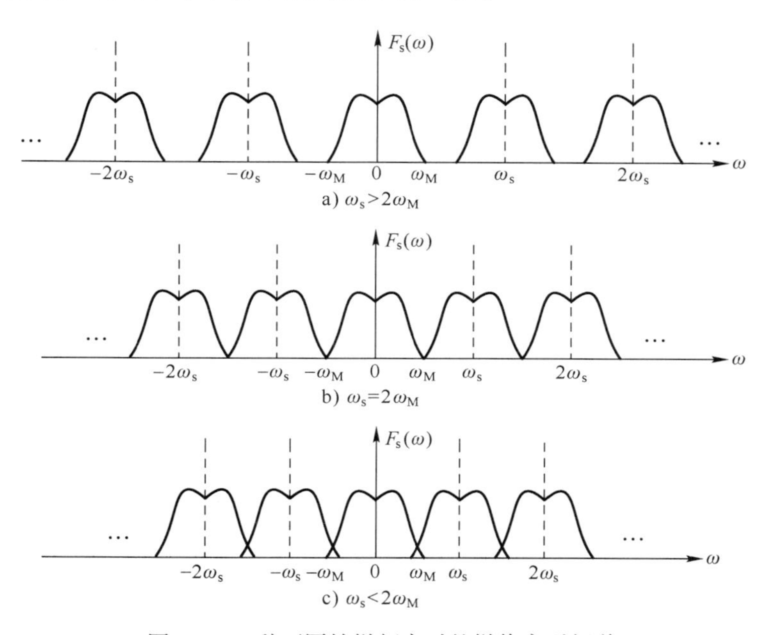

图 4-6　三种不同抽样频率时的样值序列频谱

频带有限的信号可用离散样值精确恢复，这在信号理论中具有很大价值。它意味着一个连续信号所具有的无限个点的信号值可减少为可数个点的信号值序列。这就使得在一些孤立的瞬时来处理信号成为可能。例如，将波形的抽样值转换为具有有限位数的数字代码实现数字化，因而能被数字计算机或其他数字电路处理，也可以将多个信号的抽样值在时间上相互穿插以实现多路复用。

实用滤波器的截止边缘不可能做到理想的陡峭。所以，实用的抽样频率f_s必须比$2f_{max}$大一些，但也不是越高越好。太高会增加总的数据传输速率，从而降低信道的利用率。在实际工程中，通常取抽样频率为$(2.5\sim5)f_{max}$。因此，只要满足$f_s\geqslant 2f_{max}$，并有一定频带宽度的防卫带即可。

4.2.2 带通信号的抽样定理

以上讨论的抽样定理是对信号带宽为$0\sim f_M$的低通型信号而言的。对于带宽限制在$f_L\sim f_H$之间的带通型信号，如图4-7所示，其抽样频率如仍按$f_s\geqslant 2f_{max}$选取，虽然仍能满足样值序列频谱不产生频谱重叠的要求，但所选取的抽样频率太高，将会降低信道传输效率。可以证明，对于带通信号而言，可以使用比信号中最高频率2倍还低的抽样频率。

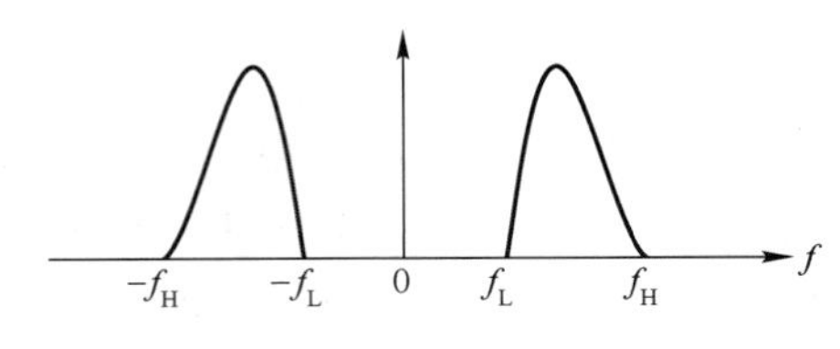

图4-7 带通信号示意图

带通信号抽样定理：如果模拟信号$f(t)$是带通信号，频带限制在$f_L\sim f_H$之间，令$B=f_H-f_L$，如果抽样频率能满足关系式：

$$f_s=2B\left(1+\frac{k}{n}\right)=\frac{2f_H}{n}$$

则该抽样信号就可以无失真地恢复出原信号。其中n和k分别为f_H/B（等于$n+k$）的整数部分和小数部分。上述f_s是最小抽样频率，但并不意味着任何大于f_s的抽样频率都能保证抽样信号的频谱不发生混叠。一般满足下面不等式即可。

$$2B\left(1+\frac{k}{n}\right)=\frac{2f_H}{n}\leqslant f_s\leqslant\frac{2f_L}{n-1} \tag{4-6}$$

这里不给出具体证明，如需详细了解可参考相关书籍。

从公式中也可看出：f_s位于$2B\sim4B$之间；当f_H是B的整数倍时，$f_s=2B$；当$f_L\gg B$时，$f_s\approx2B$。最后，需要说明的是，当带通信号的带宽大于信号的最低频率时，在抽样时把信号当作低通信号处理，否则当作带通信号处理。

【例题4-1】 试求60路载波群信号（312 kHz~552 kHz）的抽样速率应为多少？

解：

$$B=f_H-f_L=552-312=240\ \text{kHz}$$

$\frac{f_H}{B}=\frac{552}{240}=2.3$，故 $n=2$，根据式（4-6）可得

$$\frac{2\times552}{2}\leqslant f_s\leqslant\frac{2\times312}{1}$$

即抽样速率应满足下述关系即可。

$$552\ \text{kHz}\leqslant f_s\leqslant 624\ \text{kHz}$$

如果该 60 路载波群信号按照低通型抽样定理求解，则为

$$f_s\geqslant 2f_M=2\times552=1104\ \text{kHz}$$

显然，带通型抽样频率优于按低通型抽样的抽样频率。

抽样定理是通信原理中十分重要的定理之一，是模拟信号数字化、时分多路复用及信号分析与处理技术的理论依据。

4.3　量化

抽样是把一个时间连续的信号变换成时间离散的信号。抽样定理说明一个模拟信号可以用它的抽样值充分地表示。但这种时间离散的信号在幅度上仍然是连续的，即信号的抽样值 $m(kT_s)$ 还是随信号 $m(t)$ 幅度的变化而连续变化，其取值可能有无穷多个。如果要利用数字传输系统来传输这些抽样值，则应将每个抽样值变换为若干个（假设为 n 个）二进制信号进行传输，但 n 个二进制数字信号只能同 $M=2^n$ 个电平样值相对应，而不可能同无穷多个电平值相对应。因此，只有将可能取无穷多个值的抽样值先变换为有限的 M 个离散电平，才能利用数字通信系统实现对抽样值的传输。

4.3.1　量化的定义

利用预先规定的有限个电平（例如 M 个）来表示模拟抽样值的过程称为量化。量化通常由量化器完成。量化器根据量化的具体要求，将工作范围的电压值分成 M 个量化区间，每个量化区间用一个固定的量化电平值表示。凡是落入该量化区间的所有抽样值信号都用“四舍五入”的办法由该量化电平值表示。这样，就将每个可无限取值的模拟抽样信号值量化成了 M 个固定量化电平值之一。量化过程示意图如图 4-8 所示。

设 $m(kT_s)$ 为模拟信号抽样值，$m_q(kT_s)$ 表示量化后的量化信号值，q_1，q_2，…，q_i 是量化后信号的可能输出电平，m_0，m_1，m_2，…，m_i 为量化区间的端点。则量化过程可用下式表示：

$$m_q(kT_s)=q_i,\quad m_{i-1}\leqslant m(kT_s)<m_i$$

由上述量化方法可知，量化实际上是一个近似表示的过程，即将有无限多取值可能的模拟信号抽样值用有限个固定数值的离散信号值近似表示，或者说用离散随机变量 $m_q(kT_s)$ 来近似表示连续随机变量 $m(t)$。这一近似过程一定会产生信息损失或误差，并在接收端无论用什么方法也无法更正，它像噪声一样影响通信质量，因此这种损失或误差也称为量化噪声（在电声系统中表现为一些沙沙声）。当抽样速率和信号取值范围一定时，

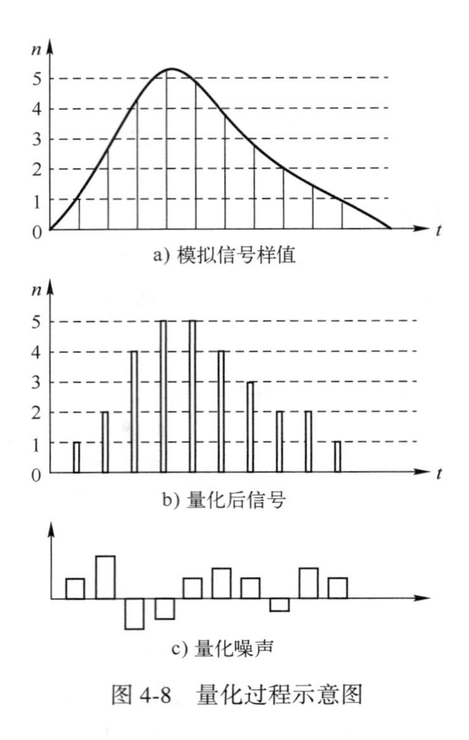

图 4-8 量化过程示意图

量化噪声可通过缩小量化区间或增加量化级数 M 来减小，但无法完全消除。图 4-8c 示出了量化误差信号。量化误差就是指量化前后信号值之差 $m-m_q$，通常用平均功率表示，即均方误差 $E[(m-m_q)^2]$，又称为量化噪声功率。根据量化器的输入/输出关系不同，量化可以分为均匀量化和非均匀量化。

4.3.2 均匀量化

把输入信号的取值域按等距离分割的量化称为均匀量化。在均匀量化中，每个量化区间的量化电平均取在各区间的中点，因此最大量化误差为量化间隔 $\Delta\nu$ 的一半，如图 4-9 所示。其量化间隔（量化台阶）取决于输入信号的变化范围和量化电平数（量化级数 M）。当信号的变化范围和量化电平数确定后，量化间隔也被确定。例如，假设输入信号的最小值和最大值分别用 a 和 b 表示，量化电平数为 M，那么均匀量化时的量化间隔为

$$\Delta\nu=\frac{b-a}{M} \tag{4-7}$$

量化器输出 m_q 为

$$m_q=q_i,\quad m_{i-1}<m\leqslant m_i \tag{4-8}$$

式中，m 为取值连续的抽样值；m_i 为第 i 个量化区间的终点，可写成 $m_i=a+i\Delta\nu$；q_i 为第 i 个量化区间的固定量化电平值，通常取量化区间中点，可表示为

$$q_i=(m_i+m_{i-1})/2,\quad i=1,2,\cdots,M$$

对量化后得到的 M 个电平，可以通过编码器编为二进制代码，通常 M 选为 2^n，这样 M 个电平可以编为 n 位二进制代码。关于编码和译码问题将在下节介绍。

量化噪声功率 N_q 则可根据定义由下式得出：

$$N_q = E[(m - m_q)^2] = \int_a^b (x - m_q)^2 f(x)\mathrm{d}x = \sum_{i=1}^{M} \int_{m_{i-1}}^{m_i} (x - q_i)^2 f(x)\mathrm{d}x$$

式中，E 为求数学期望，$f(x)$ 为抽样值 m（随机变量）的一维概率密度函数，$m_i = a+i\Delta\nu$，$q_i = a+i\Delta\nu-\Delta\nu/2$。量化器输出的有用信号功率为

$$S_q = E[(m_q)^2] = \sum_{i=1}^{M} (q_i)^2 \int_{m_{i-1}}^{m_i} f(x)\mathrm{d}x \tag{4-9}$$

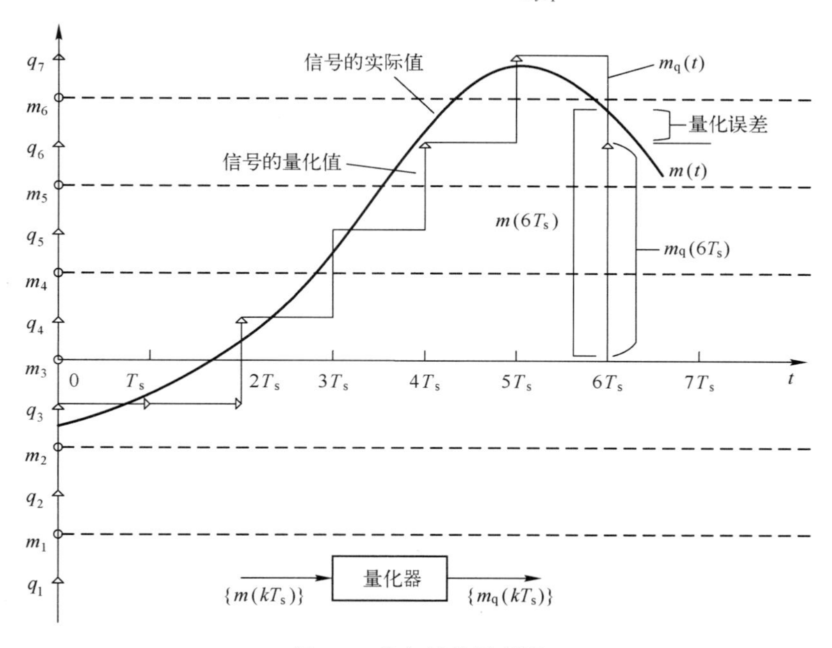

图 4-9　均匀量化示意图

比值 S_q/N_q 被称为量化信噪功率比，是衡量均匀量化器量化性能好坏的最常用指标，若已知随机变量 $m(t)$ 的概率密度函数，便可计算出该比值。

【例题 4-2】 若一均匀量化器具有 M 个量化电平，其输入信号量化区间为 $[-a, a]$，且具有均匀的概率密度函数，试求该量化器平均信号功率与量化噪声功率比。

解： 由题意知 $f(x)=1/(2a)$，再根据量化噪声功率的定义可求得

$$N_q = \sum_{i=1}^{M} \int_{m_{i-1}}^{m_i} (x - q_i)^2 \left(\frac{1}{2a}\right)\mathrm{d}x = \sum_{i=1}^{M} \int_{-a+(i-1)\Delta v}^{-a+i\Delta v} \left(x + a - i\Delta v + \frac{\Delta v}{2}\right)^2 \left(\frac{1}{2a}\right)\mathrm{d}x$$

$$= \sum_{i=1}^{M} \left(\frac{1}{2a}\right)\left(\frac{\Delta v^3}{12}\right) = \frac{M(\Delta v)^3}{24a} = \frac{(\Delta v)^2}{12}$$

$$S_q = \int_{-a}^{a} x^2 \cdot \frac{1}{2a}\mathrm{d}x = \frac{M^2(\Delta v)^2}{12}$$

因而，信号量化噪声功率比为

$$\frac{S_q}{N_q}=M^2$$

或写成分贝形式：

$$\left(\frac{S_q}{N_q}\right)_{dB}=20\lg M$$

由上式可见，量化器的信号量化噪声功率比随量化电平数 M 的增加而提高。通常量化电平数应根据对量化器的量化噪声功率比的要求来确定。

因为量化电平是预先根据量化噪声功率比的要求而确定的固定电平，对于接收端而言是已知的，所以只要噪声和失真不太大，接收端就可以比较容易地正确识别发送的幅度电平，因而离散的样值就可以得到完全恢复。这样，就可消除因传输而引起的噪声和失真影响，从而可以通过再生中继实现远距离传输而不会使噪声积累。

均匀量化的主要缺点是无论输入信号的抽样值大小如何，量化误差的最大值等于量化间隔的一半，即量化噪声的均方误差都固定不变。因此，当信号 $m(t)$ 较小时，S_q 也较小，但 N_q 并不随 $m(t)$ 的变小而减小，因而量化信噪功率比 S_q/N_q 也减小。反之，当信号 $m(t)$ 越大时，量化信噪功率比 S_q/N_q 也越大。所以，均匀量化器对于小输入信号很不利，使得弱信号时的量化信噪比难以达到给定的要求。而实际系统中遇到的信号大都具有非均匀分布的特性，出现小信号的概率很大，如语音信号。统计表明，大约在50%的时间内，语音信号的瞬时值要低于其有效值的1/4。如果把满足信噪比要求的输入信号取值范围定义为动态范围，那么均匀量化时的信号动态范围将受到较大的限制。因此，改善小信号时的量化信噪比非常重要。故实际系统中往往采用非均匀量化，而均匀量化通常只应用于信号分布范围小且较均匀的场合，如遥测、遥控、仪表等方面，语音信号则不适合采用均匀量化。

4.3.3　非均匀量化

如何提高小信号的量化信噪比？有两种方法。一种方法是减小量化间隔 $\Delta\nu$。但这种方法对同样的信号范围，量化级数必然增加，这对设备的复杂性、传输的速率及带宽要求都会增加。因此该方法并不可取。另一种方法是在保持总量化级数 M 不变的情况下，根据信号的不同区间来确定量化间隔。对于信号取值小的，其量化间隔 $\Delta\nu$ 也取值小；反之，当信号 $m(t)$ 取值较大时，量化间隔也较大，这就是非均匀量化方法。该方法可使量化噪声功率基本上与信号抽样值成比例，因此量化噪声对大、小信号的影响大致相同。非均匀量化的实质是提高小信号的量化信噪比，同时适当牺牲大信号的量化信噪比，以此扩大信号的动态范围，使之满足通信要求。一般来说，由于小幅度语音信号出现的概率大，大幅度语音信号出现的概率小，因而非均匀量化可提高平均信号量化噪声功率比，并获得较好的收听效果，是 PCM 过程采用的量化方法。

实际中非均匀量化的实现方法通常是将抽样值通过压缩再进行均匀量化。所谓压缩是指对大信号进行压缩，小信号进行放大的过程；扩张则是压缩的反变换过程。压缩器是一个非线性变换电路，它可将输入变量 x 变换成另一变量 y，即 $y=f(x)$。非均匀量化就是对

压缩后的变量 y 进行均匀量化。接收端采用一个传输特性为 $x=f^{-1}(y)$ 的扩张器来恢复 x。压扩技术的系统框图如图 4-10 所示。

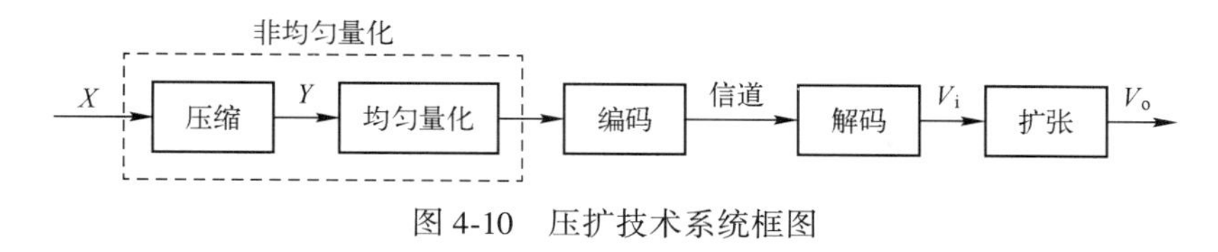

图 4-10　压扩技术系统框图

通常使用的压缩器中，大多采用对数式压缩，即 $y=\ln x$。因为该特性的曲线向上拱（见图 4-11），正好能满足小信号放大多，大信号放大少甚至缩小的特性。但当输入 $x=0$ 时，输出 $y=-\infty$；输入 $x=1$ 时，输出 $y=0$。这和要求的压缩特性（$x=0$ 时，$y=0$；$x=1$ 时，$y=1$）有差距。实际中要对这个理想压缩特性进行适当修正，使之满足要求的压缩特性。国际电信联盟（ITU）给出了两种建议：

1）μ 压缩律，相应的近似算法为 15 折线法。

2）A 压缩律，相应的近似算法为 13 折线法。

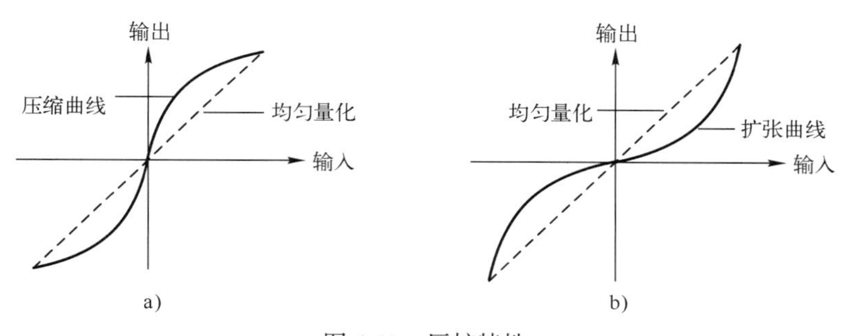

图 4-11　压扩特性

我国、欧洲各国以及国际间互连时采用 A 律 13 折线法，北美地区、日本和韩国等少数国家采用 μ 律 15 折线法。

1. μ 压缩律

所谓 μ 压缩律就是压缩器的压缩特性具有如下关系的压缩律，即

$$y=\frac{\ln(1+\mu x)}{\ln(1+\mu)},0\leqslant x\leqslant 1 \tag{4-10}$$

式中，μ 为压扩系数，表示压缩程度，μ 越大，表示压扩作用越大。x 为归一化的压缩器输入电压，y 为归一化的压缩器输出电压，即

$$x=\frac{\text{压缩器输入电压}}{\text{压缩器可能的最大输入电压}}$$

$$y=\frac{\text{压缩器输出电压}}{\text{压缩器可能的最大输出电压}}$$

由于上式表示的是一个近似对数关系，因此这种特性也称近似对数压扩律，其压缩特性曲线如图 4-12 所示，由图可见，当 $\mu\to 0$ 时，根据罗必塔法则，压缩特性是通过原点的一条斜率为 1 的直线，故没有压缩效果，等同于原来的均匀量化。当 μ 值增大时，压缩效

果明显，对改善小信号的性能有利。一般当 $\mu=100$ 时，压缩效果比较理想。需要指出的是，这里仅给出了 $x\geqslant0$ 时的关系表达式及曲线图，实际的 μ 律压缩特性曲线是奇对称于原点的，为简化说明，$x<0$ 的情形并未给出。

为了说明 μ 律压缩特性对小信号量化信噪比的改善程度，图 4-13 画出了系数 μ 为某一取值的压缩特性。图中纵坐标 y 被等间隔量化（均匀量化），但由于压缩的结果，对应到输入信号 x 就变换为非均匀量化了。从图中可看出，信号越小时，等间隔 Δy 对应的量化级间隔 Δx 也越小；信号越大时，等间隔 Δy 对应的量化级间隔 Δx 也越大。这说明对压缩器输出端 y 信号进行均匀量化，等效到输入端 x 就正是所要求的非均匀量化。也就是说，如果把模拟信号抽样值先进行压缩，然后均匀量化，其结果就相当于对原模拟信号进行非均匀量化。下面我们来计算它的量化误差。

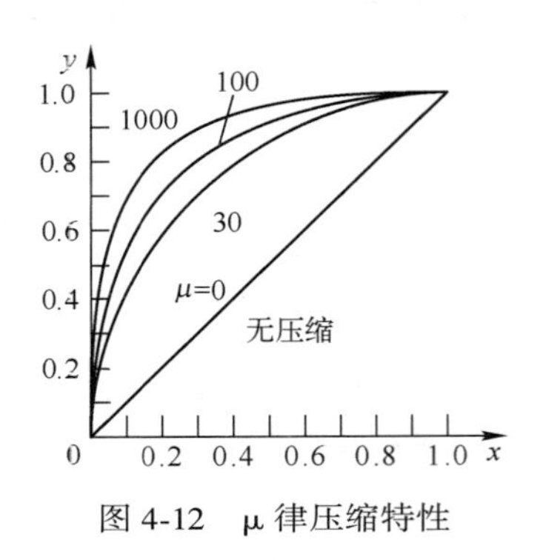

图 4-12 μ 律压缩特性

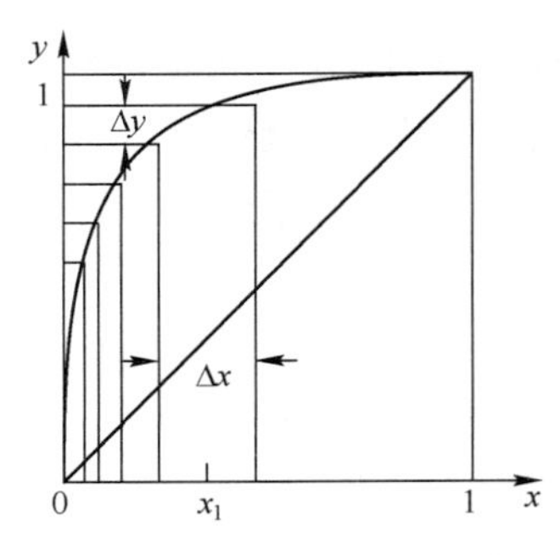

图 4-13 某一 μ 值的压缩特性

由于 $y=f(x)$ 为对数曲线，当量化区间划分较多，量化间隔很小时，在每一量化区间中压缩特性曲线可以近似看作直线，此时：

$$\frac{\Delta y}{\Delta x}\approx\frac{\mathrm{d}y}{\mathrm{d}x}=y' \tag{4-11}$$

对式（4-10）求导得

$$\frac{\mathrm{d}y}{\mathrm{d}x}=\frac{\mu}{(1+\mu x)\ln(1+\mu)} \tag{4-12}$$

因此可求得量化误差为

$$\frac{\Delta x}{2}=\frac{\Delta y}{2}\cdot\frac{1}{y'}=\frac{\Delta y}{2}\cdot\frac{(1+\mu x)\ln(1+\mu)}{\mu} \tag{4-13}$$

当 $\mu>1$ 时，$\Delta y/\Delta x$ 的比值就是压缩后量化间隔放大或缩小的倍数。当用分贝表示时，并用符号 Q 表示信噪比改善程度，那么

$$[Q]_{\mathrm{dB}}=10\lg\left(\frac{\Delta y}{\Delta x}\right)^2=20\lg\frac{\mathrm{d}y}{\mathrm{d}x} \tag{4-14}$$

例如，$\mu=100$ 时，对于小信号（$x\to0$）时，有

$$\left(\frac{\mathrm{d}y}{\mathrm{d}x}\right)_{x\to0}=\frac{\mu}{(1+\mu x)\ln(1+\mu)}\bigg|_{x\to0}=\frac{\mu}{\ln(1+\mu)}=\frac{100}{4.62}\approx21.7$$

这时，信号的信噪比改善的程度为

$$[Q]_{dB}=20\lg\frac{dy}{dx}=26.7\ dB$$

在大信号时，若 $x=1$，那么

$$\left(\frac{dy}{dx}\right)_{x=1}=\frac{\mu}{(1+\mu x)\ln(1+\mu)}\Bigg|_{x=1}=\frac{100}{101\ln(101)}\approx\frac{1}{4.67}$$

其改善程度为

$$[Q]_{dB}=20\lg\frac{dy}{dx}=20\lg\frac{1}{4.67}\approx-13.3\ dB$$

从上面可看出，与均匀量化相比（$\mu=0$），当 $\mu=100$ 时，对于小信号情形，例如 $x\to0$ 时，量化间隔减小了约 21.7 倍，量化误差也随之大大降低；而对于大信号情形，例如 $x\to1$ 时，量化间隔则增加了 4.67 倍，量化误差也随之增大。因此，所谓压缩实际上是对大信号进行压缩，而对小信号进行放大的过程，使信号的量化信噪比在整个量化区间内的变化更加趋于平稳。在接收端将收到的相应信号进行扩张，以恢复原始信号的对应关系。扩张特性与压缩特性正好相反。

2. A 压缩律

所谓 A 压缩律就是压缩器具有如下特性的压缩律：

$$\begin{cases}y=\dfrac{Ax}{1+\ln A} & 0<x\leqslant\dfrac{1}{A}\\[2ex] y=\dfrac{1+\ln Ax}{1+\ln A} & \dfrac{1}{A}\leqslant x\leqslant1\end{cases}\tag{4-15}$$

式中，x 为归一化的压缩器输入电压，y 为归一化的压缩器输出电压，A 为压扩参数，表示压缩程度。

例如，当 $A=87.6$ 时，可以求得信号 x 的放大量为

$$\frac{dy}{dx}=\begin{cases}\dfrac{A}{1+\ln A}\approx16 & 0<x\leqslant\dfrac{1}{A}\\[2ex] \dfrac{A}{(1+\ln A)Ax}\approx\dfrac{0.1827}{x} & \dfrac{1}{A}\leqslant x\leqslant1\end{cases}\tag{4-16}$$

从上式看出，当信号 x 很小时（$\leqslant1/87.6$），信号被放大了 16 倍，即量化间隔比均匀量化时减小了 16 倍，因此量化误差也将大大降低。对于大信号情形，例如 $x=1$ 时，量化间隔则增大了 5.47 倍，量化误差也将随之增大，如此实现了压缩功能，改善了量化性能。

同 μ 律压缩特性曲线一样，A 律压缩特性曲线也是以原点奇对称的，且 $x=1$ 时，$y=1$，符合压缩特性要求。

3. A 律 13 折线和 μ 律 15 折线

由于按式（4-15）得到的 A 律压缩特性是连续曲线，A 值不同，压缩特性亦不同，在电路上实现这样的函数规律是相当复杂的。实际中，往往都采用近似于 A 律函数规律的 13 折线（$A=87.6$）的压缩特性。它基本上保持了连续压缩特性曲线的优点，又便于用数字电路实现。

图 4-14 所示为 A 律 13 折线，对应于 $A=87.6$ 的压缩特性曲线。取 $A=87.6$ 有两个作用：

1）使特性曲线原点附近的斜率接近 16。

2）为了使 13 折线逼近曲线时，x 的八段量化分界点近似于 $1/2^i$（式中 i 分别取 0，1，…，7）。

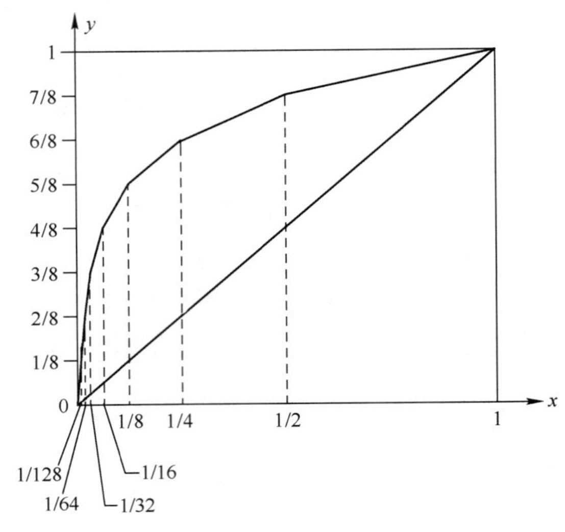

图 4-14　A 律 13 折线

图 4-14 中，先把 x 轴的 0～1 分为 8 个不均匀段，其分法是：将 0～1 之间一分为二，中点为 1/2，取 1/2～1 之间作为第八段；剩余的 0～1/2 再一分为二，中点为 1/4，取1/4～1/2 之间作为第七段；再把剩余的 0～1/4 一分为二，中点为 1/8，取 1/8～1/4 之间作为第六段，以此分下去，直到剩余的最小一段为 0～1/128 作为第一段。而 y 轴 0～1 则均匀地分成八段，与 x 轴的八段一一对应。从第一段到第八段分别为 0～1/8，1/8～2/8，2/8～3/8，…，7/8～1。这样便可以做出由八段直线构成的一条折线。该折线与式（4-16）表示的压缩特性近似。由图 4-14 中的折线可以看出，除第一、二段外，其他各段折线的斜率都不相同，它们的关系如表 4-1 所列。

表 4-1　A 律 13 折线各段落的斜率

折线段落	1	2	3	4	5	6	7	8
斜率	16	16	8	4	2	1	1/2	1/4

至于 x 在−1～0 之间及 y 在−1～0 的第三象限中，压缩特性的形状与以上讨论的第一象限压缩特性的形状相同，且它们以原点为奇对称，所以负方向也有八段直线，合起来共有 16 个线段。由于正向一、二两段和负向一、二两段的斜率相同，这四段实际上为一条直线。因此，正、负双向的折线总共由 13 条直线段构成，称其为 A 律 13 折线。

μ 律压缩特性曲线也可用折线逼近，实际上，μ 律函数式是可以从 A 律的函数式导出来的，因此在讨论用折线逼近 μ 律压缩特性前，先说明它们之间的关系。

当 A 取 87.6 时，A 律特性曲线可以使原点附近的斜率接近 16，并且使 13 折线逼近曲线时，x 的八段量化分界点近似于 $1/2^i$。如果只要求满足第二个目的，可以验证：这时的 A 取值 94.4，该 A 值时的压缩特性为

$$y=\frac{1+\ln Ax}{1+\ln A}=\frac{\ln(eAx)}{\ln(eA)}=\frac{\ln(256x)}{\ln(256)} \tag{4-17}$$

此压缩特性若用 13 折线逼近曲线，除第一段落起始点外，其余各段落分界点的 x，y 都满足方程式（4-17）。在 13 折线中，第一段落起始点要求的 x 和 y 对应为 0。而按式（4-17）计算时，当 $x=0$ 时，$y\to\infty$；$y=0$ 时，$x=1/2^8$，因此，要对式（4-17）画出的压缩特性曲线进行适当的修正，其办法是在原点与坐标点（$x=1/2^7$，$y=1/8$）之间用一段直线来代替由式（4-17）决定的曲线。显然，这段直线的斜率也应是$(1/8)\div(1/2^7)=16$。

为了找到一个能够表示修正后的整个压缩特性曲线的方程，需将式（4-17）变成：

$$y=\frac{\ln(1+255x)}{\ln(1+255)} \tag{4-18}$$

由此式可见，它满足 $x=0$ 时，$y=0$；$x=1$ 时，$y=1$。当然，在其他点上将带来一些误差，不过，在 $x>1/128$ 到 $x=1$ 的绝大部分范围内，$1+255x$ 都很接近原来的 $256x$。所以，在绝大部分范围内的压缩特性仍和 A 律非常接近，只是在 $x\to 0$ 的小信号部分才和 A 律有些差别。

如果式（4-18）中的 255 用另一参数 μ 来表示，即令 $\mu=255$，那么上式成为

$$y=\frac{\ln(1+\mu x)}{\ln(1+\mu)} \tag{4-19}$$

由于它是以 μ 为参数的，故称其为 μ 律压缩特性，此式与式（4-10）完全相同。

和 A 律一样，用折线逼近式（4-18）时，也是把 y 坐标从 0~1 分为 8 等份。对应于分界点 $y=i/8$ 的 x 坐标可根据式（4-18）求得

$$x\approx\frac{256^y-1}{255}=\frac{256^{i/8}-1}{255}=\frac{2^i-1}{255}$$

其具体结果如表 4-2 中第三行所示。各段落的相对斜率（即 $\Delta y/\Delta x$）如表 4-2 中第四行所示。按这样的划分段落画出的 $y\sim x$ 关系曲线如图 4-15 所示。由此折线可见，各段落的斜率都相差 2 倍，其正负方向的 16 条线段中，除正向的第一段与负向的第一段通过原点的斜率相同外，其他各段的斜率都发生变化。共有 14 个斜率发生变化的分界点，将其分成 15 段直折线。故称为 μ 律 15 折线。原点两侧的一段折线的斜率为$(1/8)/(1/255)=32$。它比 A 律 13 折线相应段的斜率大 2 倍。因此，μ 律的小信号的量化噪声比也将比 A 律大一倍多。不过，对于大信号来说，μ 律比 A 律差。

表 4-2　μ 律 15 折线参数表

i	0	1	2	3	4	5	6	7	8
$y=i/8$	0	1/8	2/8	3/8	4/8	5/8	6/8	7/8	1
$x=(2^i-1)/255$	0	1/255	3/255	7/255	15/255	31/255	63/255	127/255	1
斜率：$(8/255)(\Delta y/\Delta x)$	1	1/2	1/4	1/8	1/16	1/32	1/64	1/128	
段落	1	2	3	4	5	6	7	8	

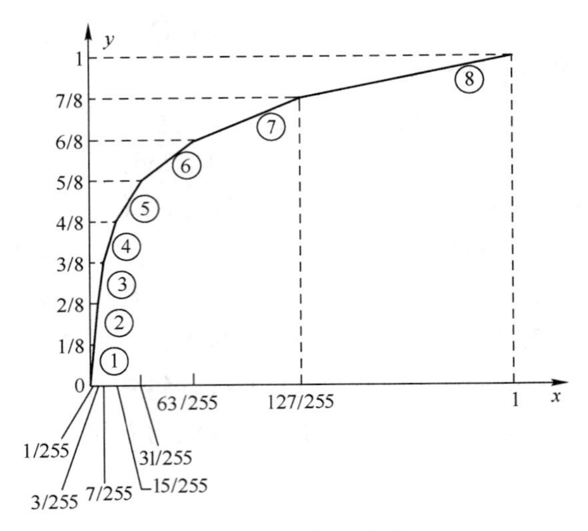

图 4-15 μ律 15 折线

4.4 脉冲编码调制

量化后的信号是取值离散的数字信号，还需要对这个数字信号进行编码。编码就是把量化后的信号变换成代码，常用的编码是用二进制的符号“0”和“1”表示此离散信号。其相反的过程称为译码。从模拟信号抽样、量化，直到变换成为二进制符号的基本过程，称为脉冲编码调制（PCM）。这里讲的编码和译码是信源编码和译码，与差错控制说的编码和译码完全不同。在讨论如何实现这种变换之前，先简要介绍 PCM 通信系统。

4.4.1 PCM 通信系统

PCM 通信系统的组成框图如图 4-16 所示。输入的模拟信号 $m(t)$，经抽样、量化、编码后变成了数字信号（PCM 信号），经信道传输到达接收端。在接收端先由译码器恢复出抽样值，再经低通滤波器滤出模拟基带信号 $m'(t)$。通常，将量化与编码的组合称为模/数变换器（A/D 变换器）。而译码与低通滤波的组合称为数/模变换器（D/A 变换器）。前者完成由模拟信号到数字信号的变换；后者则相反，即完成由数字信号到模拟信号的变换。

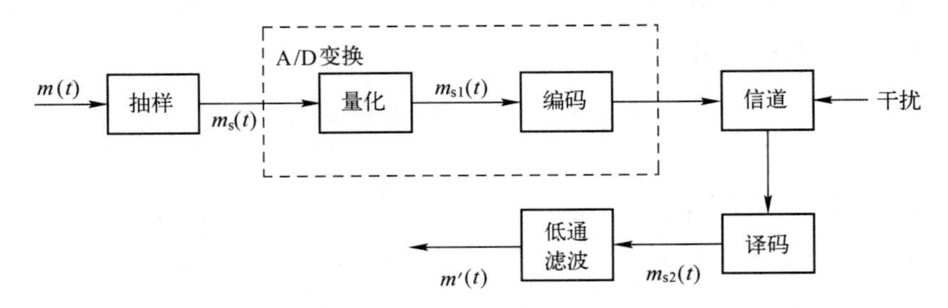

图 4-16 PCM 通信系统的组成框图

4.4.2　二进制码组

PCM 编码需要用到二进制码组，为此，我们先明确常用的编码码型和码位数的选择及安排。

由二进制数字码的定义可知，每一位二进制数字码只能表示两种状态之一，以数字表示就是“1”和“0”。两位二进制数字码则可有 00、01、10、11 四种组合。其中每一种组合叫作一个码组。这四个码组可表示四个不同的数值。码组中码位数越多，可能的组合数也就越多。二进制码组的码位数 L 和所能表示的数值个数 N 的关系可表示为 $N=2^L$。

目前常用的二进制码型有自然二进制码和折叠二进制码两种，如表 4-3 所列。如果我们把表 4-3 中的 16 个量化级分成两部分：0～7 的 8 个量化级对应于负极性的样值脉冲，8～15 的 8 个量化级对应于正极性的样值脉冲。显然，对于自然二进制码，上、下两部分的码型无任何相似之处。但折叠二进制码却不然，它除去最高位外，其上半部分与下半部分呈倒影关系，或者说是折叠关系。最高位上半部分为全“1”，下半部分为全“0”。这种码的使用特点是对于双极性信号（语音信号通常是双极性信号）可用最高位去表示信号的正、负极性，而用其余的位去表示信号的绝对值，即只要正、负极性信号的绝对值相同，就可进行相同的编码（使用相同的编码设备）。也即用第一位表示极性后，双极性信号可以采用单极性编码方法。因此采用折叠二进制码可以简化编码的过程。

表 4-3　自然码和折叠码

量化值序号	量化电压极性	自然二进制码	折叠二进制码
15	正极性	1111	1111
14		1110	1110
13		1101	1101
12		1100	1100
11		1011	1011
10		1010	1010
9		1001	1001
8		1000	1000
7	负极性	0111	0000
6		0110	0001
5		0101	0010
4		0100	0011
3		0011	0100
2		0010	0101
1		0001	0110
0		0000	0111

折叠二进制码和自然二进制码相比，其另一个优点是在传输过程中如果出现误码，对小信号影响较小。例如由小信号的 1000 误码为 0000，对于自然二进制码，误差是 8 个量化级，对于折叠二进制码，误差却只有一个量化级。但当大信号的 1111 误码为 0111，对于自然二进制码，误差还是 8 个量化级，但对于折叠二进制码，误差变为 15 个量化级。

显然大信号时误码对折叠二进制码影响很大。因此，折叠二进制码对于小信号有利。因为语音信号小电压出现的概率较大，所以折叠二进制码有利于减小语音信号的平均量化噪声，比用自然二进制码优越。

码位数的选择不仅关系到通信质量的好坏，还涉及设备的复杂程度。码位数的多少，决定了量化分层（量化级）的多少。反之，若信号量化分层数一定，则编码位数也就被确定。可见，在输入信号变化范围一定时，用的码位数越多，量化分层就越细，量化噪声就越小，通信质量就越好。但码位数多了，总的传输数码率也增加，将会带来一些新的问题。一般从语音信号的可懂度来说，采用 3~4 位非线性编码即可，但由于量化级数少，量化误差大，通话中量化噪声较为显著。当编码位数增加到 7~8 位时，通信质量就比较理想了。

常用的编码方法是采用逐次比较型编码技术，无论多少位的编码，码位的安排一般均按极性码、段落码、段内码的顺序，如表 4-4 所列。下面结合我国采用的 13 折线的编码来加以说明。

表 4-4 PCM 语音 8 bit 码字构成

极性码	段落码	段内码
C_1	$C_2C_3C_4$	$C_5C_6C_7C_8$

在 13 折线编码中，无论输入信号是正还是负，均按 8 段折线（ 8 个段落）进行编码。当用 8 位折叠二进制码来表示输入信号的抽样量化值时，其中用第一位表示量化值的极性，其余 7 位（第二至第八位）则可以表示抽样量化值的绝对大小。具体做法是用第二至第四位 C_2、C_3、C_4表示段落码，共有 8 种可能状态，分别代表 8 个段落的段落（起点）电平，其他 4 位码 $C_5 \sim C_8$表示段内码，共有 16 种可能状态，分别代表每一段落的 16 个均匀划分的量化级。这样处理的结果，8 个段落便被划分成 $2^7 = 128$ 个量化级。段落码和 8 个段落之间的关系如表 4-5 所列，段落码与相应电平值分布如图 4-17 所列。段内码与 16 个量化级之间的关系如表 4-6 所列。可见，上述编码方法是把压缩、量化和编码合为一体的方法。

表 4-5 段落码

段 落 序 号	段落码 $C_2C_3C_4$	段落范围（量化单位）
8	1 1 1	1024~2048
7	1 1 0	512~1024
6	1 0 1	256~512
5	1 0 0	128~256
4	0 1 1	64~128
3	0 1 0	32~64
2	0 0 1	16~32
1	0 0 0	0~16

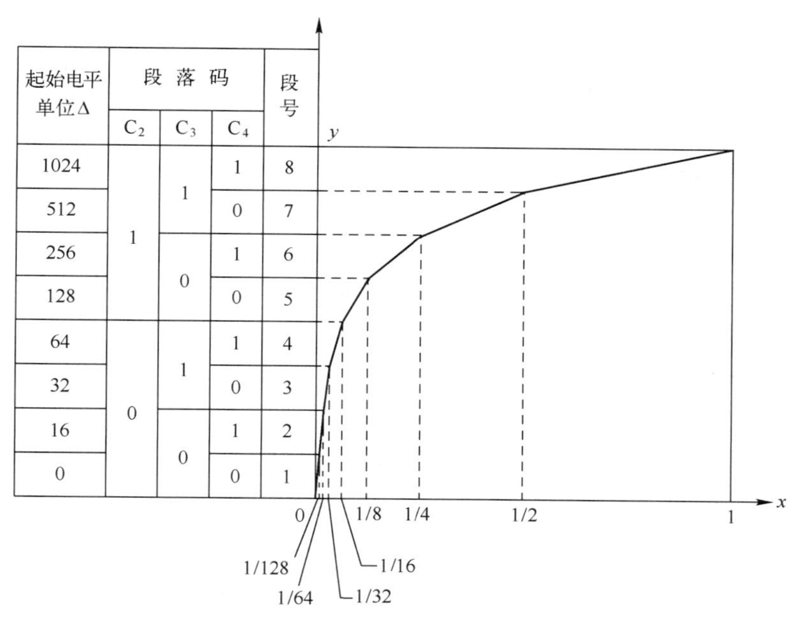

图 4-17　13 折线段落码与相应电平值分布

表 4-6　段内码编码规则

量化间隔	段内码 $C_5C_6C_7C_8$	量化间隔	段内码 $C_5C_6C_7C_8$
15	1 1 1 1	7	0 1 1 1
14	1 1 1 0	6	0 1 1 0
13	1 1 0 1	5	0 1 0 1
12	1 1 0 0	4	0 1 0 0
11	1 0 1 1	3	0 0 1 1
10	1 0 1 0	2	0 0 1 0
9	1 0 0 1	1	0 0 0 1
8	1 0 0 0	0	0 0 0 0

在上述编码方法中，虽然各段内的 16 个量化级是均匀的，但因段落长度不等，故不同段落间的量化级是非均匀的。输入信号小时，段落短，量化级间隔小；反之，量化间隔大。在 13 折线中，第一、二段最短，只有归一化的 1/128，再将它等分 16 小段后，每一小段长度为 $(1/128)\times(1/16)=1/2048$。这就是最小的量化级间隔（又称为基本量化单位），它仅有归一化值的 1/2048。第八段最长，它是归一化值的 1/2，将它 16 等分后得每一小段长度为 1/32。按照这一方法，可计算出每一段落的量化级间隔。

上述讨论的是非均匀量化时的情形。假设以非均匀量化时的最小量化级间隔（第一、二段落的量化级间隔）作为均匀量化时的量化级间隔，那么从 13 折线的第一到第八段各段所包含的均匀量化级数分别为 16、16、32、64、128、256、512、1024，总共有 2048 个均匀量化级，而非均匀量化时只有 $8\times16=128$ 个量化级。因此均匀量化需要编 11 位码，非均匀量化只要编 7 位码。可见，在保证小信号区间量化间隔相同的条件下，7 位非线性编码与 11 位线性编码等效。由于非线性编码的位数减少，因此设备简化，所需传输系统带宽减小。

4.4.3　编码/译码原理及方法

实现 PCM 编码的方法很多，如逐次比较型编码、级联逐次比较型编码、反馈型编码等，译码方法一般也有逐次比较型、级联型、级联-网络混合型等。本节将介绍逐次比较型编码器和译码器。

1. 逐次比较型编码器

编码器的任务是根据输入的样值脉冲编出相应位的二进制代码。除第一位极性码外，其他 7 位二进制代码都是通过逐次比较确定的。预先固定好一些作为标准的电流（或电压），称为权值电流，用符号 I_W 表示。I_W 的个数与编码位数有关。当样值脉冲到来后，用逐次逼近的方法有规律地用各标准电流 I_W 去和样值电流 I_s 比较，每比较一次出一位码。直到 I_W 和抽样值 I_s 逼近为止。逐次比较型编码器的原理方框图如图 4-18 所示。它由整流器、保持器、比较器及本地译码电路等组成。

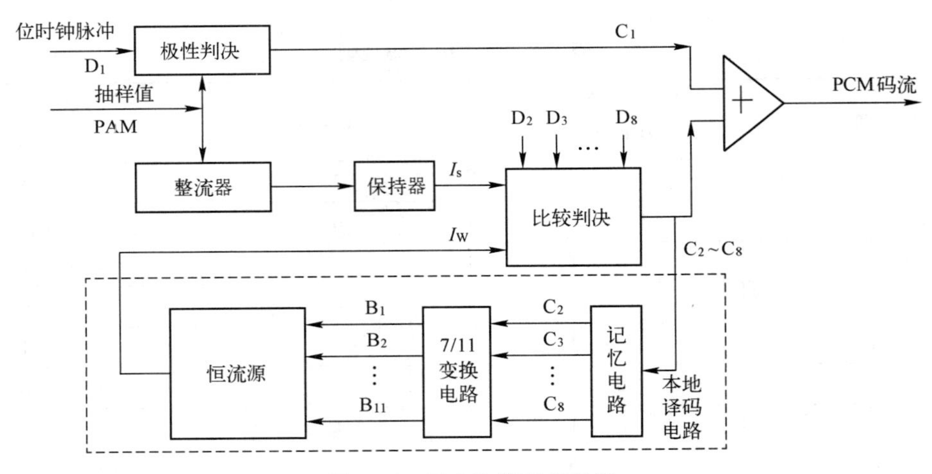

图 4-18　逐次比较型编码器

整流器用来判别输入样值脉冲的极性，编出第一位码（极性码）。样值为正时，出“1”码；样值为负时，出“0”码。同时将双极性脉冲变换成单极性脉冲。

比较器通过样值电流 I_s 和标准电流 I_W 进行比较，从而对输入信号抽样值实现非线性量化和编码。每比较一次输出一位二进制代码，且当 $I_s>I_W$ 时，出“1”码；反之，出“0”码。由于在 13 折线法中用了 7 位二进制代码来代表段落码和段内码，所以对一个输入信号的抽样值需要进行 7 次比较。每次所需的标准电流 I_W 均由本地译码电路提供。

本地译码电路包括记忆电路、7/11 变换电路和恒流源。记忆电路用来寄存二进制代码，除第一次比较外，其余各次比较都要依据前几次比较的结果来确定标准电流 I_W 的值。因此，7 位码组中的前 6 位状态均由记忆电路寄存下来，即 7 位幅度码被逐次寄存在 M_2~

M_8中。7/11 变换电路就是前面非均匀量化中谈到的数字压缩器。因为采用非均匀量化的 7 位非线性编码等效于 11 位线性码，而比较器只能编 7 位码，反馈到本地译码电路的全部码也只有 7 位。恒流源有 11 个基本权值电流支路，需要 11 个控制脉冲来控制，所以必须经过变换，把 7 位码变成 11 位码，其实质就是完成非线性和线性之间的变换。一个抽样值的 7 位非线性编码和 11 位线性编码的转换对应关系如表 4-7 所列。恒流源用来产生各种标准电流值。为了获得各种标准电流 I_W，在恒流源中有数个基本权值电流支路。基本的权值电流个数与量化级数有关，如上例中，128 个量化级需要编 7 位码，它要求 11 个基本的权值电流支路，每个支路均有一个控制开关。每次该哪几个开关接通组成比较用的标准电流 I_W，由前面比较的结果经变换后得到的控制信号来控制。

保持电路的作用是保持输入信号的抽样值在整个比较过程中具有一定的幅度。由于逐次比较型编码器编 7 位码（极性码除外）需要将 I_s与 I_W比较 7 次，在整个比较过程中都应保持输入信号的幅度不变，故需要采用保持电路。

表 4-7　7 位非线性码与 11 位线性码转换表

段落号 I	起点电平（Δ）	7 位非线性幅度码							11 位非线性幅度码										
		a_1	a_2	a_3	a_4	a_5	a_6	a_7	b_1 1024	b_2	b_3	b_4	b_5 ……	b_6	b_7	b_8 8	b_9 4	b_{10} 2	b_{11} 1
1	0	0	0	0	M_5	M_6	M_7	M_8	0	0	0	0	0	0	0	M_5	M_6	M_7	M_8
2	16	0	0	1	M_5	M_6	M_7	M_8	0	0	0	0	0	0	1	M_5	M_6	M_7	M_8
3	32	0	0	0	M_5	M_6	M_7	M_8	0	0	0	0	0	1	M_5	M_6	M_7	M_8	0
4	64	0	1	1	M_5	M_6	M_7	M_8	0	0	0	0	1	M_5	M_6	M_7	M_8	0	0
5	128	1	0	0	M_5	M_6	M_7	M_8	0	0	0	1	M_5	M_6	M_7	M_8	0	0	0
6	256	1	0	1	M_5	M_6	M_7	M_8	0	0	1	M_5	M_6	M_7	M_8	0	0	0	0
7	512	1	1	0	M_5	M_6	M_7	M_8	0	1	M_5	M_6	M_7	M_8	0	0	0	0	0
8	1024	1	1	1	M_5	M_6	M_7	M_8	1	M_5	M_6	M_7	M_8	0	0	0	0	0	0

【例题 4-3】 设输入信号抽样值为+1270 基本量化单位，采用逐次比较型编码器将它按 A 律 13 折线特性编成 8 位码。

解： 1）确定极性码 C_1：因为输入正信号，所以 $C_1=1$。

2）确定段落码 $C_2 \sim C_4$：首先根据折半查找法，选 8 个段落的中点电平值 $I_{W1}=128$，所以，$I_s=1270>I_{W1}$，因此 $C_2=1$；同理，$I_s>I_{W2}=512$，$I_s>I_{W3}=1024$，$C_3=C_4=1$。

3）确定段内码 $C_5 \sim C_8$：由于 $C_2\ C_3\ C_4=111$，因此输入信号一定在第八段落。而第八段落均匀量化 16 级后，每一级大小都为基本量化单位的$(1/2)\div(1/128)=64$ 倍。故而选 $I_{W4}=1024+8\times64=1536>I_s=1270$，因此 $C_5=0$。同理，选 $I_{W5}=1024+4\times64=1280>I_s=1270$，因此 $C_6=0$；$I_{W6}=1024+2\times64=1152<I_s=1270$，因此 $C_7=1$；$I_{W7}=1024+3\times64=1216<I_s=1270$，因此 $C_8=1$。

4）经过 7 次比较，可得最后编码：11110011。

2. 逐次比较型译码器

译码器的作用是把收到的 PCM 信号还原成相应的 PAM 样值信号，即进行 D/A 变换。

逐次比较型译码器如图 4-19 所示，它与逐次比较型编码器中的本地译码器基本相同。从原理上说，二者都用来译码，但编码器中的译码只译出信号的幅度，不译出极性。而接收端的译码器在译出信号幅度值的同时，还要恢复出信号的极性。

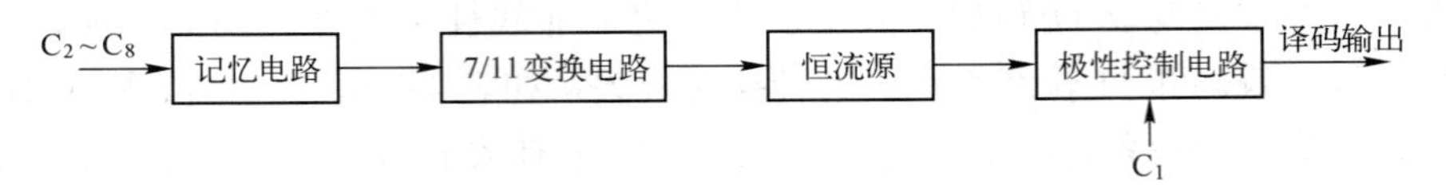

图 4-19　逐次比较型译码器

记忆电路用来将接收的串行码变为并行码，故又称为“串/并变换”电路。7/11 变换电路用来将表示信号幅度的 7 位非线性码转变为 11 位线性码。极性控制电路用来恢复译码后的脉冲极性。寄存读出电路把寄存的信号在一定时刻并行输出到恒流源中的译码逻辑电路上去，以产生所需要的各种逻辑控制脉冲。这些逻辑控制脉冲加到恒流源的控制开关上，从而驱动权值电流支路产生译码输出。

由上述译码器各部分电路的作用，不难理解这种译码器的工作原理。其译码过程就是根据所收到的码组（极性码除外）产生相应的控制脉冲去控制恒流源的标准电流支路，从而输出一个与发送端原抽样值接近的脉冲。该脉冲的极性受极性控制电路控制。

需要说明的是，根据量化理论，量化值应为$(n+0.5)\Delta$，所以为了整个系统量化值的平均量化误差最小，译码值应为编码值$+0.5\Delta$。

4.5　差分脉冲编码调制

64 kbit/s 的 A 律或 μ 律 PCM 编码体制已经在大容量的光纤通信系统和数字微波系统中得到了广泛的应用。但 PCM 信号占用的频带带宽要比模拟通信系统中的一个标准话路带宽（3.1 kHz）宽很多倍。这样，对于大容量的长途传输系统，尤其是卫星通信系统，采用 PCM 方式的经济性很难与模拟通信相比。多年来，人们一直研究压缩数字化语音占用频带的工作，即研究如何在相同质量指标的条件下降低数字化语音的数据率，从而提高数字通信系统的频带利用率。通常把数据传输率低于 64 kbit/s 的语音编码方法称为语音压缩编码技术。

在研究过程中，人们发现模拟信号数字化处理中就语音信号来看，经常存在变化较为平缓的局部时段，而活动图像（Video）的前后画面（帧）之间也有很大的相同性。在这些情况下的抽样样本序列的相邻样本间显现出一定或较大相关性，也就是说，相邻样本间的变化比整个信号进程中的变化要小。当利用 PCM 方式编码时，这些相邻样本很可能在一个量化级或只差 1、2 个量化级，这样的 PCM 码序列就产生了“冗余”信息。这意味着夹杂了重复信息传输而浪费传输能力。如果能够设法在编码前就去掉这些相关性很强的冗余，则可进行更为有效的信息传输。我们将具有此种功能而普遍采用的编码机制称为差分脉冲编码调制（DPCM）。

DPCM 是一种线性预测编码（Linear Predictive Coding）。预测编码是统计冗余数据压缩理论的重要分支之一，分为线性预测和非线性预测。若利用前面的几个抽样值的线性组合来预测当前的抽样值，则称为线性预测。若仅用前面的 1 个抽样值预测当前的抽样值，则是 DPCM。它的理论基础是现代统计学和控制论。预测编码主要是减少了数据在时间和空间上的相关性，因而对于时间序列数据有着广泛的应用价值。在数字通信系统中，例如语音的分析与合成、图像的编码与解码、DSP 数字信号处理等，预测编码技术都得到了广泛的应用。预测编码的原理可简单地描述为根据某一模型利用以往的样本值对于新样本值进行预测，然后将样本的实际值与预测值相减得到一个误差值，再对这一误差值进行编码，或者说，DPCM 是根据前些时刻的样值来预测现时刻的样值，并且只传递预测值和实际值之差，而不需要传送所有的抽样值编码。如果模型足够好且样本序列在时间上的相关性较强，那么误差信号的幅度将远远小于原始信号抽样值，从而可以用较少的电平数对其差值进行量化，从而得到较大的数据压缩结果。在接收端，只要把差值序列叠加在预测序列之上，即可恢复原始信号。

因此，为实现 DPCM 目标，编码系统应当具有一定的“预测”能力，或至少能在编码本位样本时能估计到下一样本是否与本位样本有所差别，或没有什么不同，如果能做到这种近似估计，就相当于在一个样本编码前就大体“知道”了该样本值。

设具有这种相关性的样本序列在 $t=kT_s$ 时的未量化值为 $x(kT_s)$，它的估值（预测）为 $x'(kT_s)$，则可能存在的预测误差可简化表示为

$$e(k)=x(k)-x'(k) \tag{4-20}$$

而预测值是由预测滤波器产生的，$e(k)$ 称作输入未量化样本值 $x(k)$ 的预测误差，它是由于预测器给出的预测值不够准确而产生的信息损失，因此应当对这部分不可丢失的信息进行编码传输。图 4-20 给出了一个实现 DPCM 功能的系统框图。它实现预测编码的基本思想是对预测误差 $e(k)$ 进行量化后编成 PCM 码传输。而不像 PCM 系统是对每个样本量化值编码。这一差值的动态范围应当说比 PCM 的绝大多数样本值小得多。PAM 序列的 $x(k)$ 所用的参考值 $x'(k)$ 来自带有预测器而不断累积的阶梯波输出，$x'(k)$ 是在 kT_S 以前所有累

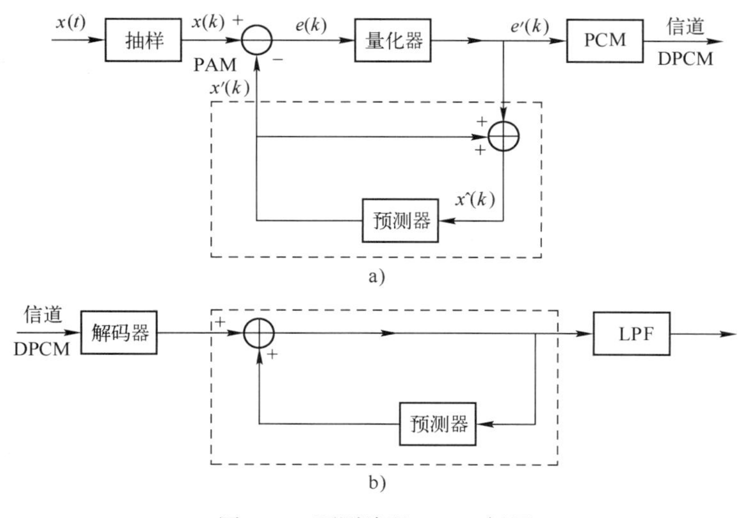

图 4-20　预测编码 DPCM 框图

积值与差值量化值 $e'(k)$ 相加的结果。因此阶梯波 $x'(k)$ 总是在不断近似追踪输入序列 PAM 信号的各 $x(k)$ 值。

1. 各量值之间的关系

1）比较器输出的误差值 $e(k)$ 经 M 个量化电平的量化器量化后为 $e'(k)$，它等于误差值与量化误差值之和，即

$$e'(k)=e(k)+q(k)$$

式中，$q(k)$ 为差值 $e(k)$ 的量化误差（量化噪声）。

2）预测器的输入值等于阶梯波累积值与差值的量化值之和，即

$$x\hat{}(k)=x'(k)+e'(k)$$

3）通过系统中的预测处理后，$x(k)$ 的最终损失为量值不大的差值的量化噪声 $q(k)$，则有

$$x\hat{}(k)=x(k)+q(k) \quad \text{或} \quad x(k)=x\hat{}(k)-q(k) \tag{4-21}$$

4）由于预测输出通过分析阶梯波 $x'(k)$ 是个累积过程，因此式（4-20）可写为

$$e(k)=x(k)-x'(k)=x(k)\sum_{i=1}^{N}a_i x\hat{}(k-i) \tag{4-22}$$

式中，$a_i=\pm1$，表示单位幅度的正负权值系数。

由式（4-21）和式（4-22）看到，图 4-21a 中的虚线框功能实际上是一个累加器（积分作用），并且其输入 $x\hat{}(k)$ 与输出 $x'(k)$ 之间类似一个横向滤波器的关系。

2. $e'(k)$ 值的 PCM 编解码

由式（4-22）产生的预测误差 $e(k)$ 虽然与样本值比较一般是不大的量，但由于信号 $x(t)$ 某段中可能增、减斜率较大，因此阶梯波 $x'(k)$ 追踪能力就显不足，会导致瞬时差值 $e(k)$ 较大，况且通过量化器得到的量化值 $e'(k)$ 又有新的损失量 $q(k)$。因此对于各 kT_S 时刻的正负不等的差值需进行编码。分析证明，对于动态范围远小于原信号动态范围的量化差值 $e'(k)$ 编制 PCM 码（线性），要比直接利用 PCM 系统的编码位数 $k=\log_2 M$ 要少。由于利用 PCM 编码比较简单，这里不再赘述。

DPCM 解码也非常简单，它与发送端的反馈支路完全相同。首先将差值 PCM 解码为差值序列 $e'(k)$，然后经过与图 4-20a 虚框中的累加器（积分作用）的运行过程相同的图 4-20b，即可恢复原信号的近似值 $x'(k)$——阶梯波，再由低通滤波器（LPF）平滑后，可得原信号 $x(k)$ 的估值信号。

DPCM 利用预测编码，应用范围很广，除了语音以外，更多地用于图像无失真压缩编码，如目前流行的会议电视、可视电话等图像处理均采用二维多阶 DPCM 处理。

4.6　增量调制

增量调制（DM 或△M）是 DPCM 家族中的一种质量级别最低且结构最为简单的预测编码方式。DPCM 的瞬时误差信号 $e(k)$ 经过量化后仍需编为 k 比特 PCM 的码字，而增量调制却以一个双向硬限幅器二电平“量化”，代替 DPCM 的多层电平量化，于是 DM 编码

每码字只有 $k=1$ bit。一位二进制码只能代表两种状态，通常不可能去表示抽样值的大小。但用一位码却可以表示相邻抽样值的相对大小，而相邻抽样值的相对变化将能同样反映模拟信号的变化规律。它的主要优点是能简化编译码设备，并且能提高信道利用率。

当信号 $x(t)$ 的 PAM 离散序列中的瞬时样本 $x(k)$ 与累积阶梯波的相应瞬时值 $x'(k)$ 进行比较后，输出的差值 $e(k)$ 为

$$e(k)=x(k)-x'(k)$$

经过±Δ 两电平量化器量化，即双向硬限幅量化值为 $e'(k)$，对应每一样本编出 1 bit 码，即

$$a_k=\Delta\times\mathrm{sgn}[e'(k)] \quad 或 \quad a_k=e'(k)=\begin{cases}+\Delta\\-\Delta\end{cases} \tag{4-23}$$

图 4-21a 所示为 DM 预测器输出波形与输入信号的比较情况，图 4-21b 所示为量化器特性。由式（4-23）知，$e(k)$ 这一差值无论大小，只要为正误差，$e(k)>0$，则量化限幅器输出为+Δ，只要为负误差，$e(k)<0$，则输出为−Δ。因此，编码 DM 序列是±Δ 的双极性码。“1”“0”码各表示误差值的正或负。为了保证限幅输出均达±Δ 的值，在限幅量化前首先予以放大，然后硬限幅。DM 预测器的功能虽仍与 DPCM 相同，但它的输入量为

$$x\hat{}(k)=x'(k)+e'(k)=x'(k)\pm\Delta(k)$$

而阶梯波 $x'(k)$ 也是 kT_s 以前所有时刻的不同极性 Δ 值的计数累积值（代数和）。于是 DM 预测器可简化为一个“计数器”。

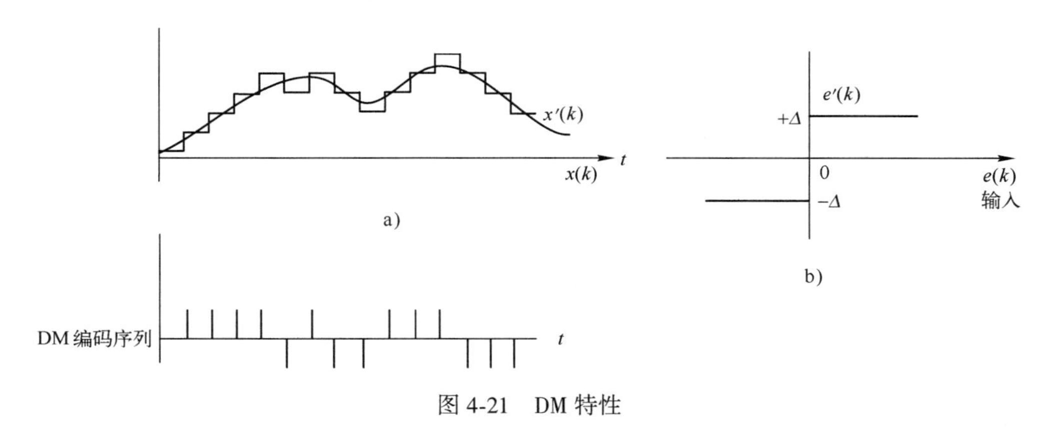

图 4-21　DM 特性

DM 编码器不同于 DPCM，后者尚要实现 $e'(k)$ 值的 PCM 编码功能，而 $e'(k)$ 的 $\pm\Delta(k)$ 就是输出双极性码，DM“编码器”功能只不过是为了与信道相适配，将双极性±Δ 序列以适当码型或波形表示。

由于 DM 信号是按台阶 Δ 来量化的（增、减一个 Δ 值），即如图 4-21 所示，一个模拟信号 $m(t)$ 是用一个阶梯波形来逼近的，因而同样存在量化误差（噪声）问题。只有当时间间隔 Δt 和台阶 Δ 都很小时，$m(t)$ 和 $m'(t)$ 才可能相当接近。

DM 系统中的量化噪声有两种形式：一种称为过载量化噪声，另一种称为一般量化噪声，如图 4-22 所示。过载量化噪声发生在模拟信号斜率陡变时，由于台阶 Δ 是固定的，而且每秒内台阶数也是确定的，因此阶梯电压波形就跟不上信号的变化，形成了很大失真的阶梯电压波形，这样的失真称为过载现象，也称为过载噪声，如图 4-22b 所示。如果无

过载噪声发生，则模拟信号与阶梯波形之间的误差就是一般量化噪声，如图 4-22a 所示。

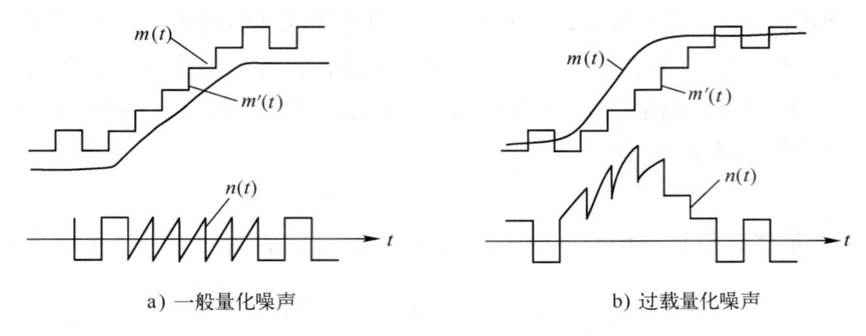

a) 一般量化噪声　　b) 过载量化噪声

图 4-22　两种形式的量化噪声

设抽样时间间隔为 Δt（抽样频率 $f_s = 1/\Delta t$），则一个台阶上的最大斜率 $K = \Delta/\Delta t = \Delta f_s$，这也就是译码器的最大跟踪斜率。当信号实际斜率超过这个最大跟踪斜率时，则将造成过载噪声。因此，为了不发生过载现象，必须使 f_s 和 Δ 的乘积达到一定的数值，以使信号实际斜率不超过这个数值。这个数值通常可以通过增大 Δ 或 f_s 来达到。增加 Δ，则量化噪声大，因此 Δ 值应适当选取。增加 f_s，意味着 DM 系统的抽样频率必须选得足够大，这样既能减小过载噪声，又能降低一般量化噪声，从而使 DM 系统的量化噪声减小到给定的容许数值。一般，DM 系统中的抽样频率要比 PCM 系统的抽样频率高得多（通常要高 2 倍以上）。

本章小结

数字通信具有很多优点，是现代通信的发展趋势及主流。但现今通信的许多业务（例如许多语音、图像和视频传输业务等），其信源信号仍然是模拟的。因此，模拟信息的数字化传输技术是当今数字通信系统不可缺少的一个重要组成部分。脉冲编码调制（PCM）方法是一种最重要的波形编码技术，也是其他编码方法的基础。PCM 编码过程主要由抽样、量化与编码三个步骤组成。根据抽样定理对模拟信号进行抽样是保证模拟信号离散化后能够无失真恢复的重要基础。量化是将有无限多取值可能的模拟信号抽样值用有限个固定数值的离散信号近似表示的过程，可分为均匀量化和非均匀量化。非均匀量化方法能提高小信号的量化信噪比和编码效率，扩大信号的动态范围，特别适合于语音通信。最后，编码是将取值离散的量化信号变换成数字编码，常用的是逐次比较型编码方法。此外，由 PCM 编码引申而来的差分脉冲编码（DPCM）方法和增量调制编码（DM）方法也属于波形编码技术，可提高编码效率，节省信道带宽，但相对来说，可能会引起更多的失真。

思考与练习

1. 什么是低通抽样定理、带通抽样定理、奈奎斯特抽样速率？
2. 已抽样信号的频谱混叠是由什么原因引起的？若要求从已抽样信号中无失真地恢

复出原信号，抽样频率应满足什么条件？

3. 一个基带信号 $m(t)$ 的频谱如图 P4-1 所示。如果 $m(t)$ 被抽样，并且要保证无失真地恢复原信号，试问最低抽样频率应是多少？

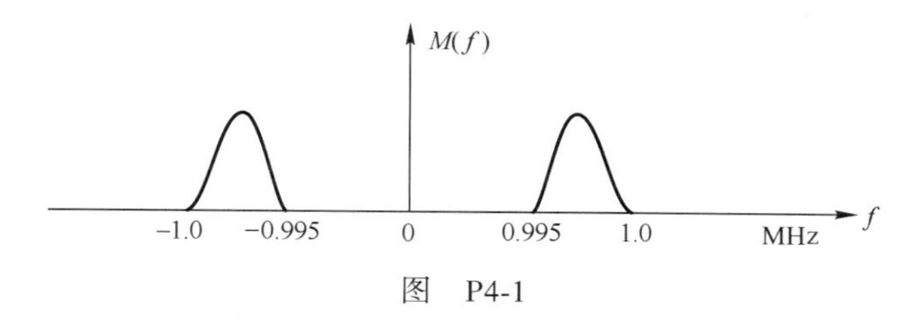

图　P4-1

4. 已知一基带信号 $m(t)=\cos 2\pi t+2\cos 4\pi t$，对其信号进行理想抽样。为了在接收端能不失真地从抽样信号中恢复出原始基带信号，试问抽样间隔应如何选择？

5. 什么叫作量化？为什么要进行量化？

6. 什么是均匀量化？它的主要问题是什么？

7. 什么是非均匀量化？在非均匀量化时，为什么要进行压缩和扩张？

8. 均匀量化与非均匀量化有何区别？采用非均匀量化的主要目的是什么？如何实现非均匀量化？

9. 什么叫作 13 折线？它是怎样实现非均匀量化的？

10. 设压缩特性是折线压缩特性，其特性如下：

x	0	1/8	1/4	1/2	1
y	0	1/4	2/4	3/4	1

当量化级数 $N=128$，最小量化间隔为 Δ 时，试求：

（1）各个量化段的量化间隔 Δi 等于多少？

（2）段落码、段内码位数各为多少？

11. 设信号 $m(t)=9+\cos\omega t$，其中 $A\leqslant 10\,\text{V}$。若 $m(t)$ 被均匀量化为 41 个电平，试确定所需的二进制码组的位数 N 和量化级间隔 Δv。

12. 什么是 A 律压缩？什么是 μ 律压缩？A 律 13 折线与 μ 律 15 折线各有什么特点？

13. 对于 A 律 13 折线 8 位折叠码的编码器，当抽样值为 -600Δ（最小量化间隔）时，其码字判决过程如何？

14. 什么是脉冲编码调制？在脉冲编码调制中选用折叠二进制码为什么比选用自然二进制码好？

15. 什么是增量调制？它与脉冲编码调制有何异同？

16. 对信号 $m(t)=M\sin 2\pi f_0 t$ 进行简单增量调制，若台阶 Δ 和抽样频率选择得既保证不过载，又保证不致因信号振幅太小而使增量调制器不能正常编码，试证明此时要求 $f_S\geqslant\pi f_0$。

17. 什么是差分脉冲编码调制？试说明差分脉冲编码调制系统中各个组成部分的功能。

18. 12 路语音信号进行抽样和 PCM 时分复用传输，每路语音信号的抽样速率为 8 kbit/s。

（1）抽样后按 8 级量化，求 PCM 码速率。

（2）若传输波形为矩形脉冲，其宽度为 τ，占空比为 1，求第一零点带宽。

（3）若要求信号量化噪声功率比 S_q/N_q 不低于 30 dB，求最低 PCM 信息速率。

19. 采用 13 折线 A 律编码，设最小量化间隔为 1 个单位，已知抽样脉冲值为+635 个单位。

（1）试求此编码器的输出码组，并计算量化误差。

（2）写出对应于该 7 位码（不包括极性码）的均匀量化 11 位码（采用自然二进制编码）。

20. 简述差分脉冲编码调制（DPCM）的工作原理。

第 5 章　多路复用技术

5.1　引言

信道的多路复用（Multiplexing）是通信系统中非常重要的组成部分。随着现代网络规模和用户数量的剧增，在一个通信系统中，线路容量或介质传输带宽成为非常宝贵的通信资源，必须得到合理利用。通常，在远程数据通信或计算机网络系统中，传输信道的容量往往大于一路信号传输单一信息的需求，所以为了有效地利用通信线路，提高信道的利用率，人们研究和发展了通信链路的信道共享和多路复用技术。多路复用是把多种信息流组合起来共享一个公用信道（一根物理电缆或无线信道）进行传输的一种机制。这些源信号可以是音频、视频、电报、数据或其他形式的信号。通过多路复用器连接许多低速线路，并将它们各自所需的传输容量组合在一起后，仅由一条速度较高的线路传输所有信息，可以达到节省信道资源的目的。尤其在远距离传输时，可大大节省电缆的安装和维护费用，从而降低整个通信系统的费用，并且多路复用系统对用户是透明的，提高了工作效率。近几年在工业界已大量推广密集波分复用（DWDM）技术，它可以使一条光纤容纳几亿个数字电话的点到点间传输。无线和移动通信中采用的复用方式，通常被称为“多址”（Multiple Access）方式，有频分多址（FDMA）、时分多址（TDMA）、空分多址（SDMA）和码分多址（CDMA），以及可用双极性频率重用的极分多址（PDMA）。

本节讲述信道共享和多路复用技术的原理以及几种常用的多路复用技术，下面讨论的多路复用技术一般是指点到点信道及链路的共享问题。

5.1.1　共享点到点信道

当许多用户共享两点之间的信道时（见图 5-1），一般有以下三种分配方法。

图 5-1　共享点到点信道

1. 固定分配信道

这种方法较简单，通常把信道先划分为若干容量不一定相等的子信道，然后将各子信道固定分配给每一对用户。这种分配方式可以让用户都独占自己的那份资源，在任意时候随时可进行通信，一些专用线路即属于这种情况。对于一般用户，由于他们的通信量并不太大，这种分配方式将造成信道利用率很低，因为即使某对用户现在并不使用分配给他们的信道，其他用户也无法使用（即共享）这一资源。在固定分配信道中，可以有许多种方法把信道划分为子信道。如果各子信道是一条条单独的物理链路，就是空分复用（Space Division Multiplexing，SDM）；更常用的是频分多路复用（FDM）或时分多路复用（TDM）。有关 FDM 和 TDM 的知识，会在后面章节中详细讲述。

为了使信道能为更多的用户（其数目可超过子信道的数目）提供服务，就不能把信道都事先固定好，对大多数用户可采用按需分配或按排队方式分配信道资源。

2. 按需分配信道

按需分配信道即按申请分配信道，这种方法是先采用固定分配信道技术将信道划分为若干个子信道，当用户需要进行通信时，必须以某种方式提出申请，只要这时尚有空闲的子信道，发出申请的用户就可得到一条子信道的使用权，待通信完毕后，用户即释放这个子信道以供其他用户再使用。若同时要求使用信道的用户数目超过子信道的数目，此时将有一部分后申请的用户不能获得子信道的使用权——申请被阻塞掉了，这部分用户若想进行通信就必须再次申请信道；当然，这样会产生一定的时延。

按需分配信道有时又称为预分配信道，表示系统在用户开始通信之前就根据用户提出的申请把子信道预先分配给用户，当然，此用户仅仅在本次通信过程中拥有对该子信道的使用权。用按需分配信道的方法可大大提高信道的利用率，这是因为大量用户碰巧都在同一时刻同时要求通信的概率并不大，因而子信道的数目可以远小于信道各端的用户数目。

3. 按排队方式分配信道

按排队方式分配信道的方法是用在如下情况：这时，信道不再划分为子信道，用户想进行通信时，不必先申请信道，而是将欲发送的数据报文划分为具有一定长度的数据单元，然后送到网络节点的缓冲区中去排队。每个节点相当于一个单服务员的队列，通常按照到达节点的先后顺序发送，如图 5-2 所示，采用这种方式可大大提高信道的利用率。

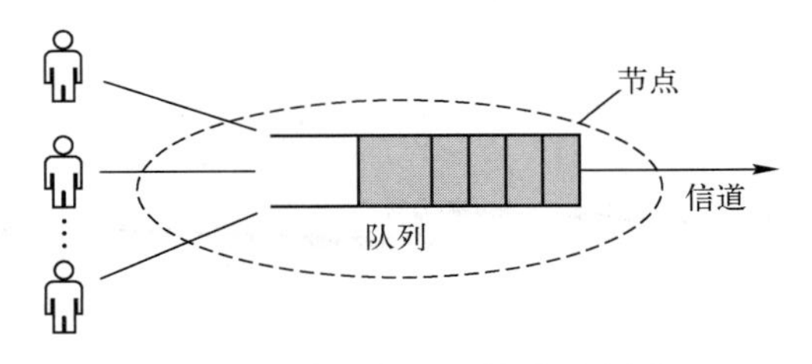

图 5-2 单服务队列信道示意图

当采用基于排队的分组交换时，可以采用两种方法分配带宽。一种方法是允许各站自由发送数据，当发生冲突时，则通过一定的算法来解决冲突；另一种方法则是设法形成一个分布式的逻辑队列，以此来协调分散在各地的用户发送数据。这两种方法都可在不同的网络中找到其应用，如局域以太网（Ethernet）中的CSMA/CD（载波监听多路访问/冲突检测）网络和令牌环（Token Ring）网络。当然，按排队方式分配信道要求网络中的各节点必须有一定的存储容量及管理队列的能力，并且每个数据单元要包括一些用来标识收发两端用户地址的信息，这就增加了一些额外开销。

5.1.2 共享广播信道

广播信道可将许多地理上相隔很远的分散用户互连起来，任何用户都可向此信道发送数据，而广播信道上所传送的数据，则根据情况，可以被全体用户接收（这叫作广播BroadCast），也可只被指定的若干个用户接收（这叫作组播MultiCast）。实现广播信道的方法有许多种，所用的传输介质可以是同轴电缆、双绞线、光纤，也可利用自由空间，即采用无线电广播、卫星广播等。共享广播信道的技术叫作多点接入（Multiple Access）或多址技术。共享广播信道也可采用固定分配信道、按需分配信道和按排队方式分配信道三种方式；对于前两种方式，当采用FDM或TDM时，则分别称为频分多址（FDMA）或时分多址（TDMA）技术。有关它们的详细技术讨论请读者参阅相关专业书籍，在此不再赘述。

5.2 频分多路复用

5.2.1 FDM基本原理

当传输介质的有效带宽超过被传输的信号带宽时，可以把多个信号调制（频谱搬移）到不同的频段上，从而在同一介质上实现同时传送多路信号，即将信道的可用频带（带宽）按频率分割多路信号的方法划分为若干互不交叠的频段，每路信号占据其中一个频段，从而形成许多个子信道（见图5-3），在接收端用适当的滤波器将多路复用的信号分开，分别进行解调（将频带搬回）以及终端处理，这种技术称为频分多路复用（Frequency Division Multiplexing，FDM）。

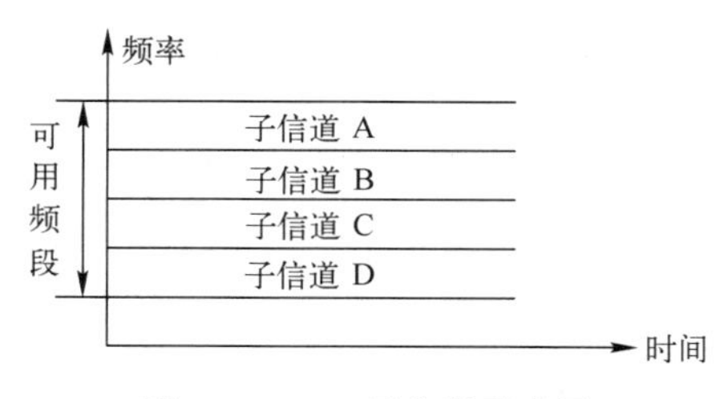

图5-3 FDM子信道示意图

FDM系统的原理示意图如图5-4所示，它假设有6个输入源，分别输入6路信号到频分多路器FDM-MUX，多路器将每路信号调制在不同的载波频率上（比如f_1，f_2，…，f_6）。每路信号以其载波频率为中心，占用一定的带宽，此带宽范围称为一个通道，各通道之间通常用保护频带隔离开，以保证各路信号的频带间不发生重叠。输入信号可以是模拟的，也可以是数字的。

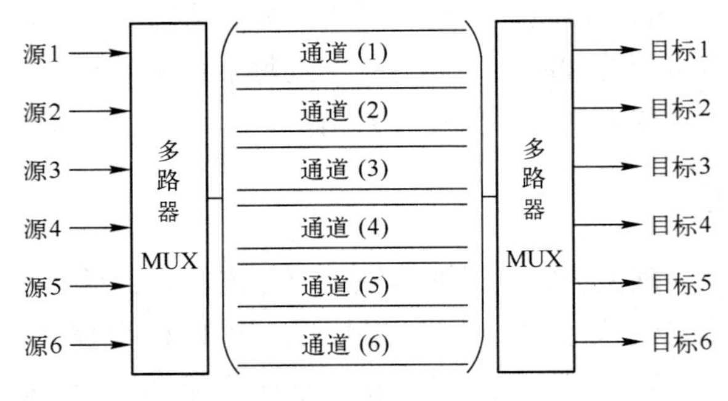

图 5-4　FDM 系统原理示意图

这种方法起源于电话系统，我们就以电话系统为例来说明频分多路复用的原理。现在一路电话的标准频带是 0. 3 kHz~3. 4 kHz，高于 3. 4 kHz 和低于 0. 3 kHz 的频率分量都将被衰减掉（这对于语音清晰度和自然度的影响都很小，不会令人不满意）。所有电话信号的频带本来都是一样的，即 0. 3 kHz~3. 4 kHz。若在一对导线上传输若干路这样的电话信号，接收端将无法把它们分开。若利用频率变换，将三路电话信号搬到频段的不同位置，如图 5-5 所示。

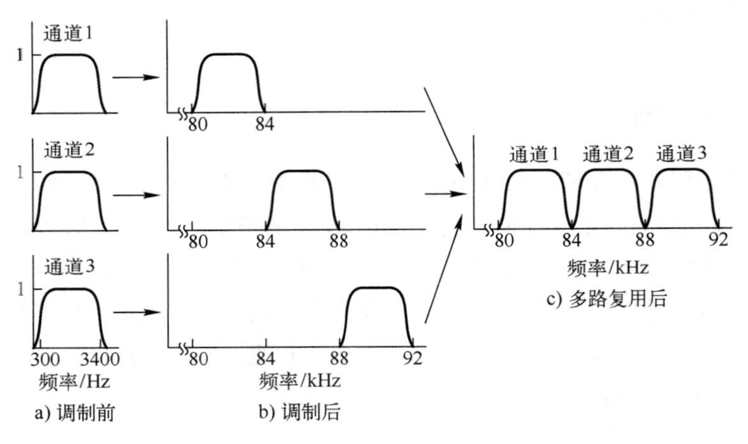

图 5-5　语音信号的频分多路复用

这样就形成了一个带宽为 12 kHz 的频分多路复用信号。图 5-5 中一路电话信号共占有 4 kHz 的带宽。由于每路电话信号占有不同的频带。到达接收端后，就可以将各路电话信号用滤波器区分开。由此可见，信道的带宽越大，容纳的电话路数就会越多。随着信道质量的提高，在一个信道上同时传送的电话路数越来越多。又比如模拟电视系统的信道带宽通常在 54 MHz~806 MHz 之间，可被分成 68 个信道，每个信道 6 MHz。VHF 信道 2~13 对应54 MHz~215 MHz 之间的 6 MHz 波段。UHF 信道 14~69 对应 470 MHz~806 MHz 之间的 6 MHz 波段。每个信道对应多路复用器的一个输入信号。

频分多路复用的优点是信道的利用率高，允许复用的路数多，分路也很方便，并且频带宽度越大，则在此频带宽度内所容纳的用户数就越多；缺点是设备复杂，不仅需要大量的调制器、解调器和带通滤波器，而且还要求接收端提供相干载波；此外，由于在传输过程中的非线性失真及频分复用信号抗干扰性能较差，不可避免地会产生路际串音干扰。为了减少载频的数量和所需设备部件的类型，一般都采用多级调制的方法。

5.2.2　FDM 系统工作方式

频分多路复用系统的一般工作方式是：为使 N 路模拟或数字信号 $m_i(t)(i=1,2,\cdots,n)$ 在同一介质上同时传输，则对每一路 $m_i(t)$ 应在频率 f_{sci} 上进行调制。f_{sci} 称为子载波频率，原则上各种调制方式均可使用。图 5-6a 所示为各路被调子载波 $S_{sci}(t)$ 叠加在一起形成子调制组合信号 $m_c(t)$，其频谱如图 5-7 所示。各 f_{sci} 的选择应使各路子载波信号 $S_{sci}(t)$ 的频带 B_{sci} 之间互不重叠。组合信号的总带宽大于各子信号带宽之和。组合信号的整个频带还可以利用 FDM 的多级调制技术，经过第二级调制再移动到载波频率为 f_c 的频段上。

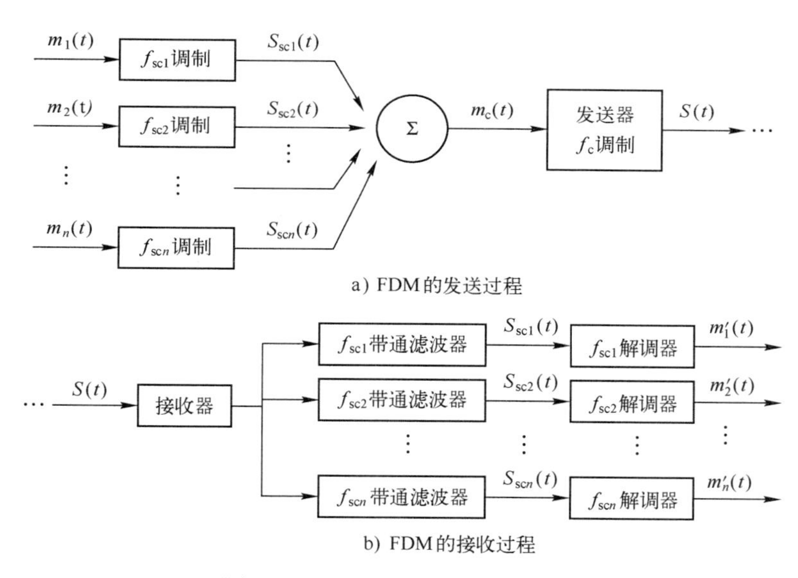

图 5-6　FDM 系统的一般工作方式

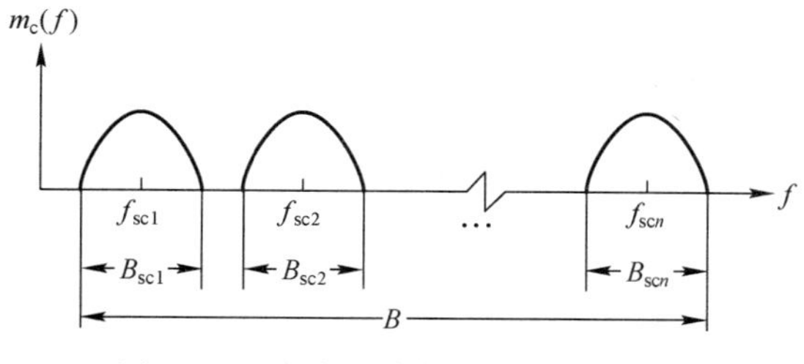

图 5-7　子调制组合信号 $m_c(t)$ 的频谱

在接收器，首先通过解调器恢复出组合信号 $m_c(t)$，然后利用中心频率分别在 f_{sci} 的带通滤波器把组合信号再分解成若干分量，每一个分量 $S'_{sci}(t)$ 对应于原来的子调制信号

$S_{sci}(t)$，每一个子调制信号再经过解调以后恢复出 $m_i'(t)$，其过程如图 5-6b 所示。

5.2.3 FDM 系统举例

传统的模拟电话通信系统是典型的频分多路复用系统。电话信号的频谱能量大部分集中在 4 kHz 以下，主要在 0.3~3.4 kHz 之间。因此，把一路电话信号的频谱限制在 0.3~3.4 kHz，仍能得到相当满意的语音质量。而一般的传输介质，如双绞线、电缆、微波等的频带远比 4 kHz 宽。所以，一条线路只用来传输一路电话，显然十分浪费。采用频分多路复用技术能改进传输效率。

各通话人所发出的声音频率结构不完全相同，但总是处于大致相同的频带范围内。因此，如果用滤波器加以限制，就可以限制在 0.3~3.4 kHz 之内。用电话信号对载波进行单边带调制来实现变频，这里取调制后的下边带。变频时，只要各路所调制的载波互相错开 4 kHz 就可以实现各路频谱互不重叠。

原 CCITT（现改为 ITU-T）对频分多路复用信道群频体系制定了标准，如表 5-1 所列。一个基群信号包含 12 路音频信道；一个超群是 60 路音频信道，由 5 个 12 路音频信道的基群组成；一个主群是 300 路音频信道，由 5 个超群组成。美国 AT&T 系统的标准稍有不同，它的一个主群是 600 路音频信道，即由 10 个超群组成，而一个巨群由 6 个主群组成。

表 5-1　北美和国际 FDM 载波标准

信道数量	带宽/Hz	频谱/Hz	AT & T	CCITT
12	48 k	60~108 k	基群	基群
60	240 k	312~552 k	超群	超群
300	1.232 M	812~2044 k		主群
600	2.52 M	564~3084 k	主群	
900	3.872 M	8.516~12.388 M		超主群
N×600			多路主群	
3600	16.984 M	0.564~17.584 M	巨群	
10800	57.442 M	3.124~60.566 M	多路巨群	

频分多路复用系统效率较高，可使信道频带达到相当充分的利用。另外，一个再生器能放大许多信号，避免为每个信道设置一个再生器，减少了设备量。整个 FDM 系统原理简单，技术成熟。其主要问题是：

1）因为多频信号对信道的线性和非线性要求非常高，信道的非线性效应可以产生别的信道频率成分，而引起严重的交流调制干扰噪声。

2）串音会存在于相邻信道的频谱有较大重叠时。

3）频分多路复用系统所需的载频量大且滤波电路多，设备复杂，不易小型化。

5.2.4　波分多路复用

早期的光纤传输系统主要以单一波长的光信号经光调制后传送电复用信号，也就是说光纤系统是以电时分复用-光数字传输方式来进行多路复用的。这里的光纤传输系统实际上仅起到数字传输信道的作用。若能在光传输系统中，再借助光复用器对多个不同波长的光信号进行波分复用，则相当于在同一根光纤中增加了数字信道的数目，从而使整个传输容量在原有基础上成倍增加。这种利用光波长的划分来实现在同一光纤内同时传送多个光信号的方式就是波分复用技术。

在光纤信道上使用波分多路复用（Wave-length Dividson Multiplexing，WDM）的主要原理与 FDM 相同，即根据每一信道光波的频率（或波长）不同将光纤的低损耗窗口划分成若干个信道，在发送端采用波分复用器（合波器）将不同规定波长的信号光载波合并起来送入一根光纤进行传输，在接收端再由波分复用器（分波器）将这些不同波长的光信号分开的复用方式。图 5-8 即是一种在光纤上获得 WDM 的简单方法。在这种方法中，三根光纤连到一个棱柱或衍射光栅，每根光纤里的光波处于不同的波段上，这样两束光通过棱柱或衍射光栅合到一根共享的光纤上，到达目的地后，再将三束光分解开来。与 FDM 不同的是，在 WDM 中使用的衍射光栅是无源的，因此可靠性非常高。

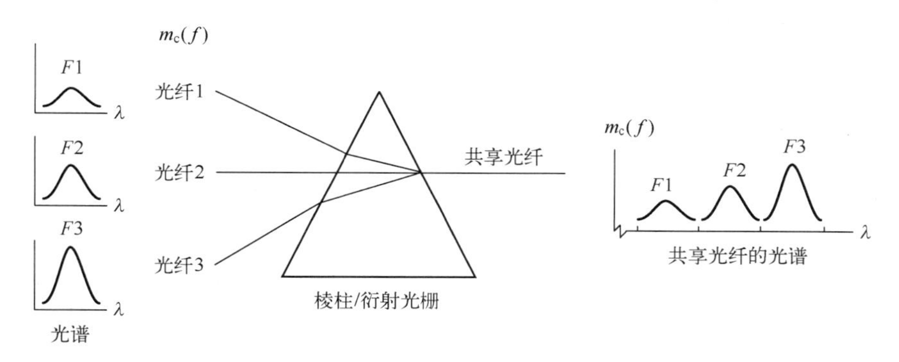

图 5-8　波分多路复用

波分多路复用技术通常有三种复用方式，即 1310 nm 和 1550 nm 波长的波分复用、稀疏波分复用（CWDM）、密集波分复用（DWDM）。第一种方式，即波分复用方式是指一根光纤上复用两路光载波信号，是 20 世纪 70 年代初使用的两波长（1310 nm 和 1550 nm）波分复用方法，即利用 WDM 技术实现单纤双窗口传输。稀疏波分复用（大波长间隔）CWDM 技术使用 1200~1700 nm 的宽窗口光波，相邻光信道的间距一般大于等于 20 nm，其波长数目一般为 4 波或 8 波，最多 16 波。由于 CWDM 系统采用的 DFB（分布式反馈）激光器不需要冷却，在成本、功耗要求和设备尺寸方面，CWDM 系统比 DWDM 系统更有优势。它适合在地理范围不是特别大、数据业务发展不是非常快的城市使用。

密集波分复用（DWDM）技术是在一根光纤上一个窗口内同时传输多个波长的光波，波长间隔较小（一般≤1.6 nm），在一根光纤上可以承载 8~160 个波长的光信号，故称为密集波分复用（DWDM），如图 5-9 所示。采用 DWDM 技术，单根光纤可以传输的数据流量高达 40 Gbit/s。但一段距离后需要对衰减的光信号放大；采用掺铒光纤放大器通常每隔 120 km 需要放大；若采用光电中继器，则每隔 35 km 就需要放大。目前 DWDM 已经在实际组网中得到应用，主要用于长距离传输系统，其实验室技术水平已经达到 1000 Gbit/s 的数量级。图 5-9 为其示意图。

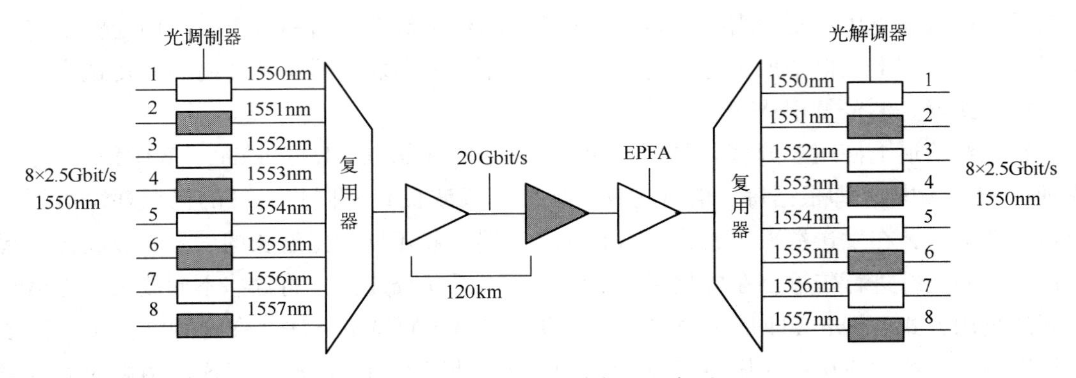

图 5-9　密集波分多路复用示意图

5.3　时分多路复用

5.3.1　TDM 基本原理

时分多路复用（Time Division Multiplexing，TDM）是将多路信号按一定的时间间隔相间传送，实现一条传输线上分时片传送多路信号。与 FDM 相比，TDM 更适合复用数字信号。在一个共享信道上，数字信号（或经数字化后的模拟信号），通过在时间上交错发送每一信号流的一部分（一位、一个字符或更大的数据块）来实现多路复用功能。实现 TDM 的一个基本条件是：共享信道的传输容量应大于各数字信号流总的数据传输速率。也就是说，能够用于时分多路复用的数字信号之间要有一定时间的空隙。正是利用这种空隙时间，共享的信道可以用来传输其他信号流的比特数据，从而实现时分多路复用功能。基本的 TDM 是同步时分多路复用技术，如果采用较复杂的措施以改善同步时分复用的性能，就成为统计时分多路复用（Statistical Time Division Multiplexing，STDM）或异步时分多路复用（Asynchronous TDM）。

TDM 是将传输时间划分为许多个短的互不重叠的时隙，而将若干个时隙组成时分复用帧，用每个时分复用帧中某一固定序号的时隙组成一个子信道，每个子信道所占用的带宽相同，每个时分复用帧所占的时间也是相同的（见图 5-10），即在同步 TDM 中，各路时隙的分配是预先确定的时间且各路信号源的传输定时是同步的。对于 TDM，时隙长度越短，则每个时分复用帧中所包含的时隙数就越多，因而所能容纳的用户数也越多，其原理如图 5-11 所示，每一个通道在时间上按照预先确定的时间错开一位、一个字节或一块数据的时间，以此来共享传输信道。

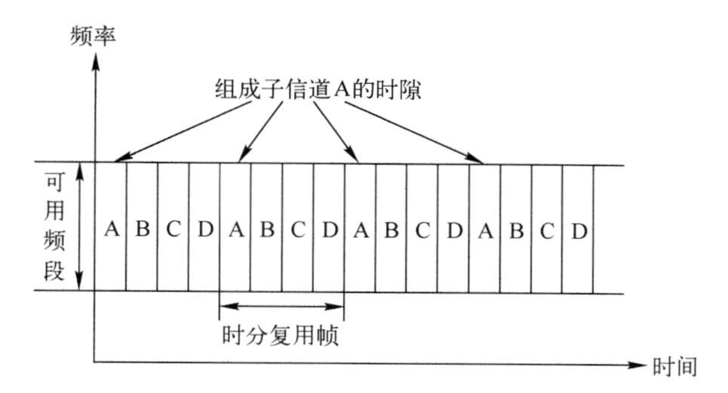

图 5-10 TDM 子信道示意图

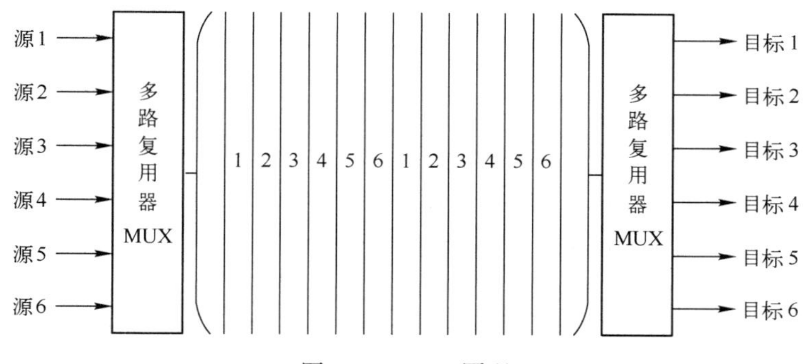

图 5-11 TDM 原理

TDM 与 FDM 在原理上的差别是很明显的。TDM 适用于数字信号，而 FDM 适用于模拟信号；TDM 在时域上各路信号是分割开的，但在频域上各路信号是混叠在一起的；FDM 在频域上各路信号是分割开的，但在时域上各路信号是混叠在一起的；TDM 信号的形成和分离都可通过数字电路实现，比 FDM 信号使用调制解调器和滤波器要简单得多。

5.3.2 TDM 系统工作方式

在一般情况下，同步时分多路复用的工作方式如下：$m_i(t)$为输入的 N 路数字信号，$m_c(t)$为叠加在一起的子调制组合信号。输入的各路数字信号首先被缓冲存储，如图 5-12a 所示。TDM 可以设计成按位、按字节、按字符、按字或任何其他多位方式来对每个终端缓冲

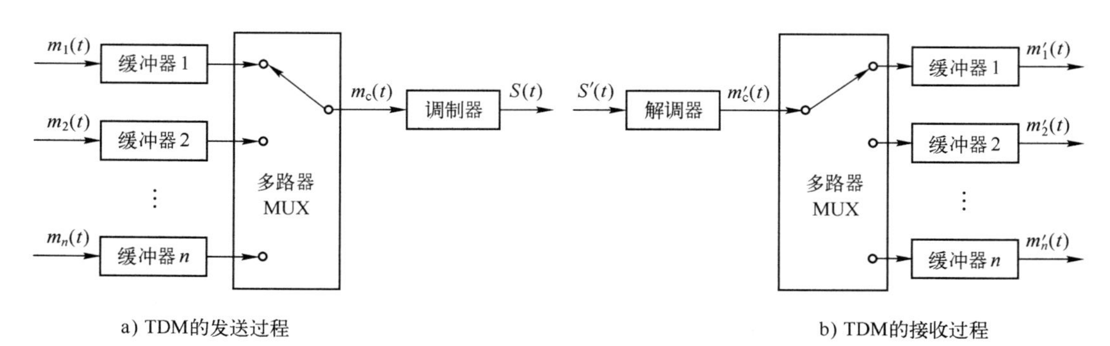

图 5-12 TDM 系统的一般工作方式

器装置进行扫描。典型的缓冲器长度是一位或一个字节，我们将在后面详细讨论按位和按字符的扫描方式。

多路转换器（MUX）顺序地扫描每一个缓冲器，形成 $m_c(t)$。对扫描操作的速度要求是希望每个缓冲器在下一个输入到达前被扫描一次，因此，$m_c(t)$的数据率至少等于每个输入通道数据率之和。数字信号 $m_c(t)$可以直接在介质上传输，模拟信号需要通过调制才能传输。发送一个缓冲器的内容所需的时间长度称为一个时隙（Time Slot）或时间片，扫描器扫描完各缓冲器为一个周期，扫描一周期产生的信号称为一帧。一帧由若干个时隙组成，每路输入信号占据一个时隙。各帧中同一个位置的时隙用于传送同一路信号，称为一条通道。采用字符错开技术的多路器，每个时隙传送一个字符；采用位错开技术的多路器每个时隙传送一位。在接收端，时间上错开传送的各路信号，被用一个与发送端同步的扫描器分开，并被分送到相应的目标缓冲存储器。

5.3.3 隔位扫描技术

隔位扫描多路复用器对来自每个数字输入信号的一位进行抽样，然后按其被抽样的次序串行发送每一位，形成交错位流，然后在位流的前后加上同步位（附加位），同步位和同步位之间的数据形成一帧。无论每个信源是否有数据要发送，都要发送该时隙。如果有一个信源空闲，多路复用器便在这个空时隙中插入一个零字符，而不管它原来发送的是“1”或“0”。在隔位扫描技术中，如果有输入端不发送数据，则因为系统要保持原有抽样的位序列，所以会产生空时隙，从而造成传输容量的浪费，其数据传输效率通常在90%~98%之间。

5.3.4 隔字符扫描技术

隔字符扫描技术是对来自每个数字输入信号的一个字符进行抽样，然后像隔位扫描技术一样，发送出一个复合的数据流，如图 5-13 所示；字符可以由任何给定数目的位组成，图中采用 8 位字符；与隔位扫描相似，同步字符置于数据流的前后，以提供定时。隔字符扫描多路复用器接收每个数字输入信号的开头 8 位，并按接收顺序以串行方式输出。

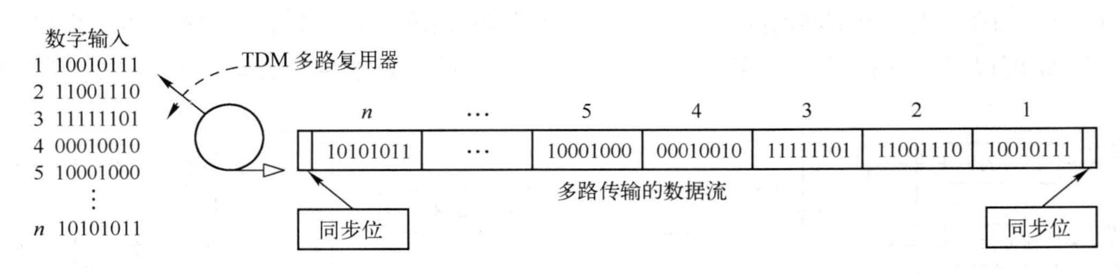

图 5-13 隔字符扫描 TDM

5.3.5 模拟和数字信号源的 TDM

下面举例说明同步 TDM 如何用于复用数字和模拟信号源。假设有 11 个信号源要复用到一条高速线路上：

1）1 号信号源：模拟，2 kHz 带宽。

2）2 号信号源：模拟，4 kHz 带宽。

3）3 号信号源：模拟，2 kHz 带宽。

4）4 号信号源：数字，7200 bit/s 速率，同步。

首先，模拟信号源要用脉冲编码调制（PCM）转换为数字信号。PCM 是基于抽样定理的。抽样定理指出，信号应以至少等于其带宽 2 倍的速度进行抽样才能正确恢复原信号。因此，需要的抽样率对于 1 号和 3 号源来说，每秒应抽样 4000 次，对 2 号信号源来说，每秒至少 8000 次抽样。这些样本就是脉冲振幅调制（PAM）信号，它必须加以量化和编码。假设每个模拟样本经量化后编码为 4 比特数字信号。为方便起见，这三个模拟源先混合成一个源。扫描速度为 4 kHz 时，每一次扫描从 1 号和 3 号源各取一个 PAM 样本，而从 2 号源取两个 PAM 样本。这四个样本交错起来，转换成 4 比特的 PCM 输出。因此，在每秒 4000 次的扫描速度下，一次产生 16 比特的合成信号，那么 4000 次就是 64 kbit/s 的合成速率，即复用后信号的比特率为 64 kbit/s。

对于数字信号源，为同步传输，先使用脉冲填充技术把每个信号源的速率提高到 8 kbit/s，合成数据率为 8 * 8 = 64 kbit/s。一帧可以由 32 比特(2 * 8+16)的循环时隙组成，每帧包含 16 个 PCM 比特和来自 8 个数字源中的每一个 2 比特信息。图 5-14 所示为相应的复用结果。最后复合的数据率为 128 kbit/s。

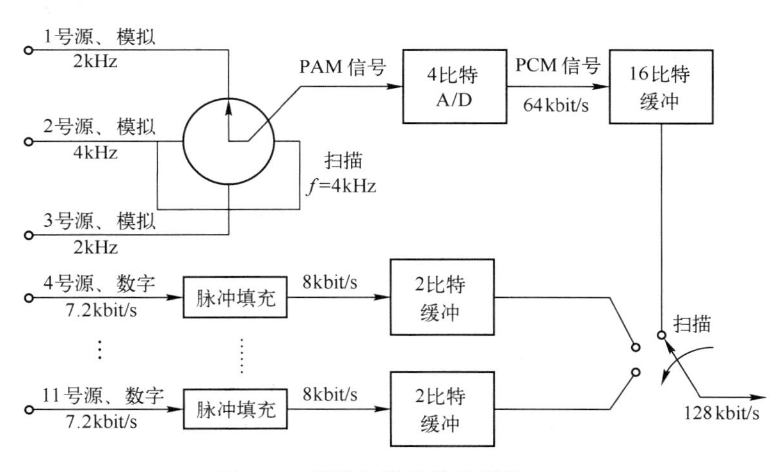

图 5-14 模拟和数字信号源的 TDM

5.3.6 统计时分多路复用

统计多路复用方式依据所分配的信道资源的不同，可以分为统计频分多路复用（SFDM）和统计时分多路复用（STDM）两种。前者是将信道的频谱资源动态地分配给正在工作的逻辑通道，以提高频谱利用率，如跳频（FH）通信系统；后者是对信道的时隙进行动态分配，给需要传送信息的终端提供传输通路，现代的分组交换网络、以前的帧中继（FR）和信元中继等通信网络都采用了统计时分复用技术。本节下面将重点讨论该技术原理。

在同步时分多路复用（TDM）技术中，因为输入信号源与它所使用的时隙之间的关系是预先排定的，每个输入源不管其状态如何（空闲或发送），都分配有一个时隙（见图 5-11），扫描器按固定时序对输入源的缓冲存储器进行扫描；并不是每个终端缓冲器在扫描到它的时刻都有数据传送，若某个输入源没有信息发送，但相应的时隙仍然被它占据着，一帧中许多空白的时隙因没有数据传送而被白白浪费掉了，于是产生了可以智能动态地给输入端分配时隙的统计时分多路复用技术，又称异步时分多路复用技术（ATDM）。在 ATDM 中我们可以设计成有 N 个输入/输出端，但是只有 K（$K<N$）个时隙的时分多路复用器，使得时隙和输入线之间的关系不再是固定的；多路器在扫描输入缓冲存储器时，只把时隙分配给要发送数据的输入端，不分配给空闲的输入端。由于输入/输出端和时隙之间的关系不固定，这样，在每个时隙中除了要传送数据以外，还必须携带有关输入端地址的信息，以便在接收端能正确地把数据分发到相应的缓冲存储器中去。一个时隙内的数据格式如图 5-15 所示。

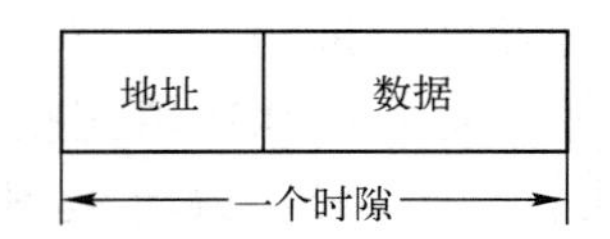

图 5-15　一个时隙内的数据格式

假设有 4 个输入源 A、B、C、D，它们在 t_0、t_1、t_2、t_3时刻所产生的数据如图 5-16 所示，空白处表示没有数据需要传送。在同步 TDM 技术中，对应于四个输入源，将产生 4 个时隙，在 t_0、t_1、t_2、t_3帧内的时隙分配情况如图 5-17 所示，图中有阴影的时隙表示有数据传送，空白时隙因没有数据传送而被浪费；而在 ATDM 技术中，对于上述图 5-16 所示的数据待传情况，产生的各帧结构如图 5-18 所示。可见，在 ATDM 中，对于没有数据传输的输入端不分配时隙，这样就不会发送空闲时隙，从而节省了传输线的时间和空间，极大地提高了线路的利用效率。

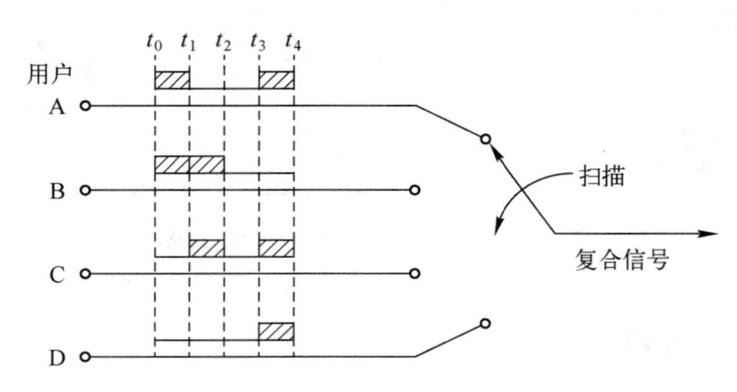

图 5-16　ATDM 数据待传示意图

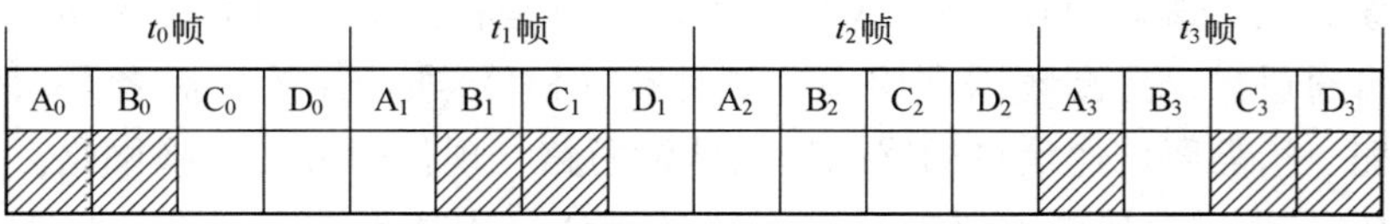

t_0帧				t_1帧				t_2帧				t_3帧			
A_0	B_0	C_0	D_0	A_1	B_1	C_1	D_1	A_2	B_2	C_2	D_2	A_3	B_3	C_3	D_3

图 5-17　TDM 时隙与数据

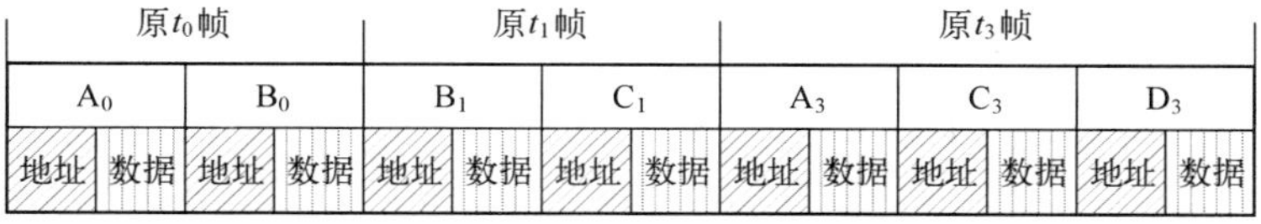

原t_0帧				原t_1帧				原t_3帧					
A_0		B_0		B_1		C_1		A_3		C_3		D_3	
地址	数据	地址	数据	地址	数据	地址	数据	地址	数据	地址	数据	地址	数据

图 5-18　ATDM 时隙与数据

5.4　PCM 基群传送方式

为大规模复用和传送数字化语音信号，AT&T 公司最早开发了一个遍布全美国的具有复杂层次结构的通信系统，该系统将许多个话路的 PCM 信号用 TDM 的方法装成时分复用帧，然后再送往线路上一帧接一帧地传输，这种技术被称为时分多重 PCM（TDM-PCM）。后来，CCITT 为推动国际通信业的发展，建立了两类 PCM 基群复用及其数字复接系列标准。系列形成的原则是先把一定路数的数字电话信号复合成一个标准的数据流，该数据流被称为基群；然后再用数字复接技术将基群复合成更高速的数据信号。按传输速率的不同，这些更高速的数据信号分别称为基群、二次群、三次群和四次群等，每一种群路均可传送各种数字信号或 FDM 信号的群路编码信号。国际上通用的两种 PCM 编码标准：A 律和 μ 律，其编码规则与帧结构均不相同，由于抽样频率均为 8 kHz，故抽样周期即每帧的时间长度都是 125 μs，一帧周期内的时隙安排称为帧结构。我国及欧洲采用的是 A 律 30 路 PCM，即 E_1标准，速率是 2.048 Mbit/s，美国采用的是 μ 律 24 路 PCM，即 T_1标准，速率是 1.544 Mbit/s。下面我们讨论一下这些速率是如何得出来的。

在 A 律 PCM 基群中，E_1的一个时分复用帧（其长度 T = 125 μs）共划分为 32 个相等的路时隙，如图 5.19a 所示，时隙的编号为 $CH_0 \sim CH_{31}$，其中 $CH_1 \sim CH_{15}$用来传送第 1 路至第 15 路电话信号的编码码组，$CH_{17} \sim CH_{31}$用来传送第 16 路至第 30 路电话信号的编码码组，时隙 CH_0用作帧同步用，时隙 CH_{16}用来传送话路信令（如用户的拨号信令）。可供用户使用的话路是时隙 $CH_1 \sim CH_{15}$和 $CH_{17} \sim CH_{31}$，共 30 个时隙用作 30 个话路。每个时隙传送 8 bit，整个 32 个时隙共用 256 bit，每秒传送 8000 帧，因此 PCM 一次群 E_1的数据率就是 2.048 Mbit/s。在图 5-19c 中，E_1传输线路两端同步旋转的开关表示：32 个时隙中比特的发送和接收必须和时隙编号相对应，不能弄乱。另外，如图 5-19b 所示，帧同步码组为 ×0011011，它是偶数帧中插入时隙 CH_0的固定码组，接收端识别出帧同步码组后，即可建立正确的路序。其中第一位码“×”保留作国际电话间通信用。在奇数帧中时隙 CH_0的第 2 位固定为 1，以避免接收端错误识别为帧同步码组。奇数帧 CH_0的第 3 位 A_1是帧失步对告码，本地帧同步时 $A_1 = 0$，失步时 $A_1 = 1$，通告对方终端机。时隙 CH_{16}传送话路信令，话路信令是根据电话交换需要而编成的特定码组，用以传送占用、摘挂机、交换机故障等信息。由于话路信令是慢变化的信号，可以用较低速率的码组表示。将 16 帧组成一个复帧，复帧的重复频率为 50 Hz，周期为 2 ms。复帧中各帧顺序编号为 F_0，F_1，…，F_{15}。F_0的时隙 CH_{16}前 4 位码用来传送帧同步的码组 0000，后 4 位中的 A_2码为复帧失步对告码。

$F_1 \sim F_{15}$的时隙 CH_{16}用来传送各话路的信令，CH_{16}的 8 位码又可分为前 4 位和后 4 位，可分别传送 2 个话路的信令。

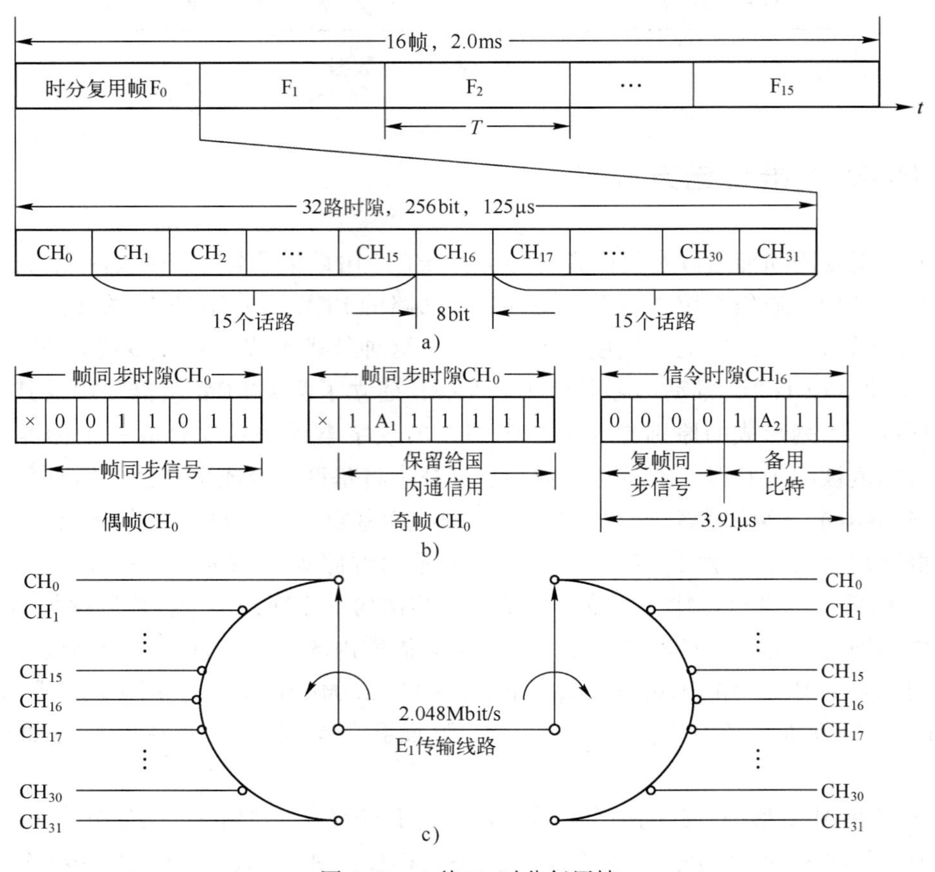

图 5-19　A 律 E_1 时分复用帧

北美使用的 μ 律 T_1系统中，共有 24 个话路通道，采用 T_1 传输格式，每个话路占用 8 bit（抽样脉冲为 7 bit 编码，再加 1 位信令码元）；帧同步码是在 24 路编码后加上 1 bit，每帧长度共有 193 bit，如图 5-20 所示。因此 T_1 一次群的数据率为$(8 \times 24 + 1)/125 = 1.544$ Mbit/s。

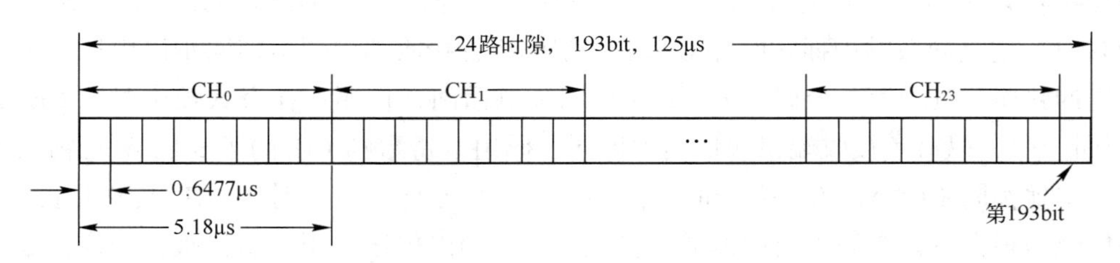

图 5-20　μ 律 T_1 时分复用帧传输格式

5.5　准同步数字系列

当需要有更高的数据传输率时，可以采用数字复接技术将基群复合成更高速的数据信号。例如，4个一次群可构成一个二次群，因为复用后还需要有一些同步码元，所以一个二次群的数据传输率要比4个一次群的数据传输率的总和还要多一些。在发送端，完成复接功能的设备，被称为数字复接器；在接收端，将复合数字信号分离成各支路信号的设备，被称为数字分解器。一般来说，数字复接器在各支路数字信号复接之前需要进行码速调整，即对各输入支路数字信号进行频率和相位调整，使其各支路输入码流速率彼此同步并与复接器的定时信号同步后，复接器方可将低次群码流复接成高次群码流。也就是说，被复接的各支路数字信号彼此之间必须同步并与复接器的定时信号同步方可复接。根据此条件划分的复接方式可分为同步复接、准同步复接、异步复接三种。

同步复接是指被复接的各输入支路之间，以及同复接器之间均是同步的，此时复接器便可直接将低支路数字信号复接成高速的数字信号，而无须进行码速调整。准同步复接是指被复接的各输入支路之间不同步，并与复接器的定时信号也不同步，但是各输入支路的标称速率相同，也与复接器要求的标称速率相同（速率的变化范围在规定的容差范围内，基群为2048 kbit/s±50 ppm，二次群为8448 kbit/s±30 ppm。1 ppm = 10^{-6}，即百万分之一），但由于仍不满足复接条件，所以复接之前还需要进行码速调整，使之满足复接条件再进行复接。异步复接是指被复接的各输入支路之间及与复接器的定时信号之间均是异步的，其频率变化范围不在允许的变化范围之内，也不满足复接条件，因此必须进行码速调整方可进行复接。

绝大多数国家将低次群复接成高次群时都采用准同步复接方式（通常在四次群以下）。这种复接方式的最大特点是各支路具有自己的时钟信号，其灵活性较强。码速调整单元电路不太复杂，而异步复接的码速调整单元电路却要复杂得多，要适应码速大范围的变化，需要大量的存储器方能满足要求。同步复接目前用于高速大容量的同步数字系列中（见下节）。

准同步复接技术又称为准同步数字系列（Plesiochronous Digital Hierarchy，PDH），PDH也有A律和μ律两套标准。A律是以$E_1$2.048 Mbit/s为基群的数字系列，μ律是以T_1 1.544 Mbit/s为基群的数字系列，这两种速率的数字复接等级如图5-21所示，表5-2给出了我国及欧洲使用的A律和北美使用的μ律系统的高次群的话路数和数据率。日本的一次群用T_1，但日本另有一套高次群的标准。

从技术上来说，A律系列体制上比较单一和完善，复接性能较好，而且CCITT还规定，当两种系列互连时，由μ律系列的设备负责转换。由于历史的原因，PDH系统具有很多缺点，如PDH只有地区标准，没有国际标准，如表5-2所列，这三者互不兼容，造成国际互通的困难。没有统一的标准光接口规范，各厂商开发的专用光接口无法在光路上互通，需要通过光/电转换成标准电接口才能互通，灵活性较差，网络复杂且PDH网络运行、管理和维护主要靠人工操作，费用及成本过高。

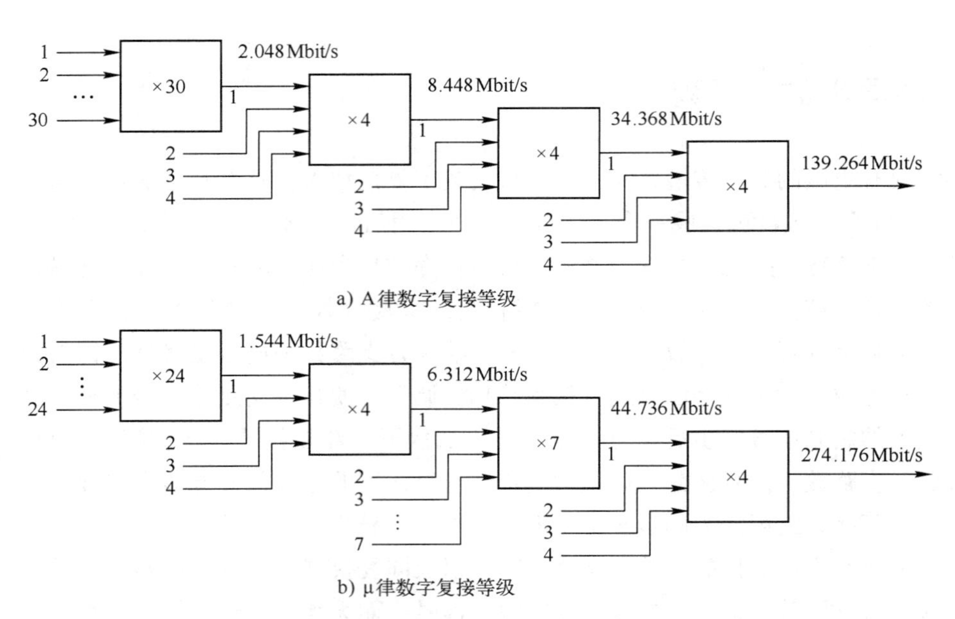

图 5-21　数字复接等级之间的复用关系

表 5-2　数字传输系统的高次群的话路数和数据率

系统类型		一次群	二次群	三次群	四次群	五次群
中国及欧洲 A 律体制	符号	E_1	E_2	E_3	E_4	E_5
	话路数	30	120	480	1920	7680
	数据率/(Mbit/s)	2.048	8.448	34.368	139.264	565.148
北美 μ 律体制	符号	T_1	T_2	T_3	T_4	
	话路数	24	96	672	4032	
	数据率/(Mbit/s)	1.544	6.312	44.736	274.176	
日本	数据率/(Mbit/s)	1.544	6.312	32.064	97.728	

5.6　同步数字系列

同步数字系列（Synchronous Digital Hierarchy，SDH）是当今世界通信领域在传输技术方面的一个发展热点，它是一个将复接、线路传输及交换功能结合在一起并由统一网络管理系统进行管理操作的综合宽带信息网，是实现高效、智能化、维护功能完善、操作管理灵活的现代电信网的基础，是当今信息高速公路的重要组成部分。

SDH 的基本概念最早由美国贝尔通信研究所提出，称为同步光纤网（SONET），1986 年确定为美国标准。制定 SONET 标准的最初目的是消除光接口的互不兼容，实现标准统一化，便于各厂商设备在光路上互通。与此同时，欧洲和日本也提出了自己的方案。随着光纤通信的发展，四次群速率已不能满足大容量高速传输的要求，1988 年 CCITT（现为 ITU-T）综合了各国方案，在 SONET 的基础上，推出了正式标准，确定四次群以上在复接时采用同步复接技术最终形成了同步数字系列（SDH）。

SDH的操作基本上与SONET相同，SONET是一个信令层次，是建立在呼叫同步传输（STS）的基础信令结构上的，STS也称为光载波（OC）信令。STS-1/OC-1的信令速率为51.84 Mbit/s，SDH速率基础与SONET相同，差别是SDH的第一级基本模块信号速率为155.52 Mbit/s，记作STM-1，是基本度量单位叫作同步传输模块（STM），等效于STS-3C/OC-3C。4个STM-1按同步复接得到STM-4，速率为622.08 Mbit/s，等效于STS-12C/OC-12C。更高等级的STM-N信号是基本模块STM-1的同步复用，其中N为整数，目前SDH只能支持1、4、16、64…等几个等级，如表5-3所列。

表5-3　SDH标准速率

等　级	速率/(Mbit/s)	等　级	速率/(Mbit/s)
STM-1	155.52	STM-16	2488.320
STM-4	622.08	STM-64	9953.280

SDH的基本思想是通过物理传输网（主要是光纤）进行同步信号复用和传送适配有效负载（Payload），它具有世界统一的网络节点接口（NNI）规范，使得E_1/T_1两大数字体系在STM-1等级上获得统一；SDH采用同步复用方式和灵活的复用映射结构，只需使用软件就可使高速信号一次直接分插出低速光路信号，即一步复用，简化了操作，同时利用同步分插功能可形成自愈环形网，提高了网络的可靠性和安全性，并且SDH与现有网络完全兼容，能容纳各种新业务信号，如光纤分布式数据接口（FDDI）信号、分布式队列双总线（DQDB）信号和宽带综合业务数据网（B-ISDN）、异步传输模式（ATM）信号等。

SDH的帧结构如图5-22所示。它采用了一种以字节结构为基础的矩形状帧结构，由270×N列和9行字节组成，每字节为8 bit。STM-1的帧长度为270×9×8 = 19 440 bit，即2430字节，每秒8000帧，故STM-1的速率为19 440 bit×8000帧/s = 155.52 Mbit/s。SDH帧结构主要由段开销、信息净负荷和管理单元指针组成。其中，段开销主要用于网络运行、管理和维护目的；信息净负荷用于传送通信业务信息；管理单元指针是一组编码，其值大小表示信息在净负荷区所处的位置，调整指针就是调整净负荷包封和STM-N帧之间的频率和相位，以便在接收端正确地分解出支路信号。

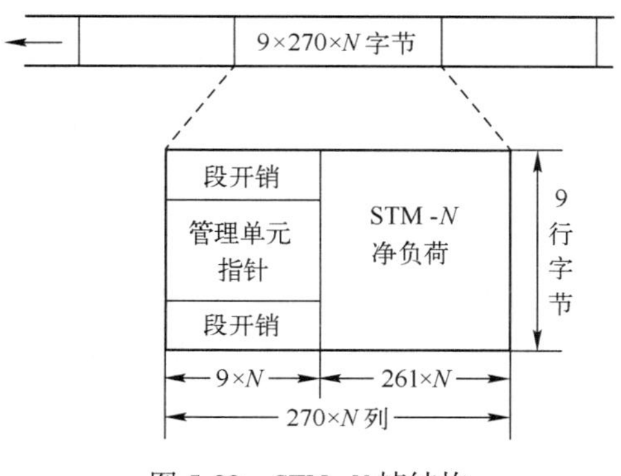

图5-22　STM-N帧结构

SDH 网络中基本的网元有终端复用器（TM）、再生中继器（REG）、分插复用器（ADM）和数字交换连接设备（DXC）等，图 5-23 给出了 SDH 网络的典型应用形式。

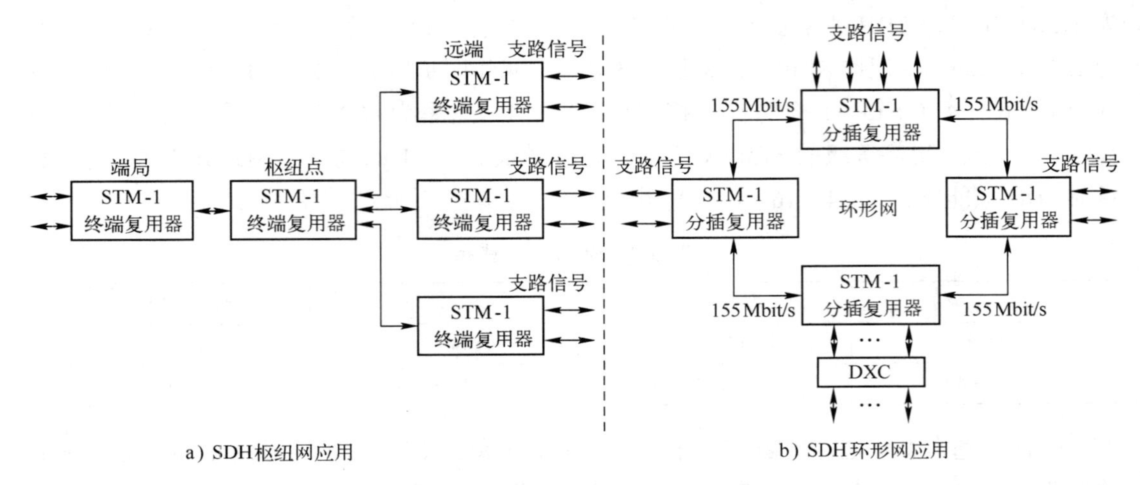

图 5-23 SDH 网络的典型应用形式

5.7 码分多路复用

码分多路复用（Code Division Multiplexing，CDM）又称码分多址（Code Division Multiple Access，CDMA），也是一种多信息流（或多用户）共享信道的技术。CDM 与 FDM（频分多路复用）和 TDM（时分多路复用）不同，它既共享信道的频率，也共享时间，是一种真正的动态复用技术。其原理是每比特时间被分成 m 个更短的时间槽，称为码片序列（Chip Sequence）（通常每比特有 64 或 128 个码片）。每个站点（或通道）被指定一个唯一的 m 位的代码或码片序列。当发送“1”时站点就发送码片序列，发送“0”时站点就发送码片序列的反码。例如，S 站的码片序列是 00011011。若 S 站发送“1”，则发送序列 00011011，而若 S 站发送“0”，则发送 11100100。实际操作时，按惯例约定 X_i 和 Y_i 取+1 或 −1，$i=1, 2, \cdots, m$。即若码片序列为（00011011），则写为（−1−1−1+1+1−1+1+1）。下面用数学关系式表示。

设 $x=(x_1,x_2,\cdots,x_N)$ 和 $y=(y_1,y_2,\cdots,y_N)$ 表示两个码长为 N 的码字序列，二进制码元 $x_i,y_i \in (+1,-1)$，$i=1,2,\cdots,N$，则定义两个码字序列的互相关系数为两码字的内积除 N：

$$\rho(x,y)=\frac{1}{N}\sum_{i=1}^{N}x_i y_i$$

由上述定义可知，互相关系数 $-1 \leqslant \rho(x,y) \leqslant +1$。如果互相关系数 $\rho(x,y)=0$，则称两码字序列 x 和 y 正交；如果互相关系数 $\rho(x,y)\approx 0$，则称两码字序列 x 和 y 准正交；如果互相关系数 $\rho(x,y)<0$，则称两码字序列 x 和 y 超正交。例如，（1 1 1 1）、（1 1 −1 −1）、（1 −1 −1 1）、（1 −1 1 −1）两两正交，即两两互相关系数为 0，是正交码，波形如图 5-24 所示。

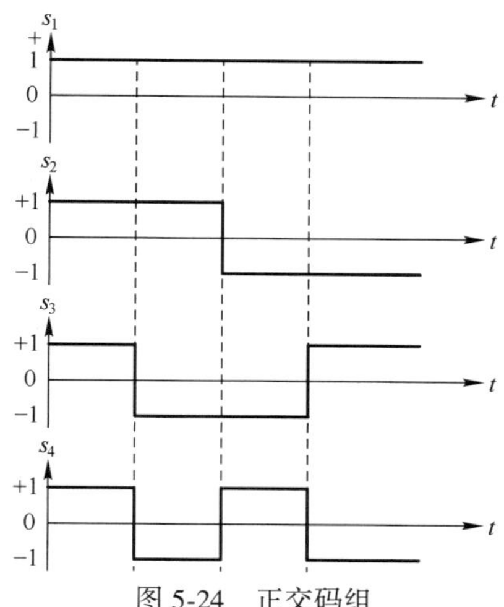

图 5-24　正交码组

当两个或多个站点同时发送时，为了从信道中分离出各路信号，要求每一个站点分配的码片序列与其他所有站点分配的码片序列必须正交。也即：不同站点的码片互相关系数（码片向量内积）要求为 0。不仅如此，一个站点的码片序列与其他站点的码片反码的内积也要求为 0，一个站点的码片序列与其自己的码片序列的内积为 1，一个站点的码片序列与其自己的码片序列反码的内积为−1。如此，接收站点就可以根据发送站点（假设 S 站点）的码片序列，将所收到的其他站点的信号过滤掉，而只正确识别和接收发送站点（S 站点）的信号。

CDM 实现原理如图 5-25 所示，发送端利用一组正交的码片序列（像沃尔什函数或伪随机序列）作为载波信号来分别携带不同的各路数据信号（调制，也即向量内积）而完成多路复用，如果接收站点知道其站点的码片序列（正交码字），就可通过相关计算将各路信号分开。在图 5-25 中：

$$e = \sum_{i=1}^{k} a_i = \sum_{i=1}^{k} d_i w_i, J_i = \rho(e, w_i) = \frac{1}{N}\sum_{n=1}^{N}\left(\sum_{i=1}^{k} d_i w_i\right) w_i \quad (i = 1, \cdots, k)$$

式中，N 为正交码字的位数；k 为输入端数；W_i 为正交码字。例如，如果 $k=2$，$d_1=1$，$w_1=1111$，$d_2=0$，$w_2=1100$，则：

$$e = \sum_{i=1}^{2} a_i = \sum_{i=1}^{2} d_i w_i = (1111) + (-1\ -111) = (0022)$$

$$J_1 = \rho(e, w_1) = \frac{1}{4}\sum_{n=1}^{4}\left(\sum_{i=1}^{2} d_i w_i\right) w_1 = \frac{1}{4}\sum_{n=1}^{4}(0022)\cdot(1111) = 1 = d_1$$

$$J_2 = \rho(e, w_2) = \frac{1}{4}\sum_{n=1}^{4}\left(\sum_{i=1}^{2} d_i w_i\right) w_2 = \frac{1}{4}\sum_{n=1}^{4}(0022)\cdot(1100) = 0 = d_2$$

由上面可知，CDM 是一种根据不同码型来分割共享信道的方式。因为在接收时 CDM 系统是根据序列的自相关函数与互相关函数值的差异，即功率的大小不同，来分解恢复各路基带信号，所以实际上 CDM 又可以看作以功率分隔方式来实现多路复用。这样，运用

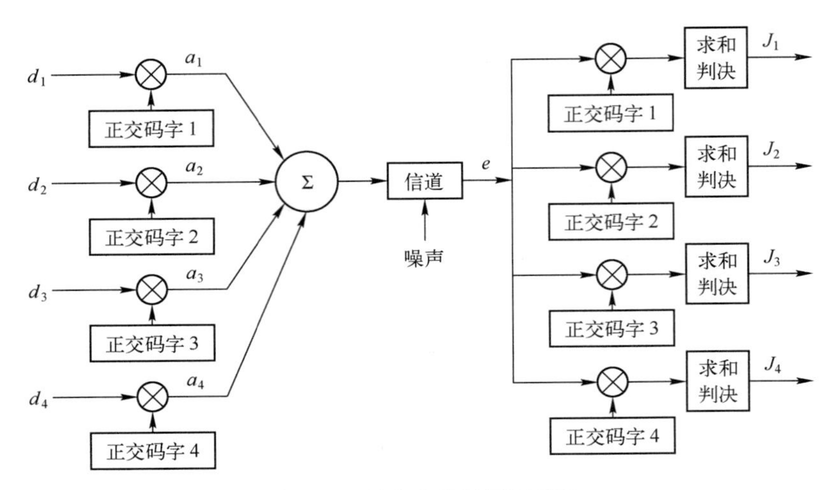

图 5-25　码分多路复用原理图

图 5-26 所示的信息坐标形式，可以简单直观地看出 FDM、TDM 和 CDM 三种复用方式的特点和差别。

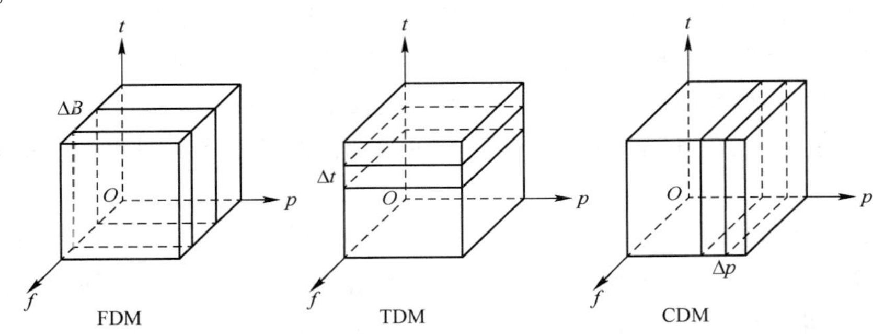

图 5-26　三种复用方式信息坐标图

由图 5-26 还可以看出，CDM 因采用功率分割复用方式，可以实现频带与时隙的重复利用，为进一步提高通信系统的容量与性能创造了有利条件。在 CDM 方式中，作为调制载波的脉冲序列既可用非正弦的周期信号，也可用随机序列。前者如沃尔什函数，它可以构成一种实用的序列分割多路传输系统；后者则以借助扩频技术所实现的 CDMA 通信方式最具代表性。

码分多路复用技术主要用于无线通信系统，特别是第三代移动通信系统。它不仅可以提高通信的语音质量和数据传输的可靠性以及减少干扰对通信的影响，而且增大了通信系统的容量。笔记本电脑或个人数字助理（Personal Data Assistant，PDA）以及掌上电脑（Handed Personal Computer，HPC）等移动性计算机的联网通信就是使用了这种技术。

例如，在 CDMA 数字蜂窝移动通信系统中，因为发送端是以直接序列扩频方式实现码分复用的，即采用伪随机码进行扩频调制，使原数据信号的带宽被扩展，所以信道中传输的是平均功率密度谱很低的宽带信号，它不仅具有低可检性，能与其他系统共用频带而互不干扰，而且还能抗频率选择性衰落和多径干扰。此外，该系统接收端解扩频时采用的相关处理方法能把有用的宽带信号变成窄带信号，同时也把无用的窄带干扰信号变成宽带信号。这样，借助窄带滤波技术可以抑制绝大部分噪声，从而大大提高信噪比。CDMA 系统的这些优点可用来解决在频谱资源日益缺乏的状况下进一步扩大容量和提高抗干扰能力等一系列问题，使其具有更强的竞争力。

5.8 集中器和时分交换机的原理

集中器可以集中各低速链路的信息，使它们共享一条高速传输线路，还可以扩展网络段长度，恢复、整形和放大网段中的电信号。集中器主要采用的是统计时分多路复用 STDM 和存储转发（Store Forward）技术，其原理如图 5-27 所示。目前的集中器除集中功能以外，往往还能实现本地信道之间的数据及信息帧的交换。

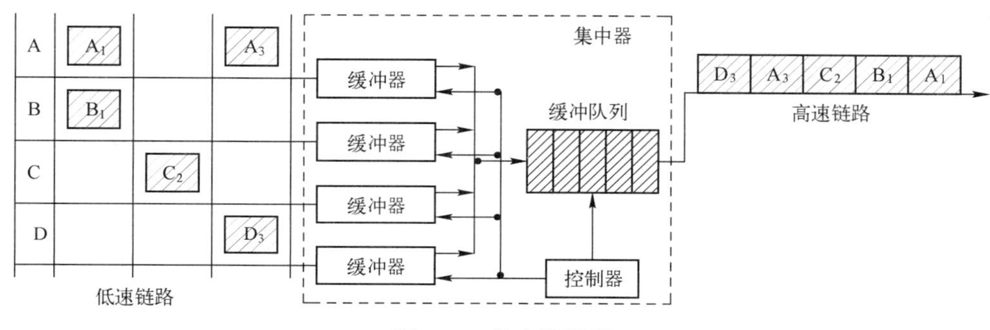

图 5-27　集中器原理

图 5-28 为时分交换机的原理图。图中将传输路径按时间划分并分配给各个信道，各信道轮到分配给自己的时间段时，就把需要传输的信息发送到预定的传输路径上去，如果没有信息发送，该时间段就空闲；通常一条公共路径允许 30（或 24）个时分用户同时通信。为了对公共通道实现时分复用，在第一个时间段，交换机只接通开关 K_1，此时就实现终端 1 和主机的通信，随后在第二个时间段，交换机只接通开关 K_2，依次类推，在不同时间段接通不同开关，实现不同终端和主机之间的通信。采用该方式，好像终端之间的信息传送是不连续的，但因交换机的电子开关动作很快，用户在通信中不会有中断的感觉。

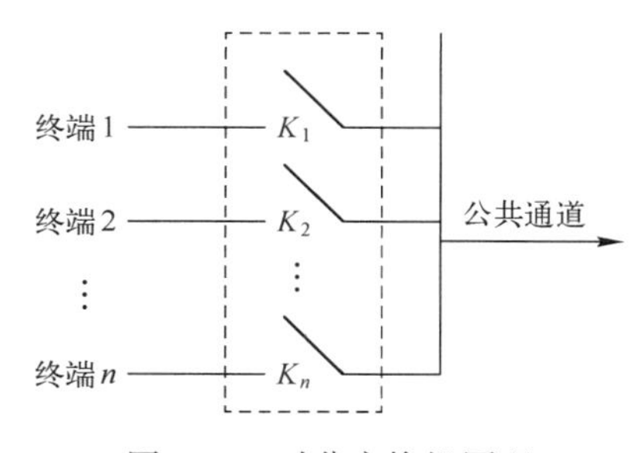

图 5-28　时分交换机原理

本章小结

随着现代通信网络规模和用户数量的剧增，信道的多路复用是通信系统必不可少的重要组成部分，可以大大节省线路信道传输带宽，提高通信资源的利用率。共享信道可分为共享点到点信道和共享广播信道。共享点到点信道有三种常见的分配方法：固定分配法、按需分配法和按排队方式分配法。固定分配法应用最为广泛，常用的有频分多路复用法（FDM）、时分多路复用法（TDM）和码分多路复用法（CDM）。其中频分多路复用技术起源于电话系统，它的基本思想是将共享信道的可用频带（带宽）按频率分割成多个互不交叠的频段，每路信号可占据其中一个频段进行传输，适合复用多路模拟信号。波分多路复用技术是频分多路复用在光通信领域的一个应用。时分多路复用技术能将多路信号按一定的时间间隔相间传送，以实现一条传输线上“同时”传送多路信号。与 FDM 相比，TDM 更适合复用数字信号，是数字通信时代的一个主流技术。PCM 基群系统和 PDH 准同步数字系列是 TDM 技术在电话系统中的一个典型应用，可将多路语音数字化系统复合传输与分解。码分多路复用技术最大的特点是既可共享信道的频率，也能共享时间，是一种真正的动态复用技术。它不仅可以提高通信的语音质量和数据传输的可靠性以及减少干扰对通信的影响，而且可以增大通信系统的容量，在无线通信系统中有广泛应用。同步数字系列 SDH 是 PDH 技术的一个发展，它是可将复接、线路传输及交换功能结合在一起并由统一网络管理系统进行管理操作的综合宽带传输系统，是当今信息高速公路的重要组成部分。集中器和时分交换机可以认为是按需分配法和按排队分配法的典型应用，它们可将各低速链路的数据包共享到一条高速线路上进行传输，是当今互联网系统中主要使用的一种传输技术。

思考与练习

1. 什么是多路复用？多路复用的主要作用是什么？

2. 比较频分多路复用、时分多路复用和码分多路复用的特点。

3. 假设语音通道带宽为 4 kHz，需要用 FDM 复用 10 个语音通道，防护频带为 500 Hz，试计算所要求的带宽。

4. 10 个 9.6 kbit/s 的信道按时分多路复用在一条线路上传输，如果忽略控制开销，在同步 TDM 情况下，复用线路的带宽是多少？在统计 TDM 情况下，假设每个子信道只有 30%的时间忙，复用线路的控制开销为 10%，那么复用线路的带宽应该是多少？

5. 某音频信道带宽为 4 kHz，以 8 kHz 的频率对 30 路信号进行抽样，且每路中含有 8 位数据，一帧中有 1 位用于同步，问：通道上的速率是多少？

6. 对五个信道抽样并按时分多路复用组合，再使组合后的信号通过一个低通滤波器。其中三个信道传输频率范围为 300～3300 Hz 的信号，其余两个信道的传输频率范围为 50 Hz～10 kHz。求：

（1）可用的最小抽样速率是多少？

（2）对于这个抽样速率，低通滤波器的最小带宽为多少？

（3）若五个信号各按起本身最高频率的2倍进行抽样，能否进行时分复用？

7. 8个128 kbit/s的信道通过统计时分多路复用到一条主干线路上，如果该线路的利用率为90%，则其带宽应该是多少？

8. 图P5-1为一个同步TDM复用器。如果输出时隙长度只有10位（每个输入取3位加上一个帧指示位），那么输出流是什么？

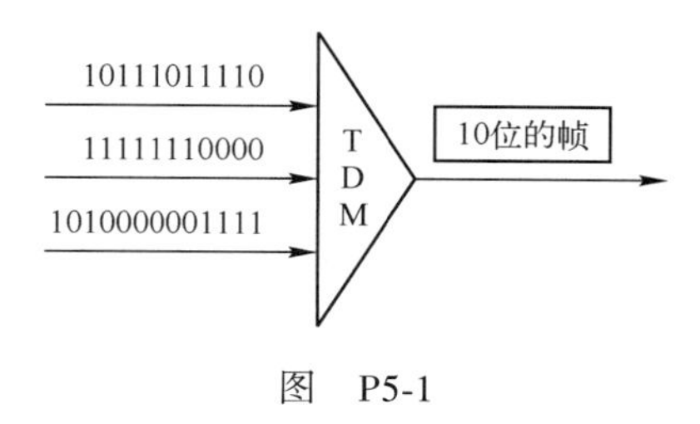

图　P5-1

9. 对12路语音信号进行抽样和PCM时分复用传输，每路语音信号的抽样速率为8k次/s。

（1）抽样后按8级量化，求PCM码速率。

（2）若传输波形为矩形脉冲，其宽度为τ，占空比为1，求第一零点带宽。

（3）若要求信噪比S_q/N_q不低于30 dB，求最低PCM信息速率。

10. 20个数字信号源使用同步TDM实现多路复用，每个信号源的速率是100 kbit/s，如果每个输出帧（时隙）携带来自每个信号源的1比特，且需要每个输出帧1比特用于同步。问：

（1）以比特为单位的输出帧的长度是多少？

（2）输出帧的持续时间是多少？

（3）输出帧的数据速率是多少？

（4）系统效率（帧中有用比特与所有比特之比）是多少？

（5）如果每个输出帧（时隙）携带来自每个信号源的2比特，上述（1）~（4）题的答案又是多少？

11. 共有4个站进行码分多址通信。4个站的码片序列为：

A：（−1−1−1+1+1−1+1+1）

B：（−1−1+1−1+1+1+1−1）

C：（−1+1−1+1+1+1−1−1）

D：（−1+1−1−1−1−1+1−1）

现收到这样的码片序列S：（−1+1−3+1−1−3+1+1）。问哪些站发送了数据？发送数据的站发送的是0还是1？

第6章　数字基带传输

6.1　引言

由模拟信源转换而来的PCM信号、离散信源产生的符号序列，以及数字数据源发出的原始数据信号，一般包含很低的频率分量，甚至是直流分量。这些频率分量的范围就是电信号的基本频带，简称基带。在数据通信系统中，它是指调制前或解调后的信号所占用的频带。例如，计算机或数据设备产生的“0”和“1”电信号脉冲序列就是基带信号，或称数字基带信号。基带信号在信道中直接传输称为基带传输，传输基带信号的通信系统就是基带传输系统。由于实际的基带传输系统中，并不是所有数据信息的电信号都能在信道中传输（有可能引起严重畸变），因此，为了匹配信道特性以达到较佳的传输效果，通常需要选用适当的码型和波形来表示数字基带信号。

数字信号的传输分为基带传输和频带传输两种。当对数字基带信号进行数字调制时，将信号频谱搬移到较高的频带上再传输，则称为频带传输或载波传输。目前，实际使用的数据通信系统大多是带通系统，例如无线信道和光信道，需要通过调制将基带频谱搬移到高频段处才能传输。虽然基带传输不如频带传输那样使用广泛，但是仍有必要深入研究这种传输系统，这是因为：第一，在近距离（距离在十几千米以内）数据通信系统中，由于功率衰减小，因而这种传输方式得到广泛应用；第二，基带传输系统中包含数据传输技术的许多基本问题；第三，理论上也可以证明，任何一种采用线性调制的频带传输系统，总是可以等效于基带传输系统。

6.2　基带传输系统组成

基带传输系统的组成框图如图6-1所示，它主要由码型变换器、发送滤波器、信道、接收滤波器和抽样滤波器5个功能电路组成。为使输入信号（例如PCM信号或数据终端信号）适合于信道的传输，一般要经过码型变换器将输入信号变换为适合信道传输的码型（见下节），有时还需要进行波形变换，以减少码元之间的相互干扰，以及利于同步提取及抽样判决。发送滤波器一般是低通滤波器，其主要作用是将输入信号的高频分量滤掉，限制传输信号的带宽。由于大多数的数字码型信号都是以矩形脉冲为基础的，而这种脉冲波形边缘陡峭，含有丰富的高频分量，若直接送入频带有限的信道中传输，容易使信号失真，因此通常利用发送滤波器对矩形脉冲进行平滑处理（即低通滤波），以得到上升和下降沿比较平滑的数字脉冲波形。

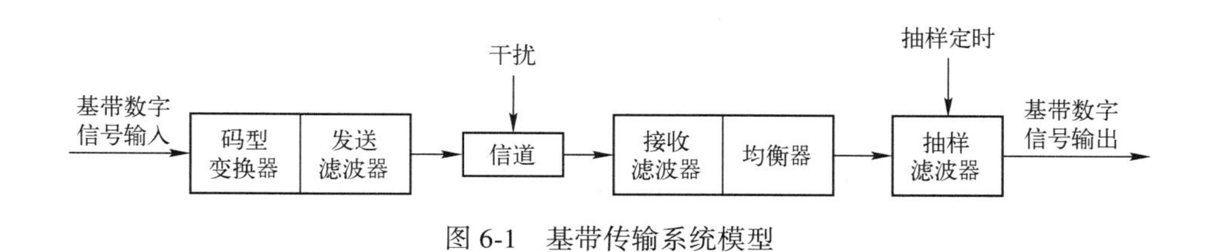

图 6-1　基带传输系统模型

数字基带信号在线路上传输时，一方面要受到线路特性的影响，使波形发生固定畸变，另一方面还要叠加上加性噪声，造成波形的随机畸变。接收滤波器（低通滤波器）的主要作用就是把接收信号的高频干扰滤除掉，以及和发送滤波器、信道一起形成对数字信号传输影响尽量小的信道特性。均衡器则用于补偿信道（包括发送和接收滤波器）特性不理想而引入的振幅和相位失真。最后通过抽样定时脉冲进行判决以恢复数字基带信号，而用来抽样的定时脉冲则可依靠同步提取电路从接收的数据信息中提取。位定时的准确与否将直接影响判决结果。

6.3　常用数字基带信号的码型及特点

一般 PCM 波形编码或计算机和数据终端输出的二进制数据，因存在以下可能的缺点而不宜直接用于传输：

1）含有丰富的直流分量或低频分量，信道难以满足传输要求。

2）接收时不便于提取同步信号。

3）由于限带和定时抖动，易产生码间干扰。

4）信号码型选择与波形形状直接影响传输的可靠性和信道带宽利用率。

为解决这些问题，提高线路传输效率，需要对原始信源信号进行数字编码和成形（矩形、三角形、半正弦形等），即确定数字基带信号的类型。下面将分别介绍 10 种常见的数字基带信号的编码规则及特点。

1. 单极性不归零码

单极性不归零码用有、无电压（电流）来代表码元“1”和“0”，脉冲之间无间隔，如图 6-2 所示。其主要特点是：编码简单，含直流“DC”分量，接收判决门限为接收电平一半，门限不稳，判决易错；不便直接从接收码序列中提取同步信号；传输时需信道一端接地（不平衡传输）。由于它的抗干扰性能差，通常仅用于很短距离的传输。

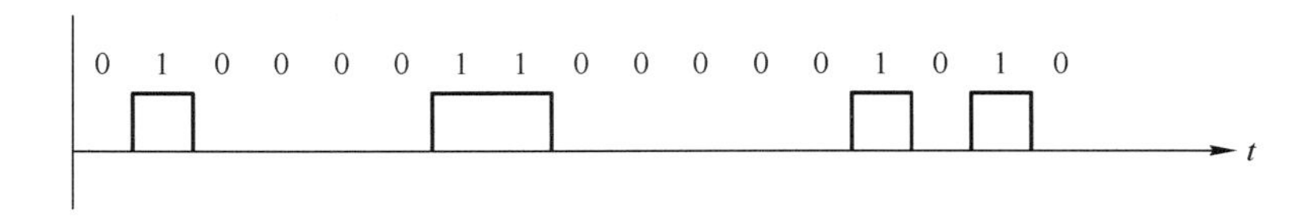

图 6-2　单极性不归零码

2. 双极性不归零码

双极性不归零码用正极性和负极性分别表示码元“1”和“0”，如图 6-3 所示。这种波形的优点是：脉冲幅度增大，为单极性码元的2倍，可以改善识别特性，抗干扰性能较强；从统计平均看，若“1”和“0”出现概率各半，则不含直流分量。两种码元极性相反，大小相等，则接收判决电平为0，稳定性高，可在电缆等线路不接地传送（平衡传输）。另外，将单极性编码转换为双极性编码也较简单。因此，双极性不归零码比较常用，更适于速度不高的比特流传输，特别是较多地用于接口信号。其存在的主要问题是：不易从中直接提取同步信息，很难确定一位码元的开始和结束；当“1”和“0”不等概率时仍有直流分量。

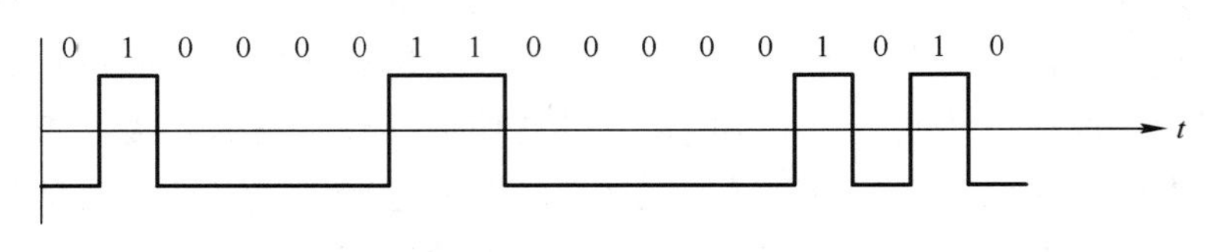

图6-3　双极性不归零码

3. 单极性归零码

不归零编码信号的脉冲之间没有间隔，接收端不能从中获得同步信息，因此一种改进的编码为归零（NR）码。它要求每一个码元脉冲都必须回到零电平，脉冲宽度比码元间隔短。单极性不归零信号发“1”码时，电压（电流）为正，但持续时间短于一个码元宽度的时间；发“0”码时，仍是零电压（电流）。这种波形如图6-4所示，它虽然提高了同步性能，但仍然存在单极性编码所具有的缺点。

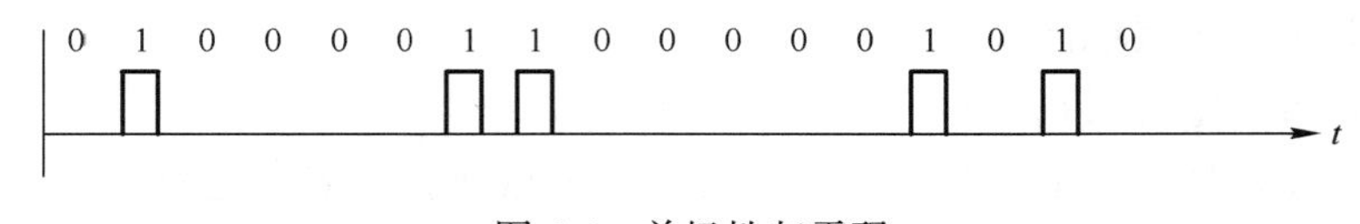

图6-4　单极性归零码

4. 双极性归零码

双极性归零码的信号与双极性不归零码的信号基本相同，即用正、负电压极性表示“1”和“0”数据，只是每个码元要归零一次，如图6-5所示。对于双极性归零信号，可以把电压（电流）为零的状态当作第三种符号，用它来分隔码元，便于经常维持位同步（即可以提取定时信号），收发无须定时，故称其为自同步方式或“自定时”信号，该编码方法应用较广泛。

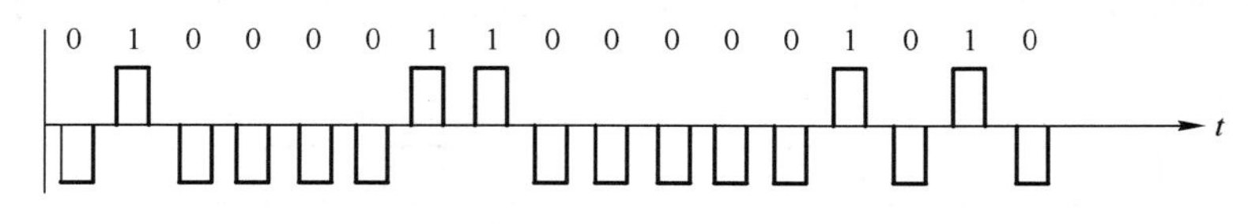

图6-5　双极性归零码

5. 双极方式码

双极方式码（Bipolar Encoding）又称传号交替反转码（Alternative Mark Inversed Encoding，AMI）、平衡对称码，它属于单极性码的变种，当遇“0”码时为零电平，当遇“1”

码时则交替转换极性，这样就确保成为正负极性个数相等的“伪三进制”码（信号码流中具有三种电平：正、负和零电平）。其优点是：确保无直流，零频附近低频分量小，便于变压器耦合匹配，也就是可在具有变压器的交流耦合传输线路上传输；有一定的检错能力，即利用“1”码电平交替转换的规则可检测出部分误码。AMI 被接收后只要全波整流，就变为单极性码。AMI 的主要缺点是：当码流中连“0”过多时，同步不易提取（但如果是归零型 AMI，则可直接提取同步）。这种信号的波形如图 6-6 所示。

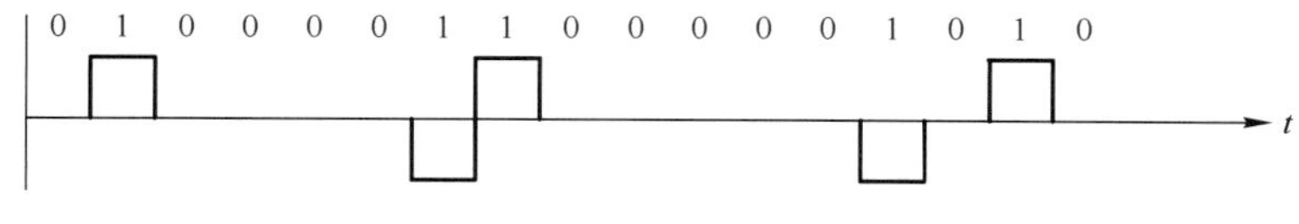

图 6-6　双极方式码

解决连“0”码过多问题的有效方法之一是将二进制信息先进行随机化处理，变为伪随机序列，然后再进行 AMI 编码。国际电信联盟（International Telecommunication Union，ITU）建议的北美系列的一、二、三次群接口码都使用经扰码后的 AMI 码。解决连“0”码问题的另一个有效办法是采用 AMI 的改进码型——HDB_3码，后面将介绍该编码。

6. 差分码

差分码也称为相对码，其“0”和“1”码反映相邻码元的相对变化。它又分为传号差分码与空号差分码。其二进制波形的编码规则为：对于数据“1”，编码波形相对于前一码元电平产生跳变（传号差分码），对于数据“0”，编码波形相对于前一码元电平不产生跳变；或者相反（空号差分码）。如图 6-7 所示。这种信号利用码元间的相互关系，减少误码扩散，能在发生极性反转（极性接错）时不影响对它的辨认。在接收端，对接收到的波形抽样，并比较前后两个抽样的极性，以确定是否发生了极性变换，这样就可以恢复原来的数据信息。由于差分码用电平的相对变化来传输信息，可以用来解决相移键控相干解调时因接收端本地载波相位模糊而引起的信息“1”和“0”倒换问题（见 7.4 节），所以得到广泛应用。

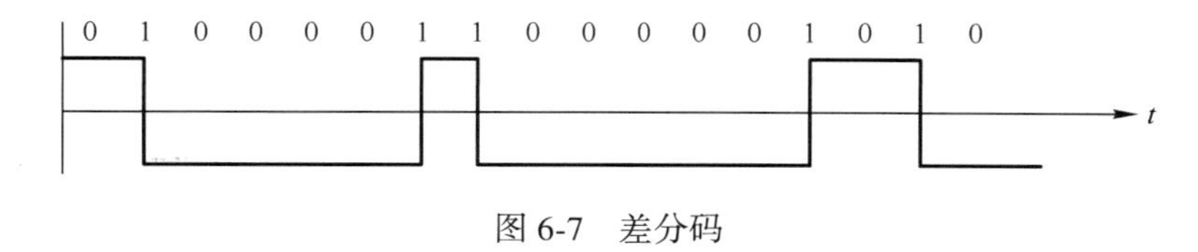

图 6-7　差分码

7. 传号反转码

传号反转码（CMI）的编码规则是：将信息代码“0”编码为线路码“01”，信息代码“1”编码为线路码“11”与“00”交替出现。由于 CMI 是用一组两位的二进制码表示原来的一位二进制码，因此这类编码（包括下述的曼彻斯特码）也被称为 1B2B 码。如图 6-8 所示。CMI 的编码特点是不含直流分量，易于提取同步信号，而且具有一定的误码检测能力。这是因为正常情况下编码信号中不会出现“10”码，且“00”和“11”码连续出现的情形也不会发生。利用这种相关性可检测因干扰而产生的部分错码。

原 CCITT 建议传号反转码可用作 PCM（脉冲编码调制）四次群的接口码，以及速率低于 8448 kbit/s 的光纤数字传输系统中的线路传输码型。

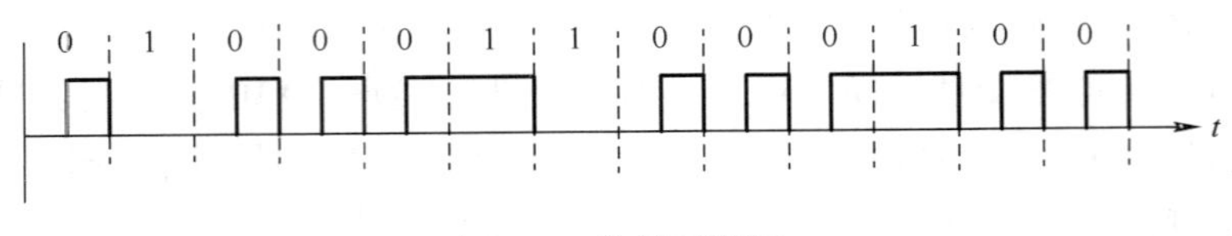

图 6-8　传号反转码

8. 多元码

上述各种基带波形都是用一个码元传送一比特信息量的方式。为了进一步提高频带利用率，可以用一个码元传送一比特以上的信息量，即数字基带信号的幅度具有更多的取值，这就是多元码。在多元码中，每个码元可以表示一个二进制码组，因而成倍地提高了频带利用率。对于 k 位二进制码组来说，可以用 $M=2^k$ 个电平的码元信号来传输。与二进制码元传输相比，M 个电平的码元传输时所需要的信号频带可降为 $1/k$，即频带利用率提高至 k 倍。图 6-9 给出了四电平码元（又称 2B1Q 码）信号的两个例子，其中图 a 的电平“3”表示数据“11”，电平“2”表示数据“01”，电平“1”表示数据“00”，电平“0”表示数据“10”。为降低在接收时因错误判定幅度电平而引起的误比特率，通常采用格雷码表示，此时相邻幅度电平所对应的码组之间只有 1 个比特不同。

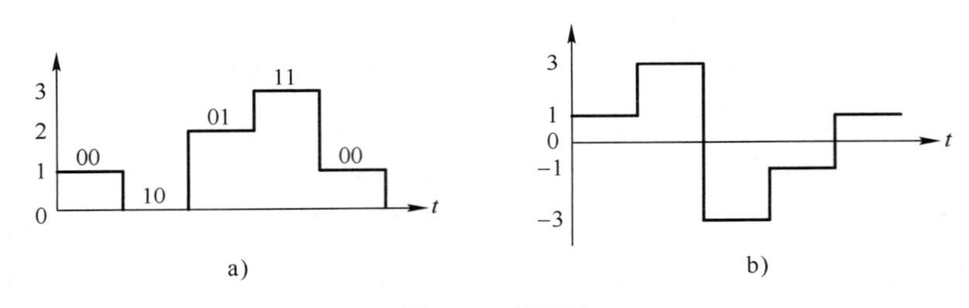

图 6-9　多元码

由于频带利用率高，多电平码元信号在频带受限的高速数字传输系统中得到广泛应用。在综合业务数字网中，以电话线为传输媒介的数字用户环路的基本传输速率为 144 kbit/s。在这种频带受限的基带传输系统中，线路码型的选择是个重要问题，ITU 已将四元码 2B1Q 列为建议标准。另外，在部分高速 DSL 如对称数字用户线（Synchronization Digital Subscriber Line，SDSL）和高速率数字用户线（High－data－rate Digital Subscriber Line，HDSL）中也采用了 2B1Q 编码方式。多元码不仅用于基带传输，而且更广泛地应用于调制传输中，关于这方面的问题将在第 7 章中讲述。

虽然多元码信号可以提高信息传输效率，但是由于电平间电位差较小，在峰值功率一定时，误码率会相应增加，即抗干扰能力变差。

9. 曼彻斯特编码

曼彻斯特编码的特点是在每一位码元的中间都有跳变，位中间的跳变既作时钟信号，又作数据信号，从低到高跳变表示“1”，从高到低跳变表示“0”，或者相反，如图 6-10

所示。曼彻斯特编码的特点是在传输代码信息的同时，将时钟同步信号一起传输到了对方，因此具有自同步能力和良好的抗干扰性能，而且不存在直流分量，常广泛地应用在磁带记录、光纤、同轴电缆和局域网络中。但由于该编码的每一个码元都被调成两个电平，所以信息传输速率只有波特率的 1/2，编码效率较低。

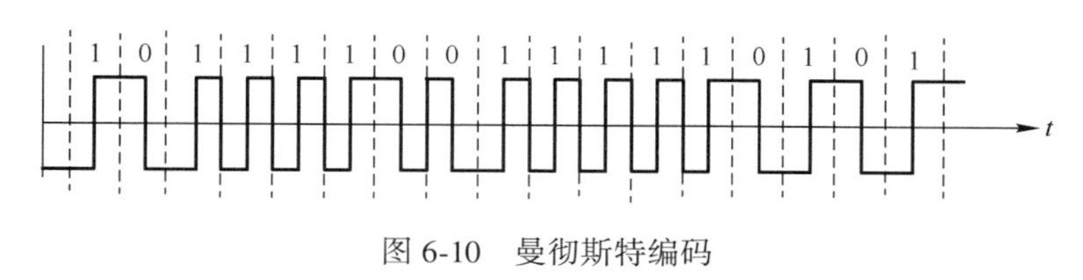

图 6-10　曼彻斯特编码

曼彻斯特编码规则也可表达为：用一个周期的方波表示“1”，而用它的反相波形表示“0”。这相当于每一个“1”中含有矩形波（包括先负后正两个脉冲）的一个完整周期，而“0”中含有一个完整的反向周期。因此曼彻斯特编码也被称为相位编码。

另外，还有一种与曼彻斯特编码非常类似的编码是差分曼彻斯特编码，它在每位编码的中间也有跳变，但仅提供时钟定时，而用每位开始时有无跳变表示“0”或“1”。差分曼彻斯特编码也是一种很好的带同步信息的编码。

10. 三阶高密度双极性码

三阶高密度双极性码（HDB_3）属于伪三进制码，是 AMI 码的一种改进。HDB_3中“3 阶”的含义是，这种码是限制连“0”个数不超过 3 位。为减少连“0”数，有的做法采取“扰码”，按一定规则将多个连“0”分散，尽量使码流随机化。有效的办法是采用 HDB_n编码（$n=1,2,3$），使用较多的是 $n=3$。HDB_3编码规则如下：

1）当二进制序列中的连“0”个数不大于 3 时，其编码方法同 AMI 码。

2）当连“0”个数超过 3 时，则以每四个连“0”码为一节，分别用“000V”或“B00V”的取代节代替。其中 B 表示符合极性交替规律的传号，V 表示破坏极性交替规律的传号。

3）如果两个相邻破坏点（V）码中间有奇数个原始传号（B 码除外），用“000V”代替，且 V 码的极性与其前一传号的极性相同。

4）如果两个相邻破坏点中间有偶数个原始传号（B 码除外），用“B00V”代替，且 B 与其前一传号的极性相反，V 与 B 极性相同，后面非零符号交替改变。这种编码的波形图如图 6-11b 所示。

从 HDB_3码中可以看出 V 码的极性正好交替反转，因而整个信号仍保持无直流分量。虽然 HDB_3码的编码规则比较复杂，但译码相对简单。从上述原理可以看出，由于 HDB_3码在编码时 V 码破坏了极性交替原则，因此译码时 V 码很容易识别，若一经发现三连“0”且前后两个非零脉冲的极性一致，则可将后一脉冲与其前三位码全部变为“0”码，从而恢复 4 个连“0”码。再将+1、−1 变成“1”后便得到原信息代码。如+1000+1 应该译成“10000”，否则不用改动；若两连“0”且前后非零脉冲极性相同，则两连“0”前后都译为零，如−100−1 应该译为“0000”，否则也不用改动。

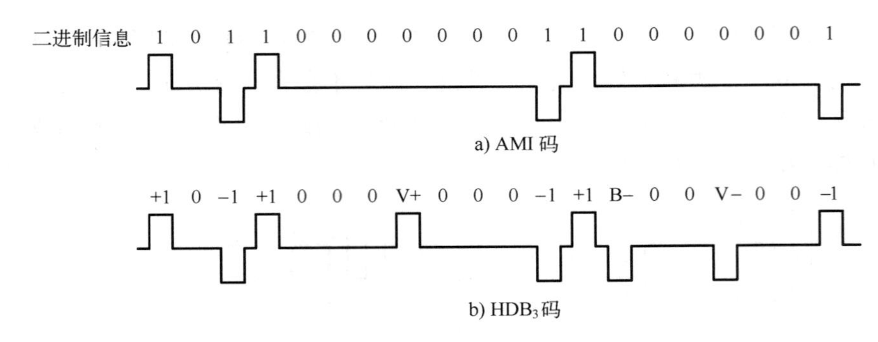

图 6-11 AMI、HDB_3码波形

HDB_3的优点是：无直流；低频分量少；频带较窄；可打破长连“0”，提取同步方便。虽然 HDB_3有些复杂，鉴于其明显优点，PCM 系统各次群常采用其作为接口码型标准。

上述 10 种数字基带信号编码表示离散信息的数字基带信号的形式并不是唯一的，可视各种不同需要而合理选用，也可以根据具体情况来设计更合适的信号形式。一般来说，对于传输频带低端受限的信道，要求线路传输码的频谱中不含有直流分量，如果接收端要求定时信号，则传输码型应携带定时信息。

上面所介绍的基带信号形式实际上称为数字基带信号码型。在选用了合适的码型之后，尚需考虑用什么形状的波形来表示所选码型。如单极性码，是用方波、半正弦形还是其他形状波形，这叫作波形“成形”（Shape）。不同波形占用带宽、频谱收敛快慢以及所持能量不同，将直接影响到传输效果。数字基带信号的常见波形有方波、升余弦形、半余弦形、高斯形（钟形）以及三角形等，实际应用时，可以根据具体要求选用合适的波形。如图 6-12 所示。通信系统中如何进行波形设计以达到最佳传输的问题，请读者参阅有关书籍。本书重点介绍矩形脉冲波形。

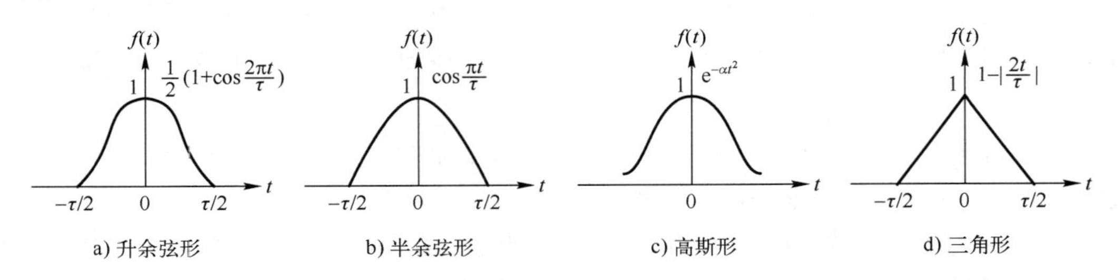

图 6-12 基带信号的几种脉冲波形

6.4 数字基带信号功率密度谱

对信号设计而言，在选配了合适的码型和波形之后，应了解不同码型及波形构成随机波形序列的功率谱特性。任何通信系统只能通过一定宽度的频带信号。若被传信号落在传输系统的频带内，信号就能以允许的失真通过传输系统，否则信号会严重失真，传输的数据在接收端不能恢复。因此，研究信号的频谱和通信系统的频率特性十分重要。

第 2 章已经介绍了傅里叶级数、傅里叶变换、周期信号和非周期信号的频谱概念。任何信号都可看作由一些不同频率的正、余弦信号组成，各个频率分量的集合就叫作该信号的频谱。一种信号有唯一的一种频谱与之对应。求信号频谱的方法称为频谱分析。

6.4.1 单极性不归零脉冲信号的频谱

这是数字基带信号的一种最简单的方式。由于它容易产生，故原始基带信号多采用这种形式。设备的内部（如计算机内部）或近距离传输（如市内电传）多采用单极性矩形码。

单个单极性不归零脉冲的时间函数可用下式表示：

$$s(t)=\begin{cases}A & -\dfrac{T}{2}\leqslant t\leqslant\dfrac{T}{2}\\0 & \text{其他}\end{cases}\tag{6-1}$$

由傅里叶变换式可计算出频谱函数为

$$S(\omega)=\int_{-T/2}^{T/2}A\mathrm{e}^{-\mathrm{j}\omega t}\mathrm{d}t=AT\frac{\sin(\omega T/2)}{\omega T/2}\tag{6-2}$$

图 6-13 所示为单极性不归零脉冲信号及其频谱的波形。从图中看出：$S(0)=AT$。

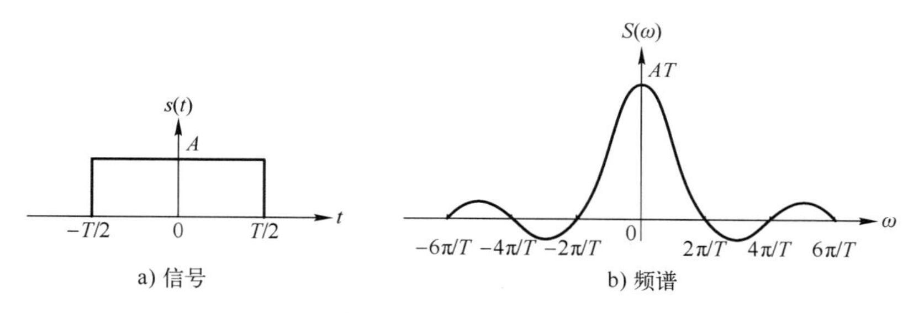

图 6-13 单极性不归零脉冲信号及其频谱

当角频率 $\omega=2\pi/T$ 时，$S(\omega)=0$，这是 $S(\omega)$ 的第一个零点，代表单极性不归零信号的频带宽度。B 等于第一个零点处的频率，即 $1/T$（Hz）。此信号含有很低直至直流（零频）的频率成分，即主要频谱分量集中在低频处。因此，传输这种信号要充分考虑系统的低频响应。这种信号在角频率 $\omega=\pm(2n\pi)/T(n=1,2,\cdots)$，即频率 $f=\pm n/T(n=1,2,\cdots)$ 时，各点的频谱分量恒等于零。

6.4.2 单极性归零脉冲信号的频谱

单极性归零脉冲信号如图 6-14a 所示，其频谱函数如式（6-3）所示，图 6-14b 是其频谱图（具体见第 2 章例 2-2）。

$$S(\omega)=\int_{-\tau/2}^{\tau/2}A\mathrm{e}^{-\mathrm{j}\omega t}\mathrm{d}t=A\tau\frac{\sin(\omega\tau/2)}{\omega\tau/2}\tag{6-3}$$

从图 6-14 看出，归零脉冲和不归零脉冲的频谱十分相似，但实际上有一定的差别：归零脉冲的频带比不归零脉冲的频带宽。对于 $\tau=T/2$ 的半宽码来说，频带扩大了 1 倍。这种信号有利于接收端从接收到的信号中获得同步的信息，因为它含有频率为脉冲发送频率（$1/T$）的频率分量。而不归零信号没有这种分量，因为它在频率 n/T 处均为零。这种特性是归零信号的一个突出优点。

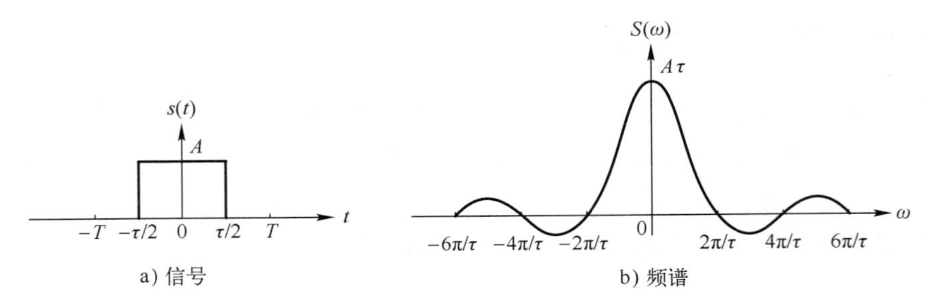

图 6-14 单极性归零脉冲信号及其频谱

6.4.3 数字基带信号的功率密度谱

上面介绍了两种典型的单个基带脉冲的频谱。而实际信号序列是由若干单元脉冲组成的随机序列，它们是非确知信号，不能单用傅里叶变换方法确定其频谱。对随机信号只能用统计方法研究其功率谱密度。功率谱密度定义为单位带宽（例如每赫兹）内的功率。这里通过分析二电平随机脉冲序列的功率谱密度来加深对基带信号频谱特性的了解。

假设随机二进制序列由 $g_1(t)$ 和 $g_2(t)$ 组成，其中 $g_1(t)$ 和 $g_2(t)$ 分别表示“0”码和“1”码的单个矩形脉冲信号，每个码元的持续时间为 T_s。又设 $g_1(t)$ 出现的概率为 p，则 $g_2(t)$ 出现的概率为 $1-p$，故这个随机脉冲序列可表示为

$$s(t)=\sum_{n=-\infty}^{\infty}s_n(t) \tag{6-4}$$

$$s_n(t)=\begin{cases}g_1(t-nT_s) & \text{出现的概率为 } p\\ g_2(t-nT_s) & \text{出现的概率为 } 1-p\end{cases} \tag{6-5}$$

为了使频谱分析的物理概念清楚，推导过程简化，式中 $s(t)$ 的功率谱可以分成两部分，一部分由平均分量（也称稳态波）产生，另一部分则由随机变动部分（也称交变波）产生。它们的物理含义可通过类似于图 6-15 的随机单极性脉冲序列的分解来说明。图中直流部分对应于其中的稳态波成分，它有离散谱，而双极性脉冲为其交变波成分，它有连续谱。

取 $2T$ 时段截短信号为 $s_T(t)$，且设每 T 时段包含 $2N+1$ 个码元，则根据能量信号的帕塞瓦尔等式，截短信号功率为

$$P_T=\frac{1}{2T}\int_{-T}^{T}s_T^2(t)\,\mathrm{d}t=\frac{1}{2T}\int_{-\infty}^{\infty}|E_T(f)|^2\mathrm{d}f$$

式中，$|E_T(f)|^2$ 为截短序列 $S_T(t)$ 的能量谱，因此可求得 $s(t)$ 的功率密度谱为

$$p(f)=\lim_{T\to\infty}p_T(f)=\lim_{T\to\infty}\frac{1}{2T}E[\,|E_T(f)|^2]$$

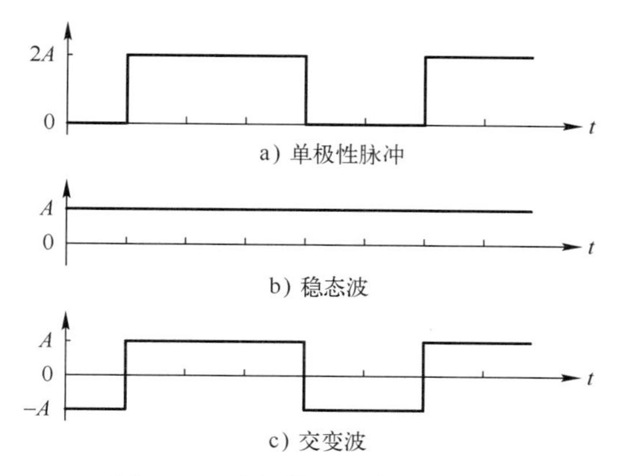

图 6-15　随机单极性脉冲的分解

若设 $s_T(t)$ 的稳态波（平均）分量为 $V_T(t)$，交变波分量为 $U_T(t)$，则可求得：

$$V_T(t)=\sum_{n=-N}^{N}[pg_1(t-kT_s)+(1-p)g_2(t-kT_s)]$$

$$U_T(t)=s_T(t)-V_T(t)=\sum_{n=-N}^{N}s_n(t)-\sum_{n=-N}^{N}p[g_1(t-nT_s)+(1-p)g_2(t-nT_s)]$$

若 $U_T(t)$ 和 $V_T(t)$ 的频谱存在，且其傅里叶变换分别为 $F_U(f)$ 和 $F_V(f)$，则可求得交变部分 $s_T(t)$ 的双边功率密度谱为

$$p_u(f)=\lim_{T\to\infty}\frac{1}{2T}E[|F_u(f)|^2]=f_sp(1-p)|G_1(f)-G_2(f)|^2$$

以及稳态部分的双边功率密度谱为

$$p_v(f)=\lim_{T\to\infty}\frac{1}{2T}E[|F_v(f)|^2]=\sum_{m=-\infty}^{\infty}f_s^2[pG_1(mf_s)+(1-p)G_2(mf_s)]^2\delta(f-mf_s)$$

上面两式中，$G_1(f)$ 和 $G_2(f)$ 分别代表信号 $g_1(t)$ 和 $g_2(t)$ 的频谱，$f_s=1/T_s$ 为序列的基本频率，m 为整数。两种功率密度谱相加后可得 $s(t)$ 的双边功率谱密度：

$$\begin{aligned}p(f)=P_u(f)+P_v(f)=&f_sp(1-p)|G_1(f)-G_2(f)|^2\\&+f_s^2\sum_{m=-\infty}^{\infty}|pG_1(mf_s)+(1-p)G_2(mf_s)|^2\delta(f-mf_s)\end{aligned}\tag{6-6}$$

或用单边功率谱密度表示为

$$\begin{aligned}p(f)=&2f_sp(1-p)|G_1(f)-G_2(f)|^2+f_s^2[pG_1(0)+(1-p)G_2(0)]^2\delta(f)\\&+2f_s^2\sum_{m=1}^{\infty}|pG_1(mf_s)+(1-p)G_2(mf_s)|^2\delta(f-mf_s)\end{aligned}\tag{6-7}$$

从上述推导及结果可看出：

1）数字基带信号（“1”和“0”码随机序列信号波形）有确定的自相关函数，因此它有确定的功率谱密度，可以写出两者确定的数学表达式。

2）数字基带信号的功率谱完全取决于表示比特码元的码型、“1”和“0”概率、$g_1(t)$ 与 $g_2(t)$ 的波形以及比特率 f_s。

3）随机脉冲序列的功率谱可能包含连续谱 $p_u(f)$ 及离散谱 $p_v(f)$ 两部分。由于代表数

字信息的 $g_1(t)$ 和 $g_2(t)$ 不会完全相同（如果完全相同就不能代表二进制符号），因此，$|G_1(f)-G_2(f)|$ 必然存在，数字基带信号总是包含连续谱，但在某些情况下可能没有离散谱。

4）在含有平均分量（直流分量）的码型中，功率谱中含有零频冲激谱。

5）由于数字基带信号是以 T_s 为码元持续时间的随机信号，因此其确定的功率谱以 f_s 为周期滚降衰减，衰减速度与波形形状有关。功率谱的主瓣（第一零点带宽）一般包含了信号全部能量的90%以上，因此系统传输带宽大都取其主瓣，即 f_s Hz（双相码等除外）。

为了进一步说明随机数字脉冲序列的频谱特点，下面讨论两种单极性归零和一种单极性不归零信号的功率谱密度函数。

1. 单极性不归零信号的功率谱

设 $g_1(t)$ 代表“0”码，取零电平，则有

$$|G_1(f)-G_2(f)|^2=|G(f)|^2$$

式中，$G(f)=G_2(f)$，代表“1”码的频谱函数。又假设“0”和“1”出现的概率相等，即 $p=0.5$，则单边功率谱密度为

$$p(f)=\frac{f_s|G(f)|^2}{2}+\frac{f_s^2|G(0)|^2}{4}\delta(f) \tag{6-8}$$

其中，离散谱只在 $f=0$ 处有值，由单极性不归零脉冲的频谱分析可知，在 $f=n/T_s$ 频率处，$G(f)=0$。

2. 单极性归零信号的功率谱

下面讨论两种单极性归零信号，一种是半宽码，即脉冲宽度 $\tau=T_s/2$，另一种是脉冲宽度 $\tau=T_s/4$。假设 $g_1(t)=0$，$p=0.5$，则单边功率密度谱为

$$p(f)=\frac{f_s|G(f)|^2}{2}+\frac{f_s^2|G(0)|^2}{4}\delta(f)+\frac{f_s^2}{2}\sum_{m=-\infty}^{\infty}|G(mf_s|^2\delta(f-mf_s)$$

当 $\tau=T_s/2$ 时，$G(mf_s)$ 在 $mf_s=2nf_s$（$n=1,2,3,\cdots$）处等于零，而在 $mf_s=(2n-1)f_s$（$n=0,1,2,\cdots$）处不为零。

当 $\tau=T_s/4$ 时，$G(mf_s)$ 在 $mf_s=4nf_s$（$n=1,2,3,\cdots$）处等于零，而在 $mf_s=(4n-3)f_s$，$(4n-2)f_s,(4n-1)f_s$（$n=0,1,2,\cdots$）处不为零。

图6-16所示为这几个单极性归零和不归零信号的功率谱密度波形。从图中明显看出，不归零信号没有 $1/T_s$ 的频率成分，而归零码包含 $1/T_s$ 的离散频率分量，此分量可用于定时。对于双极性信号，假设 $g_1(t)=-g_2(t)$，$p=0.5$，则有 $G_1(f)=G_2(f)=G(f)$，那么单边功率谱密度为

$$p(f)=2f_s|G(f)|^2 \tag{6-9}$$

这时离散谱为零，因此，双极性信号有可能只有连续的功率谱密度，而没有离散谱。

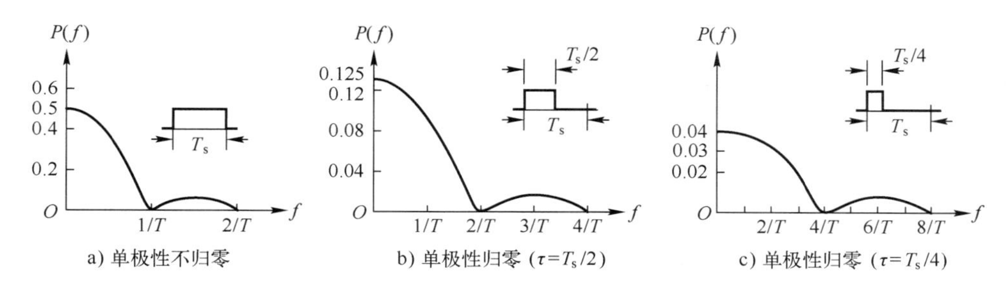

图 6-16　几种单极性信号的功率谱密度

6.5　数字基带信号的传输

从前述可知，传输的数字基带信号，其频谱分布一般是无限延伸的（任何信号的频域受限和时域受限不可能同时成立）。而实际的传输系统的信道带宽都是有限的。所以，无限带宽的信号通过有限带宽的信道必然会使得各码元波形失真，从而产生码间串扰（又称码间干扰）。所谓码间串扰，是指因数字基带信道的传输特性不理想而引起数字基带信号前后各码元波形失真，出现各码元信号相互重叠和抽样判决困难的现象。这一节将主要讨论传输系统的特性对信号的影响。另外，信号通过信道传输时将叠加噪声，从而引起信号的随机畸变。发送滤波器、转发器和接收滤波器将会带来一些非线性失真。对这些畸变和失真的补偿技术称为均衡。基带传输系统设计的核心问题是形成适当的编码波形，使之在通过带宽有限的传输信道后，不因波形失真而产生码间串扰。下面我们将定量分析在不考虑噪声影响情况下的码间串扰问题，以及如何实现无码间串扰的有关技术。

6.5.1　基带脉冲传输与码间干扰

基带传输系统的信道（广义信道，包括发送和接收滤波器）模型通常可以等效为一个传递函数为 $H(\omega)$ 的非时变线性网络，如图 6-17 所示。假设系统传递函数可用一等效低通滤波器特性近似（见图 6-18a），不考虑非线性的影响。那么，我们可定量分析一下数字基带信号通过这种线性系统后的输出信号波形，以便了解信号变化的程度和规律。

$h(t)$

$s_1(t)$　$S_1(\omega)$　→　$H(\omega)$　→　$s_2(t)$　$S_2(\omega)$

图 6-17　基带传输系统分析图

图 6-18 所示特性的传递函数可表示为

$$H(\omega)=\begin{cases}\mathrm{e}^{-\mathrm{j}\omega t_{\mathrm{d}}} & |\omega|\leqslant\omega_{\mathrm{H}}\\ 0 & \text{其他}\end{cases}\tag{6-10}$$

式中，ωt_{d} 表示滤波器是线性相移特性，ω_{H} 为低通滤波器的截止角频率，f_{H} 为带宽。为了使分析过程简化，通常使用单位冲激函数来表示数字基带信号，先看单个冲激函数 $\delta(t)$ 通过具有理想低通滤波器特性的基带传输系统时接收端得到的时域波形。由于$\delta(t)$的傅里叶变换为1，所以理想低通系统的输出波形就是$H(\omega)$的傅里叶反变换：

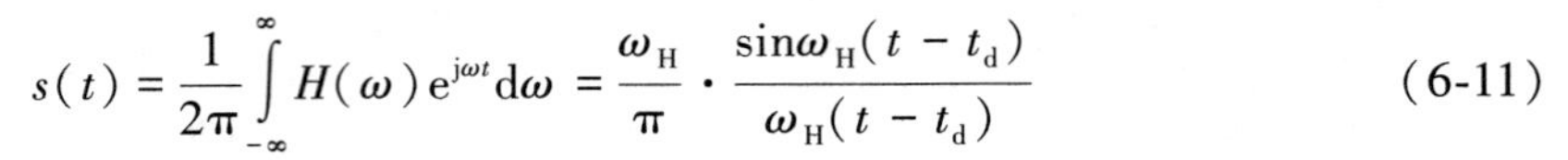

$$s(t)=\frac{1}{2\pi}\int_{-\infty}^{\infty}H(\omega)\mathrm{e}^{\mathrm{j}\omega t}\mathrm{d}\omega=\frac{\omega_{\mathrm{H}}}{\pi}\cdot\frac{\sin\omega_{\mathrm{H}}(t-t_{\mathrm{d}})}{\omega_{\mathrm{H}}(t-t_{\mathrm{d}})} \tag{6-11}$$

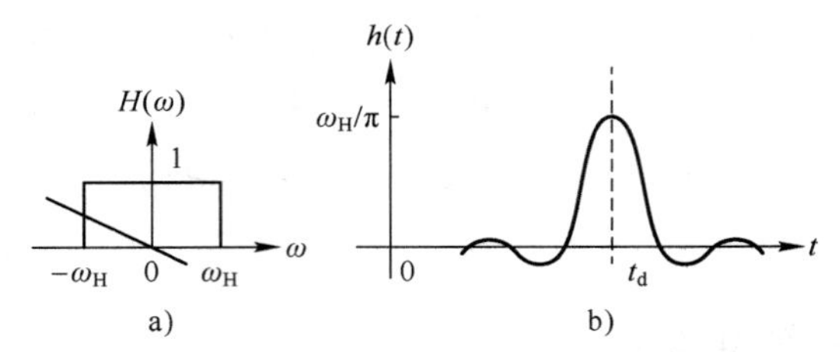

图 6-18 理想低通滤波器传输特性

从式（6-11）可看出：单位脉冲作用于理想低通滤波器，其输出波形为$\sin x/x$形的时间波形，其最大值在t_{d}时刻，比输入脉冲延迟t_{d}，如图 6-18b 所示。输出信号在时间上的波形实际上是信道传递函数本身的傅里叶反变换的结果。输出波形的幅度随ω_{H}的增加而增加，宽度随ω_{H}的增加而减小，输出波形在时间轴上做等距离波动，且幅度随t的增加而减小。波动距离$\Delta t=\pi/\omega_{\mathrm{H}}$，每隔$\Delta t$即出现零点。

前面分析的是单个冲激函数通过理想低通特性的基带传输系统的情况，它为分析随机数字序列信号通过理想低通信道打下了基础。为简化分析，仍把原始数字信号假设为随机冲激序列。

$$s_1(t)=\sum a_n\delta(t-nT_{\mathrm{s}}) \tag{6-12}$$

其中，$a_n=0$或1，T_{s}为码元间隔。下面分析这种冲激序列通过理想低通时接收端得到的时间波形。由于线性系统具有叠加性，所以输出响应是输入信号各分量的响应之和。这时，输出信号为

$$s_2(t)=\sum_n\frac{a_n}{2\pi}\int_{-\infty}^{\infty}S_\delta(\omega)H(\omega)\mathrm{e}^{\mathrm{j}\omega t}\mathrm{d}\omega \tag{6-13}$$

其中，$S_\delta(\omega)$为冲激序列$\delta(t-nT_{\mathrm{s}})$的傅里叶变换，即

$$S_\delta(\omega)=\mathrm{e}^{-\mathrm{j}nT_{\mathrm{s}}\omega} \tag{6-14}$$

那么

$$s_2(t)=\sum_n\frac{a_n}{2\pi}\int_{-\infty}^{\infty}\mathrm{e}^{-\mathrm{j}nT_{\mathrm{s}}\omega}\mathrm{e}^{-\mathrm{j}\omega t_{\mathrm{d}}}\mathrm{e}^{-\mathrm{j}\omega t}\mathrm{d}\omega=\sum_n a_nh(t-nT_{\mathrm{s}}) \tag{6-15}$$

这里，$h(t)$是$H(\omega)$的傅里叶反变换，即式（6-15）所示。

为恢复基带数字信息序列$\{a_n\}$，抽样判决器对$s_2(t)$进行抽样判决。例如，如果要对第k个码元进行抽样判决，应在$t=kT_{\mathrm{s}}+t_{\mathrm{d}}$时刻对$s_2(t)$进行抽样，由式（6-15）可得：

$$s_2(kT_{\mathrm{s}}+t_{\mathrm{d}})=a_kh(t_{\mathrm{d}})+\sum_{n\neq k}a_n[h(k-n)T_{\mathrm{s}}+t_{\mathrm{d}}] \tag{6-16}$$

式中，第一项$a_kh(t_{\mathrm{d}})$是第k个码元本身产生的抽样值，它是确定a_k为“1”或“0”的依据；第二项是除第k个码元以外的其他码元波形在第k个抽样时刻产生的不需要的串扰值

之和，它对当前码元 a_k 的判决具有干扰作用，所以称为码间串扰值。只有当码间串扰值足够小时，才能保证抽样判决的正确，否则可能误判，造成误码。

如想消除码间串扰，应使

$$\sum_{n\neq k} a_n[h(k-n)T_s+t_d]=0$$

根据式（6-15）和式（6-16）不难看出，每个输入脉冲在 $t_d\pm k\pi/\omega_H(k\neq 0)$ 时刻有周期性零点，因此，若把输入脉冲序列的周期（间隔）T_s 取为 π/ω_H，则可得发送端和接收端的波形如图6-19所示。

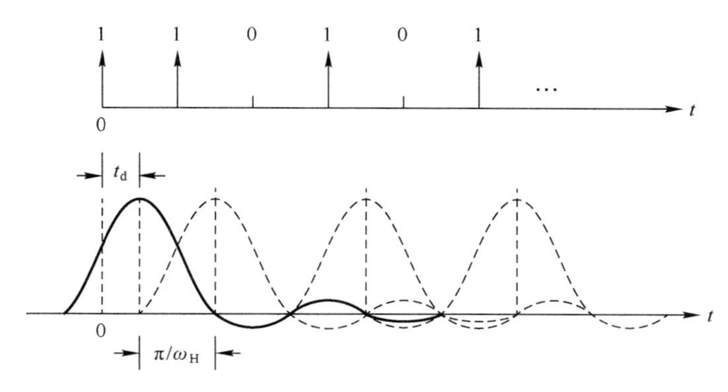

图6-19　发送脉冲序列及接收时间波形

从图6-19可以看出：当 $t=0$ 时刻发送 $\delta(t)$ 脉冲时，则在接收端 $t=t_d$ 处出现峰值。在 $t=\pi/\omega_H$ 时刻发送第二个脉冲时，接收端在 $t=t_d+\pi/\omega_H$ 处出现峰值，比第一个脉冲对应的输出波形峰值滞后 π/ω_H，依此类推。从图中可看出，峰值出现的时刻，前后码元输出的波形正好为零值，即对本码元的峰值没有影响，也即所有码间串扰值在本码元峰值出现的时刻为0。

从以上分析可知，在 $t_d+(n\pi)/\omega_H$ 时刻对输出信号进行抽样，就可以准确辨认传送过来的信息，而偏离这些点的抽样值都将受到前后码元波形的干扰，难以保证正确的判决。

奈奎斯特（Nyquist）准则：若传输信道具有低通矩形振幅频率特性和线性相位特性，并且截止角频率为 ω_H（频率为 f_H），则以时间间隔 π/ω_H 发送脉冲序列时，信道输出波形的最大振幅处不会产生前后码元相互串扰（又称码间串扰）。π/ω_H 或 $1/(2f_H)$ 称为奈奎斯特间隔；ω_H/π 或 $2f_H$ 称为奈奎斯特速率，这是不引起码间串扰的最高速率。也就是说，当发送脉冲的间隔小于 π/ω_H 时，将发生码间串扰。这也是求解数字信道容量的理论依据。

如果增加码元间隔，当 T_s 保持为 π/ω_H 的2、3、4等整数倍时，可以看出，在 $t_d+(n\pi)/\omega_H$ 点上也不会产生码间串扰，但是这意味着频带利用率 η_f 要降低。η_f 计算式（6-17）中的“码元传输速率”有时也用单位为bit/s的信息传输速率代替。频带利用率的含义是单位频带内所能达到的数据率（用波特或比特/秒计）。对于二进制数字基带传输系统来说，用波特或比特/秒计算数据率的值相同。

$$频带利用率\ \eta_f=\frac{码元传输速率}{信道带宽} \tag{6-17}$$

上式 η_f 的单位为 Baud/Hz。例如，对于信道带宽为 f_H 的低通滤波特性传输系统，按没有码间串扰的奈奎斯特速率 $2f_H$ 发送数字脉冲序列，则频带利用率为

$$\eta_f=\frac{2f_H}{f_H}=2(\text{Baud/Hz})$$

又例如，在一个带宽为 4 kHz 的低通信道上传送数据。根据奈奎斯特准则，发送端每秒最多只能发送 8 k 个脉冲。如果为二进制脉冲，每个脉冲有一比特信息的话，则该数据传输系统在不发生串扰的前提下，能传送的信息速率最大为 8 kbit/s。

奈奎斯特准则的实质是：“只要保证码元波形的抽样值无失真，就能实现数字基带信号的无失真传输。”因为在数字信号基带传输过程中，信号经传输后虽然整个波形可能发生了变化，但由于在传输过程中码元是按一定间隔发送的，并且信息是寄载在波形幅度上的，所以只要在接收端抽样判决时刻的样值保持不变，而不必要求整个波形没有失真，那么就仍然可以准确无误地恢复原始信号。而研究无失真传输问题就归结为基带传输系统的冲激响应具有何种形式，或者基带传输系统传输特性应满足什么条件，才能实现无码间串扰的数字信息传输。

以上讨论是针对具有理想低通特性的数字基带系统进行的，然而，理想低通滤波特性虽然能使系统的性能达到最佳（频带利用率可达到最大），但令人遗憾的是，实际应用中存在两个很难克服的问题：一是物理上极难实现；二是即使我们获得了相当逼近的理想低通特性，由于这种理想特性的冲激响应 $h(t)$ 的“尾巴”（衰减型的振荡起伏）很大，若不能保持较严格的定时，当抽样时刻略有偏差时，码间串扰也会较大。因此，考虑到实际情况，这种理想传输特性一般是不可取的，通常把它作为一种理想状态的标准，或者作为与别的系统进行比较时的基础。因而，矩形低通频谱特性的系统在理论分析上具有重大意义，但实用价值不大。实用的低通特性信道一般采用下面所介绍的升余弦频谱特性。

6.5.2　升余弦频谱传输特性

数字基带传输系统的冲激响应函数 $h(t)$ 与输出波形有直接联系，$h(t)$ 是系统传递函数的傅里叶反变换。可以证明，$H(\omega)$ 的前后沿变化越陡峭，则 $h(t)$ 的“尾巴”越大，而振荡（如果有的话）也越激烈。由此可见，如果把理想的低通频率特性圆滑化，将有助于减弱“尾巴”的强度。这种方法就是在截止角频率的下边切去一块和在上边加上对称的一块，如图 6-20 所示。图 6-20a 是截止角频率为 ω_H 的理想低通特性 $H_1(\omega)$；图 6-20b 是所引入的滚降特性 $H_2(\omega)$，它对 ω_H 和 $-\omega_H$ 具有奇对称的振幅特性，其上下截止角频率分别为 $\omega_H+\omega_a$ 和 $\omega_H-\omega_a$（对于负频率，图中示出相应值）；图 6-20c 为所求的实际的低通特性 $H(\omega)$，表示为

$$H(\omega)=H_1(\omega)+H_2(\omega) \tag{6-18}$$

为了进行定性的理论分析，要用一个函数代表滚降曲线。例如，可用升余弦函数表示滚降特性，表达式如下：

$$f(t)=\begin{cases}\dfrac{1}{2}\left(1+\cos\dfrac{\pi t}{\tau}\right) & -\tau\leqslant t\leqslant\tau\\ 0 & \text{其他}\end{cases} \tag{6-19}$$

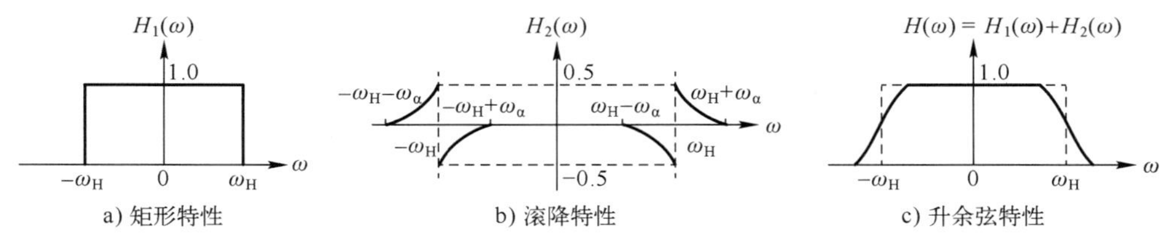

图 6-20　升余弦频谱特性

图 6-21 为相应的曲线。如果用升余弦函数表示 $H(\omega)$ 从 $\omega_H-\omega_a$ 到 $\omega_H+\omega_a$ 段的曲线（负频类似），则

$$H(\omega)=\begin{cases}1 & |\omega|<\omega_H-\omega_a\\ \dfrac{1}{2}\left[1+\cos\dfrac{\pi}{2\omega_a}(|\omega|-\omega_H+\omega_a)\right] & \omega_H-\omega_a<|\omega|<\omega_H+\omega_a\\ 0 & |\omega|<\omega_H-\omega_a\end{cases}\tag{6-20}$$

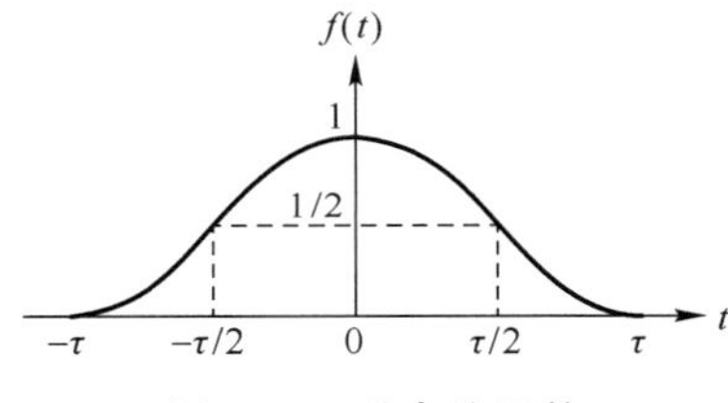

图 6-21　升余弦函数

仍用单位脉冲冲激函数作为此系统 $H(\omega)$ 的输入信号，来看具有升余弦特性的数字基带系统的输出波形，为此只需求得 $H(\omega)$ 即可。由于 $h(t)$ 是偶对称的，其傅里叶反变换为

$$\begin{aligned}h(t)&=\frac{1}{2\pi}\int_{-\infty}^{\infty}H(\omega)\mathrm{e}^{\mathrm{j}\omega t}\mathrm{d}\omega=\frac{1}{\pi}\int_{0}^{\infty}H(\omega)\cos\omega t\mathrm{d}\omega\\&=\frac{1}{\pi}\int_{0}^{\omega_H-\omega_a}\cos\omega t\mathrm{d}\omega+\frac{1}{2\pi}\int_{\omega_H-\omega_a}^{\omega_H+\omega_a}\left[1+\cos\frac{\pi}{2\omega_a}(\omega-\omega_H+\omega_a)\right]\cos\omega t\mathrm{d}\omega\\&=\left(\frac{1}{\pi}\int_{0}^{\omega_H-\omega_a}\cos\omega t\mathrm{d}\omega+\frac{1}{2\pi}\int_{\omega_H-\omega_a}^{\omega_H+\omega_a}\cos\omega t\mathrm{d}\omega\right)+\frac{1}{2\pi}\int_{\omega_H-\omega_a}^{\omega_H+\omega_a}\cos\frac{\pi}{2\omega_a}(\omega-\omega_H+\omega_a)\cos\omega t\mathrm{d}\omega\end{aligned}$$

上式中第一项等于：

$$\frac{1}{\pi t}\sin\omega_H t\cos\omega_a t$$

用积化和差展开第二项，化简后得

$$\frac{4t\omega_a^2}{\pi^3[1-(2\omega_a t/\pi)^2]}\sin\omega_H t\cos\omega_a t$$

因此

$$h(t)=\frac{\sin\omega_H t\cos\omega_a t}{\pi t[1-(2\omega_a t/\pi)^2]}=\frac{\omega_H}{\pi}\cdot\frac{\sin\omega_H t}{\omega_H t}\cdot\frac{\cos\omega_a t}{1-(2\omega_a t/\pi)^2}\tag{6-21}$$

将式（6-21）与式（6-11）比较，前者增加了后一项因子，这就改善了波动“尾巴”的收敛性。

当给定 $\omega_a/\omega_H=0$，0.5 和 1.0 时，相应的滚降特性和冲激函数通过这种基带系统后输出信号的波形如图 6-22 所示。

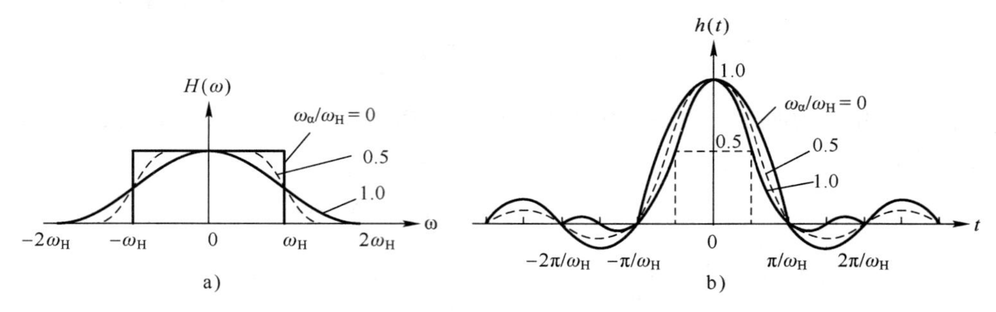

图 6-22　不同滚降特性及其对应的输出波形

从图 6-22 可以看出：升余弦型频谱的响应波形类似于矩形频谱的时间波形，基本上是 $\sin x/x$ 的形状，其主要特点是：

1）在 $t=0$ 时，幅度为 ω_H/π，第一个零点也在 π/ω_H处。但是，升余弦频谱的响应波形（$\omega_a/\omega_H=1$）又与矩形频谱的响应波形有明显的区别。升余弦频谱波形的尾巴振荡显著减轻。在第一个零点 π/ω_H与第二个零点 $2\pi/\omega_H$中间又出现一个零点 $1.5\pi/\omega_H$。这就表明信道及其包含的滤波器具有升余弦形的低通频谱特性时，可以像信道的特性是矩形频谱那样，每隔 π/ω_H的时间发送一个脉冲，这样在接收端就不会产生码间串扰。并且，由于响应波形在第一个零点以后的尾巴振荡显著减轻，发送脉冲的间隔时间和接收脉冲的抽样时间即使存在一些误差，所带来的码间串扰也不会严重。在这方面，升余弦频谱比矩形频谱优越。

2）ω_a/ω_H值不同，$h(t)$主峰的宽窄不同。ω_a/ω_H越小，衰减越慢。因此，增大 ω_a/ω_H值可加速次峰的衰减，从而减小码间串扰。

3）虽然增加 ω_a/ω_H时 $h(t)$尾部衰减很快，有利于减小码间串扰和位定时误差的影响，但会增加信号带宽，从而降低信道利用率。例如，当 $\alpha=1$ 时，其频谱宽度是 $\alpha=0$ 时的 2 倍，因而频带利用率为 1 Baud/Hz，是最高利用率的一半。若 $0<\alpha<1$，则带宽为

$$B=\frac{1+\alpha}{2T_s}$$

频带利用率为

$$B=\frac{2}{1+\alpha}\ (\text{Baud/Hz})$$

以上都是假设在单位冲激脉冲加到信道输入端的情况下推导出来的一系列结论。如果信道输入端加的不是理想的单位冲激脉冲，而是有一定宽度的矩形脉冲，那么，传输系统的频谱特性就不再是平的了，需要加以改进。为了得到与单位冲激脉冲输入时相同的输出波形，保持原有的优点，就应该适当补偿其频谱特性中的两条虚线，如图 6-23 所示。它

们比原来两条实线有所抬高，这在设计实际的滤波器时应予考虑。

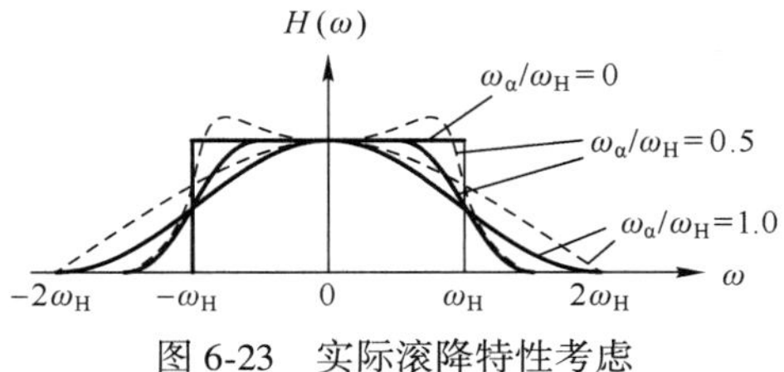

图 6-23　实际滚降特性考虑

顺便指出，以上分析没有涉及 $H(\omega)$ 的相移特性。由于实际传输系统的相移特性在接近通频带边缘时一般不再与频率保持线性关系，因此实际应用中应给予足够的考虑。

6.6　眼图

从理论上讲，只要基带传输系统的信道特性满足奈奎斯特第一准则，就可实现无码间串扰传输。但在实际中，由于滤波器等部件调试不理想或信道特性变化等因素可能使信道特性改变，或者由于定时误差，使得接收端抽样判决时刻偏离每隔 π/ω_H（或 $1/(2f_H)$）的抽样点，从而产生误码，使系统性能恶化。尤其在码间串扰和噪声同时存在的情况下，系统性能的定量分析更难进行，因此在实际应用中需要用简便的实验方法来定性测量系统的性能，其中一个有效的实验方法是观察接收信号的眼图。

通常，可用示波器观察接收信号的眼图，即把示波器跨接在接收均衡器之后、抽样判决电路之前。这时，让信号脉冲加至示波器的垂直输入轴，并调整水平扫描周期与信号码元的周期同步，可以使示波器上显示的是一个码元周期内的波形。图 6-24a 所示为不存在加性噪声和码间串扰时接收信号波形和相应的示波器波形。由于在传输二进制信号时，这种图形很像眼睛，因此称为眼图。也就是说，眼图是一种利用示波器来显示信号脉冲波形的方法。由图可见，在这种情况下，眼图很清晰。如果存在码间串扰，波形将失真，那么眼图就不再那样清晰了。图 6-24b 所示为有码间串扰时基带信号的波形及对应的眼图。

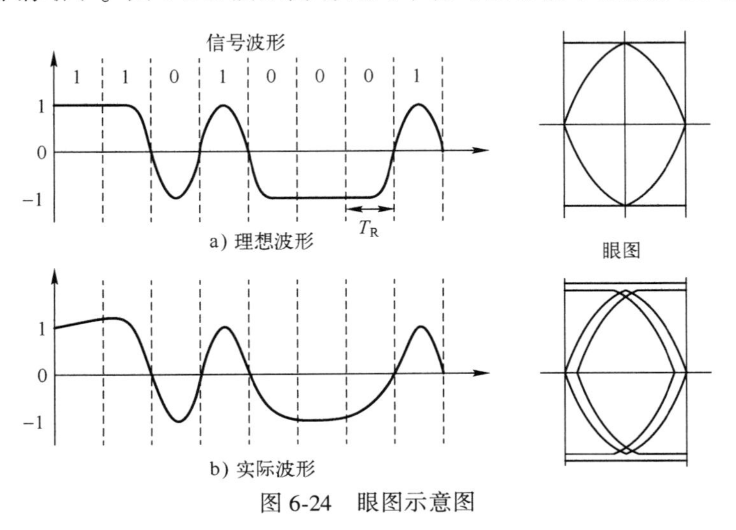

图 6-24　眼图示意图

信道中存在加性噪声时，信号波形会在一定范围内波动，因而眼图上的线条具有一定宽度，它大致反映了噪声的强弱，但在眼图上不可能观察到随机噪声的全部形态。例如，出现机会少的大幅度噪声，它在示波器上一晃而过，人眼难以查看。为了说明眼图与传输系统性能之间的关系，常把眼图简化为图 6-25 所示的模型。

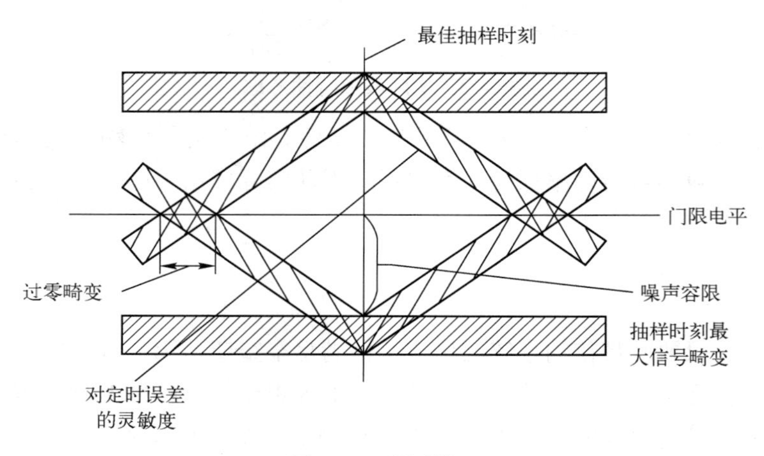

图 6-25　眼图模型

在菱形的眼图模型中间有两条相互垂直的直线，分别对应最佳判决电平和最佳抽样时刻，它们分别处于水平方向和垂直方向上眼图张得最开的位置。

1）最佳抽样时刻应是“眼睛”张开最大的时刻。可以用眼图的张开程度来衡量和比较基带信号的质量，并以此为依据来调整传输特性，使传输系统尽可能达到和接近最佳工作状态。

2）眼图斜边的斜率决定了系统对抽样定时误差的灵敏程度。斜率越大，对定时误差的反应就越灵敏。

3）图的阴影区的垂直高度表示加性噪声对信号的影响（畸变范围），但瞬时大电平噪声无法在眼图中得到完整的反映。

4）图中央的横轴位置对应于判决门限电平。

5）抽样时刻上、下两阴影区的间隔距离的一半处为噪声容限，噪声瞬时值超过此容限，就可能发生误判。

6）图中倾斜阴影带与横轴相交的区间表示接收波形零点位置的变化范围，即过零点畸变，它对于利用信号零交点的平均位置来提取定时信息的接收系统有很大影响。

顺便指出，接收二进制波形时，在一个码元周期 T_s 内只能看到一只眼睛，若接收的是 M 进制波形，则在一个码元周期内可以看到纵向显示的 $M-1$ 只眼睛。另外，若扫描周期为 nT_s，可看到并排的 n 只眼睛。

6.7　均衡

前面介绍了如何用示波器观察码间串扰，现在讨论如何用均衡技术来消除码间串扰。

对于实际的信道，其幅频特性和相频特性或多或少地会偏离无失真条件（在第 2 章介绍过）。此外，实际信道的特性 $H(\omega)$ 往往随时间变化，很难预先确知。为了抑制码间串扰，减少信号失真，保证通信质量，在实际的数字传输系统中，还需要对整个系统的传递函数进行校正，使其接近无失真传输条件。这个对系统函数进行校正的过程就称为均衡。不仅数字基带系统需要均衡，从某种意义上讲数字频带系统更需要均衡。能对信道特性进行补偿或均衡的设备称为均衡器。在数字基带传输系统中，均衡器通常接在接收部分的抽样判决器之前，接收滤波器之后（见图 6-26）。

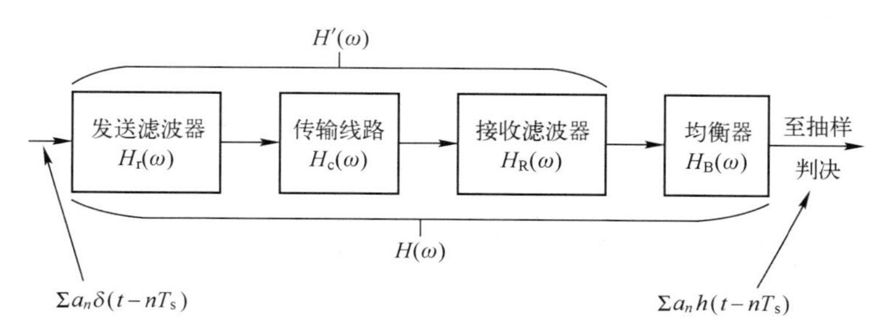

图 6-26 简化的基带传输信道

从广义上讲，均衡是指任何消除或减少码间串扰的信号处理和滤波技术。均衡技术可分为两大类：频域均衡和时域均衡。

6.7.1 频域均衡

所谓频域均衡，就是从系统的频率特性着眼，利用均衡器的特性来补偿信道的幅频特性和相频特性，在必须考虑的频带范围内，使系统总的传递函数 $H(\omega)$ 满足无失真传输的条件。由此可见，频域均衡的原理可以通过以下方程来描述：

$$\begin{cases} |H'(\omega)|\cdot|H_B(\omega)|=k \\ \varphi'(\omega)+\varphi_B(\omega)=-\omega t_d \end{cases} \quad \omega_1<\omega<\omega_2 \tag{6-22}$$

式中，$|H'(\omega)|$、$\varphi'(\omega)$ 及 $|H_B(\omega)|$、$\varphi_B(\omega)$ 分别为原信道和均衡器的幅频和相频特性；k 和 t_d 为任意常数；ω_1 和 ω_2 为必须考虑的上、下角频率界限。

实际上，通常不需要严格满足式（6-22）的条件，而只需满足上一节得出的无码间串扰的条件及由此得到的频域关系。另外，虽然从原理上讲频域均衡很直观，原理简单，但实际系统的实现较难，而且频域均衡是相对固定、非时变的，不适应传输路径的改变和信道特性的变化。因此，只在低速（一般指 2400 bit/s 以下）信道中采用。目前，在通信系统中广泛采用的是下面将介绍的时域均衡技术。

6.7.2 时域均衡

所谓时域均衡，就是直接从信号的波形出发，利用均衡器产生的响应来校正畸变的波形，使最终波形在抽样时刻能最有效地消除码间串扰。由此可见，时域均衡法着眼于抽样点上信号的波形补偿，而不考虑其他时刻信号波形的畸变，从而有助于简化均衡器并且可以达到较为满意的效果。

时域均衡技术的原理可通过图 6-27 得到解释。图 6-27a 和图 6-27b 波形的实线是假设接收到的单个数据脉冲信号波形，虚线是接收机内由均衡器提供的补偿波形。其中图 6-27a 的补偿波形在信号波形的第一个零点以外区域内的取值正好与信号的极性相反，因此校正后的波形就不再有“尾巴”了，如图 6-27c 所示。图 6-27b 中补偿的波形只在抽样点上（t_d点除外）与信号波形大小相等但极性相反，经过补偿的波形仍存在“尾巴”，但校正后的波形除 t_d外的其他抽样点上的值都为零，因而也可以消除码间串扰，如图 6-27d 所示。

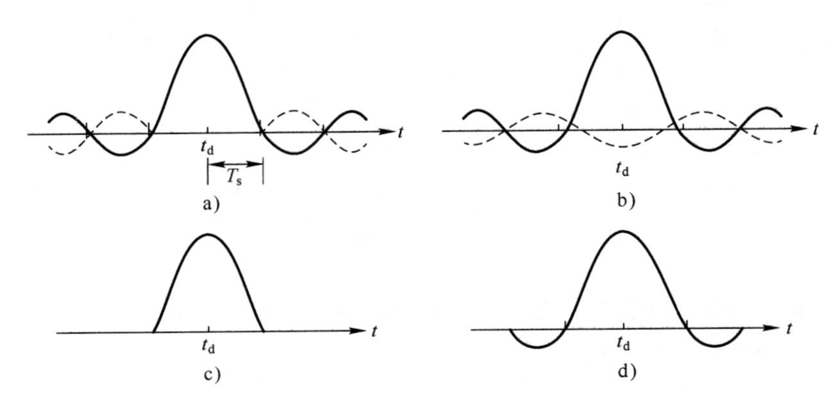

图 6-27　时域均衡原理图

对于加有均衡器的基带传输信道，总的传递函数（见图 6-26）为

$$H(\omega)=H_T(\omega)H_C(\omega)H_R(\omega)H_B(\omega) \tag{6-23}$$

当输入是可用 $\sum a_n\delta(t-nT_s)$ 表示的冲激序列时，输出响应可以写成 $\sum a_n h(t-nT_s)$，T_s 为码元周期，而

$$h(t)=\frac{1}{2\pi}\int_{-\infty}^{\infty} H(\omega)e^{j\omega t}d\omega$$

为系统的冲激响应。那么对应于单个信号 $a_0\delta(t)$，输出信号为 $a_0h(t)$。

根据上述时域均衡原理，要求系统的输出在抽样时刻 kT_s+t_d能满足以下条件：

$$h(kT_s+t_d)=\begin{cases}1 & k=0(\text{归一化的值})\\0 & \text{其他整数}\end{cases} \tag{6-24}$$

或者说，如果由单个信号脉冲激起的接收滤波器的输出为 $x(t)$，均衡器的冲激响应为 $h_B(t)$，则均衡器输出为

$$y(t)=x(t)*h_B(t) \tag{6-25}$$

在抽样时刻 kT_s+t_d，则要求均衡器具有下式关系：

$$y(kT_s+t_d)=x(kT_s+t_d)*h_B(kT_s+t_d)$$

$$=\begin{cases}1 & k=0\\0 & \text{其他整数}\end{cases} \tag{6-26}$$

利用能调整抽头增益的横向滤波器可实现上式关系。横向滤波器通常由 $2N$ 个移位寄存器 T 组成，有 $2N+1$ 个抽头。每个移位寄存器提供 T_s 的时延量。每个移位寄存器的输入经过加权电路 C_i 之后，在相加器内进行代数相加，得到总的输出信号，如图 6-28 所示。

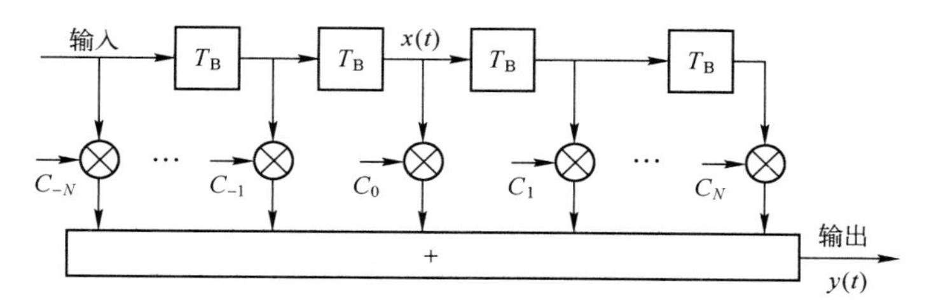

图 6-28　横向滤波器构成示意图

根据图 6-28，以 C_0 处为参考中心，可求得横向滤波器的冲激响应为

$$e(t)=\sum_{i=-N}^{N}C_i\delta(t-iT_s) \tag{6-27}$$

故得输出

$$y(t)=x(t)*e(t)=\sum_{i=-N}^{N}C_ix(t-iT_s) \tag{6-28}$$

于是，在抽样时刻 kT_s+t_d，有

$$y(kT_s+t_d)=\sum_{i=-N}^{N}C_ix(kT_s+t_d-iT_s)=\sum_{i=-N}^{N}C_ix[(k-i)T_s+t_d]$$

记

$$y_k=y(kT_s+t_d),\quad x_{k-i}=x[(k-i)T_s+t_d]$$

则上式简写成

$$y_k=\sum_{i=-N}^{N}C_ix_{k-i} \tag{6-29}$$

上式说明，横向滤波器在第 k 个抽样时刻上得到的样值 y_k 是由 $2N+1$ 个 C_i 与 x_{k-i} 的乘积来确定的。当输入波形 $x(t)$ 给定后，各种可能的 x_{k-i} 就确定了，y_k 则完全取决于各个加权系数 C_i。

由式（6-29），y_k 必须满足以下条件：

$$y_k=\sum_{i=-N}^{N}C_ix_{k-i}=\begin{cases}1 & k=0\\0 & \text{其他整数}\end{cases} \tag{6-30}$$

解以上 $2N+1$ 元方程组，得到 C_i 值。

用根据式（6-30）解出的结果来设计横向滤波器的各个加权系数 C_i 值时，可以保证在抽样点上的输出信号值 $y_0=1$。而在 t_d 前后 $2N$ 个抽样点上的取值为零，由此可见，在 t_d 前后各 N 个抽样点上不再存在码间串扰，但是在 $\pm N$ 个抽样点以外的抽样点上是否存在码间串扰是不能确定的。从理论上来说，当 $N\to\infty$ 时，就可保证除 t_d 以外的抽样点上都不存在码间串扰。这就意味着，采用无穷多个移位寄存器组成横向滤波器来作为均衡器，就可以完全消除码间串扰。

然而，由于受到电路复杂性和输出信号时延的限制，实际的横向滤波器中不可能设置太多的移位寄存器，因而就不能完全消除码间串扰。N 的具体取值应根据输入信号的畸变程度、所要求的补偿质量，以及允许引入的电路复杂程度和输出信号的时延等诸多因素综合平衡和选择。

【例题 6-1】 设计一个三抽头的横向滤波器以减少码间串扰，已知 $x(t)$ 的波形如图 6-29a 所示。对于 $x(t)$，$x_{-3}=0$，$x_{-2}=0$，$x_{-1}=0.1$，$x_0=1$，$x_1=-0.2$，$x_2=0.1$，$x_3=0$。

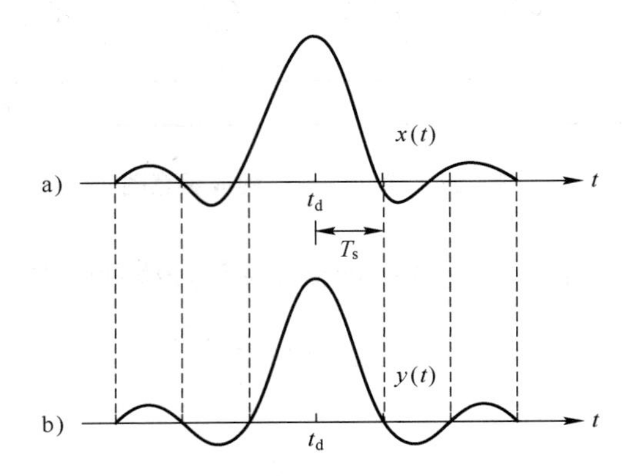

图 6-29 三抽头横向滤波器输入/输出波形示例

由于只要求设计三抽头横向滤波器，故 $N=1$，即只要有两个移位寄存器就可以了。把 x_k 值代入式（6-30），得线性方程组：

$$\begin{cases} y_0=C_{-1}x_1+C_0x_0+C_1x_{-1}=1 \\ y_{-1}=C_{-1}x_0+C_0x_{-1}+C_1x_{-2}=0 \\ y_1=C_{-1}x_2+C_0x_1+C_1x_0=0 \end{cases} \qquad \begin{cases} -0.2C_{-1}+C_0+0.1C_1=1 \\ C_{-1}+0.1C_0=0 \\ 0.1C_{-1}-0.2C_0+C_1=0 \end{cases}$$

解得：

$$\begin{cases} C_{-1}=-0.09606 \\ C_0=0.9606 \\ C_1=0.2017 \end{cases}$$

从而可计算得：

$$\begin{cases} y_{-3}=0 \\ y_{-2}=-0.0096 \\ y_{-1}=0 \\ y_0=1 \end{cases}, \quad \begin{cases} y_3=0.02016 \\ y_2=0.0557 \\ y_1=0 \end{cases}$$

均衡后的波形 $y(t)$ 如图 6-29b 所示。可以看到，三抽头均衡器消除在 t_d 两边 $t_d\pm T_S$ 处的码间串扰，但在远离 t_d处出现小的码间串扰，而未均衡前在那些时刻不一定存在码间串扰。

时域均衡的调整方法大体可分成预置式均衡和自适应均衡两种。预置式均衡是在传输实际数据之前，先传输预先规定的测试脉冲序列，一般是速率较低的周期性单个脉冲，然后按“迫零调整”原理，即在 t_d点以外的抽样点上的抽样值尽量小，来调整横向滤波器的加权系数 C_i。自适应均衡不需要发送专门的测试脉冲，它是在数据传送过程中连续地测量实际得到的输出信号抽样值与理想条件下的抽样值之间的误差，并通过使这种误差的均方值为最小的准则来自动调整各加权系数。由于这种调整是在通信过程中不间断地进行的，因此可以适应具有时变特性的信道。

本章小结

数字信号的传输可分为基带传输和频带传输，数字基带传输就是在信道中直接传输基带信号，信号在传输过程中频率不变。常用的数字基带信号编码包括归零和不归零码、单极性和双极性码、曼彻斯特编码以及 HDB_3 编码等，可根据各种不同要求合理选用，也可以根据具体情况来设计更合适的信号编码形式。由于随机信号不能用确定的函数式来表达，因此只能用统计方法计算其功率谱密度，这是研究信号在信道上的传输的理论基础。影响数字基带信号传输质量的一个重要因素是码间串扰，奈奎斯特第一准则给出了抽样无失真条件，理想低通和升余弦系统都能满足奈奎斯特第一准则，但理想低通系统很难构造，而升余弦系统的频带利用率低于 2 Bd/Hz 的极限频带利用率。

由于实际信道特性很难预先确定，因此码间串扰在所难免。为了实现最佳传输，可以用示波器观察输出端传输信号的质量，即眼图，并通过增设均衡器来纠正难以避免的失真。均衡器可分为频域均衡器和时域均衡器，目前采用较多的是时域均衡器，它着眼于抽样点上信号的波形补偿，能简化均衡器并且可以达到较为满意的效果，适用于传输速率较高的系统。

思考与练习

1. 什么是基带信号和频带信号？常用的数字基带信号有哪些？各有什么特点？

2. 请画出数字基带传输系统的基本结构，并简述各部分功能。

3. 画出 11100101 的各种信号波形，包括单极性不归零和归零码信号、双极性不归零和归零码信号、差分信号、CMI 和曼彻斯特编码信号。

4. AMI 码和 HDB_3 码的编码规则是什么？它们各有什么优缺点？

5. 已知信息代码为 100000000011，画出相应的单极性归零码、AMI 码和 HDB_3码。

6. 已知信息代码为 1000000001110010000010，试给出曼彻斯特编码和差分曼彻斯特编码的波形图。

7. 什么叫作码间串扰？产生码间串扰的原因是什么？有什么不好的影响？应该怎样

消除和减少？

8. 能满足无码间串扰条件传输特性的冲激响应 $h(t)$ 是怎样的？为什么说能满足无码间串扰条件的 $h(t)$ 不是唯一的？

9. 基带传输系统中传输特性的带宽是怎样定义的？与信号带宽的定义有什么不同？

10. 什么叫作奈奎斯特速率和奈奎斯特带宽？此时的频带利用率多大？

11. 在码元速率相同的条件下，为什么多元码信号与二进制信号具有相同的带宽？此时信息速率是否相同？

12. 对于某 PCM 系统（采用二进制传输），已知信息传输速率为 2048 kbit/s，若满足奈奎斯特准则，系统的带宽是多少？

13. 对理想低通信道，以 $2/T_S$ 波特的速率进行传输。当 $\omega_H=\pi/T_S$ 时，在抽样点处是否存在码间串扰？而当 $\omega_H=4\pi/T_S$ 时，是否存在码间串扰，为什么？

14. 什么是眼图？它有什么用处？

15. 一基带传输系统具有升余弦传输特性，试求：

（1）系统的最高码元速率。

（2）单位频带的码元传输速率。

16. 在基带传输系统中，为什么要引用滚降函数来修正矩形理想低通滤波器特性？对滚降函数有什么要求？

17. 数字通信系统为什么要进行均衡？何谓频域均衡和时域均衡？

18. 在数字通信系统中，对均衡波形为什么要采用时域分析方法？均衡波形为什么不需要与发送的脉冲波形完全相同？

19. 已知一基带传输系统的传输特性为

$$H(\omega)=\begin{cases}0 & \text{其他}\\ \tau_0(1+\cos\omega\tau_0) & |\omega|\leqslant\dfrac{\pi}{\tau_0}\end{cases}$$

试确定该系统最高的传输速率 R_B 及相应码元间隔 T。

20. 若上题中：

$$H(\omega)=\begin{cases}0 & \text{其他}\\ \dfrac{T_s}{2}\left(1+\cos\dfrac{\omega T_s}{2}\right) & |\omega|\leqslant\dfrac{2\pi}{T_s}\end{cases}$$

试证其单位脉冲响应为

$$h(t)=\frac{\sin\dfrac{\pi t}{T_s}}{\dfrac{\pi t}{T_s}}\,\frac{\cos\dfrac{\pi t}{T_s}}{1-\dfrac{4t^2}{T_s^{\,2}}}$$

21. 已知信息速率为 64 kbit/s，若采用 $\alpha=0.4$ 的升余弦滚降频谱信号，求其时域表达式。

22. 已知输入波形 $x(t)$ 在各抽样点的值依次为 $x_{-2}=1/8$，$x_{-1}=0$，$x_0=1$，$x_1=1/4$，$x_2=1/16$，在其他抽样点均为零。试设计一个三抽头的时域均衡器以减少码间串扰。

23. 设有一个三抽头的迫零均衡器，输入信号 $x(t)$ 在各个抽样点的值分别为 $x_{-1}=0.2$，$x_0=1.0$，$x_1=-0.3$，$x_2=0.1$，其他 x_k 值均为零，求 3 个抽头的最佳增益。

第7章　数字频带传输

7.1　引言

与基带传输的定义相对应，信号经调制后再传输的方式叫作频带传输。调制的目的和作用在第1章中已经介绍。本章将继续学习和研究正弦载波数字调制技术的有关概念和原理。在第6章数字基带传输系统中，为了使数字基带信号能够在信道中传输，要求信道应具有低通形式的传输特性。然而，在实际信道中，大多数信道具有带通传输特性，例如，各个频段的无线信道以及光纤信道等，数字基带信号不能直接在这种带通传输特性的信道中传输。为此，需要采用数字调制解调技术把具有低通频率范围的基带信号进行频谱搬移，使信号与信道的频谱范围相匹配。通常，将由基带数字信号控制高频载波信号，从而将基带数字信号变换为频带数字信号的过程称为数字调制；而将频带数字信号还原成基带数字信号的反变换过程称为数字解调。为叙述问题的方便，常将数字调制及解调统称为数字调制。

载波信号是一个确知的周期性波形，通常是一种用来搭载原始信号或信息的高频信号，它本身不含有任何有用信息。实际中，一般选正弦波作为高频载波信号或被调信号。数字基带信号是代表所传信息的原始信号，被称为调制信号，是调制载波信号的信号。调制就是用载波参量的变化来反映调制信号变化的过程。用载波幅度的变化来反映调制信号变化的调制叫作振幅调制，用载波的频率、相位反映调制信号变化的调制分别叫作频率调制和相位调制。调制后的信号被称为已调信号，它携带了基带信息。实现这些调制过程的设备叫作调制器。从已调信号中恢复数字基带信号的设备叫作解调器。一般将调制器和解调器做成一个设备，可用于双向传输，称为调制解调器（moderm）。

为提高线路利用率，在一条物理线路上通常需要同时传输多路信号，各路数据原始基带信号的频谱往往是相互重叠的，不能在同一线路上同时传送。经过调制后，各路信号可以搬移到频带互不重叠的频段去传输，从而避免多路传输中的相互干扰。另外，通过不同的调制方式还可以抑制噪声和干扰。例如信道噪声通常是加性噪声，对数字频带信号的幅度有较大影响，如果采用调频或调相的方式将数字基带信号幅度的变化转换为数字频带信号频率或相位的变化，则可以大大降低信道噪声和干扰的影响。

根据已调信号频谱结构的特点，数字调制可以分为线性调制和非线性调制。在线性调制中，已调信号等于调制信号与载波信号之积，其频谱结构与基带信号的频谱结构相同，只不过频率位置搬移了；在非线性调制中，已调信号的频谱结构与基带信号的频谱结构不同，不是简单的频谱搬移，而是有其他新的频率成分出现。例如，振幅键控和相移键控属于线性调制，而频移键控属于非线性调制。

数字调制的一个最常用的实现方法是利用数字信号是离散值的特点去键控载波，从而实现数字调制，被称为键控法。由于可以分别对载波的幅度、频率及相位进行键控，因此可得到振幅键控（Amplitude Shift Keying，ASK）、频移键控（Frequency Shift Keying，FSK）和相移键控（Phase Shift Keying，PSK）三种调制方式。采用键控方法实现数字调制通常都由数字电路来完成，它具有变换速度快、调制测试方便、体积小、设备可靠等优点，在数字通信系统中获得了广泛的应用。本章重点论述了二进制数字调制技术的原理、实现方法、信号的频谱结构及带宽等，也介绍了两种由基本调制方式发展而来并广泛应用于现代通信系统中的新的调制方式。

7.2　二进制振幅键控

用振幅调制方式来传输二进制数字基带信号时，常常以矩形的基带脉冲去控制正弦载波的振幅，因此又称为二进制振幅键控（2ASK）。

7.2.1　数学表示和波形

为简化讨论，设二进制数字信号为单极性不归零脉冲序列，以 $s(t)$ 表示，高频载波信号为 $A\cos(\omega_c t)$，初相位 $\theta_c=0$，则有：

$$s(t)=\sum a_n g(t-nT_s) \tag{7-1}$$

其中

$$a_n=\begin{cases}0 & 发送概率为 p\\ 1 & 发送概率为 (1-p)\end{cases}\quad,\qquad g(t)=\begin{cases}1 & 0\leqslant t\leqslant T_s\\ 0 & 其他\end{cases}$$

式中，T_s 为二进制基带信号的时间间隔，$g(t)$ 为持续时间为 T_s 的矩形脉冲。由于二进制振幅键控就是用待传输的二进制序列 $s(t)$ 去控制高频载波信号的幅度，使载波信号的幅度随着二进制序列的变化而变化，因此二进制振幅键控信号可表示为

$$e_{2ASK}=s(t)\times A\cos(\omega_c t)=As(t)\cos(\omega_c t)=A\left[\sum_n a_n g(t-nT_s)\right]\cos(\omega_c t)$$

或

$$\begin{cases}e_{2ASK1}(t)=A\cos(\omega_c t) & 发“1”码\\ e_{2ASK0}(t)=0 & 发“0”码\end{cases}\quad 0\leqslant t\leqslant T_s$$

图 7-1 所示为 2ASK 信号的波形。

从图 7-1 可看出，基带信号 $s(t)$ 相当于开关，当其值取“1”时，载波原样输出，当其为“0”时，则没有载波输出。整个过程相当于一个开关的开合控制，因此 2ASK 信号又称为通断键控（On-Off Keying，OOK）信号。

基带信号也可视具体需要而选择各种不同的波形和码型，但是为了讨论方便，假设基带信号为单极性（或双极性）矩形全宽码（不归零码），所得到的结论也适合于其他波形和码型。

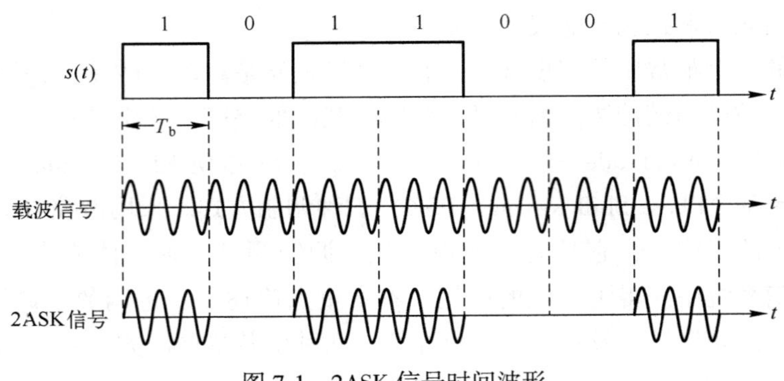

图 7-1　2ASK 信号时间波形

7.2.2　信号的频谱

对于已调信号 $e_{2ASK}(t)=As(t)\cos\omega_c t$，可求得其频谱函数为

$$F_{2ASK}(\omega)=\int_{-\infty}^{\infty}As(t)\cos\omega_c t e^{-j\omega t}dt=\frac{A}{2}[S(\omega+\omega_c)+S(\omega-\omega_c)] \tag{7-2}$$

式中，$S(\omega+\omega_c)$、$S(\omega-\omega_c)$是 $s(t)$ 的频谱 $s(\omega)$ 搬移至$\pm\omega_c$的结果。

因为 $s(t)$ 是随机的基带脉冲序列，所以其频谱不能用单个基带波形的频谱表示，而应该用随机序列的功率密度谱来表示。假设 $S(\omega+\omega_c)$ 和 $S(\omega-\omega_c)$ 在频率轴上没有重叠，则根据功率密度谱的定义和式（7-2），可以求得 $e_{2ASK}(t)$ 信号的功率密度谱为

$$P_E(\omega)=\frac{A^2}{4}[P_s(\omega+\omega_c)+P_s(\omega-\omega_c)] \tag{7-3}$$

或写成

$$P_E(f)=\frac{A^2}{4}[P_s(f+f_c)+P_s(f-f_c)] \tag{7-4}$$

式中，$P_E(f)$ 和 $P_s(f)$ 分别为 $e_{ASK}(t)$ 和 $s(t)$ 的功率密度谱。由此可见，只要知道数字基带信号 $s(t)$ 的功率密度谱 $P_s(f)$，就能求得调制后的信号功率密度谱 $P_E(f)$。

由于假设 $s(t)$ 是单极性不归零的随机脉冲序列，在第 6 章中我们已经求得其双边功率谱密度为

$$P_s(f)=f_s p(1-p)|G(f)|^2+f_s^2(1-p)^2|G(0)|^2\delta(f) \tag{7-5}$$

式中，$G(f)$ 是宽度为 T_s 的矩型脉冲的傅里叶变换，$f_s=1/T_s$。那么将式（7-5）代入式（7-4）可得：

$$P_E(f)=\frac{A^2}{2}f_s p(1-p)[|G(f+f_c)|^2+|G(f-f_c)|^2]$$
$$+\frac{A^2}{4}f_s^2(1-p^2)|G(0)|^2[\delta(f+f_s)+\delta(f-f_c)] \tag{7-6}$$

当 $p=0.5$ 时，上式为

$$P_E(f)=\frac{A^2}{16}f_s[|G(f+f_c)|^2+|G(f-f_c)|^2]$$

$$+\frac{A^2}{16}f_s^{\ 2}\ |G(0)|^2[\delta(f+f_c)+\delta(f-f_c)] \tag{7-7}$$

$P_E(f)$ 的功率谱密度示意图如图 7-2c 所示。

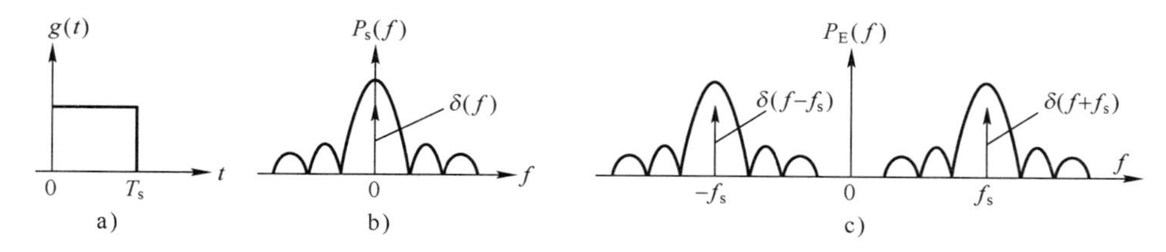

图 7-2　2ASK 信号的功率密度谱（归一化）

由式（7-4）和图 7-2 可知，振幅键控信号的功率谱是基带信号功率谱的线性搬移。由于基带信号是矩形波，因此从理论上来说这种信号的频谱宽度为无穷大。但是调制后信号的功率主要集中在以载波 f_c 为中心频率的第一对过零点之间，因此通常取第一对过零点的带宽作为传输带宽，称为谱零点带宽。所以，幅度键控信号的谱零点带宽为 $B_s=2f_s$，f_s 为基带信号的谱零点带宽，在数量上与单极性不归零基带信号的码元速率 R_s 相同。

由式（7-7）和图 7-2 还可知，2ASK 信号的功率密度谱由连续谱和离散谱两部分组成。其中，第一项连续谱取决于 $g(t)$ 的双边带谱，第二项离散谱则由载波分量确定，即包含载频分量、上边带和下边带。上边带指载频以上的边带，下边带指载频以下的边带。把这种包含此三种成分的振幅调制称为双边带振幅调制（Double Side Band Amplitude Modulation，DSBAM）。由于载波信号本身并不携带数据信息，因此通常在通信系统所用的线性调制器中总是设法抑制载波分量，而将有效的功率全部用到边带传输上去，从而改善接收端的信噪比，提高调制效率。

双边带调制信号中之所以包含载波信号，主要原因是基带信号中包含直流分量，如果信号 $s(t)$ 中不包含直流分量，例如，对于双极性不归零信号，有 $g_1(t)=-g_2(t)$，在概率 $p=0.5$ 条件下，已调制信号便是双边带抑制载波的信号，可求得其单边功率谱密度为

$$P_E(f)=\frac{1}{2}f_s[\ |G(f+f_c)|^2+|G(f-f_c)|^2] \tag{7-8}$$

双边带抑制载波的信号波形与后面介绍的相移键控信号（PSK）的波形相似，如图 7-3 所示。

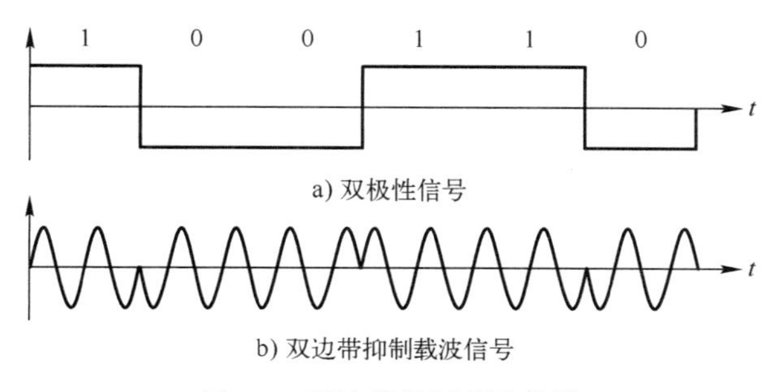

图 7-3　双边带抑制载波信号

7.2.3 信号的产生与解调

二进制振幅键控信号的产生方法如图 7-4 所示，图 7-4a 采用模拟相乘的方法实现，图 7-4b 采用数字键控的方法实现。

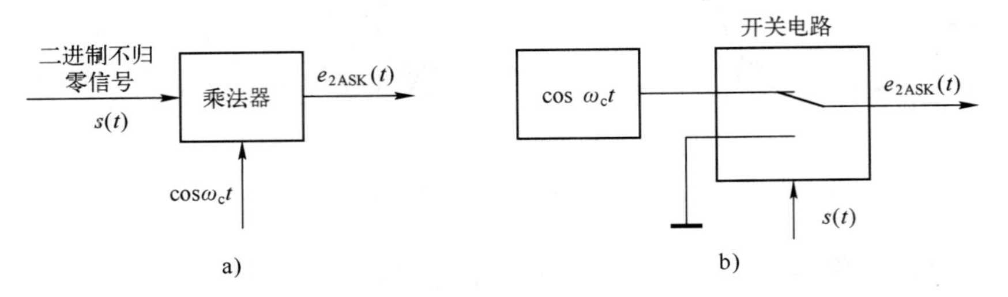

图 7-4　2ASK 信号产生原理图

解调是调制的逆过程，二进制振幅键控信号的解调方法主要有包络检波法和同步检波法两种。

1. 包络检波法

包络检波法的基本原理可用图 7-5 表示。在包络检波中，已调信号在接收端通过带通滤波器后送到整流电路，得到图 7-6a 所示的整流波形；再通过低通滤波器滤除高频分量后得到基带信号的包络，该包络波形送到抽样保持电路，就可恢复出原始的基带信号。

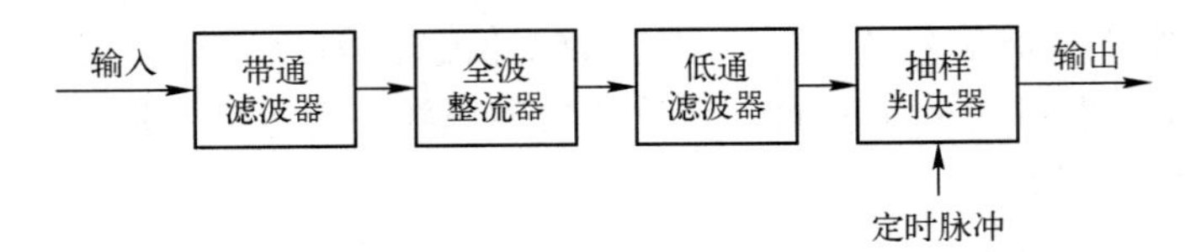

图 7-5　包络检波法解调框图

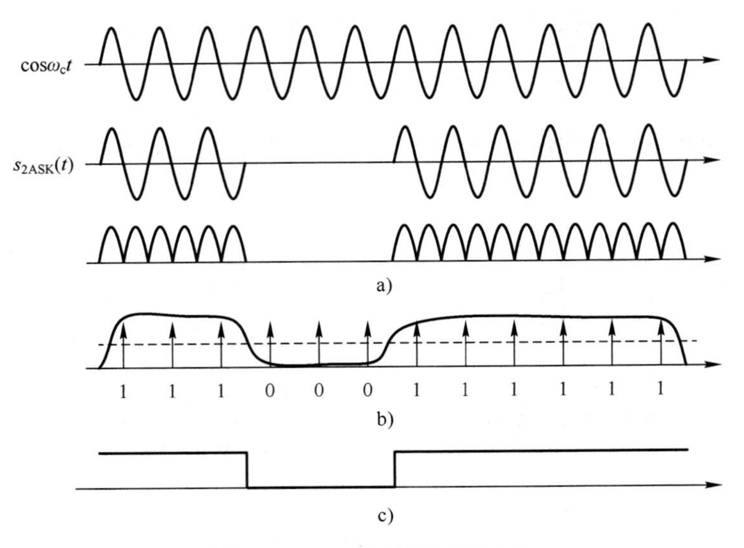

图 7-6　2ASK 信号的解调波形

简单的整流及低通滤波功能可用图 7-7a 所示电路来实现，其工作过程很简单，即电容充电放电的过程，电路输出波形与输入信号瞬时振幅大小成正比，如图 7-7b 所示。为了使检波出来的基带信号接近于方波，电路中元件应满足于：二极管正向电阻足够小，反向电阻足够大（后者一般为前者的几十倍），二极管的极间电容值要小，RC 要远大于载波的周期，而又必须比基带信号的码元间隔足够小。因为包络检波法简单、稳定性好、可靠性高且易于实现，所以在 ASK 接收机中用得较广泛。

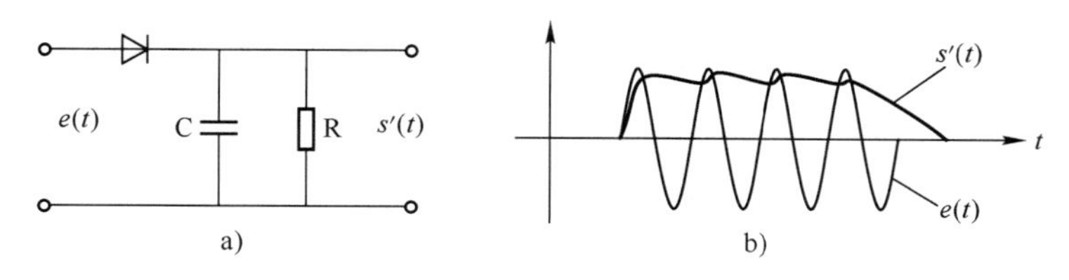

图 7-7　包络检波器及其输出波形

2. 同步检波法

同步检波法又称同步解调法或相干解调法，其基本原理可用图 7-8 表示。同步检波器由乘法器和低通滤波器组成，输入已调信号 $e(t)$ 经过一个带通滤波器滤除噪声后，与一个由本机产生的正弦振荡信号 $A\cos(\omega_L t+\theta_L)$ 在乘法器中相乘，并通过一个低通滤波器输出。若输入信号为

$$e(t)=s(t)\cos(\omega_c t+\theta_c)$$

则乘法器输出应为

$$s(t)\cos(\omega_c t+\theta_c)\cdot A\cos(\omega_L t+\theta_L)=\frac{A}{2}s(t)\cos[(\omega_c-\omega_L)t+(\theta_c-\theta_L)]$$
$$+\frac{A}{2}s(t)\cos[(\omega_c+\omega_L)t+(\theta_c+\theta_L)] \qquad (7\text{-}9)$$

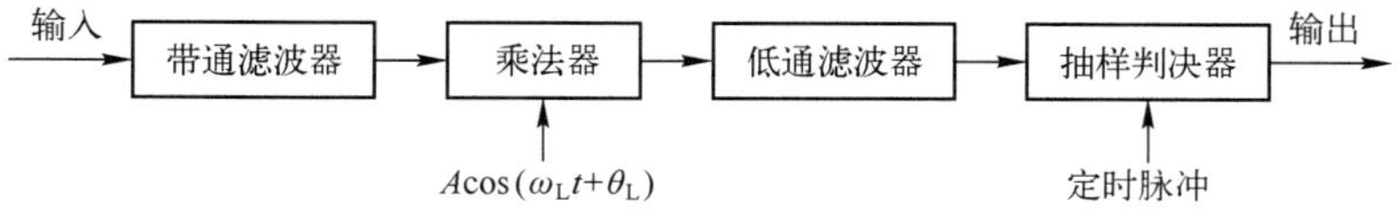

输入 → 带通滤波器 → 乘法器 → 低通滤波器 → 抽样判决器 → 输出；乘法器输入 $A\cos(\omega_L t+\theta_L)$；抽样判决器输入 定时脉冲

图 7-8　同步检波法解调框图

高频率成分 $\omega_L+\omega_c$ 被低通滤波器滤除，故输出信号可用下式表示：

$$s'(t)=\frac{A}{2}k_c s(t)\cos[(\omega_c-\omega_L)t+(\theta_c-\theta_L)] \qquad (7\text{-}10)$$

式中，k_c 为低通滤波器的电压传输系数。

在同步或相干情况下，本地振荡信号与接收信号应同频同相，即

$$\omega_c=\omega_L,\quad \theta_c=\theta_L$$

则

$$s'(t)=\frac{A}{2}k_c s(t) \qquad (7\text{-}11)$$

给出无失真的解调信号。

采用同步检波法，接收端必须提供一个与 ASK 信号的载波保持同频同相的相干振荡信号，否则会造成解调后的波形失真。因此，同步检波器也被称为相干检波器或相干解调器，并称本机振荡信号为相干振荡信号（包络检波器显然为非相干解调器）。通常，接收端本身是无法独立产生这种与发送端载波信号同频同相的相干信号的，一般是通过窄带滤波（如果已调信号中含有载波分量）或锁相环路从已调信号中来提取的（这些将在第 8 章中讨论）。但是实现起来相对困难，将给设备增加复杂性。因此，目前在实际设备中很少采用同步检波法来解调 2ASK 信号，不过，这种方法是那些不能用包络检波器解调出信号的一种有效解调方法。例如，对于双边带抑制载频的调制，由于信号包络不包含基带信号信息，不能用包络检波法解调，而只能用同步检波法解调。

7.2.4　单边带调制

振幅键控信号包含两个边带，其带宽为基带调制信号的两倍，并且这两个边带包含相同的信息。因此，为了减少信号的带宽，提高信道频带利用率，有必要抑制一个边带，仅传送另一个边带。这种只传送一个（上或下）边带而把另一边带和载频分量完全抑制的调制方法叫作单边带（Single Side Band，SSB）调制。

产生单边带信号的基本方法是滤波法，其主要思想是通过边带滤波器滤除抑制载频的双边带信号的一个边带。单边带调制信号的频谱如图 7-9 所示，$S(\omega)$为基带信号的频谱，$E(\omega)$为双边带抑制载频信号的频谱，$E_1(\omega)$为上边带信号的频谱，$E_2(\omega)$为下边带信号的频谱。分离上下边带所采用的边带滤波器特性如图中的两个 $H(\omega)$所示。

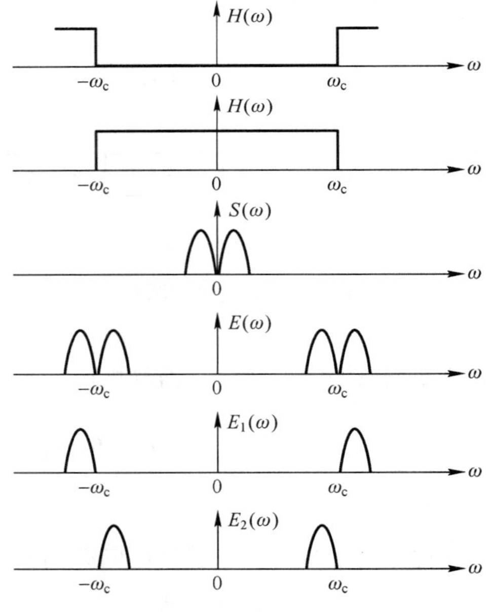

图 7-9　单边带调制信号的频谱

但直接采用这种方法来产生单边带信号很难。因为基带脉冲的频谱通常是从零频开始，而且有较大的低频分量。这样，在 ω_c处，上下边带将连在一起，要分离这样的上下边带，要求滤波器的截止特性极为陡峭，实际制作中困难较大。一种解决方法是采用多级频移和多次滤波的方法形成单边带信号。

图 7-10a 是用多次滤波法产生单边带信号的原理方框图。图中，基带脉冲经成型滤波器滤波直流分量和一部分低频分量后，对滤波 $\cos\omega_1 t$ 进行调制，产生抑制载波的双边带信号，再经过带通滤波器滤除一个边带。因为 ω_1较低，便于设计一个工作在 ω_1上的较为满意的单边带滤波器。经滤波器 1 滤出的一个单边带信号，再用载波 $\cos\omega_2 t$ 对其进行调制，产生 $\omega_2+\omega_1$以上的上边带信号和 $\omega_2-\omega_1$以下的下边带信号。因为两个边带信号的角频率相隔 $2\omega_1$，所以很容易再用一个滤波器 2 滤出一个边带来。图 7-10b 是相应的频谱示意图（正频率部分）。

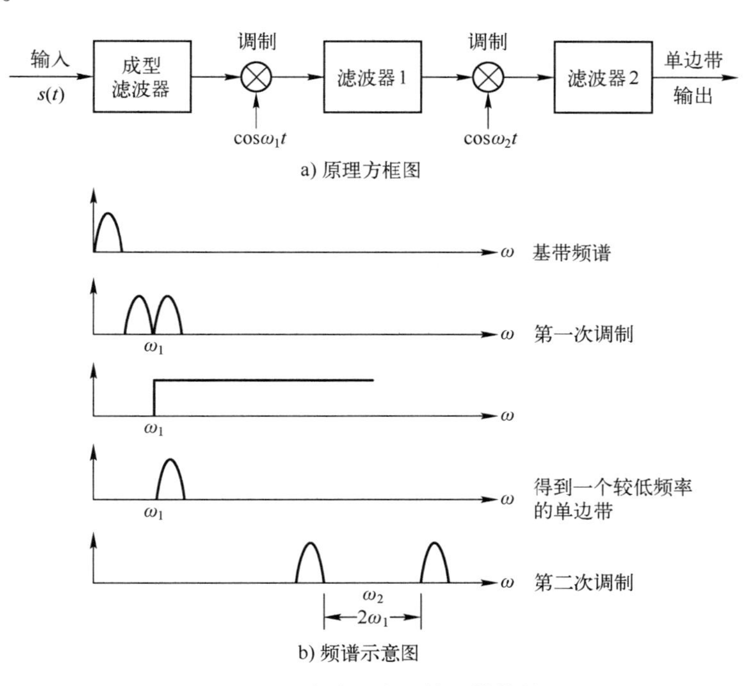

图 7-10　滤波法产生单边带信号

单边带调制实际上是基带信号的频谱在频率轴上搬移了一段距离，其实质是一种变频作用。单边带信号所占带宽与基带信号相同，即只有双边带信号的一半，是一种最节省频带的调制方式。其主要缺点是对 $H(\omega)$ 要求高，当达不到理想状态时，就会产生失真。另外，单边带信号虽然保留了基带信号的一切特征，但由于频谱位置的搬移，单边带已调信号波形与原来的基带信号波形完全不同。因此，解调不能用包络检波法，而只能用同步检波法。单边带调制主要应用于语音通信，因为语音的频率从 300 Hz 开始，在 0～300 Hz 间无频谱成分，可降低对 $H(\omega)$ 理想特性要求。

7.2.5　残留边带调制

双边带信号占用传输频带太宽，频带利用率低，而单边带信号虽然最节省传输频带，但实现起来较复杂。因此，在中、高速传输信道中常采用残留边带（Vestigial Side Band，VSB）调制。所谓残留边带调制是在双边带调制的基础上设计适当的残留边带滤波器，使信号的一个边带频谱成分大部分保留，另一个边带频谱成分小部分残留。由于不要求完全滤除一个边带，可大大简化滤波器的设计。

残留边带信号产生器的原理图及其残留边带滤波器的传递特性如图 7-11 所示。

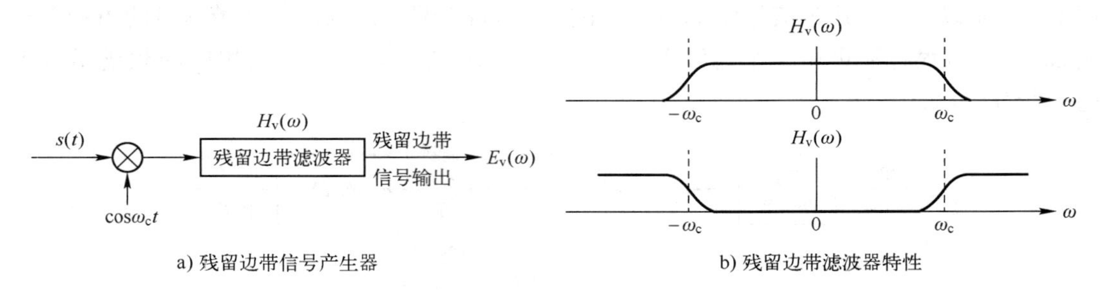

a) 残留边带信号产生器　　b) 残留边带滤波器特性

图 7-11　残留边带信号的产生及其滤波器特性

设残留边带滤波器的传递函数为 $H_v(\omega)$，而 $S(\omega)$ 为 $s(t)$ 的频谱函数，则已调信号的上下边带为 $S(\omega+\omega_c)/2$ 和 $S(\omega-\omega_c)/2$，经残留边带滤波后的频谱为

$$E_v(\omega)=\frac{1}{2}H_v(\omega)[S(\omega+\omega_c)+S(\omega-\omega_c)] \tag{7-12}$$

残留边带信号的解调和单边带信号一样，也只能采用同步检波法，如图 7-12 所示。

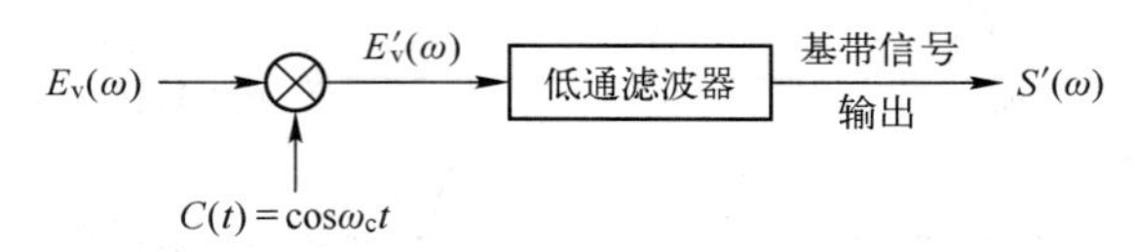

图 7-12　残留边带同步解调

与求 $E_v(\omega)$ 类似，可求得：

$$E'_v(\omega)=\frac{1}{2}[E_v(\omega+\omega_c)+E_v(\omega-\omega_c)] \tag{7-13}$$

将式（7-12）代入式（7-13），得：

$$E'_v(\omega)=\frac{1}{4}\{[S(\omega)+S(\omega+2\omega_c)]H_v(\omega+\omega_c)\}+\frac{1}{4}\{[S(\omega)+S(\omega-2\omega_c)]H_v(\omega-\omega_c)\}$$

经低通滤波器滤除 $2\omega_c$ 高频分量后，可求得输出为

$$S'(\omega)=\frac{1}{4}S(\omega)[H_v(\omega+\omega_c)+H_v(\omega-\omega_c)]$$

若要求残留边带信号同步解调后能正确地恢复原数字基带信号，则必须满足：

$$H_v(\omega+\omega_c)+H_v(\omega-\omega_c)=常数\qquad 当|\omega|\leqslant\omega_H \tag{7-14}$$

即要求残留边带滤波器的传递函数 $H_v(\omega)$ 的截止特性在 $|\omega|\leqslant\omega_H$ 范围内具有互补对称特性（当 $|\omega|>\omega_H$，$S(\omega)=0$，ω_H 为基带信号带宽）。图 7-13 是式（7-14）滤波特性的几何解释。

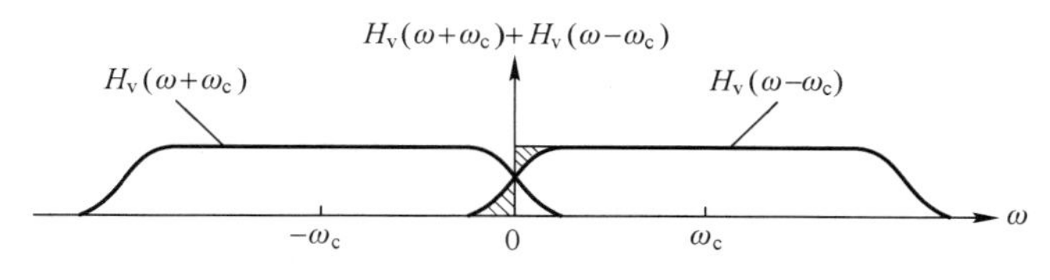

图 7-13　互补对称特性的几何解释

残留边带滤波器不需要十分陡峭的滤波特性，因而它比单边带滤波器容易实现。传输带宽为 $\omega_H+\omega_v$（其中，ω_v 为残留边带），带宽略大于单边带的 ω_H。残留边带调制的缺点是设备较复杂，适宜传输低频成分较重的信号，如电视、宽带数据等。

二进制振幅键控是最简单的一种数字频带调制方式，也是最早的一种调制方式。它曾经应用于莫尔斯（Morse）码的无线电传输中，比各种模拟调制方式出现得还早，在光纤通信中也有着广泛的应用，但性能不如其他调制方式。

7.3　二进制频移键控

数字频率调制又称频移键控，是利用载波的频率变化来传输信息的，其中最简单的一种方式是二进制频移键控（2FSK）调制，它是继振幅键控信号之后出现比较早的一种调制方式。由于它的抗噪声和抗衰落性能优于振幅键控，设备又不算太复杂，实现也比较容易，所以一直在很多场合（例如在低中速数据传输尤其在有衰减的无线信道中）广泛应用。

7.3.1　信号的波形及数学表示

二进制频移键控信号用靠近载频的两个不同频率表示两个二进制数，信号具有如下形式：

$$e_{2FSK}=\begin{cases}A\cos(2\pi f_1 t+\theta_1) & \text{二进制“1”}\\ A\cos(2\pi f_2 t+\theta_2) & \text{二进制“0”}\end{cases} \tag{7-15}$$

这里，f_1 和 f_2 通常是偏离载频相等且相反的量。一般情况下，$f_2>f_1$，即“0”码频率比“1”码频率高。θ_1 和 θ_2 分别代表“1”码及“0”码的振荡信号初相。称

$$f_0=\frac{f_1+f_2}{2} \tag{7-16}$$

为标称载频，而称

$$\Delta f=f_2-f_1 \tag{7-17}$$

为频移宽度，简称频移。2FSK 波形如图 7-14 所示，包括相位连续的和不连续的 2FSK 信号。

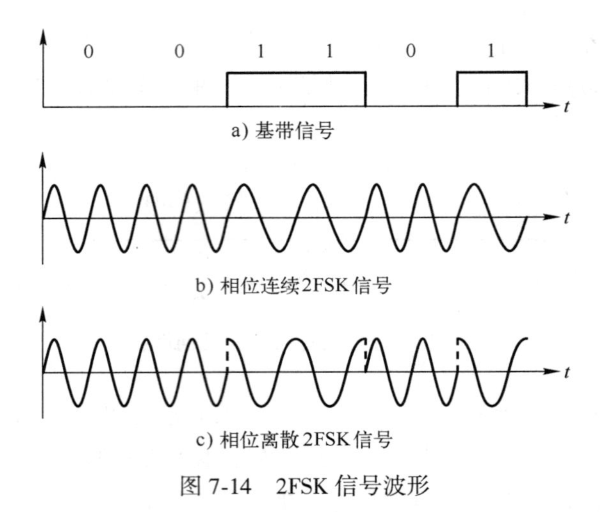

a) 基带信号

b) 相位连续2FSK信号

c) 相位离散2FSK信号

图 7-14 2FSK 信号波形

7.3.2 2FSK 信号的产生

2FSK 信号有两种产生方法：频率选择法和载波调频法。前者产生的一般是相位不连续的 2FSK 信号。后者产生的是相位连续的 2FSK 信号，相位不连续 2FSK 信号一般由两个不同频率的振荡器产生，由基带信号控制这两个频率信号的输出，如图 7-15 所示。由于这两个振荡器是相互独立的，因此由 f_1 转换为 f_2 或相反，不能保证相位的连续。

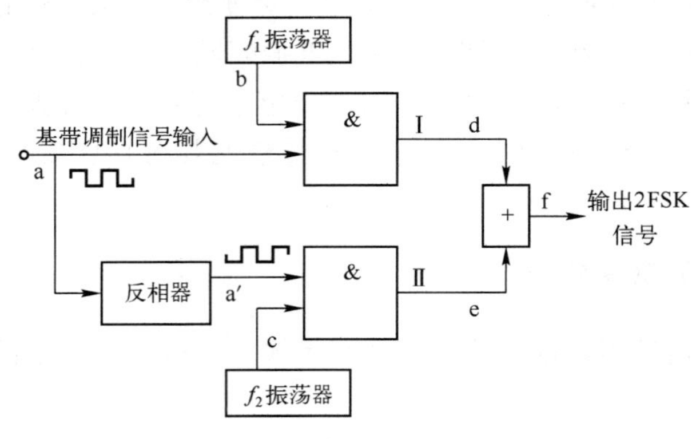

图 7-15 相位不连续 2FSK 信号产生原理图

实际中，往往用一个频率合成器提供这两种频率的标准振荡，这时得到的 FSK 信号频率具有很高的准确度和稳定性，而且两种频率信号的幅度可以保持一样。

相位连续的 2FSK 信号则利用数字基带信号直接控制振荡器的参数来获得。例如，基带信号控制一个电容器接入或不接入振荡器，从而通过改变振荡器中的电容值来改变振荡频率，这样可以得到相位的连续性。

7.3.3 2FSK 信号的功率密度谱

从图 7-14c 中看出，相位不连续信号可视为由两路频率不同且相位不连续的 2ASK 信

号叠加而成，因而其频谱特性或功率谱密度都将与 2ASK 信号对应，即 2FSK 信号可表示为

$$e_{2FSK}=\left[\sum a_n g(t-nT_s)\right]\cos(\omega_1 t+\theta_1)+\left[\sum \bar{a}_n g(t-nT_s)\right]\cos(\omega_2 t+\theta_2)$$
$$=s(t)\cos(\omega_1 t+\theta_1)+\overline{s(t)}\cos(\omega_2 t+\theta_2)$$

其中

$$s(t)=\left[\sum a_n g(t-nT_s)\right],\overline{s(t)}=\left[\sum \bar{a}_n g(t-nT_s)\right]$$

$$a_n=\begin{cases}0 & 概率为 p\\ 1 & 概率为(1-p)\end{cases},\qquad \bar{a}_n=\begin{cases}1 & 概率为 p\\ 0 & 概率为(1-p)\end{cases}$$

$\bar{a}_n$ 是 a_n 的反码，两者在时间上是连续存在的，但不能同时存在。$g(t)$ 是脉宽为 T_s 的单个矩形脉冲，则相位不连续的 2FSK 信号双边功率谱 $P_E(f)$ 为两个 2ASK 功率谱之和。即

$$P_E(f)=\frac{1}{4}[P_s(f+f_1)+P(f-f_1)]+\frac{1}{4}[P_s(f+f_2)+P(f-f_2)] \tag{7-18}$$

其中，$P_s(f)$ 为 $s(t)$ 的功率密度谱，引用式（7-5）可知：

$$P_s(f)=f_s p(1-p)|G(f)|^2+f_s^2(1-p)^2|G(0)|^2\delta(f)$$

相位不连续的 2FSK 信号的功率密度谱的示意图如图 7-16 所示。

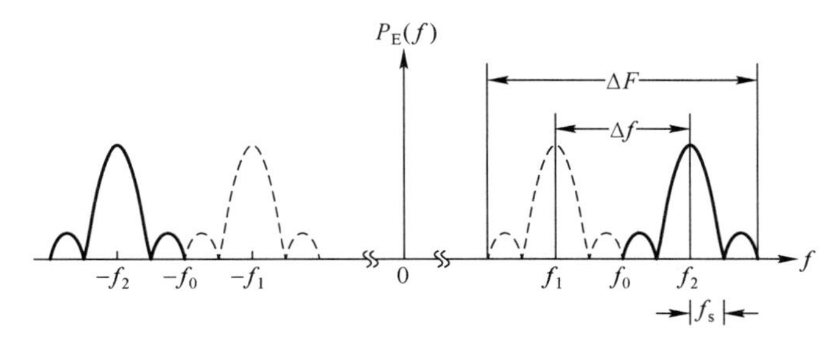

图 7-16　相位不连续的 2FSK 信号的功率密度谱示意图

由上述分析和示意图可知：

1）相位不连续的 2FSK 信号的功率谱与 2ASK 信号相似，同样由连续谱和离散谱组成。其中，连续谱由两个双边谱叠加而成，而离散谱出现在 f_1 和 f_2 这两个频率位置，并对称于标称载频 f_0。

2）连续谱的形状随着 $\Delta f=|f_2-f_1|$ 的大小而变化。当 $\Delta f>f_s$ 时，出现双峰，峰值对应于这两个载频位置。当 $\Delta f<f_s$ 时，双峰合并为单峰，其峰值对应于载频 f_0 的位置。

3）2FSK 信号的频带宽度 B_{2FSK} 为

$$B_{2FSK}=|f_2-f_1|+2f_s=2(f_D+f_s)=(2+D)f_s \tag{7-19}$$

其中，$f_D=|f_2-f_1|/2$ 为频偏，$D=|f_2-f_1|/f_s$ 为偏移率（频偏指数）。可见，当码元速率一定时，2FSK 信号带宽比 2ASK 信号带宽要宽 $2f_s$，通常为了便于接收端识别，又使带宽不致过宽，可取 $f_D=f_s$，此时 $B_{2FSK}=4f_s$，是 2ASK 系统的 2 倍，但系统频带利用率只有 2ASK 系统的一半。

4）相位连续的 FSK 信号的带宽要小于相位离散的 FSK 信号的带宽。这里只给出这一

结论，具体推导见有关参考书。

7.3.4　信号的产生与解调

FSK 信号的解调方法很多。由于从 FSK 信号中提取相干载波较困难，因此目前大多采用非相干解调。非相干解调法又有鉴频法、过零检测法、分路滤波法等。这里仅介绍其中两种方法。

1. 分路滤波法

如图 7-17 所示，当 FSK 的频偏较大时，即 $|f_2-f_1|\geqslant(3\sim5)f_s$，或 $D\geqslant3\sim5$ 时，可以把 FSK 信号当作两路不同载频的 2ASK 信号来接收。为此，需要采用两个中心频率分别为 f_1 和 f_2 的窄带滤波器，利用它们把代表“1”码和“0”码的 2ASK 信号分离出来，上支路对应 $e_1(t)=s(t)\cos(\omega_1 t+\theta_1)$，下支路对应 $e_2(t)=\overline{s(t)}\cos(\omega_2 t+\theta_2)$，然后分别经过包络检波后，得到它们的包络 $s(t)$ 和 $\overline{s(t)}$。把这两个电压反极性相加（即相减），就得到 FSK 信号的解调输出。为了得到更好的波形，最后还可以加一个抽样判决恢复电路，图 7-18 所示为分路滤波器各点的波形。图 7-17 中的两个检波器一般用包络检波器，因此这种方法为非相干解调方法。这种非相干解调器正常工作的条件是两路 2ASK 信号的频谱不重叠，因而频带利用率不高，但是因为实现比较容易，所以在实际系统中用得不少。

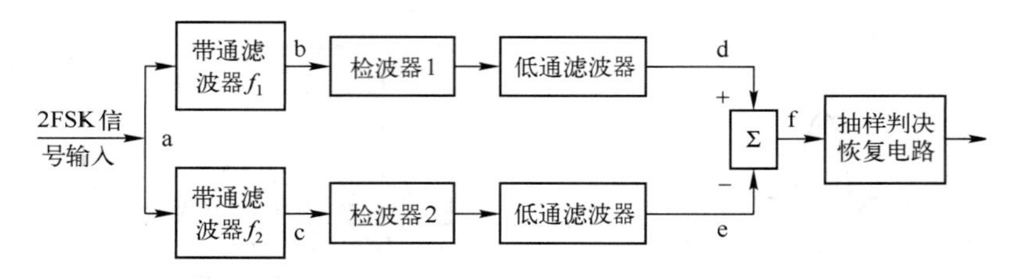

图 7-17　分路滤波法解调原理框图

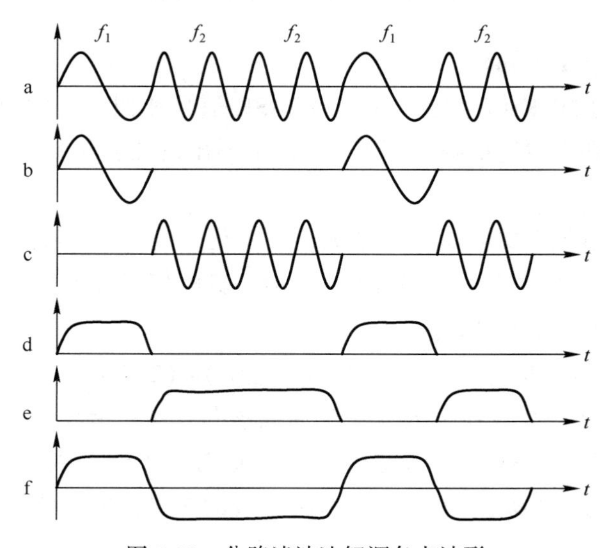

图 7-18　分路滤波法解调各点波形

2. 过零检测法

过零检测法又称零交点解调法，其原理是提取 2FSK 信号的过零点，然后从这些过零点形成的脉冲序列中提取低频基带分量，这个分量的大小将与发送的数字基带信号相对应，图 7-19 是过零检测法非相干解调器的原理框图及相应各点的波形。

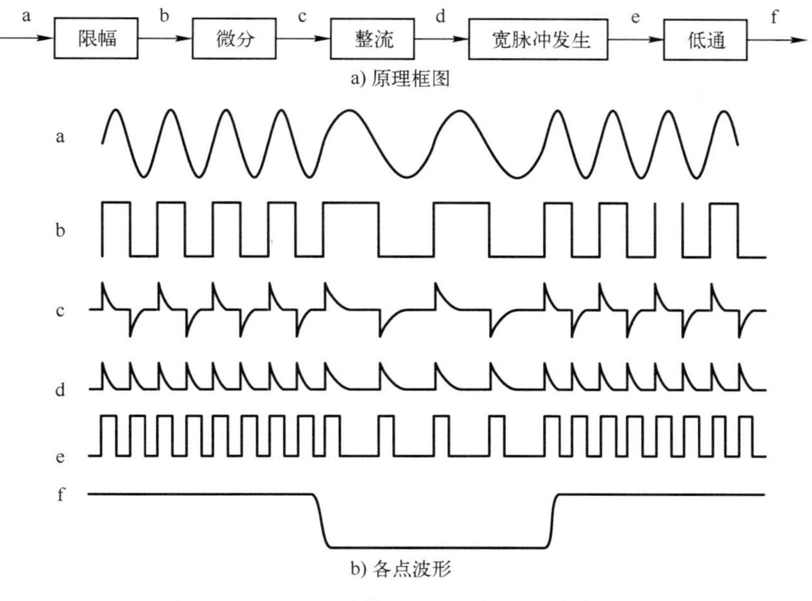

图 7-19 2FSK 过零检测法原理框图及各点波形

输入的 2FSK 信号经限幅变为双极性矩形方波，图 b 波形经微分电路变成图 c 波形，再经全波整流变为图 d 所示的窄脉冲。图 d 中的每一个窄脉冲对应于 2FSK 信号的一个零交点，所以限幅、微分加上全波整流电路又称为过零检测器。图 d 中的窄脉冲去触发一个脉冲展宽电路，便得到图 e 所示单极性矩形归零脉冲序列。很显然，图 e 所示脉冲序列的直流成分与输入的 2FSK 信号的过零点密度（或频率）成正比。所以图 f 波形经过低通滤波器后的输出信号反映了输入信号频率的高低，它就是数字基带信号。应当指出，这种方法通常也要对低通输出波形进行抽样判决。

过零检测法在数字调频系统中广泛应用，它可以用于解调相位连续和相位离散的 FSK 信号。而分路滤波法主要用于解调相位不连续的 FSK 信号。

7.4 二进制相移键控

数字调相与数字调幅、数字调频相比，在数据传输中占有更重要的地位。数字调相又称相移键控（Phase Shift Keying，PSK）调制，因为它是利用载波的相位变化来反映数字数据信息的，此时载波的振幅和频率都不变化。PSK 信号对噪声的抗扰性比 ASK 信号和 FSK 信号都要好，因此在中、高速的数据传输中广泛采用数字调相技术。数字调相（又称相移键控调制）通常有绝对相移调制和相对相移调制两种方式。一般用 PSK 代表绝对相移调制，它利用载波的不同相位表示数据信息；用 DPSK 表示相对相移调制，它利用载波的相对相位值表示数据信息。本节重点介绍二进制相移键控（2PSK）调制原理、频谱及带宽，并比较两种相移调制的特点。

7.4.1　二进制绝对相移键控调制

1. 信号的表示、波形及功率谱

在 2PSK 中，以载波的固定相位为参考，通常用载波的“0”相位表示“1”码；“π”相位表示“0”码，或反之，如图 7-20 所示。此时表示“1”码和“0”码的波形相位差最大，便于接收端检测，抗干扰性最好。其数学表达式可写成：

$$e_{2PSK}(t)=\begin{cases}A\cos\omega_c t\\ A\cos(\omega_c t+\pi)\end{cases}=\begin{cases}A\cos\omega_c t & 发“1”码\\ -A\cos(\omega_c t) & 发“0”码\end{cases}\quad (n-1)T_s\leqslant nT_s \tag{7-20}$$

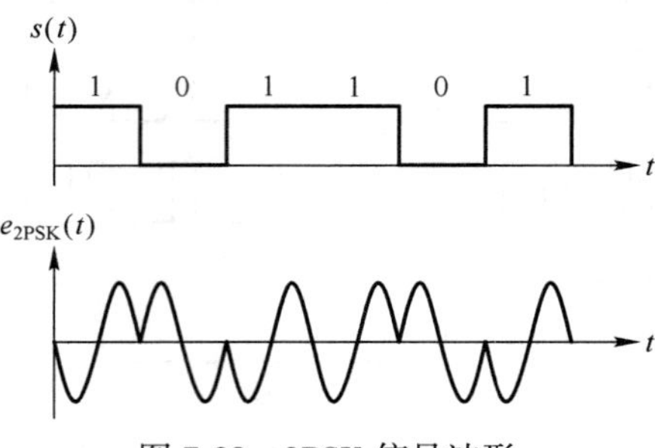

图 7-20　2PSK 信号波形

以上两种相位取值是对固定的参考相位“0”而言的。可见，这种调制过程就是使每个码元中载波的相位随数字基带信号而变化。

根据式（7-20），2PSK 信号也可用下式表示：

$$e_{2PSK}(t)=\left[\sum_n a_n g(t-nT_s)\right]A\cos\omega_c t=m(t)A\cos\omega_c t \tag{7-21}$$

其中，$g(t)$是幅度为 1、持续时间为 T_s的矩形脉冲，序列 a_n为

$$a_n=\begin{cases}-1 & 概率为\ p,代表“1”码\\ 1 & 概率为\ 1-p,代表“0”码\end{cases}$$

即 $m(t)=\sum a_n g(t-nT_s)$ 代表双极性基带信号。由此可见，此时 2PSK 信号相当于双极性基带信号 $m(t)$对载波的振幅调制。这在本章振幅调制一节中曾经提到过，双边带抑制载波调制的波形与 2PSK 波形类似，观察 2PSK 的时域表达式可知，对应单极性 NRZ 码的 2PSK 调制就是将单极性基带信号转换为双极性基带信号，然后用双极性基带信号对载波进行二进制的振幅键控调制，即 2ASK 的调制。因此，2PSK 信号的功率谱密度可表示为

$$P_s(f)=\frac{1}{2}f_s[\,|G(f+f_c)|^2+|G(f-f_c)|^2\,] \tag{7-22}$$

式中，已假设 $p=0.5$，$G(f)$为 $g(t)$的傅里叶变换。式（7-22）说明 2PSK 信号的带宽与双边带抑制载波的 2ASK 信号完全相同，为基带信号带宽的 2 倍。图 7-21 是 2PSK 信号功率谱示意图。

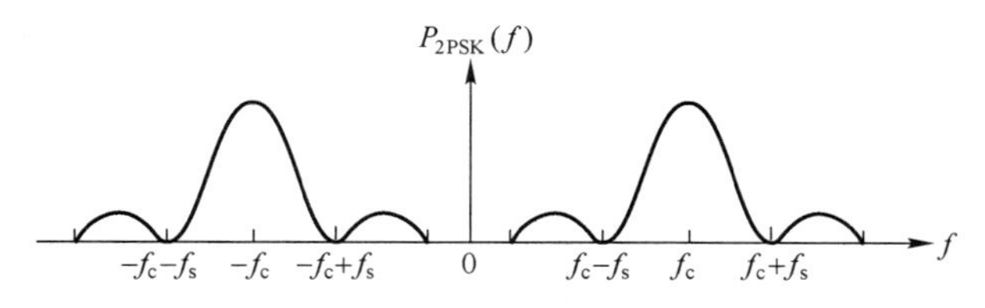

图 7-21 2PSK 信号功率谱示意图

为了便于更好地理解相移调制的概念，可以把每一个码元用一个向量表示，如图 7-22 所示。图中，虚线表示的向量位置称为基准相位。在绝对相移中，它为未调载波的相位。根据 CCITT 的建议，将图 7-22a 称为 A 方式，每个码元载波相位相对基准相位可取 0 和 π；图 7-22b 称为 B 方式，每个码元载波相位相对基准相位可取±π/2。实际应用中，A 方式用得较多。

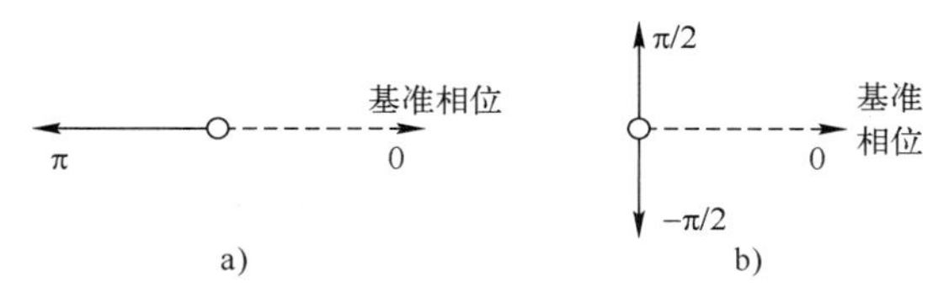

图 7-22 2PSK 信号向量图

2. 绝对相移信号的产生和解调

绝对相移信号产生的方法有调相法和相位选择法两大类。调相法就是根据绝对相移信号等于双极性基带信号与载波相乘的原理产生 2PSK 信号，如图 7-23 所示。2PSK 信号与 2ASK 信号相比较，2PSK 信号是采用双极性码对载波信号进行调制，不包含直流分量，2ASK 信号是采用单极性码对载波信号进行调制，包含有直流分量，它们的带宽是一样的，都是基带信号带宽的 2 倍，可见 2PSK 调制信号也属于线性调制。

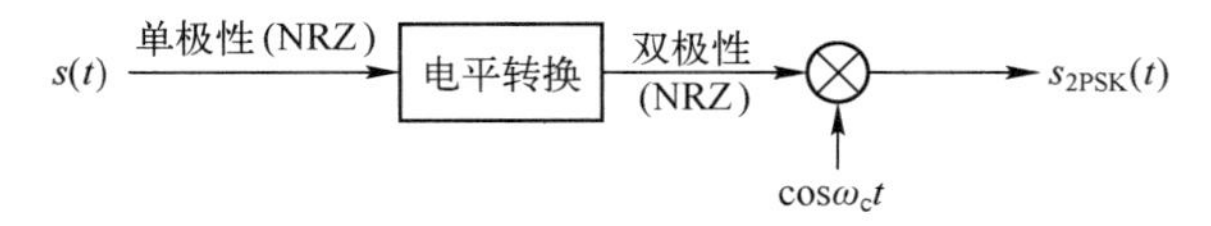

图 7-23 调相法产生 2PSK 信号原理框图

相位选择法（又称相位键控法）的原理方框图如图 7-24 所示。振荡器和倒相器输出 0 和 π 两种不同相位的载波。输入的数字基带信号为单极性脉冲信号，当它为高电平时，输出相位为 0 的载波；若它为低电平时，则输出相位为 π 的载波。

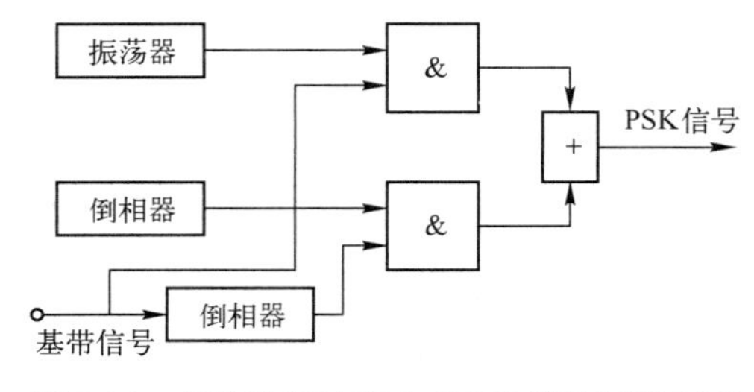

图 7-24 相位选择法产生 2PSK 信号原理框图

由于 2PSK 信号与抑制载波的双边带信号相同，因此其解调方法也与它一样，只能采用相干检测器。其解调组成框图如图 7-25 所示。从理论上来说，图中鉴相器的功能实际上是乘法器。

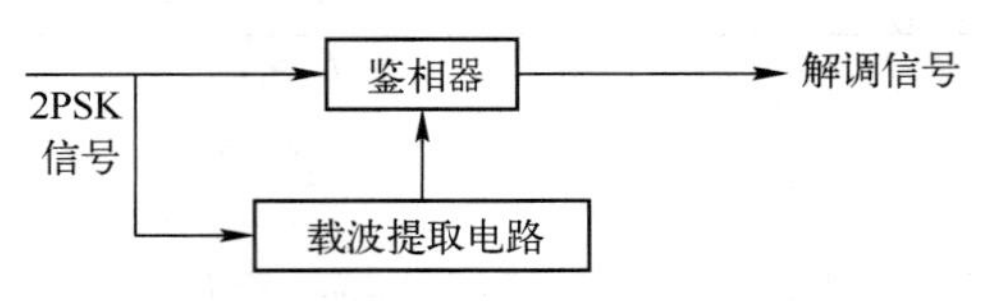

图 7-25　2PSK 信号解调原理框图

设输入一绝对相移信号：

$$\sum a_n g_n(t-nT_s)\cos\omega_c t \quad (a_n \text{ 取 } \pm 1 \text{ 值})$$

提取的相干载波为 $A\cos\omega_c t$，则相乘的结果为

$$\sum a_n g_n(t-nT_s)\cos\omega_c t \times A\cos\omega_c t = \left[\frac{A}{2}+\frac{A}{2}\cos 2\omega_c t\right]\sum a_n g_n(t-nT_s)$$

把 $2\omega_c$ 高频分量滤除掉，则剩下基带信号：

$$\frac{A}{2}\sum a_n g_n(t-nT_s)$$

这种解调方法在技术实现上最困难的问题是在接收端如何提取相干载波。因为 2PSK 信号中无载频成分，所以无法从接收信号中直接滤出相干载波。通常采用的提取载波方法是倍频–分频法，其原理方框图示于图 7-26。载波提取电路把接收到的 2PSK 信号全波整流，经放大得到频率为 $2f_c$ 的信号，再分频就得到载频 f_c 的载波信号。图 7-27 是载波提取电路各级波形。选频放大器的输入信号是全波整流后的周期信号（见图 7-27b），用傅里叶级数展开可知它含有 $2f_c$ 和 $4f_c$ 等频率成分。因此只需用选频放大器把 $2f_c$ 滤出即可得到 2 倍于载频的频率波形（见图 7-27c）。这样得到的信号相位不一定合适，因此必须加相移电路，使所提取的载波相位和要求的一致。经过二次分频后得到的两种相差 π 相位的载波波形如图 7-27e 和图 7-27f 所示。

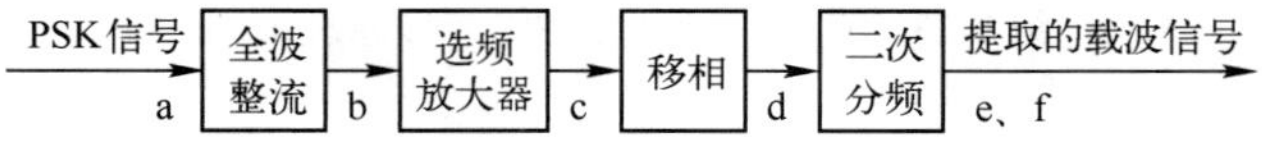

PSK 信号 a → 全波整流 → b → 选频放大器 → c → 移相 → d → 二次分频 → 提取的载波信号 e、f

图 7-26　载波提取电路原理框图

但由于信道噪声和干扰的影响，提取的相干载波信号的相位会发生随机变化而产生相位误差，即产生的相干载波信号可能不同相，会造成错误判决，这种现象称为相位模糊。严重时，本地载波信号会发生相位反转，即 $\cos(\omega_c t)$ 变为 $\cos(\omega_c t+\pi)$，我们称为“倒 π（或倒相）”现象，使得抽样判决器的输出与发送的数字基带信号完全相反。

正是因为存在“倒相”现象，限制了绝对相移调制的应用。克服“倒相”或相位模糊问题对相干解调影响的最常用且有效的办法是对调制器输入的数字基带信号采用差分编码，即所谓的相对相移调制。下面将介绍这种相位调制技术。

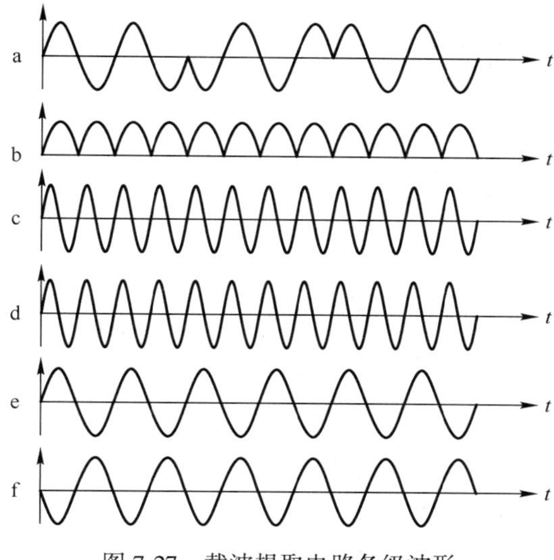

图7-27　载波提取电路各级波形

7.4.2　二进制相对相移键控调制

1. 相对相移信号的表示和波形

绝对相移信号解调的“倒相”问题可以用相对相移信号（又称差分相移）DPSK来解决。所谓相对相移制，就是数字“1”和“0”信号对应的载波信号相位不是以某个固定的相位为参考，而是以相邻的前一码元的相位为参考。

2PSK的波形与2DPSK的波形不同，2DPSK波形的同一相位并不对应相同的数字信息符号，而前后码元相对相位的差才唯一决定信息符号。这说明，解调2DPSK信号时并不依赖于某一固定的载波相位参考值，只要前后码元的相对相位关系不破坏，则鉴别这个相位关系就可以正确恢复数字信息，这就避免了发生2PSK方式中的“倒π”现象。

进一步分析，设第$i-1$个码元的相位为θ_{i-1}，第i码元的相位为θ_i，则信号用$\Delta\theta_i=\theta_i-\theta_{i-1}=0$或π表示数字“0”或“1”（或反之），称之为A方式。$\Delta\theta_i$还可以取$\pm\pi/2$来表示数字信息“1”和“0”，称之为B方式。2DPSK信号的向量图也可以用图7-22表示，这时的基准相位为前一码元的载波相位。如果每个码元中包含整数个载波周期，那么两相邻码元载波的相位差既表示调制引起的相位变化，也是二码元交界点载波相位的瞬时跳变量。在2DPSK中，广泛采用B方式，这是由于在B方式中每个码元载波相位相对于相邻码元的相位可取$\pm\pi/2$，因而在相对相移时，相邻码元间必然发生相位变化，如果检测此相位变化，便可知每个码元的起止时刻，所以采用B方式的调制实际上携带了码元定时信息。图7-28所示为一种2DPSK信号波形。

由于2DPSK系统在抗噪声性能及信道频带利用率等方面比2PSK及OOK优越，因而被广泛应用于数字通信中。考虑到2PSK方式有“倒π”现象，因此它的改进型2DPSK受到重视。

2. 相对相移信号的产生

从图7-28可以看出，单纯从波形上看，2DPSK与2PSK是无法分辨的，2DPSK也可

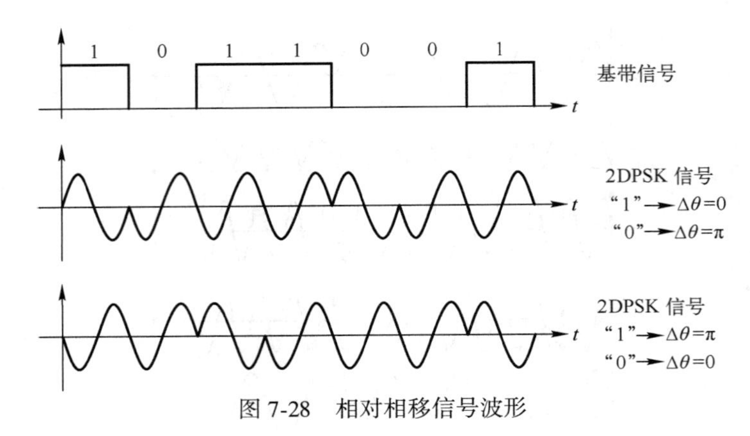

图 7-28　相对相移信号波形

以被看作另一编码序列（相对码、差分码）经绝对相移而形成的。这说明：一方面，只有已知相移键控方式是绝对的还是相对的，才能正确判断信息；另一方面，相对相移信号可以看作把数字信息序列（绝对码）变换成相对码，然后再根据相对码进行绝对相移而形成的。因此，实现相对相移键控（2DPSK）的方法很简单，只要在绝对相移键控系统内插入差分编码变换单元即可获得 2DPSK 信号。此时 2DPSK 信号对绝对码来说是相对相移调制，但对相对码来说则是绝对相移调制。相对相移信号产生原理框图如图 7-29 所示。图 7-29 中相对码和绝对码之间的相互转换关系，即差分编码，其编码规则为

$$\begin{aligned} b_n &= a_n \oplus b_{n-1} \\ a_n &= b_n \oplus b_{n-1} \end{aligned} \tag{7-23}$$

这里，⊕表示模二和。使用一个“模二”加法器和一个 1 比特延迟器（延迟一个码元宽度 T_b）可以实现上述转换。

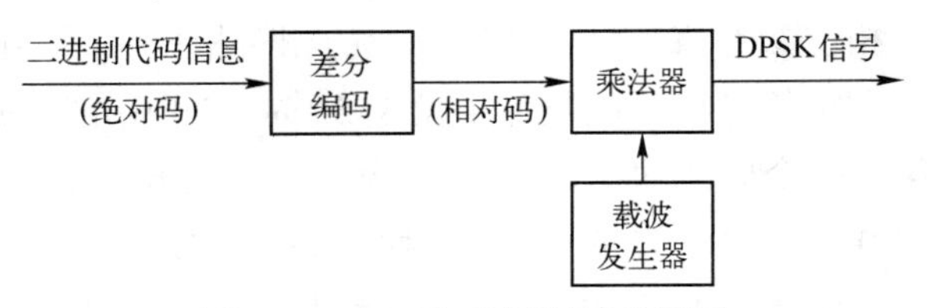

图 7-29　相对相移调制原理框图

图 7-30 是绝对码（a_n）与相对码（b_n）相互转换的示意图。图 7-30a 是把绝对码变成相对码的方法，称其为差分编码器；图 7-30b 是把相对码变成相对码的方法，称其为差分译码器。

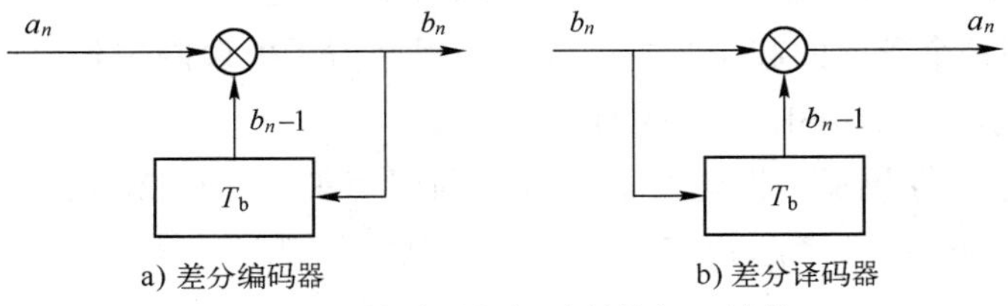

图 7-30　绝对码与相对码的相互转换

3. 相对相移信号的频谱及带宽

由以上讨论可知，相对相移本质上就是绝对码转换为差分码后的数字信号序列的绝对

相移。那么 2DPSK 信号的表达式与 2PSK 的形式应完全相同，所不同的只是此时式（7-24）中的基带信号 $m'(t)$ 表示的是差分码数字序列。即

$$e_{2DPSK}(t)=m'(t)A\cos\omega_c t \tag{7-24}$$

由于相对相移与绝对相移相比，只是相位变化的参考相位不同，因此当相对相位变化以等概率的条件出现时，相对相移信号的时域表达式、功率谱密度和绝对相移信号相同。因为绝对码和相对码是功率谱密度相同的基带信号，所以二进制相对相移信号的功率谱结构与二进制绝对相移信号的功率谱结构是完全相同的。由 2PSK 信号的功率谱结构可知 2DPSK 信号的功率谱结构，其频带宽度同样是 2 倍的基带信号带宽。两者的区别仅在于 0、1 符号的分布略有变化，但总的来讲是近似相同的。

4. 相对相移信号的解调

2DPSK 信号的解调方法有相位比较法和极性比较法。

（1）相位比较法

相位比较法又称差分相干解调法。由于相对相移信号的参考相位是取相邻前一码元的载波相位，因此解调时可以直接用相位检波器比较前后码元载波的相位，从中可以直接得到相位差携带的数字数据信息。这种解调方法的组成框图如图 7-31a 所示，相应的波形如图 7-31b 所示。在图中，2DPSK 信号分两路，一路直接加给相位检波器（乘法器），一路经延迟一码元时间后加给相位检波器。相位检波器实际上是一个乘法器。在本例输入的 2DPSK 信号的相位差表示“1”和“0”信号码元的约定情况下，即“1”码元的载波相位要与前一码元载波相位相差 π，则相位检波器的输出要求为输入信号相乘后极性取反。如果“1”码的载波相位与前一码元的载波相位相差为零，则相位检波器的输出为输入的乘积。

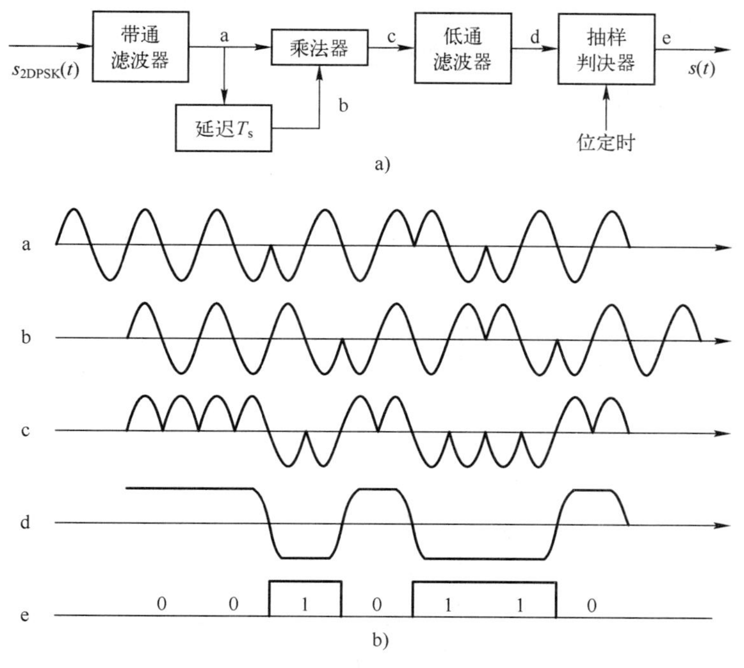

图 7-31　2DPSK 相位比较法解调原理框图及各点波形

(2) 极性比较法

极性比较法实际上是间接相对相移调制的反过程。先按绝对相移接收，把 2DPSK 信号变成具有相对码的基带信号。然后经过码变换器把相对码变成绝对码。极性比较法用来解调 2DPSK 信号时，其组成原理框图如图 7-32 所示。

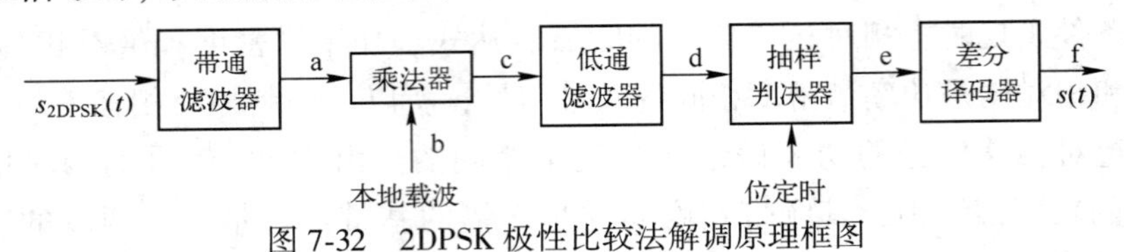

图 7-32　2DPSK 极性比较法解调原理框图

它由绝对相移接收和码元变换两部分组成。绝对相移接收部分见前面的图 7-25 以及相应的文字叙述。由于从 2DPSK 中提取的载波相位有可能与原载波的相位相差 π，因此绝对相移解调后的输出波形有可能是两种倒相的基带信号。然而这种“倒相”现象不会影响 2DPSK 信号的正确接收。相对码信号还要经过一个差分译码器，图 7-33 是一种相对码变换到绝对码的变换器原理框图。图 7-34 所示为各点的波形。

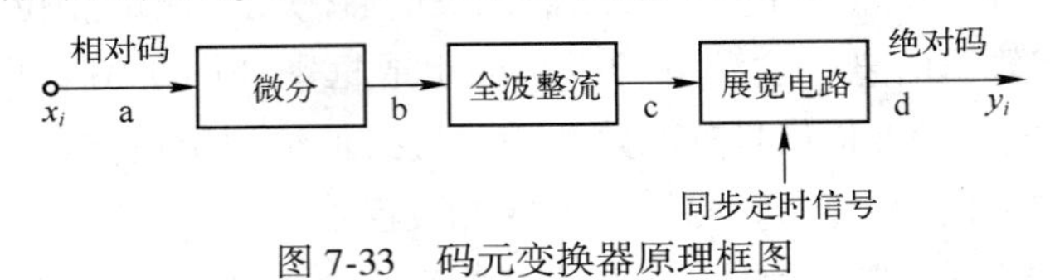

图 7-33　码元变换器原理框图

从图 7-34 可以看出，虽然接收到的绝对码信号极性有可能相反，但是也能正确恢复原基带数字信号。这正是 2DPSK 信号能够克服“倒相”现象的优点所在。因为在相对相移时，与某一绝对相位值无关，仅取决于相对相位值，只要前后码元载波相位差不变，解调恢复后的数字信号就不会出现反相。而在绝对相移中，是以某一个固定相位的载波作为参考，因而在解调时必须有这样一个固定的参考相位。如果这个参考相位发生“倒相”，则恢复的数字信息就会发生“0”与“1”的反相。

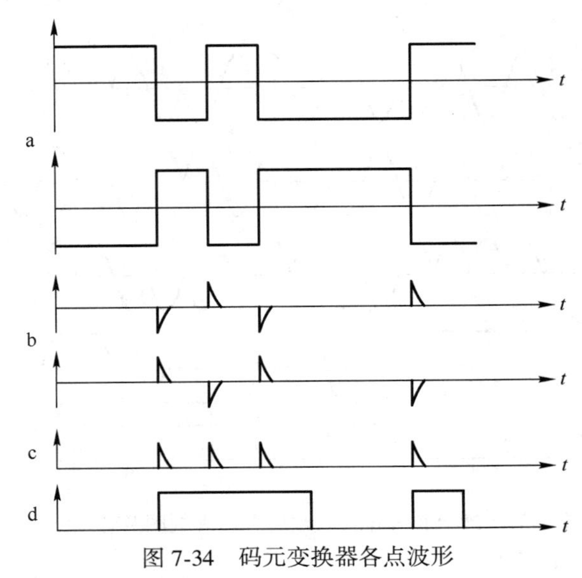

图 7-34　码元变换器各点波形

7.5 多进制数字调制与解调

在多元数字调制中，每个符号间隔在$0 \leqslant t \leqslant T_s$内，可能要发送的符号有$M$种状态，即为$0,1,2,\cdots,M-1$。在通常应用中，一般取$M=2^n$，即取多进制数$M$为2的幂次，$n$为大于1的正整数。当携带信息的参数分别为载波的幅度、频率或相位时，数字调制信号为M进制振幅键控（MASK）、M进制频移键控（MFSK）或M进制相移键控（MPSK）。由于多进制数字已调信号的被调参数有多个可能取值，因此与二进制数字调制相比，多进制数字调制具有以下三个特点。

1）在相同的码元传输速率下，多进制系统的信息传输速率显然比二进制系统高，频带利用率相应也比二进制系统大。比如，四进制系统的信息传输速率和频带利用率是二进制系统的2倍。

2）在相同的信息速率下，由于多进制码元传输速率比二进制低，因而多进制信号码元的持续时间要比二进制长。显然，增大码元宽度，就增加了码元的能量，并能减小由于信道特性引起的码间干扰影响等。正是基于这些特点，使多进制调制方式获得了广泛的应用。

3）为了获得与二进制相同的误码率，多进制系统的接收信号的信噪比需要更大，即需要更大的发送功率。这是为了传输更多信息所要付出的代价。

随着社会对信息传输需求的增长和现代技术的发展，多进制数字调制得到了快速发展，并且取得了更广泛的应用。

7.5.1 多进制振幅调制与解调

多进制振幅调制是一种多电平调制。调制的基带信号是多电平类型的信号。像处理二进制信号一样，多进制基带调制信号可以看作由时间上互不相关的M个不同振幅的通断键控信号的叠加，其中M表示M电平的多进制。

设$g(t)$为单个基带矩形信号波形，T_s为其持续时间，则多电平调制信号可由二电平调制信号的表达式推广得出：

$$s_M(t)=\left[\sum_n b_n g(t-nT_s)\right]\cos\omega_c t \tag{7-25}$$

式中省略了载波信号的振幅和初相位。b_n满足：

$$b_n=\begin{cases}0 & \text{概率为 } p_1 \\ 1 & \text{概率为 } p_2 \\ 2 & \text{概率为 } p_3 \\ \vdots & \quad\vdots \\ M-1 & \text{概率为 } p_M\end{cases} \tag{7-26}$$

且

$$p_1+p_2+p_3+\cdots+p_M=1 \tag{7-27}$$

为了比较，把二电平调制波形与多电平调制波形的某一实现画在图 7-35 中。图 7-35a 是二电平的调制波形，图 7-35b 是多电平的调制波形。显然，图 7-35b 中波形可以等效成图 7-35c 中诸多波形的叠加，而图 7-35c 中的每一波形都可看作一个二电平的调制波形。

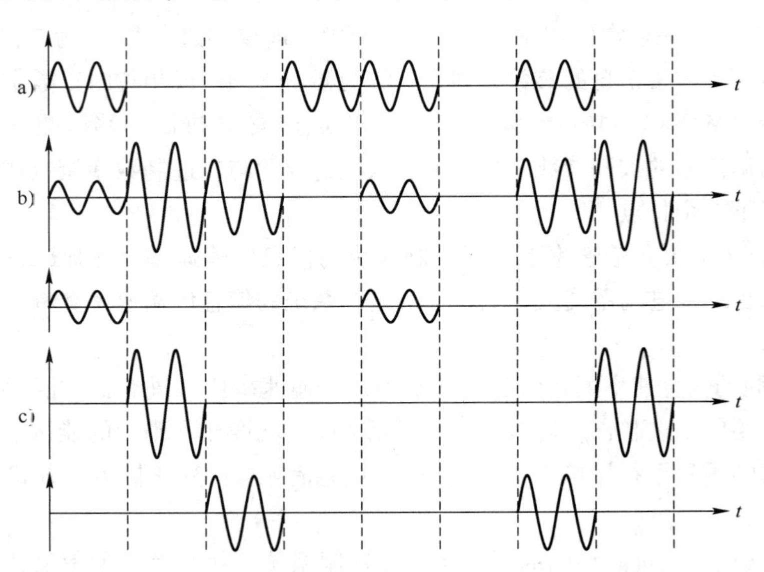

图 7-35　二电平与多电平的已调波形

由于 $s_M(t)$ 可以看作时间上互不相关的 M 个不同振幅的二电平通断键控信号的叠加，因此各波形在时间上是互不重叠的。基带信号的脉冲幅度取值有 M 个，但是脉冲宽度则与 M 无关。又因为 M 个不同振幅的 2ASK 信号的频率也是一样的，因而它的功率谱密度便是这 M 个信号在同一频带范围的功率谱密度叠加，尽管叠加后谱的结构较复杂。也就是说，多电平调制信号的带宽必定与二电平调制信号的带宽相同。因此，MASK 信号的带宽仍然是多进制基带信号带宽 B 的 2 倍。多进制基带信号带宽 B 与二进制基带信号带宽是相同的，只是它们频谱的幅度不同。

MASK 的调制方法与 2ASK 相同，不同的是基带信号由两个电平变成了多个电平。因此，可以将二进制信息序列分为 n 个一组（$n=\log_2 M$），之后变换为 M 电平的基带信号，再送入调制器，即在发送端增加了 2 到 M 电平变换器。相应地，在接收端增加了 M 到 2 电平变换器，如图 7-36 所示。多进制数字振幅调制信号的解调可以采用相干解调方式，也可以采用包络检波方式，其原理与 2ASK 完全相同，这里不再赘述。由于采用了多电平调制，因此要求调制器为线性调制器，即已调信号幅度与输入基带信号幅度成正比关系。

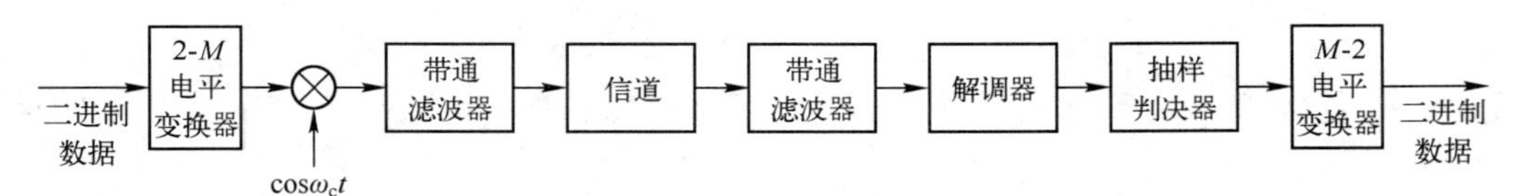

图 7-36　M 进制振幅调制系统原理框图

7.5.2　多进制频率调制与解调

除了传统的 2FSK 方式外，多进制频移键控（MFSK）也受到一定的重视，因为多进制频移键控信号具有提高功率利用率和抗码间串扰的能力。

MFSK 调制实际上是 2FSK 调制的简单推广。这时，系统有 M 个不同频率的振荡信号可供选择。每个振荡波形代表一个 M 进制码元，其发送信号（已调信号）可用下式表示：

$$e_{\mathrm{MFSK}}(t)=\begin{cases}A\cos(\omega_1 t+\theta_1) & \text{对应第一个码元符号}\\ A\cos(\omega_2 t+\theta_2) & \text{对应第二个码元符号}\\ \vdots & \vdots \\ A\cos(\omega_M t+\theta_M) & \text{对应第 } M \text{ 个码元符号}\end{cases} \tag{7-28}$$

MFSK 信号常用频率选择法来产生，获得相位不连续的 MFSK 调制信号，这样便于利用频率合成器来提供稳定的信号频率。调制器的原理框图如图 7-37 所示。来自数据终端的数据比特流经过逻辑电路（串/并变换等），转换成 M 进制码元（每个码元由 $\log_2 M$ 个比特组成），用它去控制开关电路，送出相应频率的波形。

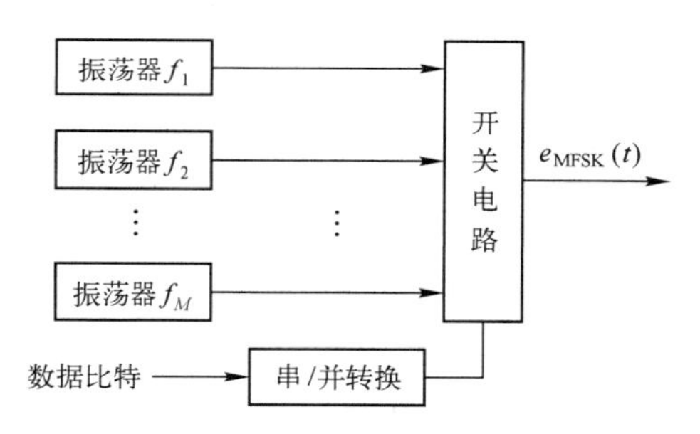

图 7-37　MFSK 信号产生器原理框图

MFSK 信号的解调方法一般多采用非相干方法。图 7-38 是一种非相干解调器，在这种解调器中，对应于每个频率的信号都有一个接收滤波器分离出相应的频率，其后接有包络检波器，抽样比较判决器对各包络检波器的输出进行抽样，对各抽样值 $R_i(i=1,2,\cdots,M)$ 进行比较，若对于所有的 $j\neq i$，$R_i>R_j$，则判决发送的基带信号码元为对应于 $A\cos(\omega_i t+\theta_i)$ 的码元符号。再经并/串转换，给出相应的数据比特流。

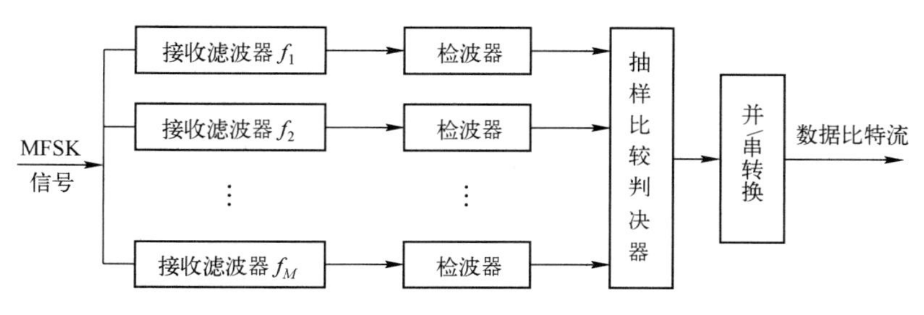

图 7-38　MFSK 非相干解调器原理框图

键控法产生的 MFSK 信号，可以看作由 M 个幅度相同、载频不同、时间上互不重叠的 2ASK 信号叠加的结果。设 MFSK 信号码元的宽度为 T_s，即传输速率 $f_b=1/T_s$，则 M 频制信号的带宽为

$$B_{MFSK}=(f_M-f_1)+2f_b$$

式中，f_M为最高选用载频，f_1为最低选用载频。MFSK 信号的功率密度谱如图 7-39 所示。从上面分析可见，MFSK 信号的带宽随频率数 M 的增大而线性增宽，频带利用率明显下降。并且，MFSK 的频带利用率总是低于 MASK 的频带利用率。

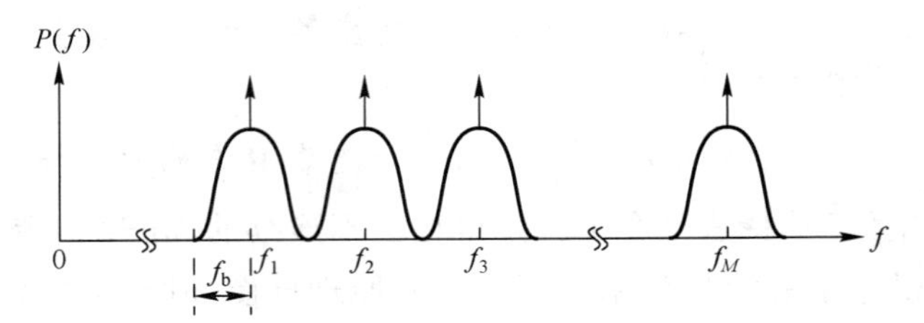

图 7-39　MFSK 信号的功率密度谱

7.5.3　多进制相位调制与解调

在多相调制中，可以用多种相位或相位差来表示数字数据信息。也就是说，将要传送的二进制信息序列每 k 比特编为一组，构成 k 比特码元，每一个 k 比特码元都有 2^k种不同的状态，因而要用 2^k种不同的相位或相位差来表示。如果令 $M=2^k$，k 比特码元持续时间为 T_s，则 M 相调制信号可表示为

$$e_{MPSK}(t)=\begin{cases}A\cos(\omega_c t+\theta_1) & 0<t<T_s,\quad \text{第一种状态}\\ A\cos(\omega_c t+\theta_2) & 0<t<T_s,\quad \text{第二种状态}\\ \vdots & \qquad\qquad \vdots\\ A\cos(\omega_c t+\theta_M) & 0<t<T_s,\quad \text{第 } M \text{ 种状态}\end{cases} \tag{7-29}$$

为了用一个表达式表示 M 相调制信号，假设 $g(t)$为幅度等于 A，持续时间为 T_s的矩形脉冲，则 M 相调制信号又可以表示为

$$\begin{aligned}e_{MPSK}(t) &= \sum g(t-nT_s)\cos(\omega_c t+\theta_n)\\ &= \sum_n \cos\theta_n g(t-nT_s)\cos\omega_c t-\sum_n \sin\theta_n g(t-nT_s)\sin\omega_c t\end{aligned} \tag{7-30}$$

其中

$$\theta_n=\begin{cases}\theta_1 & \text{概率为 } p_1\\ \theta_2 & \text{概率为 } p_2\\ \vdots & \vdots\\ \theta_M & \text{概率为 } p_M\end{cases} \tag{7-31}$$

且

$$p_1+p_2+\cdots+p_M=1 \tag{7-32}$$

若记

$$a_n=\cos\theta_n=\begin{cases}\cos\theta_1 & \text{概率为 } p_1\\ \cos\theta_2 & \text{概率为 } p_2\\ \vdots & \vdots\\ \cos\theta_M & \text{概率为 } p_M\end{cases}\tag{7-33}$$

$$b_n=\sin\theta_n=\begin{cases}\sin\theta_1 & \text{概率为 } p_1\\ \sin\theta_2 & \text{概率为 } p_2\\ \vdots & \vdots\\ \sin\theta_M & \text{概率为 } p_M\end{cases}\tag{7-34}$$

式（7-30）可写成：

$$e_{\mathrm{MPSK}}(t)=\sum_n a_n g(t-nT_s)\cos\omega_c t-\sum_n b_n g(t-nT_s)\sin\omega_c t\tag{7-35}$$

由于一般都是在 0~2π 范围内等间隔划分相位（这样造成的平均差错概率最小），因此各相位角为

$$\theta_n=\frac{2\pi}{M}(k-1),\quad k=1,2,3,\cdots,M$$

从式（7-35）可看出，MPSK 信号可以看作载波互为正交的两路 MASK 信号的叠加，因此，MPSK 信号的频带宽度应与 MASK 时相同，都是数字基带信号带宽的 2 倍。

由于 k 比特码元所含信息量是二进制码元所含信息量的 k 倍，所以多相调制系统与二相调制系统相比，可以提高数据通信有效性、可靠性。但是，在多相调制时 k 取得越大，信号之间的相位差也就越小，传输的可靠性将随着相位取值数的增大而降低。因此实际中用得较多的是四相调制和八相调制。多相调制也分为绝对相移 MPSK 和相对相移 MDPSK 两种。这里仅介绍四相绝对和相对相移调制解调原理及方法。

1. 四相绝对相移调制（4PSK）

四相绝对相移调制也称为 QPSK，它是利用载波的四种不同相位来表征传送的数字信息。在 4PSK 调制中，对于二进制数字序列要先进行分组，将每两位数字编为一组，然后根据其组合情况用四种不同的载波相位来表征它们。在四相调制中，由于每一种载波相位代表两个比特信息，因此每个码元常被称为双比特码元。我们常常把组成此双比特码元的前一信息比特用 a 代表，后一信息比特用 b 代表。双比特码元中两个信息比特 a、b 是按格雷码排列的，因此在接收检测时，如果出现相邻相位判决错误，只会造成 1 比特的差错，有利于提高传输的可靠性。双比特码元与载波相位的关系如表 7-1 所列。

表 7-1 双比特码元与载波相位关系

双比特码元		载波相位	
a	b	A 方式	B 方式
0	0	0°	45°
0	1	90°	315°

（续）

双比特码元		载波相位	
a	b	A 方式	B 方式
1	1	180°	225°
1	0	270°	135°

由式（7-35）可以得到4PSK信号的表示式，即

$$e_{4PSK}(t)=\sum_n a_n g(t-nT_s)\cos\omega_c t-\sum_n b_n g(t-nT_s)\sin\omega_c t \tag{7-36}$$

其中

$$a_n=\cos\theta_n=\begin{cases}\cos\theta_1 & 概率为\ p_1\\ \cos\theta_2 & 概率为\ p_2\\ \cos\theta_3 & 概率为\ p_3\\ \cos\theta_4 & 概率为\ p_4\end{cases} \tag{7-37}$$

$$p_1+p_2+p_3+p_4=1 \tag{7-38}$$

$$b_n=\sin\theta_n=\begin{cases}\sin\theta_1 & 概率为\ p_1\\ \sin\theta_2 & 概率为\ p_2\\ \sin\theta_3 & 概率为\ p_3\\ \sin\theta_4 & 概率为\ p_4\end{cases} \tag{7-39}$$

4PSK信号表达式，除θ_K在$(0,\ 2\pi)$中取四种等间隔离散值外，实际上与2PSK信号没有什么区别。当载波相位以A方式取值时，幅度a_n和b_n只有0、±1三种取值。同样，在载波相位以B方式取值时，幅度a_n和b_n只有$\pm\sqrt{2}/2$两种取值。因此，式（7-36）恰好表示了两个正交的双边带抑制载频调制波形。或者说，4PSK信号可以看作两个正交的2PSK信号的合成。因此，4PSK信号的功率谱密度与2PSK信号的表示相同，都是由双极性基带调制波形决定，所以二者的带宽也相同。

与2PSK信号类似，4PSK信号的产生主要有两种方法：调相法和相位选择法。图7-40是A方式直接调相法原理框图。输入信号是二进制双极性不归零码元，它被串/并转换电路转换成并行的一位二进制码元a和b，码元a和b的持续时间是输入信息码元的2倍，如图7-41所示。并行的两路一位二进制码元a和b分别与两路正交的载波相乘后送到加法电路，合成对应4个相位的QPSK调制信号。

如果二进制码元“1”用双极性脉冲“−1”表示，“0”用双极性脉冲“+1”表示，则上支路载波为$\cos(\omega_c t+45°)$，下支路载波为$\cos(\omega_c t-45°)$，相位差为90°。当串/并转换结果为$a=0$和$b=0$时，则有上、下支路信号相加的结果为

$$\cos(\omega_c t+45°)+\cos(\omega_c t-45°)=\sqrt{2}\cos(\omega_c t+0°)$$

即当输入信号为“00”时，对应的4PSK信号相位为0°。同理，还可求得当“ab”为“01”、“10”和“11”时，对应的相位分别为90°、270°和180°，A方式的4PSK信号相位向量图如图7-42所示。

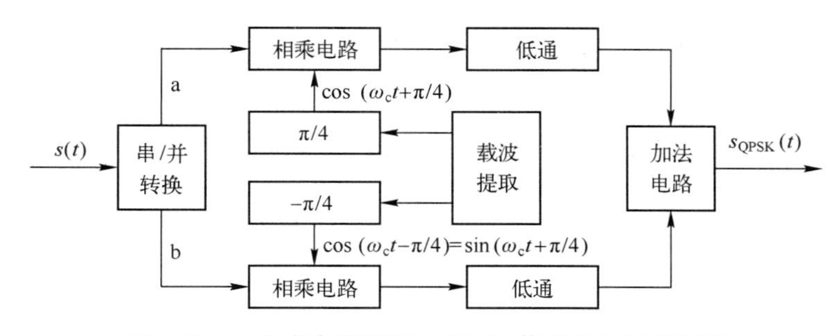

图 7-40　A 方式直接调相法 QPSK 信号产生原理框图

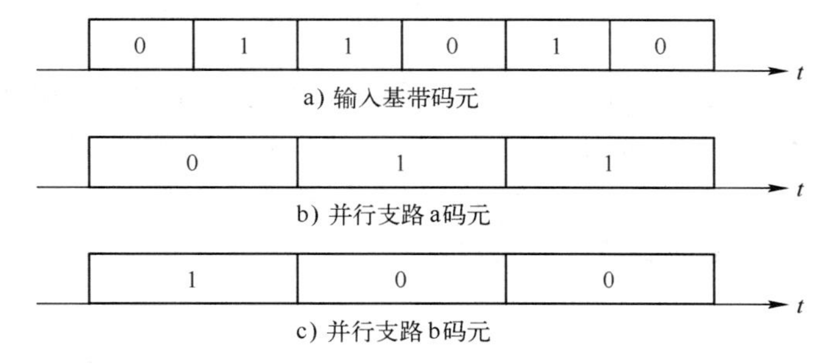

图 7-41　码元串/并转换

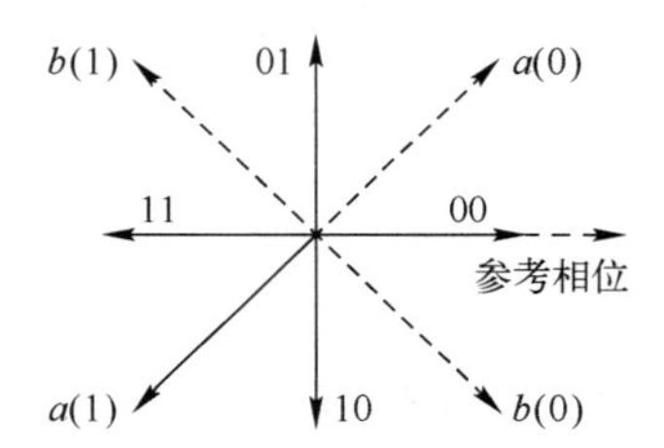

图 7-42　A 方式的 4PSK 信号相位向量图

将图 7-42 中的上、下载波的初相位换为 0°和 90°时，上、下支路的载波信号则分别为 $\cos\omega_c t$ 和 $\cos(\omega_c t+90°)$，这时就是 B 方式的 4PSK 信号调制。如图 7-43 所示。当 $a=0$、$b=0$ 时，合成的 4PSK 信号表示为

$$\cos\omega_c t+\cos(\omega_c t+90°)=\cos\omega_c t-\sin\omega_c t=\sqrt{2}\cos(\omega_c t+\pi/4)$$

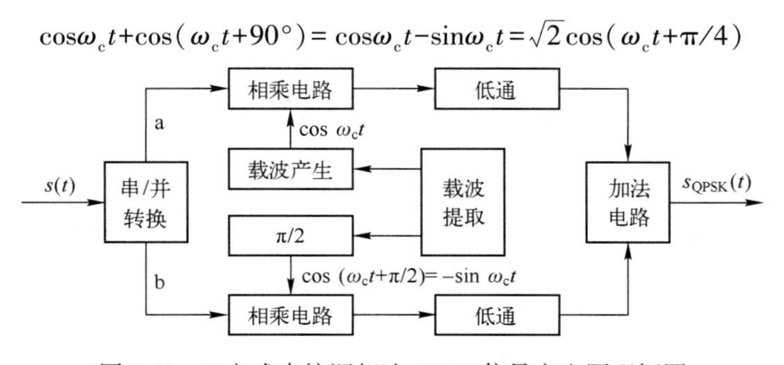

图 7-43　B 方式直接调相法 QPSK 信号产生原理框图

即对应的相位为 45°。同理还可求得其他 3 种情形下的 4PSK 信号相位向量图如图 7-44 所示。

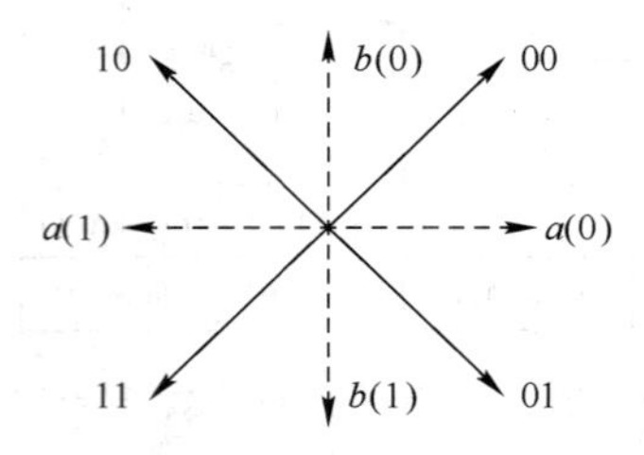

图 7-44　B 方式的 4PSK 信号相位向量图

相位选择法产生 4PSK 信号的原理框图如图 7-45 所示。图中，四相载波发生器分别送出调相所需的四种不同相位，例如 45°、135°、225°、315°的载波。按照串/并转换器输出的双比特码元的不同，逻辑选相电路输出相应的载波。例如，输入双比特码元 AB 为“00”时，输出相位为 45°的载波；输入双比特码元 AB 为“10”时，输出相位为 135°的载波。

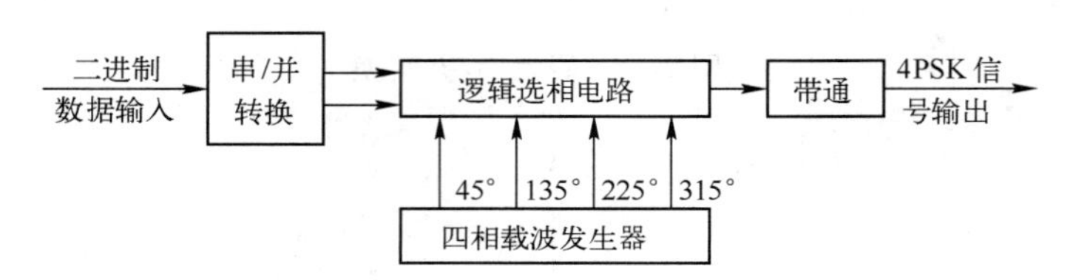

图 7-45　相位选择法产生 4PSK 信号的原理框图

由于四相绝对相移信号可以看作两个正交 2PSK 信号的合成，因此它可以采用与 2PSK 信号类似的解调方法进行解调。

前面已经指出，2PSK 信号只能采用相干检测法解调，因此 4PSK 信号也只能采用两个正交的相干载波分别来检测这两个分量 a 和 b。图 7-46 是 B 方式的解调器原理框图，四种相位分别表示四进制的四个状态：00、01、11、10。在图 7-46 中，上、下两个支路分别是一个二相相移信号检测器，它们分别用来检测双比特码元中的 A 和 B 码元，然后通过并/串转换器还原成串行的数据信息。下面进一步说明其工作原理。

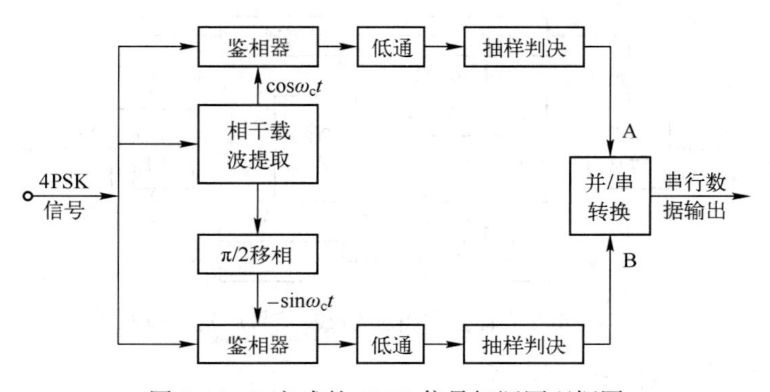

图 7-46　B 方式的 4PSK 信号解调原理框图

如果不考虑信道的失真及噪声的影响，那么可以假设解调器输入端的接收信号在一个码元持续时间内可表示为

$$A\cos(\omega_c t+\theta_n)$$

式中，θ_n为码元载波的相位，ω_c为载波频率，A 为载波的幅度。该信号同时加到两个鉴相（相乘）器上。在上支路，鉴相器的输出电压为

$$A\cos(\omega_c t+\theta_n)\cos\omega_c t=\frac{A}{2}[\cos(2\omega_c t+\theta_n)+\cos\theta_n] \tag{7-40}$$

通过低通滤波器后，滤除高频分量，输出的电压与 $\cos\theta_n$成正比。

同理，在下支路，鉴相器的输出电压为

$$A\cos(\omega_c t+\theta_n)\cdot(-\sin\omega_c t)=-\frac{A}{2}[\sin(2\omega_c t+\theta_n)-\sin\theta_n] \tag{7-41}$$

因此，低通滤波器输出的电压与 $\sin\theta_n$成正比。

上、下支路信号的判决电平是 0 值，即按照脉冲的正负来判决数字信息的生成。由于在调制时规定双极性码与信息流的关系是：二进制码元“0”用双极性正脉冲表示，二进制码元“1”用双极性负脉冲表示，因此当载波相位按表 7-2 取值时，$\cos\theta_n$、$\sin\theta_n$以及 A、B 码元值（相应的数字序列）将有表中的结果。最后经并/串转换即可恢复出与发送端相同的数字信息。

表 7-2　A 方式 QPSK 的解调结果

信号码元相位 θ_n	上支路输出	下支路输出	上支路判决 A	下支路判决 B
45°	+	+	0	0
315°	+	−	0	1
225°	−	−	1	1
135°	−	+	1	0

在四相绝对相移调制系统中，实现起来最困难的问题也是在于接收端如何产生一个标准的相干载波。通常采用的方法是四倍频–四分频法，如图 7-47 所示。由图 7-47 可见，相干载波的提取过程是：将接收到的四相调制信号经全波整流后，送 4ω 频率滤波器得到 $4\omega_c$频率的信号输出，然后再经过四次分频，便可以得到所需的相干载波输出。这种方法也会由于分频起始点不同而使提取的相干载波相位出现四种不确定性。因此，实际中，通常采用四相相对相移调制。

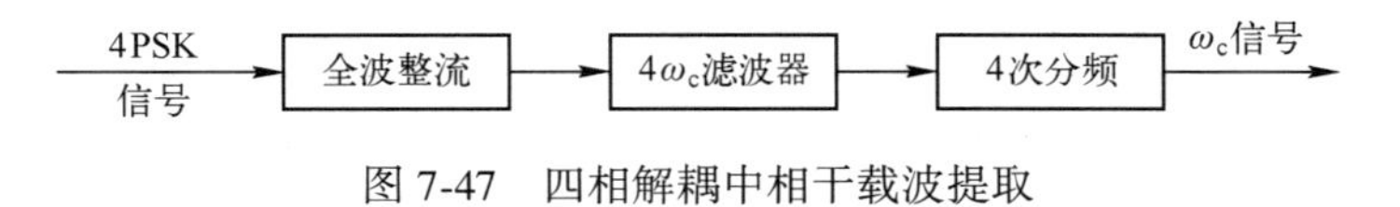

图 7-47　四相解耦中相干载波提取

2. 四相相对相移调制（4DPSK 或 QPSK）

用相干正交解调法解调 QPSK 信号时，由于在接收端也要恢复相干载波，因此也存在相位模糊问题，解决方法是采用多进制相对码来表示多进制数字基带信号，然后进行 QPSK 绝对相移调制得到 QDPSK 信号，最后在解调器对 QDPSK 信号进行相干解调和差分

译码恢复出原数字基带信号。

四相相对相移调制信号携带信息的方式与二相相对相移调制一样，也是利用前后码元的载波相位差来表示数字信息。若以前一码元相位作为参考，并令 $\Delta\theta_k$ 为本码元与前一码元的初相差，则信息编码与载波相位关系仍然可用表 7-1 中的 A 方式和 B 方式来表示，它们之间的向量关系也可以用相应的向量图来表示。不过，这时表中的 θ_k 应改为 $\Delta\theta_k$。4DPSK 信号也可以看作二路正交的 2DPSK 信号的合成，其时域表达式与 4PSK 信号的表达式相同，即也可用式（7-36）表示，但此时式中的 $\sum a_n g(t-nT_s)$ 和 $\sum b_n g(t-nT_s)$ 并不表示原数字序列，而是表示绝对码变换成相对码后的数字序列。当相对相位值以等概率出现时，4DPSK 信号的功率谱与 4PSK 信号的功率谱相同，不再详细叙述。

4DPSK 信号的产生可以像 2DPSK 信号那样，先将绝对码变换成相对码，然后用相对码对载波进行绝对相移，即先把输入的双比特码经码型变换，再用码型变换输出的双比特码进行四相绝对相移。通常采用的方法是码变换加调相法和码变换加相位选择法。

用码变换加调相法产生 4DPSK 信号的组成框图如图 7-48 所示。它与图 7-43a 所示的 4PSK 信号产生器相比，仅在串/并转换器后面多了一个码变换器，因此，这里只需介绍码变换器就行了。码变换器的作用是把输入的绝对双比特码 ab 转换成相对双比特码 cd。以 A 方式为例，绝对双比特码 ab 与载波相位的变化关系应满足表 7-3 的规定，其调相信号的相位向量图仍可用图 7-42 表示。不过，现在的参考相位不再是固定的，而是以前一双比特码元的载波相位为参考相位。

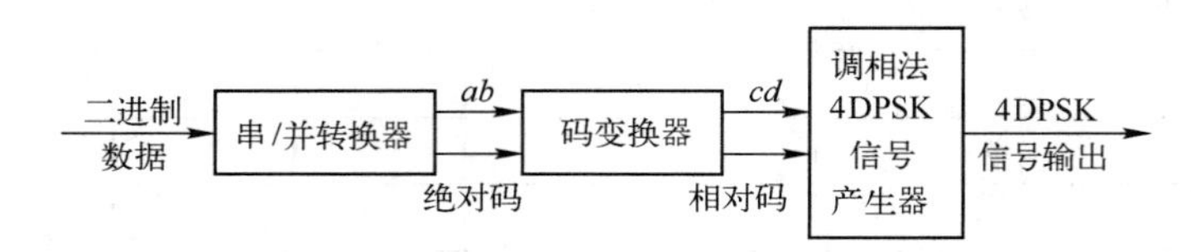

图 7-48 码变换加调相法产生 4DPSK 信号的原理框图

表 7-3 A 方式 QDPSK 相位关系

a	b	$\Delta\theta_k$
0	0	0°
0	1	90°
1	1	180°
1	0	270°

由表 7-3 可见，当输入双比特数据为 00 时，调相信号的载波相位相对于前一双比特码元的载波相位不变化；当输入双比特数据为 01 时，调相信号的载波相位相对于前一双比特码元的载波相位变化 90°，依次类推。由于前一双比特码元的载波相位有四种可能值，因此输入某一双比特数据时得到的载波相位也不是固定的，同样也有四种可能。例如，若输入双比特数据为 01 时，按表 7-3 规定载波相位应变化 90°，但由于前一双比特码元的载波有四种可能的相位，如果设它为 180°（对应于 11），那么此时的载波相位应为 180°+90°=

270°。按照四相绝对相移表中 A 方式的规定，可查得相位 270°对应的输入双比特数据 cd 应为 10，而这时输入的双比特数据 ab 是 01。所以码型变换器应将输入数据 01 变成 10。如果前一双比特码元的载波相位为 270°，那么此时本码元的载波相位应为 270°+90°=360°，相当于 0°。同样，按表 7-3 中 A 方式的规定，其相应的输入双比特数据 cd 应为 00，故码型变换器应将输入双比特数据 01 变为 00。由此可见，码型变换器应完成表 7-4 所示的逻辑功能。在表 7-4 中，本时刻出现的码元状态 c_nd_n 与 θ_n 的关系是固定的，属于绝对相移。而输入双比特 a_nb_n 与 θ_n 都是不固定的，有 4 种可能。这样，码型变换器需完成表 7-4 中 a_nb_n 与 c_nd_n 的全部转换。实现表 7-4 要求的功能逻辑图也不是唯一的，根据所采用的逻辑元件不同，可以有不同的码型变换器。

表 7-4　四相相对调相码变换的逻辑功能

本时刻到达 ab 及所要求的相对相位变化			前一码元的状态			本时刻变换器输出码元状态		
a_k	b_k	$\Delta\theta_k$	c_{k-1}	d_{k-1}	θ_{k-1}	c_k	d_k	θ_k
0	0	0°	0	0	0°	0	0	0°
			0	1	90°	0	1	90°
			1	1	180°	1	1	180°
			1	0	270°	1	0	270°
0	1	90°	0	0	0°	0	1	90°
			0	1	90°	1	1	180°
			1	1	180°	1	0	270°
			1	0	270°	0	0	0°
1	1	180°	0	0	0°	1	1	180°
			0	1	90°	1	0	270°
			1	1	180°	0	0	0°
			1	0	270°	0	1	90°
1	0	270°	0	0	0°	1	0	270°
			0	1	90°	0	0	0°
			1	1	180°	0	1	90°
			1	0	270°	1	1	180°

4DPSK 信号产生的另一种方法是码变换加相位选择法，其组成框图与图 7-45 所示的相位选择法产生 4PSK 信号的组成框图完全一样。不过，这里的逻辑选相电路除按规定完成选择载波的相位外，还应实现把绝对码转换成相对码的任务。也就是说，在四相绝对相移时，直接用输入双比特码去选择载波相位，而在四相相对相移时，需要将输入的双比特码 ab 转换成相应的双比特相对码 cd，再用 cd 去选择相位，这样便产生了 4DPSK 信号。

4DPSK 信号的解调方法与 2DPSK 信号类似，也有极性比较法和相位比较法两种。

（1）相位比较法

仍然以 A 方式为例，用相位比较法对 4DPSK 信号解调的原理组成框图如图 7-49所示。

它适用于接收表 7-3 所规定的 4DPSK 信号。由于 4DPSK 信号可以看作两路 2DPSK 信号的合成，因此，解调时也可分别按两路 2DPSK 信号的相位比较法来合成。上、下支路分别由一个 2DPSK 解调器构成。接收到的 4DPSK 信号分别送上、下支路的相位检波器。相位检波器的另一路输入是经延迟一码元 T 时间后，又分别移相 $\pi/4$ 和 $-\pi/4$ 的 4DPSK 信号。

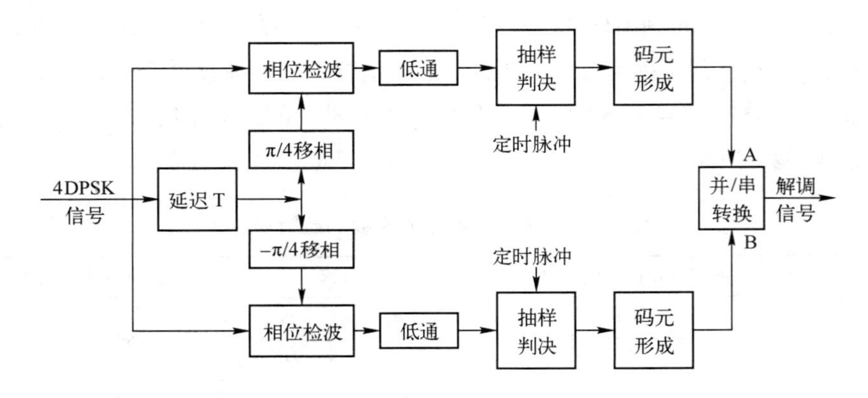

图 7-49　A 方式相位比较法对 4DPSK 信号解调的原理框图

具体地说，假设原 4DPSK 信号为 $\cos(\omega_c t+\theta_{n+1})$，延迟 T 后又移相 $\pm\pi/4$ 的信号为 $\cos(\omega_c t+\theta_n\pm\pi/4)$。这里，$\theta_{n+1}$ 和 θ_n 分别代表当前码元的载波相位和前一码元的载波相位。相位检波器实际上执行乘法器的功能，相位检波后的信号经过低通滤波器滤除高频部分后，得到二路基带信号。对于上支路，低通滤波器的输出与：

$$\cos(\omega_c t+\theta_{n+1})\cos\left(\omega_c t+\theta_n-\frac{\pi}{4}\right)\xrightarrow{\text{低滤}}\frac{1}{2}\cos\left(\theta_{n+1}-\theta_n+\frac{\pi}{4}\right)=\frac{1}{2}\cos\left(\Delta\theta+\frac{\pi}{4}\right) \tag{7-42}$$

成正比。对于下支路，低通滤波器的输出与：

$$\cos(\omega_c t+\theta_{n+1})\cos\left(\omega_c t+\theta_n-\frac{\pi}{4}\right)\xrightarrow{\text{低滤}}\frac{1}{2}\cos\left(\theta_{n+1}-\theta_n+\frac{\pi}{4}\right)=\frac{1}{2}\cos\left(\Delta\theta-\frac{\pi}{4}\right) \tag{7-43}$$

成正比。因此，若接收到的 4DPSK 信号当前码元与前一码元的载波相位差为 90°（表示信息“01”），那么在上支路的检波输出与 cos(90°−45°) = cos45°成正比，即上支路得到正极性脉冲，经码元形成器形成“0”码元。在下支路，检波器输出与 cos(90°+45°) = cos135°成正比，即下支路得到负极性脉冲，经码元形成器形成“1”码元。最后由并/串转换器把此“01”双码元变成串行数据输出。

（2）极性比较法

极性比较法仍然分上、下两条支路，分别按两路 2DPSK 信号来解调，然后合成信号。极性比较法组成的原理框图如图 7-50 所示。前一方框是前面曾介绍的 4PSK 信号解调器，即先要把 4DPSK 信号进行绝对相移的解调，得到相对码，然后经码变换逻辑电路把相对码变换成绝对码，最后由并/串转换器把它还原为串行数据信息输出。

在图 7-50 中，输入是 4DPSK 信号，经过 4PSK 绝对相移解调后，上、下支路解调出 $c_k d_k$，若仍以 A 方式为例，那么 $c_k d_k$ 与相位的绝对对应关系如表 7-5 所列。前面已详细讨论 4PSK 信号解调器的工作原理，这里着重介绍码变换逻辑电路的原理，码变换器的功能正好与发送端的相反，它需要将判决器输出的相对码恢复成绝对码。设码变换器当前的输入数据为 $c_k d_k$，前一输入数据为 $c_{k-1} d_{k-1}$，输出数据为 $a_k b_k$，则根据编码时的码变换关系可得出逻辑变换关系如表 7-6 所示。

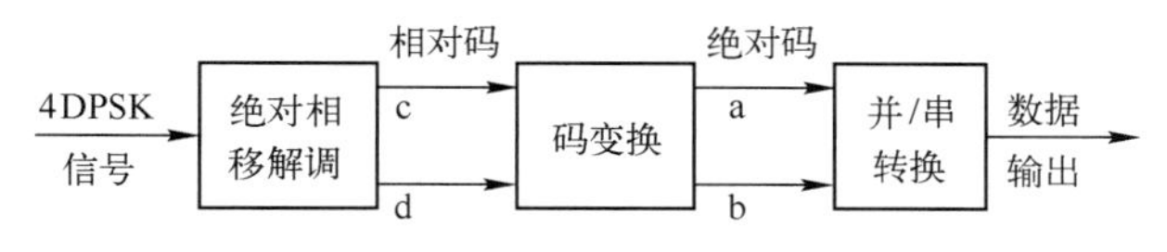

图 7-50　极性比较法原理框图

表 7-5　接收端的码与相位关系

信号码元相位 θ_n	上支路输出	下支路输出	上支路判决 c	下支路判决 d
0°	+	+	0	0
90°	+	−	0	1
180°	−	−	1	1
270°	−	+	1	0

表 7-6　A 方式 QDPSK 接收端码变换器逻辑关系

前一时刻输入码元的状态			当前时刻输入码元状态			当前时刻相位变化量及编码器输出		
c_{k-1}	d_{k-1}	θ_{k-1}	c_k	d_k	θ_k	$\Delta\theta_k$	a_k	b_k
0	0	0°	0	0	0°	0°	0	0
			0	1	90°	90°	0	1
			1	1	180°	180°	1	1
			1	0	270°	270°	1	0
0	1	90°	0	0	0°	270°	1	0
			0	1	90°	0°	0	0
			1	1	180°	90°	0	1
			1	0	270°	180°	1	1
1	1	180°	0	0	0°	180°	1	1
			0	1	90°	270°	1	0
			1	1	180°	0°	0	0
			1	0	270°	90°	0	1
1	0	270°	0	0	0°	90°	0	1
			0	1	90°	180°	1	1
			1	1	180°	270°	1	0
			1	0	270°	0°	0	0

例如，令码变换电路输入的第一、二组数据为 $c_0d_0=00$ 及 $c_1d_1=11$，这时输出数据应为 $a_1b_1=11$。因为对于 $c_0d_0=00$，其相位为0°，而 $c_1d_1=11$，相位为180°，那么前后码元的载波相位差为180°。如果在发送端是按照表7-3所列的A方式进行4DPSK调制的，那么相位差180°对应于双比特码元11。为实现码变换电路，根据表7-6不难得出：

1）当前一状态上、下两支路具有相同数据“00”或“11”，即满足 $c_{k-1}\oplus d_{k-1}=0$，这时，码变换电路输出有如下关系：

$$\begin{cases}a_k=c_{k-1}\oplus c_k\\b_k=d_{k-1}\oplus d_k\end{cases}\tag{7-44}$$

2）当前一状态上、下两支路具有不同数据01或10，即满足 $c_{k-1}\oplus d_{k-1}=1$，这时，码变换电路输出有如下关系：

$$\begin{cases}a_k=d_{k-1}\oplus d_k\\b_k=c_{k-1}\oplus c_k\end{cases}\tag{7-45}$$

根据式（7-44）和式（7-45），容易得到如图7-51所示的码变换逻辑电路组成框图。两路输入信号 c_k、d_k 分别与前一信号 c_{k-1}、d_{k-1} 模二相加，完成 $c_k\oplus c_{k-1}$ 和 $d_k\oplus d_{k-1}$ 的运算，然后比较 c_{k-1}、d_{k-1} 的极性，用极性比较器输出的电压去控制交叉直通电路。当 $c_{k-1}\oplus d_{k-1}=0$ 时，交叉直通电路处于直通状态，即把 $c_k\oplus c_{k-1}$ 作为 a_k 的输出，而把 $d_k\oplus d_{k-1}$ 作为 b_k 的输出。反之，当 $c_{k-1}\oplus d_{k-1}=1$ 时，交叉直通电路处于交叉状态，即把 $c_k\oplus c_{k-1}$ 作为 b_k 的输出，而把 $d_k\oplus d_{k-1}$ 作为 a_k 的输出。

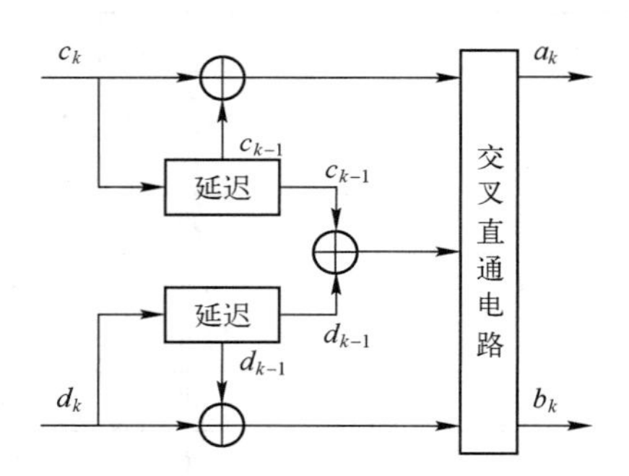

图7-51　码变换逻辑电路组成框图

MPSK方式是微波和卫星通信系统中经常采用的一种数字调制方式。实际中，广泛采用的是四相调制技术，进一步提高通信数据率可以采用八相调制或相位-幅度组合调制（典型的是一种正交幅度调制QAM）。八相调制的原理类似于四相调制，不同的只是系统处理的是三比特码元而不是双比特码元。

7.6　正交振幅调制

前面讨论了数字调制的三种基本方式：数字幅度调制、数字频率调制和数字相位调制，这三种方式是数字调制的基础。然而，在现代数字通信中，随着大容量和远距离数据通信技术的发展，这三种方式都存在某些不足，例如频谱利用率低，非线性对传输信号的影响，抗衰落能力弱，带外辐射严重等。为了改进不足，近几十年来，人们陆续提出了一些新的数字调制技术，以适应各种新的通信系统要求。正交幅度调制（QAM）和正交频分多路复用就是两种具有代表性的现代数字调制技术。

多进制调制是提高频谱利用率和系统信息速率的有效手段，进制数越高，系统的传输容量越大，但是随着进制数的增加，向量之间的最小距离随之减小，接收端发生误判的概率增大，误码率增加。因此，信号向量之间的最小距离对系统的可靠性非常重要，其值越大越好。但若要加大信号向量间的最小距离，单一的幅度键控和相位键控是不可能实现的，应该充分利用整个平面，将信号向量合理布局，以便在信号向量个数相同的情况下，提高信号点间的最小距离，或者在信号间最小距离不变的情况下，增加信号向量的个数，从而提高传输效率。图 7-52 是 16PSK 和 16QAM 调制时的信号相位向量图（对应的空间信号向量端点分布图称为星座图），通过计算和比较 16QAM 和 16PSK 信号的相位向量图不难得出，16PSK 向量间的最小距离小于 16QAM 向量间的最小距离。

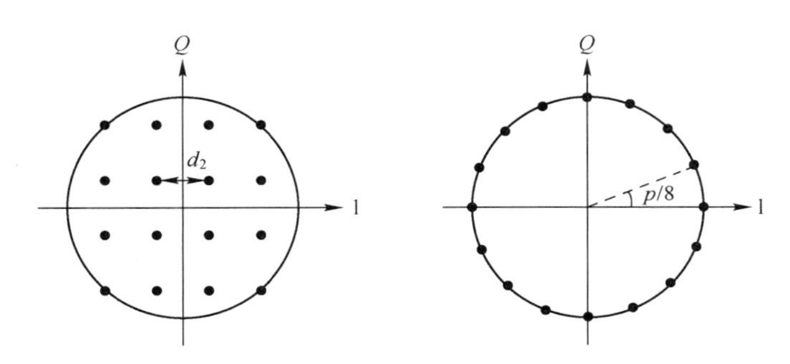

图 7-52　16QAM 与 16PSK 的信号相位向量图

基于这一思想，1960 年，C. R. Chan 提出了振幅和相位联合键控方式（Amplitude Phase Keying，APK），即对载波的振幅和相位同时进行调制，这种方式又常称为正交振幅调制（QAM）。增大 M 可提高频带利用率，也即提高传输有效性。与 MPSK 相比，同进制和同平均发射功率条件下的 MQAM 误码率更低，即可靠性比 MPSK 好，而且设备也比较简单。目前，研究和应用较多的 APK 调制方式是十六进制的正交振幅调制（16QAM）。

所谓正交振幅调制是用两个独立的基带波形对两个相互正交的同频载波进行抑制载波双边带调制，利用这种已调信号在同一带宽内频谱正交的性质来实现两路并行的数字信息传输。在这种调制中，已调制载波的振幅和相位都随两个独立的基带信号变化。正交振幅调制（QAM）的系统框图如图 7-53 所示。下面介绍其基本工作原理。

QAM 信号的同相和正交分量可以独立地分别以 ASK 方式传输数字信号。如果两通道的基带信号分别为 $x(t)$ 和 $y(t)$，则 QAM 信号可表示为

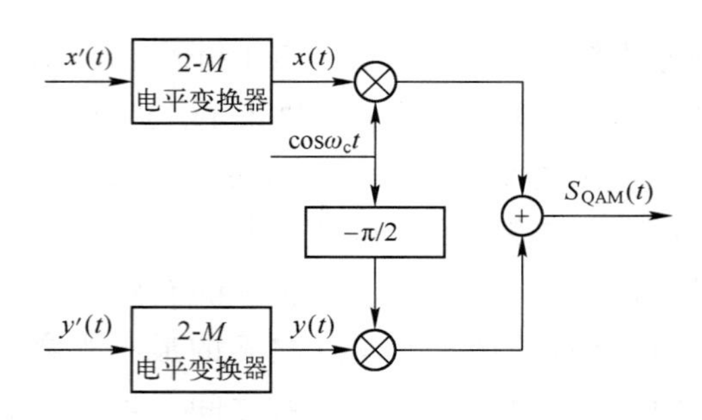

图 7-53 QAM 信号产生原理框图

$$S_{\mathrm{QAM}}(t)=x(t)\cos\omega_c t+y(t)\sin\omega_c t$$

通常，原始数字数据都是二进制的。为了得到多进制的 QAM 信号，首先应将二进制信号转换成 M 进制信号，然后进行正交调制，最后再相加。在图 7-53 中，$x'(t)$ 由序列 $a_1,a_2,\cdots,a_k$ 组成，$y'(t)$ 由序列 $b_1,b_2,\cdots,b_k$ 组成，它们是两组互相独立的二进制数据，经 2−M 电平变换器变为 M 进制信号 $x(t)$ 和 $y(t)$。经正交调制组合后可形成 QAM 信号。

$$s(t)=[a_n g(t-nT)]\cos(\omega_c t+\varphi_n) \tag{7-46}$$

式中，$g(t)$ 是高度为 1、宽度为 T 的矩形脉冲，a_n 为载波可能取的 N 种不同的电平值，φ_n 为载波可能取的 M 种不同的相位，且有：

$$a_n=\begin{cases}a_1 & 以概率\ P_1\\ a_2 & 以概率\ P_2\\ \vdots & \vdots\\ a_N & 以概率\ P_N\end{cases}$$

$$\varphi_n=\begin{cases}\varphi_1 & 以概率\ P_1\\ \varphi_2 & 以概率\ P_2\\ \vdots & \vdots\\ \varphi_M & 以概率\ P_M\end{cases}$$

显然，QAM 信号的可能状态数为 $M\times N$。如 $M=N=4$，则合成 16QAM 信号。式（7-46）还可以写成另一种形式：

$$s(t)=\left[\sum_n a_n g(t-nT)\right]\cos\omega_c t\cos\varphi_n-\left[\sum_n a_n g(t-nT)\right]\sin\omega_c t\sin\varphi_n \tag{7-47}$$

令

$$\begin{cases}X_n=a_n\cos\omega_c t\\ Y_n=b_n\sin\omega_c t\end{cases}$$

则式（7-47）可写成：

$$s(t)=\left[\sum_n X_n g(t-nT)\right]\cos\varphi_n-\left[\sum_n Y_n g(t-nT)\right]\sin\varphi_n \tag{7-48}$$

可见，QAM 信号可看作两个正交载波调制信号之和，故又称为正交幅度调制。比较式（7-35）和式（7-48）可以看出，MQAM 信号的带宽与 MPSK 信号带宽相同。因此，QAM 方式是一种高效率的信息传输方式。

QAM 信号采取正交相干解调的方法解调，其原理框图如图 7-54 所示。解调器首先对收到的 QAM 信号进行正交相干解调。低通滤波器（LPF）滤除乘法器产生的高频分量。低通滤波器输出经抽样判决可恢复出 M 电平信号 $x(t)$ 和 $y(t)$。因为 x_k 和 y_k 取值一般为±1，$\pm3,\cdots,\pm(m-1)$，所以判决电平应设在信号电平间隔的中点即 $u_d=\pm2,\pm4,\cdots,\pm(m-2)$。根据多进制码元与二进制码元的关系，经 M-2 变换器，可将 M 电平信号转换为二进制基带信号 $x'(t)$ 和 $y'(t)$。

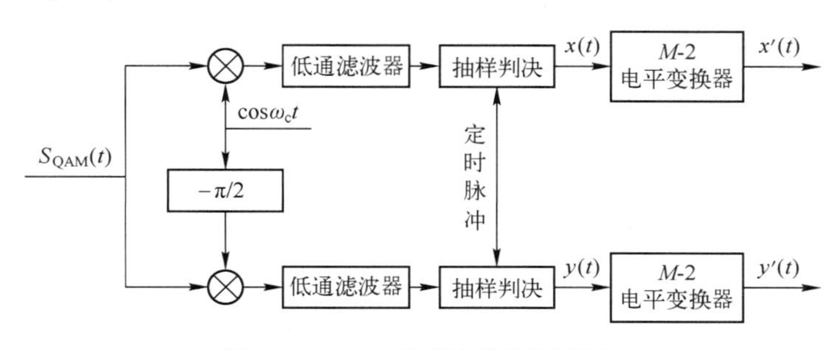

图 7-54　QAM 信号解调原理框图

7.7　正交频分多路复用

现代社会对通信的依赖和要求越来越高，于是设计和开发效率更高的通信系统成了通信工程界不断追求的目标。通信系统的效率，说到底是频谱利用率和功率利用率。特别是在无线通信的情况下，对这两个指标的要求更高，尤其是频谱利用率。于是，各种各样具有较高频谱效率的通信技术不断被开发出来。正交频分多路复用（Orthogonal Frequency Division Multiplexing，OFDM）是一种特殊的多载波数字调制技术，它利用载波间的正交性进一步提高频谱利用率，而且可以抗窄带干扰和多径衰落。无线信道由于受到复杂地形大气的折射和反射等客观因素的影响存在着多径传播效应。多径信号的时延扩展可以导致频率选择性衰落，即针对信号中不同的频率分量，无线信道呈现不同的随机响应，使信号波形发生畸变。OFDM 通过多个正交的子载波将串行数据并行传输，可以增大码元的宽度，减少单个码元占用的频带，抵抗多径引起的频率选择性衰落，有效克服码间串扰，降低系统对均衡技术的要求。同时，因为每个子载波的正交性大大提高了频谱的利用率，所以 OFDM 非常适合移动场合中的高速传输，是支持未来无线宽带接入系统和第四代移动通信的核心技术之一，特别是移动多媒体通信的主要技术之一。

正交频分复用在 20 世纪 60 年代就已提出，该技术的特点是易于实现信道均衡，降低了均衡器的复杂性，但由于 OFDM 技术要求大量的复杂计算和高速存储设备，当时的技术条件达不到，所以仅在一些军用系统中有过应用。第一个 OFDM 技术的实际应用是军用的无线高频通信链路，由于早期的 OFDM 系统结构非常复杂，需要使用多个调制解调器，从而限制了它的应用和发展。1971 年，Weinstein 和 Ebert 提出了采用离散傅里叶变换来等效多个调制解调器的功能，即在发送端使用反向快速傅里叶变换（Inverse Fast Fourier Transformation，IFFT）将发送数据调制到多个正交子载波上，经过信道传输，在接收端使用快速傅里叶变换（Fast Fourier Transformation，FFT），从正交载波向量中还原出原始数据，从而简化了系统结构，使得 OFDM 技术更趋于实用化。近年来，由于数字信号处理（DSP）技术和大规模集成电路（VLSI）技术的发展，也为利用 IFFT 和 FFT 来实现 OFDM 的调制与解调提供了硬件基础。

OFDM 技术原理框图如图 7-55 所示，其基本思想是在频域内将给定信道分成许多正交子信道，单个用户的信息流被串/并转换为多个低速率码流，每个码流都使用一个子载波调制到相应的子信道上，并且各子载波并行传输，因此 OFDM 既可以当作调制技术，也可以当作复用技术。OFDM 相对于一般多载波传输的不同之处是它允许子载波频谱部分重叠，如图 7-56 所示，只要满足子载波间相互正交，则可以从混叠的子载波上分离出数据信号。由于 OFDM 允许子载波频谱混叠，其频谱效率比传统调频信道大大提高，因而是一种高效的调制方式，图 7-57 给出传统调频信道与 OFDM 信道的比较。

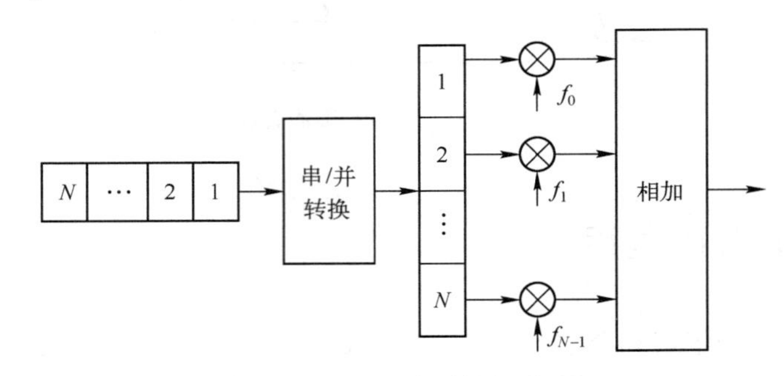

图 7-55　OFDM 调制原理框图

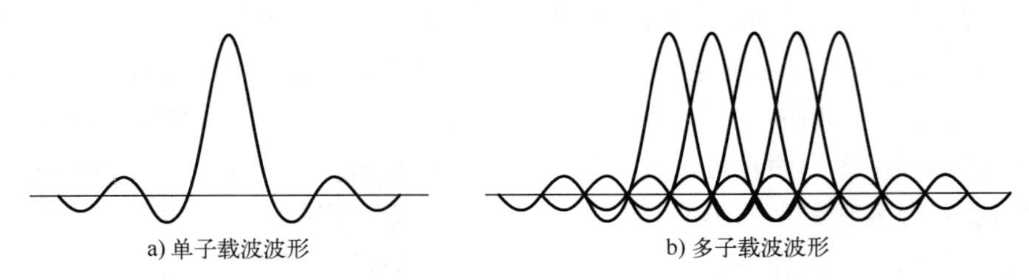

图 7-56　OFDM 中单子载波调制波形及多子载波调制波形

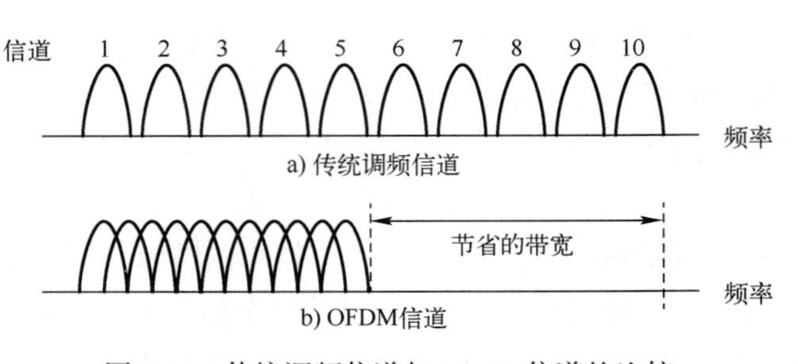

图 7-57　传统调频信道与 OFDM 信道的比较

OFDM 系统的各个子载波可以根据信道的条件来使用不同的调制，比如 BPSK、QPSK、8PSK、16QAM、64QAM 等，以频谱利用率和误码率之间的最佳平衡为原则。选择满足一定误码率要求的最佳调制方式可以获得最大频谱效率。由于可靠性是通信系统运行是否良好的重要考核指标，因此系统通常选择BPSK或QPSK调制，这样可以确保在信道最坏条件下的信噪比要求，但是这两种调制的频谱效率太低。如果使用自适应调制，那么在信道好的时候，终端就可以使用较高的调制，同样在终端靠近基站时，调制可以由BPSK（1 bit/s · Hz）转化成16QAM～64QAM（4～6 bit/s · Hz），整个系统的频谱利用率得到大幅度的改善，自适应调制能够使系统容量翻番。但任何事物都有其两面性，自适应调制也不例外，它要求信号必须包含一定的开销比特，以告知接收端发射信号所采用的调制方式，并且，终端需要定期更新调制信息，这又势必会增加更多的开销比特。OFDM技术将这个矛盾迎刃而解，通过采用功率控制和自适应调制协调工作的技术。信道好的时候，发射功率不变，可以采用增强调制方式（如64QAM）；若功率可以减小，调制方案也应降低，可使用QPSK，以保证传输质量。

另外，子载波可分为数据子载波、导频子载波和主子载波。数据子载波主要用于数据传输，导频子载波主要用于信道估计等。主子载波不用于传输，只用于保护频带和DC子载波。

图7-58为OFDM系统收发端的典型框图，其中，上半部分对应于发射机链路，下半部分对应于接收机链路。由于FFT操作类似于IFFT，因此发射机和接收机可以使用同一硬件设备。当然，这种复杂性的节约意味着该收发机不能同时进行发送和接收操作。各模块主要功能如下：

1）信道编码：将要传输的信号进行编码（见第9章），用于提高通信系统的抗干扰能力和可靠性。

2）交织：将编码完的数据信号进行适度的打散。此过程可防止出现一连串错误，造成错误更正码也发生一连串错误，从而无法更正错误。

3）数字调制：选定子载波调制方式（BPSK、QPSK、QAM等）。此步骤将被传输的数字数据转换成子载波幅度和相位的映射，但并没有真正将信号调制传输。

4）插入导频：将已知值放入信号流中，这些已知值将在解调时帮助还原正确信号。

5）串/并转换：将串行信号改成并行方式，此时信号长度变成原来的N倍，其中N是子载波的个数。

6）IFFT：利用IFFT将信号做一个转换，可以理解为离散频域转变成离散时域，如同信号分别乘上不同子载波频率一样。

7）FFT：FFT和IFFT互为反变换，可分解频域信号，将子载波的幅度和相位采集出来并转换回数字信号。

8）插入循环前缀并加窗：信号尾端的部分移到信号前端，减少多径干扰对系统的影响，并且乘上窗函数，减少接收到两个信号之间可能因为极不连续的相位变化而产生的高频信号。

9）定时同步和频率同步：此步骤确定系统接收端与信号时间和频率上的同步，估测信号的好坏，降低错误率，这是系统中非常重要的一步。

10）信道校正：根据对导频的观察，推测信号受到信道的干扰，并还原初始信号。

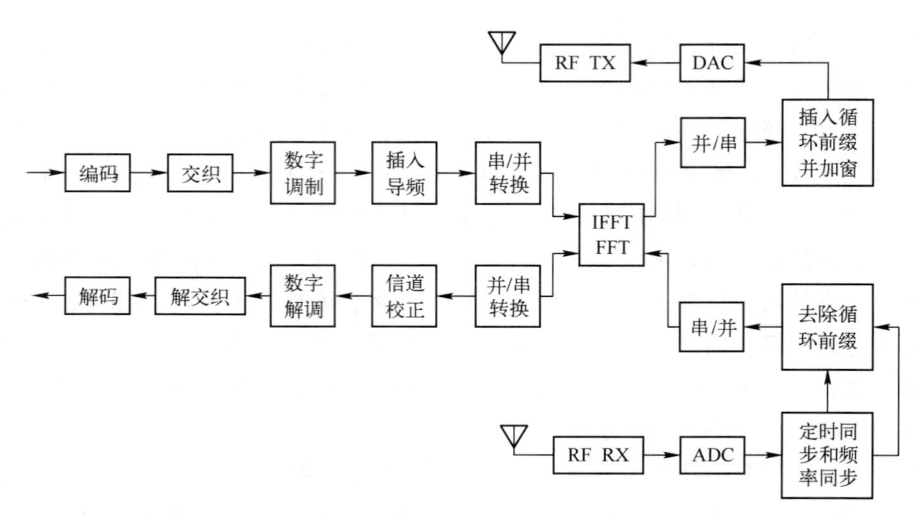

图 7-58　OFDM 系统收发端典型框图

当今，人们越来越青睐可以快捷方便、随时随地进行信息交流的无线通信技术。OFDM 技术是首选的宽带高速传输技术，它可以与多进多出（Multi-Input Multi-Output，MIMO）系统结合，利用多个天线实现多发多收，在不需要增加频谱资源和天线发送功率的情况下成倍地提高信道容量，是新一代移动通信核心技术的解决方案。它在未来的无线通信领域中将具有强大的优势，随着 DSP 芯片的发展，OFDM 的市场前景非常乐观。

本章小结

在实际通信系统中，大多数信道具有带通传输特性，需要采用频带传输技术，将基带信号进行调制以实现频谱搬移。数字调制技术可分为二进制和多进制数字调制解调技术，基本的调制解调方法大致可分为调幅、调频、调相以及正交振幅调制等几种。二进制振幅调制是一种最基本的调制方式，也是其他调制方法的基础，它是用载波信号的振幅来表示二进制信息的“1”和“0”，由于其调制后信号的带宽是原基带信号带宽的 2 倍，因此可以采用单边带和残留边带调制来提高频带利用率。二进制频率调制的基本思想是用靠近载频的两个不同频率来表示两个二进制数据“1”和“0”，它可被看作两路频率不同的二进制振幅调制信号叠加而成。它比二进制振幅调制信号的抗干扰性好，但频带利用率不高。相比二进制振幅调制和二进制频率调制，二进制相位调制的抗干扰性好、频带利用率高，在中、高速的数据传输中应用广泛。调相技术可分为绝对相移和相对相移，绝对相移方法简单，但可能出现“倒相”现象。因此，实际应用中很多采用相对相移，可简化同步问题。由于多进制数字调制与解调可以比二进制数字调制解调技术的带宽利用率成倍提高，因此在现代数据通信中得到广泛应用，但系统相对复杂，而且在相同条件下误码率会增加。正交振幅调制是既调幅又调相，属于多参量调制的一种，它既可提高频带利用率又可减少误码率，还能够提高可靠性，应用更加广泛。正交频分多路复用也是一种特殊的多载波数字调制技术，它利用载波间的正交性进一步提高频谱利用率，而且可以抗窄带干扰和多径衰落，在 WiFi 系统及 4G 移动通信系统等无线传输领域有相当广泛的应用，是当今无线通信系统使用的最重要技术之一。

思考与练习

1. 数字调制的基本方式有哪些？其时间波形各有什么特点？
2. 基带信号为什么要经过调制才能通过载波信道？
3. 基带信号调幅后频谱有什么特点？
4. 2ASK 和 2FSK 信号可以用哪些方法产生和解调？
5. 2PSK 信号和 2DPSK 信号可以用哪些方法产生和解调？
6. 何谓多进制数字调制？与二进制数字调制相比，多进制数字调制有哪些优缺点？
7. 设 ASK 系统的码元传输速率为 200 Baud，已调信号的载频为 800 Hz，设发送的数字信息为 11001，试画出 2ASK 信号的波形。
8. 一频移键控信号，传送消息“1”时，发送频率为 $f_1=0.6\,\text{kHz}$ 的载波信号；传送消息“0”时，发送频率为 $f_2=2.4\,\text{kHz}$ 的载波信号。码元速率为 600 Baud，采用普通分路滤波器检测解调，问需多少系统带宽？
9. 一频移键控信号，码元速率为 1200 Baud，试问发送频率 f_1 和 f_2 之间的间隔最小应为多少？所需系统带宽为多少？
10. 采用 8PSK 调制传输 4800 bit/s 数据，求传输该 8PSK 信号的系统带宽至少应为多少？
11. 某电话调制解调器使用 QAM 方式，采用 0°、90°、180°、270° 4 种相位和 2 种振幅值，问在波特率为 2400 的情况下，该调制解调器的数据传输率是多少？
12. 已知两余弦波 $3\cos\omega t$ 和 $3\cos(\omega t+30°)$，试画出它们的向量图及它们之和的向量图。
13. 设 2FSK 调制系统的码元传输速率为 1000 Baud，已调信号的载频为 1000 Hz 或 2000 Hz。设发送的数字信息为 01101，试画出 FSK 信号波形。
14. 设发送的二进制信息为 011011100010，试分别画出 OOK、2FSK、2PSK 及 2DPSK 信号的波形示意图，并说明各波形各有何特点。
15. 在二进制相位调制中，已知载波频率 $f_c=19.2\,\text{kHz}$，码元速率为 4800 Baud，数字信息为 0101，试按下表规定的两种编码方式分别画出 2PSK 波形图。

数 字 信 息		0	1
相位偏移	A 方式	180°	0°
	B 方式	270°	90°

16. 若载频为 1800 Hz，码元速率为 1200 Baud，发送数字信息为 01101，试画出 $\Delta\varphi=270°$ 代表“0”，$\Delta\varphi=90°$ 代表“1”的 2DPSK 信号波形。
17. 设有一个 4DPSK 信号，其信息速率为 2400 bit/s，载波频率为 1800 Hz，试问每个

码元中包含多少个载波周期？

18. 假设“1”→$\Delta\varphi=180°$，“0”→$\Delta\varphi=0°$，试画出DPSK用极性比较法解调的波形图（包括载波相位反相的情况）。

19. 设在一个2DPSK传输系统中，输入信号码元序列为0111001101000，试写出其变成相对码后的码元序列，以及采用A方式编码时发送载波的相对相位和绝对相位。

20. 设发送信息序列为01011000110100，试按下表的要求，分别画出相应的4PSK和4DPSK的所有可能波形。

方式	双信息符号与$\Delta\varphi$的关系				
A方式	$\Delta\varphi$	0°	90°	180°	270°
	数字信息	00	01	11	10
B方式	$\Delta\varphi$	45°	135°	225°	315°
	数字信息	00	01	11	10

21. 设某2FSK传输系统的码元速率为1000 Baud，已调信号的载频分别为1000 Hz和2000 Hz，发送数字信息为011010。

（1）试画出一种2FSK信号调制器原理图，并画出2FSK信号的时间波形。

（2）试讨论这时的2FSK信号应选择怎样的解调器解调。

22. 简述QAM调制解调原理，该技术有何特点？

第8章 同 步

同步是指接收设备和发送设备必须保持高度协调一致地工作，例如收、发两端时钟的一致，收、发两端载波频率和相位的一致，收、发两端帧和复帧的一致等。同步是数据通信的一个重要问题，数据通信系统能否正常有效地工作，很大程度上依赖于准确的同步。同步不好会导致误码增加，通信质量下降，甚至使整个系统工作失常。同步就像数字通信网络的神经系统一样，是保证整个系统正常工作的前提。

8.1 同步的分类及方法

在数据通信中，按照同步的功能来划分，有载波同步、位同步（码元同步）、群同步（帧同步）和网同步（通信网络中使用）4 种。当采用同步解调或相干检测时，接收端需要提供一个与发送端的调制载波同频同相的相干载波。获得这个相干载波的过程称为载波提取或称为载波同步。除了有载波同步的问题外，还有位同步的问题。因为消息是一串连续的信号码元序列，所以解调时必须知道每个码元的起止时刻。例如在前面学习的基带系统和频带传输系统中，接收端码元恢复时都要用到抽样脉冲序列，对接收信号的抽样值进行判决来决定码元的取值。因此，在数字通信系统中，接收端必须产生一个用作定时的脉冲序列，它和接收的每一个码元起止时刻一一对齐。我们把在接收端产生与接收码元的频率和相位一致的定时脉冲序列的过程称为码元同步或位同步，而称这个定时脉冲序列为码元同步脉冲或位同步脉冲。

群同步也称帧同步。对于数字信号传输来讲，数字信号是按一定的数据格式传送的，一定数目的信息流总是用若干码元组成一个“字”，又用若干“字”组成一“句”，再用若干“句”组成一帧，从而形成群的数字信号序列。在接收端要正确地恢复消息，就必须识别句或帧的起始时刻。在数字时分多路通信系统中，各路信码都安排在指定的时隙内传送，形成一定的帧结构。在接收端为了正确地分离各路信号，先要识别出每帧的起始时刻，从而找出各路时隙的位置。也就是说，接收端必须产生与字、句和帧起止时间相一致的定时信号。获得这些定时序列称为帧（字、句、群）同步。

当通信是在两点之间进行时，完成了载波同步、位同步和帧同步之后，接收端不仅获得了相干载波，而且通信双方的时标关系也解决了，这时，接收端就能以较低的错误概率恢复出数字信息。然而，随着数字通信的发展，特别是计算机通信及计算机网络的发展，通信系统也由点到点的通信发展到多点间的通信，这时，多个用户相互连接而组成了数字通信网。显然，为了保证通信网内各用户之间可靠地进行数据交换，还必须实现网同步，即在整个通信网内有一个统一的时间节拍标准，这就是网同步。

按实现同步的方法划分，同步系统可分为外同步法和自同步法。外同步法是由发送端发送专门的同步信息，接收端把这个专门的同步信息检测出来作为同步信号的方法。自同步法是从接收的数据信号中直接提取同步信息，发送端不需要发送专门的同步信号，通常也称为直接法或内同步法。由于外同步法需要传输独立的同步信号，因此，要付出额外的功率和频带。另外，外同步法在效率上要低于自同步法，因为同步信息占用了时间。在实际应用中，两者都采用。在载波同步中，采用两种同步法，但自同步法用得较多。在位同步中，大多采用自同步法，外同步法也采用。在群同步中，一般都采用外同步法。

通信系统只有在收、发两端之间建立了同步才能实现正确的信息传输，因此同步信息传输的可靠性应该高于信号传输的可靠性。现代通信技术使用的频率越来越高，数据传码率越来越快，时钟精度也越来越高，达到微秒、纳秒数量级，所以对同步技术提出了更高的要求。下面分别介绍载波同步、位同步、群同步以及网同步的基本工作原理和性能。

8.2　载波同步

当采用同步解调或相干检测时，接收端需要提供一个与发送端的调制载波同频同相的相干载波。这个载波的获取就称为载波提取或载波同步。对载波同步的基本要求是：同步误差（确切地说是相位误差）小，同步建立时间短，同步保持时间长，同步所占用的功率小且频带窄。实现载波同步的方法通常有两种：若已调信号本身含有足够的载频分量，则可直接用窄带滤波器滤出；对于本身不含载波或接收端很难从已调信号的频谱中将它分离出来的已调信号，则主要采用直接法和插入导频法。

8.2.1　直接法

直接法是由接收端设法直接从收到的已调信号中提取载波信号的方法。它适用于接收信号中具有载波分量或接收到的信号（如 PSK 信号）进行某种非线性变换后具有载波谐波分量的情况。从理论上讲，包含有双边带（DSB）的信号（包括残留边带）中一定含有载波信号，因此可以直接从接收信号中提取载波。下面以 DSB 和 PSK 信号为例，简单介绍两种直接提取载波的方法。

1. 平方变换法

设调制信号为 $m(t)$ 且无直流分量，则抑制载波的双边带信号 $s(t)$ 为

$$s(t)=m(t)\cos\omega_{c}t$$

如果数字信号 $m(t)=\pm1$，则接收端将此信号进行平方变换后变为

$$s^{2}(t)=m^{2}(t)\cos^{2}\omega_{c}t=\cos^{2}\omega_{c}t=\frac{1}{2}(1+\cos2\omega_{c}t)$$

可以看出，$s(t)$ 经平方处理之后产生了直流分量和 $\cos2\omega_{c}$ 分量，如果用一个窄带滤波器将 $\cos2\omega_{c}$ 分量滤出并经二分频，就可得到需要的载波分量。平方变换法提取载波原理框图如图 8-1 所示。

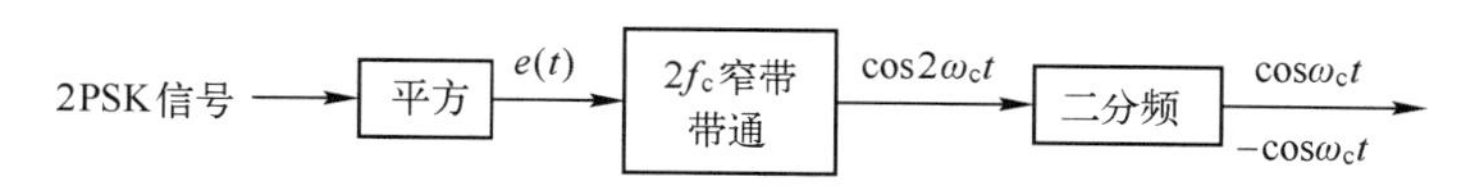

图 8-1　平方变换法提取载波

上述平方变换法提取载波采用二分频电路，由于分频起点的不确定性，其输出的载波相对于接收信号相位有 180°的相位模糊。相位模糊对模拟通信关系不大，因为人耳听不出相位的变化。但对数字通信的影响就不同了，它可能使 2PSK 相干解调后出现“反向工作”的问题，克服相位模糊对相干解调影响的最常用而又有效的方法是对调制器输入的信息序列进行差分编码，即采用相对移相（2DPSK），并且在解调后进行差分译码恢复信息（见第 7 章）。

2. 平方锁相环法

窄带滤波器常用锁相环代替，锁相环具有良好的跟踪、窄带滤波和记忆性能。若平方变换法中采用锁相环提取载波，则称为平方锁相环法。在实际中，伴随信号一起进入接收机的还有加性高斯白噪声。为了改善平方变换法的性能，使恢复的相干载波更为纯净，图中的窄带滤波器常用锁相环代替，构成如图 8-2 所示的方框图，称为平方锁相环法提取载波。由于锁相环具有良好的跟踪、窄带滤波和记忆功能，平方锁相环法比一般的平方变换法具有更好的性能。因此，平方锁相环法提取载波得到了较广泛的应用。下面以 2PSK 信号为例，分析采用平方锁相环的情况。

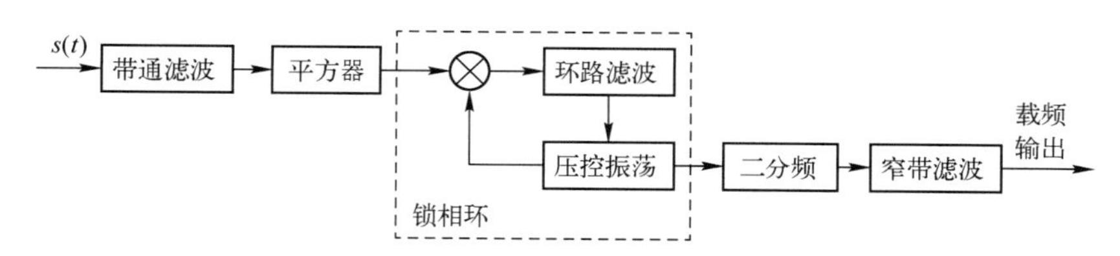

图 8-2　平方锁相环法提取载波

设 2PSK 信号可以表示为

$$s(t)=m(t)\cos\omega_c t$$

其中，$m(t)=\pm1$。平方后得到：

$$s^2(t)=m^2(t)\cos^2\omega_c t=\cos^2\omega_c t=\frac{1}{2}(1+\cos 2\omega_c t)$$

假设环路锁定，压控振荡器（VCO）频率锁定在 $2\omega_c$ 频率上，其输出信号为

$$V_o(t)=A\sin(2\omega_c t+2\theta)$$

这里，θ 为相位差。经鉴相器（即乘法器，实际还包括低通滤波器，见第 7 章）后输出的误差电压为

$$V_d=K_d\sin 2\theta$$

式中，K_d 为鉴相灵敏度，是一个常数。V_d 仅与相位差有关，它通过环路滤波器去控制压控振荡器的相位和频率，环路锁定之后，θ 是一个很小的量。因此，VCO 的输出经过二分频后，就是所需的相干载波。该方法提取载波同样也会使输出的载波相对于接收信号相位有

180°的相位模糊。

8.2.2 插入导频法

在抑制载波的系统中，如果不进行非线性变换（平方法），是无法直接从接收信号中提取载波的。例如，双边带（DSB）信号、残留边带（VSB）信号、单边带（SSB）和2PSK信号本身都不含有载波分量，或即使含有一定的载波分量，也很难从已调信号中分离出来。为了获取载波同步信息，可以采取插入导频的方法。插入导频是在已调信号频谱中加入一个低功率的线状谱（其对应的时域正弦波形称为导频信号），在接收端可以利用窄带滤波器较容易地把它提取出来，经过适当的处理形成接收端的相干载波。显然，插入导频的频率应当与原载频有关或者就是载频。这里仅介绍在抑制载波的双边带信号中采用的插入导频法。

对于抑制载波的双边带信号，必须进行相关编码变换再进行DSB调制（如2PSK）。相关编码能够改变数字基带信号的频谱位置及形状，便于插入导频。在DSB信号中插入导频时，导频的插入位置应该在信号频谱为零的位置，否则导频与已调信号频谱成分重叠，接收时不易提取。图8-3所示为插入导频的一种方法。插入的导频并不是加入调制器的载波，而是将该载波移相π/2的“正交载波”信号。

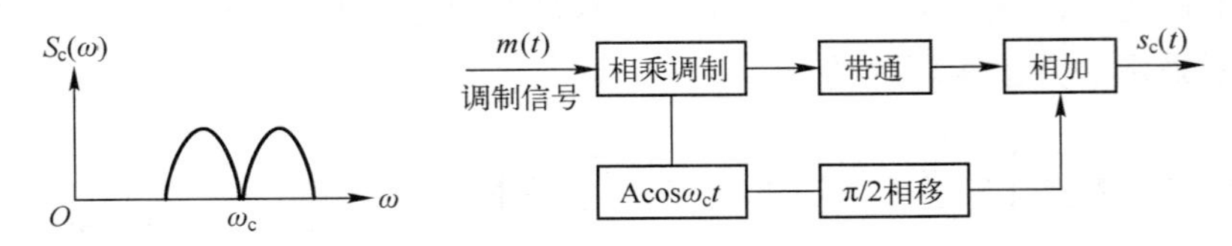

图8-3 插入导频的一种方法

设调制信号为$m(t)$，无直流分量，调制后的载频信号为$Am(t)\cos\omega_c t+A\sin\omega_c t$，接收端的解调方框图如图8-4所示。如果不考虑信道失真及噪声干扰，并设接收端收到的信号与发送端的信号完全相同，则此信号通过中心频率为ω_c的窄带滤波器可取得导频$A\sin\omega_c t$，再将其移相π/2，就可以得到与调制载波同频同相的相干载波$\cos\omega_c t$。接收端的解调过程为

$$\begin{aligned}s_0(t)\cos\omega_c t&=[Am(t)\cos\omega_c t+A\sin\omega_c t]\cos\omega_c t\\&=\frac{A}{2}m(t)+\frac{A}{2}m(t)\cos2\omega_c t+\frac{A}{2}\sin2\omega_c t\end{aligned}$$

上式表示的信号通过截止角频率为ω_c的低通滤波器就可以得到基带信号$(A/2)m(t)$。如果发送端导频不是正交插入，而是同相插入，则接收端解调信号为

$$\begin{aligned}s_0(t)\cos\omega_c t&=[Am(t)\cos\omega_c t+A\cos\omega_c t]\cos\omega_c t\\&=\frac{A}{2}m(t)+\frac{A}{2}m(t)\cos2\omega_c t+\frac{A}{2}\cos2\omega_c t+\frac{A}{2}\end{aligned}$$

虽然上式也可以解调出$(A/2)m(t)$项，但却增加了一个直流项$A/2$。这个直流项通过低通滤波器后将对数字信号产生不良影响。这就是发送端导频采用正交插入的原因。

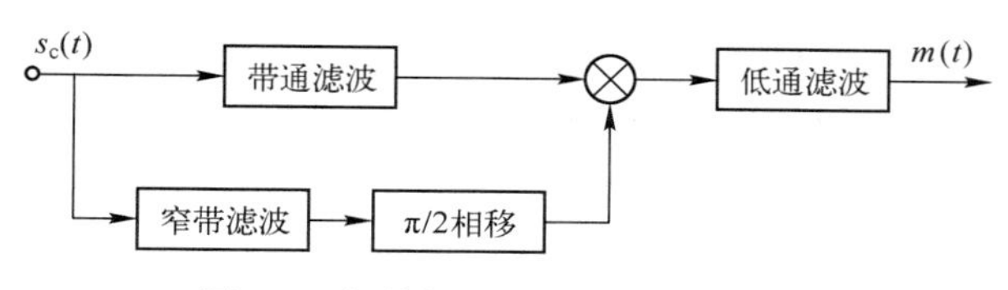

图 8-4　频域插入法接收端的方框图

除了在频域插入导频的方法外，还有一种在时域插入导频以传送和提取同步载波的方法。时域插入导频法中，对被传输的数据信号和导频信号在时间上应加以区别。例如按图 8-5a 那样分配，把一定数目的数字信号分作一组，称为一帧。在每一帧中，除有一定数目的数字信号外，在 t_0-t_1 的时隙内传送位同步信号，在 t_1-t_2 的时隙内传送帧同步信号，在 t_2-t_3 的时隙内传送载波同步信号，而在 t_3-t_4 的时隙内才传送数字信息，以后各帧都如此。这种时域插入导频只是在每帧的一小段时间内才有载频标准，其余时间是没有载频标准的。在接收端，用相应的控制信号将载频标准取出来以形成解调用的同步载波。但是由于发送端发送的载频标准是不连续的，在一帧内只有很少一部分时间存在，因此如果用窄带滤波器取出这个间断的载波是不能应用的。对于这种时域插入导频方式，载波提取往往采用锁相环路，其方框图如图 8-5b 所示。

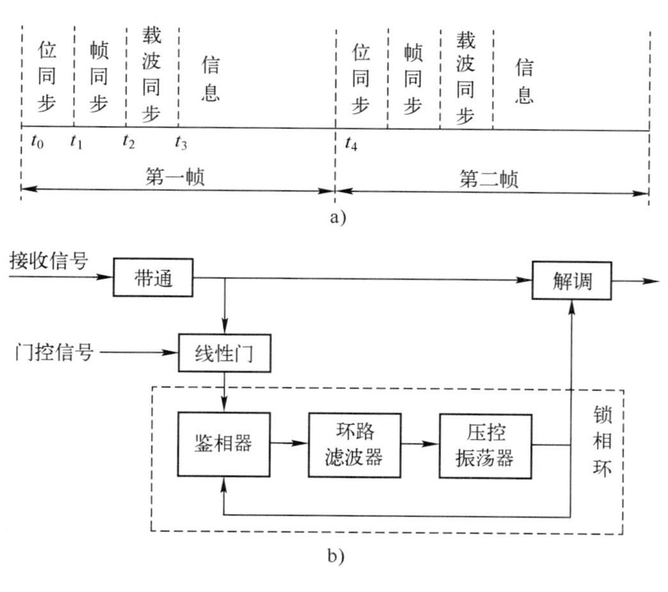

图 8-5　时域插入导频法

8.3　位同步

位同步又称码元同步或比特同步。不管是基带传输还是频带传输都需要位同步。在数字通信系统中，消息是由一连串码元序列传递的，这些码元通常都具有相同的持续时间。由于传输信道的不理想，以一定速率传输到接收端的数字信号，必然是混有噪声和干扰且失真了的波形。为了从该波形中恢复出原始的数字基带信号，就要对它进行抽样判决。因此要在接收端产生一个码元定时脉冲序列，这个码元定时脉冲序列的重复频率和相位（位置）要与接收码元一致，确保判决时刻必须在接收码元的最佳点，从而保证对输入信号的最佳抽样进行判决。通常我们把这种在接收端产生与接收码元的重复频率和相位一致的定时脉冲序列的过程称为码元同步，或称位同步。实现位同步的方法和载波同步法类似，也可分为插入导频法（外同步法）和直接法（自同步法）两类。

位同步系统的性能与载波同步系统类似，通常也是用相位误差、建立时间、保持时间、同步带宽等指标来衡量。相位误差主要是由于位同步脉冲的相位在跳变地调整引起的。同步建立时间是指在失去同步后重建同步所需的最长时间。保持时间是指当同步建立后，一旦输入信号中断，收发双方仍能保持同步的最长时间。一般输入信号码元的重复频率和接收端固有定时脉冲的重复频率是不完全相等的，该频差会引起时间漂移，如果周期之差大于某值，则锁相环将无法使接收端位同步脉冲的相位与输入信号的相位同步。能进行同步的最大频差称为同步带宽。

8.3.1　插入导频法

为了得到码元同步的定时信号，首先要确定接收到的信息数据流中是否有位定时的频率分量。如果存在此分量，就可以利用滤波器从信息数据流中把位定时时钟直接提取出来。若基带信号为随机的二进制不归零码序列，这种信号本身不包含位同步信号，则为了获得位同步信号需要在基带信号中插入位同步的导频信号，或者对基带信号进行某种码型变换以得到位同步信息。

位同步的导频插入方法与载波同步使用的插入导频方法类似，也要插在基带信号频谱的零点处，以便提取，如图 8-6 所示。如果信号经过相关编码，其频谱的第一个零点在 $f=1/(2T)$ 处，插入导频也就应该在 $1/(2T)$ 处。

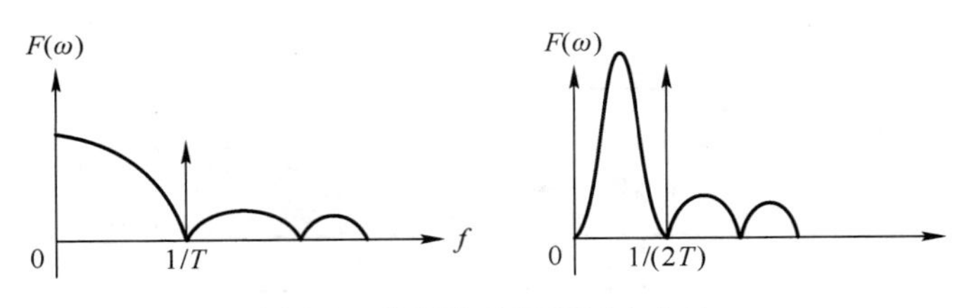

图 8-6　位同步的导频插入方法

在接收端，经中心频率为 $f=1/T$ 或 $f=1/(2T)$ 的窄带滤波器就可以从基带信号中提取位同步信号。对于 $f=1/(2T)$ 的情形，在提取导频信号后，还需再进行二分频，以得到位同步脉冲。

8.3.2　自同步法

自同步法是发送端不用专门发送位同步导频信号，而接收端可直接从接收到的数字信息信号中提取位同步信号。这是数字通信中经常采用的一种方法。

1. 微分整流法

图 8-7 是微分整流滤波法提取位同步信息的原理框图以及电路各点的波形图。不归零的随机二进制脉冲序列功率谱中没有位同步信号的离散分量，所以不能直接从中提取位同步信息。但若将不归零脉冲变为归零二进制脉冲序列，则变换后的信号中会出现码元信号的频率分量，因此，可以应用窄带滤波器提取、移相后形成位定时脉冲。图 8-7b 中波形变换部分是应用微分、整流而形成含有位定时分量的窄脉冲序列，然后用滤波器提取。经过移相电路调整其相位后，就可以由脉冲形成器产生所需要的码元同步脉冲。

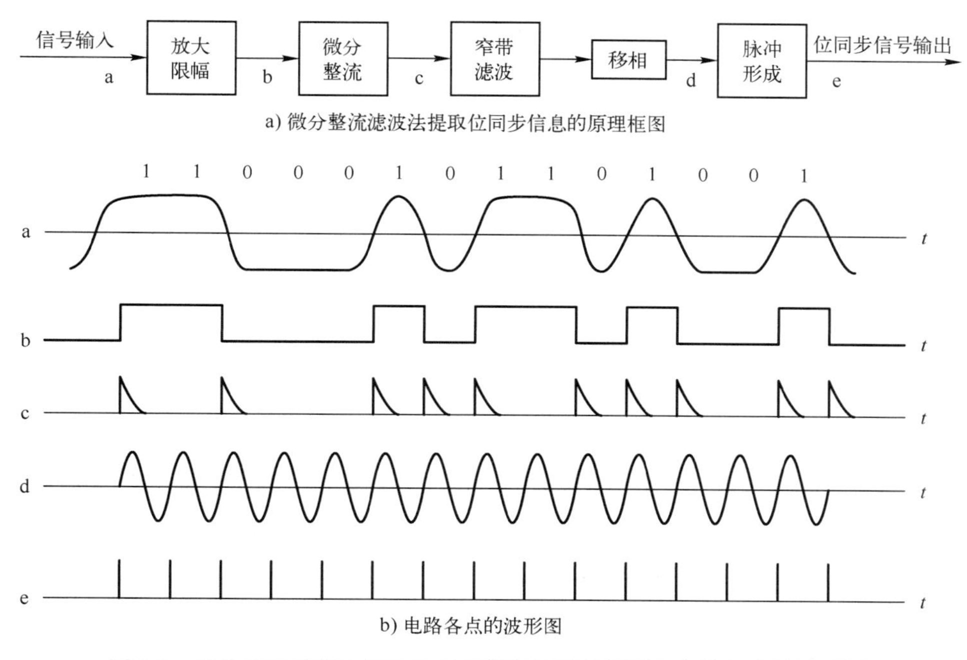

图 8-7　微分整流滤波法提取位同步信息的原理框图和电路各点的波形图

微分整流法的优点在于结构简单，所需元件较少。其主要缺点是：在收发之间，只要有短时间的通信中断或者接收数字信号中长时间出现“1”或长时间出现“0”，从而超出滤波器所具有的同步保持时间能力，就会使系统完全失去同步。为了使系统重新进入同步状态，需要有附加的建立时间。另外，该方法一般不进行环路调整，因此要求不断地监视已形成的位同步信号的相位。

2. 微分整流型数字锁相

微分整流型数字锁相在数字通信的位同步（码元同步）系统中被广泛采用。数字锁相环的原理框图如图 8-8 所示。从接收的二进制序列中得到正确的相位基准。本地位同步脉冲与接收到的二进制序列相位进行比较，调整的目的是本地位同步脉冲与接收的二进制序列相位同相。高稳定振荡器一般为晶振，它的振荡频率 f 是接收信号速率的 n 倍，即 $f=nf_0$（$f_0=1/T$ 为码元速率）。分频后提供本地位定时同步脉冲。

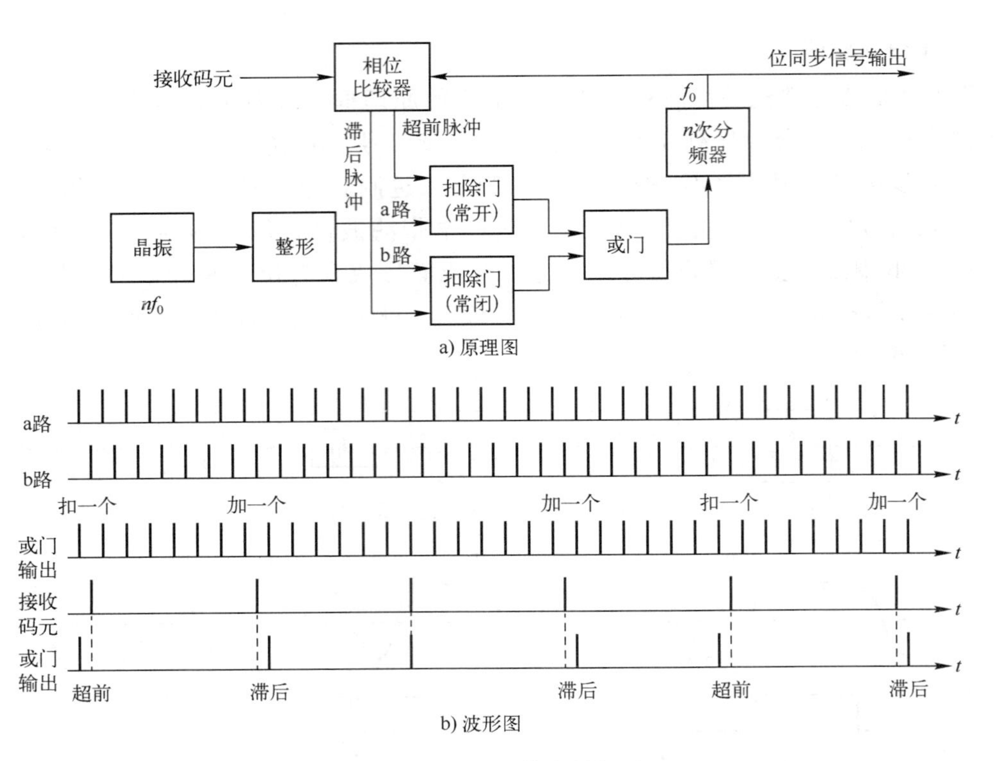

图 8-8　微分整流型数字锁相原理

输入接收码元的基准定时脉冲与本地产生的位同步定时脉冲在相位比较器中进行相位比较。若两者相位不一致（超前或滞后），比较器输出误差信息，并去控制调整分频器输出的脉冲相位，直到分频器输出信号的频率、相位与输入信号的频率、相位一致时才停止调整。调整的原理是，当分频器输出的位同步脉冲超前于接收码元的相位时，相位比较器送出一个超前的脉冲，加到扣除门，扣除一个 a 路脉冲，这样分频器使本地定时输出相位向后推迟 T/n 时间。不断调整，最后可使输出定时的相位与接收定时的相位一致。当分频器输出的位同步脉冲滞后于接收码元的相位时，相位比较器送出一个滞后脉冲，加到附加门，使 b 路输出一个脉冲通过或门，插在原 a 路脉冲之间，使分频器的输入端添加一个脉冲。这样本地定时输出相位向前移位 T/n。不断比较、调整，最后本地定时输出相位与基准同相，b 路信号与 a 路信号相位差 180°。附加门在不调整时是封闭的，它的作用是附加或减去脉冲，使分频器多或少计脉冲数，从而可以调整 f_0 提前或推后输出脉冲以与接收码元的脉冲相位相等。

8.4　群同步

群同步也称帧同步。对于数字信号传输来说，有了载波同步就可以利用相干解调的方法解调出含有载波成分的基带信号包络，有了位同步就可以从不甚规则的基带信号中判决出每一个码元信号，形成原始的数字基带信号。数字基带信号中的一连串码元序列通常是被分组或分群的（字、句、帧），并且代表一定的信息。因此，接收端需要群同步信息去划分接收码元序列，群同步的任务就是找出数字信号中一个分组、一个字符或一帧的开头和结尾，使接收设备的群定时与接收到的信号中的群定时处于同步状态，从而保证各分组、各字符或时分复用信号中各路信码得到正确的分路译码。

实现群同步的方法可大致分为两类：一类是在数字信息流中插入一些特殊码组作为每帧的头尾标记，接收端根据这些特殊码组的位置就可以实现群同步，这类方法被称为外同步法，外同步法又可分为集中插入法、分散插入/法和起止式同步法等。另一类方法不需要外加特殊码组，它类似于载波同步和位同步中的直接法，利用数据码组彼此之间不同的特性来实现群同步，也就是在发送端利用特殊的码元编码规律使码组本身自带分组信息，这种方法称为自同步法。下面将分别讨论这些常用的群同步方法。

8.4.1 集中插入群同步码组

集中插入法又称连贯式插入法，是在每群的开头集中插入群同步码组的方法。例如在32路数字电话PCM系统中，实际上只有30路用户电话信号，另外两路中的一路专门作为群同步码传输，而另一路作为其他标志信号用，这就是连贯式插入法的一个应用实例。集中插入群同步码组时，是将特定的群同步码组插到一群码元的前面，例如第5章图5-19中的CH_0信号，接收端一旦检测到这个特定的群同步码组就马上知道了这群码元的“头”。所以这种方法适用于要求快速建立同步的地方，或间断传输信息并且每次传输时间很短的场合，检测到此特定码组后可以利用锁相环保持一定时间的同步，为了长时间地保持同步，则需要周期性地将这个特定码组插到每群码元之前。

为了建立正确的群同步，无论用哪种方法，接收端的同步电路都有两种状态，即捕捉态和保持态。在捕捉态时，确认搜索到群同步码的条件必须规定得很高，以防发生假同步，一旦确认达到同步状态后，系统转入保持态。在保持态下，仍需不断地监视同步码的位置是否正确。这时，为了防止因噪声引起的个别错误而导致失去同步，应该降低判断同步的条件，以使系统稳定工作。

集中插入法采用的群同步码组要求具有优良的特性，即要求群同步码组的自相关特性曲线具有尖锐的单峰特性，也就是希望它的主峰与其他取值中的副峰之比越大越好，特别是靠近主峰的副峰应尽量小（见图8-9），以便较容易地从接收码元序列中识别出来。这里给出有限长度码元序列的局部自相关函数定义。设有一个码组，它包含N个码元（$x_1,x_2,\cdots,x_n$），则其局部自相关函数（下面简称自相关函数）为

$$R(j)=\sum_{i=1}^{N-j}x_i x_{i+j},\quad 1\leqslant i\leqslant N,j\text{ 为整数}\tag{8-1}$$

式中，N为群同步码组中的码元数目；x_i为码元的取值，可以取+1或-1（例如，当单极性不归零码为“1”时取+1，为0时取-1）。当$j=0$时，可求得：

$$R(j)=\sum_{i=1}^{N}x_i^2=N,\quad 1\leqslant i\leqslant N,j\text{ 为整数}$$

自相关函数的计算，实际上是计算两个码组互相移位、相乘，再求和（见下面例题）。若一个码组仅在$R(0)$处出现峰值，而在其他处$R(j)$均很小，则可以用求自相关函数的方

法对接收码元序列进行运算，寻找峰值，从而确定此码组的位置。若有一个包含 N 个码元的码组，其 $R(0)=N$，在其他处 $R(j)$ 的绝对值均不大于 1，则称这样的码组为巴克（Barker）码。故巴克码的自相关函数可以用下式表示：

$$R(j)=\sum_{i=1}^{N-j}x_i x_{i+j}=\begin{cases}N & j=0\\ 0\text{ 或 }\pm 1 & 0<j<N\\ 0 & j\geqslant N\end{cases}$$

【例题 8-1】 计算 $n=7$ 的巴克码序列 1110010 的自相关函数 $R(j)$。

根据自相关函数 $R(j)$ 的计算公式，x_i取值为+1 或−1，分别对应码元“1”或“0”。

当 $j=0$ 时，　　$R(0)=x_1x_1+x_2x_2+x_3x_3+x_4x_4+x_5x_5+x_6x_6+x_7x_7=7$

当 $j=1$ 时，　　$R(0)=x_1x_2+x_2x_3+x_3x_4+x_4x_5+x_5x_6+x_6x_7=0$

同理，用上述方法可求得所有不同 j 值时的 $R(j)$，如表 8-1 所列。

表 8-1　7 位巴克码的自相关函数

$\|j\|$	0	1	2	3	4	5	6	≥7
$R(j)$	7	0	−1	0	−1	0	−1	0

目前尚未找到一种构造巴克码的方法，只搜索到 10 组巴克码，其最大长度为 13，全部列在表 8-2 中。需要注意的是，在用穷举法寻找巴克码时，表中各码组的反码（正负号相反的码）和反序列码（时间顺序相反的码）也是巴克码。现在以 $N=7$ 的巴克码为例，在 j 的范围 0~6 考察其自相关函数的值，计算得到如图 8-9 所示的自相关函数的图形。由图可见，其自相关函数的绝对值除 $R(0)$外，均不大于 1，而且自相关函数是偶函数。

表 8-2　巴克码

N	巴克码
1	+
2	+ +或 + −
3	+ + −
4	+ + + −或 + + − +
5	+ + + − +
7	+ + + − − + −
11	+ + + − − − + − − + −
13	+ + + + + − − + + − + − +

有时将 $j=0$ 的 $R(j)$值称为主瓣，其他处的值称为旁瓣（见图 8-9）。上面得到的巴克码的旁瓣值均不大于 1，是基于在巴克码组之外，码元取值为 0 的假设（已经假设当 $i<1$ 和$i>N$ 时，$x_i=0$）。这个假设的依据是信号码元的出现是等概率的，即出现+1 和−1 的概率相等。

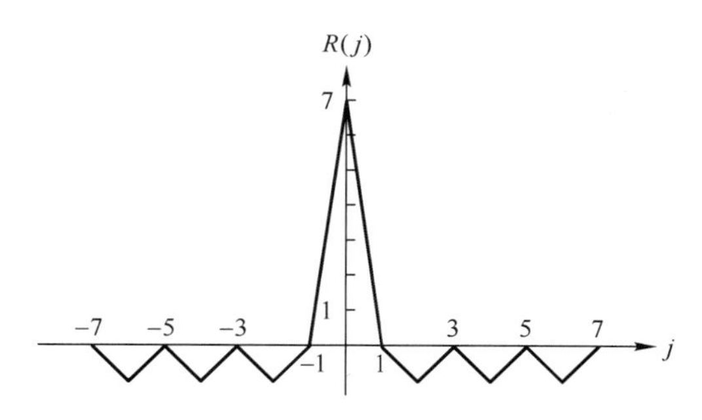

图 8-9　巴克码（$N=7$）的自相关函数曲线

巴克码的识别是比较容易实现的。7 位巴克码的识别原理如图 8-10 所示，用 7 级移位寄存器、相加器和判别器就可以组成识别器。各移位寄存器输出端的接法和巴克码的规律一致，这样识别器实际上就是对输入的巴克码进行相关运算。当输入数据的“1”存入移位寄存器时，“1”端的输出电平为+1，而“0”端的输出电平为−1，而存入数据“0”时，“0”端的输出电平为+1，“1”端的输出电平为−1。当 7 位巴克码在图中的某时刻正好全部进入了 7 级移位寄存器时，7 个移位寄存器的输出端都输出+1，相加后得最大输出+7，识别器输出一群的开头，如图 8-10a 和图 8-10b 所示。

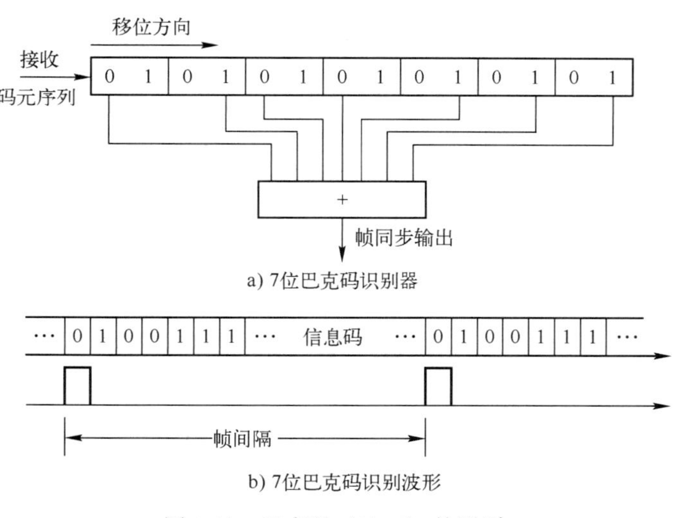

a) 7位巴克码识别器

b) 7位巴克码识别波形

图 8-10　巴克码（$N=7$）的识别

PDH 中的 A 律 PCM 基群、二次群、三次群、四次群，μ 律 PCM 二次群、三次群、四次群以及 SDH 中各个等级的同步传输模块都采用集中插入式。例如，PCM30/32 路电话基群的连贯插入帧同步码“0011011”。由于同步码是插在信息码流中传送到接收端的，且在传输过程中可能产生误码，所以在接收端检测同步码时，可能会出现漏同步（将正确同步位置漏过，通常由噪声引起同步码组中码元出错，从而使识别器漏识）和假同步（将错误同步位置当作正确同步位置捕捉）现象。同步码的选择应兼顾假同步和漏同步，使漏同步概率 P_1 和假同步概率 P_2 尽量小。可以证明在误码率 $P_e=10^{-3}$（基本满足 PCM 语音通信要求）时，选择同步码字长度 $n=7$ 最佳。所以 CCITT 建议基群帧同步码长 $n=7$。在误码率

$P_e = 10^{-6}$且 $n = 7$ 时，$P_1 \ll P_2$。为了解决这个矛盾，适当选择同步码型是十分重要的。根据分析，CCITT 建议采用临界点为“1”的码字“0011011”，这样能使邻接区间内（同步码前后各 $n-1$ 位）的假同步概率最小。

图 8-11 画出了检测同步码“0011011”的电路。这是由 7 级移位寄存器和与门电路构成的识别器。当同步码完全进入检测器时，检测器输出帧同步脉冲。

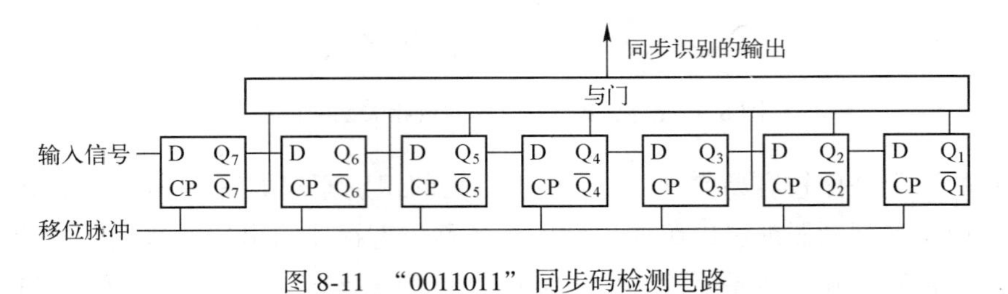

图 8-11　“0011011”同步码检测电路

8.4.2　“0”比特插入删除法

在计算机通信中，当使用面向比特的传输控制规程（如高级数据链路控制（HDLC）规程）时，信息数据或监控数据均采用统一的格式，如图 8-12 所示。格式中“01111110”称为标志字段，实际上是帧同步字符，在连续发送数据帧时，同一个标志字段既用于表示前一帧的结束和后一帧的开始，也用于帧间信息同步。

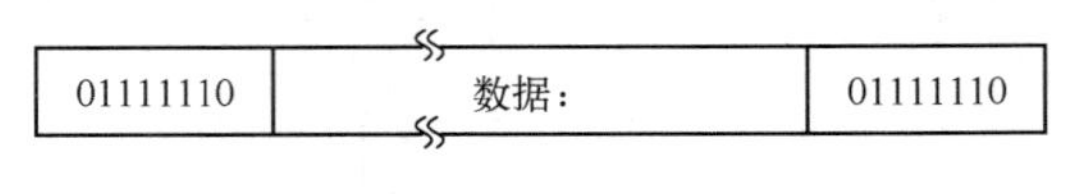

图 8-12　SDLC/HDLC/X.25

为了避免在两个标志字段之间的信息比特串中，碰巧出现和标志字段（01111110）一样的比特组合，从而产生假同步，也就是说为了保护同步字符的唯一性，采用了“0”比特插入/删除技术。发送方如果在发送数据中遇到连续的 5 个“1”，就插入一个“0”。接收方接收码元时，如果连续接收 5 个“1”，就要根据第 6 位来做出判断。若是“0”，则删除，恢复信息的原来形式。若是“1”，再看第 7 位是“0”还是“1”。若是“0”，表明接收的整个字符“01111110”是同步字符；若是“1”，表明数据出错。因此，标志字段是唯一的，可实现群同步。这种帧同步法被用于 HDLC、PPP、X.25 等协议中。

例如，如果发送端要发送数据“10111110100111111”，当检查出连续的 5 个“1”时，不管它后面的比特是 0 还是 1，都增加一个“0”比特，即 0 比特插入后的序列变为“1011111001001111101”，帧的两端加上标志字段符号（F）后就变为“01111110 1011111001001111101 01111110”。接收端在接收到一个帧时，首先找到标志字段 F 以确定帧的起始边界，接着对其中的比特序列进行检查，每发现 5 个连续的“1”，就将后面的 1 个“0”比特删除，还原成原来的比特序列。因此在 0 比特删除后，序列又还原为“01111110 10111110100111111 01111110”。

8.4.3　起止式同步法

起止式同步法主要用于低速的手工操作的电传打字机中，在电传报文中，一个字符可以由 5 个二进制码元组成，在此 5 个码元之前加入一个码元宽度的低电平，称为“起脉冲”，在此 5 个码元之后加入一个高电平，称为“止脉冲”，它的宽度为 1.5 个码元，如图 8-13 所示。这样，当电传打字机没有字符输出时，其输出端经常保持高电平状态。每当有一个字符输出时，其输出端电平先下降一个码元时间，表示字符的开始，然后按照字符的编码输出 5 个信息码元，再变成高电平，等待下一个码元的到来。这种方法适用于手工操作时输入间隔不均匀的情况，并且不再需要位同步，因为每一个码组（即字符）很短，本地时钟不需要很精确就能维持几个码元期间的准确性要求。在这种同步法中，一个字符不一定必须由 5 个码元组成，例如也可能是 7 位的 ASCII 码。起止式同步法又称为异步传输（见第 1 章），因为其字符之间的间隔时间通常不相等。

图 8-13　起止式同步法

起止式同步法的优点之一是，每隔一个字符的时间，对接收端位定时的相位进行一次校正，因此位定时的频率误差只能在一个字符的范围内积累，这样，对收发时钟的频率标准性要求不高。另外，止信号的长度是可变的，只要求它超过某一最小长度，这就既能适应固定速率传输字符序列的情况，又能适应人工按键输入信息的情形。但是起止式传输的字符同步容易出错，如果其“起”信号由“0”错成“1”，那么后面的 1、0 转换时刻将被误认为字符的开始，可能会引起一连串字符出错。同理，当止信号发生错误时，也会出现同样的情形。此外，在有噪声情况下位定时精度差，因为抽样时钟的脉冲位置是由止到起的转换时刻直接决定的，噪声的干扰将会使转换时刻前移或后移，影响位定时的位置。另外，为同步目的插入的冗余码元较多，传输速率较低。因此，在现代数据传输系统中较少采用这种同步方式。

8.4.4　分散插入法

分散插入群同步序列的方法（也称为间歇式插入法）是将一种特殊的周期性序列分散插入信号序列中，在每群信号码元前插入一个（也可以插入很少几个）群同步码元，如图 8-14b 所示。因此，接收若干群信号码元后，必须花费较长时间根据群同步序列的周期特性，从长的信号码元序列中找到群同步码元的位置，从而确定信号码元的分群。这种方法的好处是，对于信号码元序列的连贯性影响较小，不会使信号码元群之间分离过大，但是需要较长的同步建立时间，故适用于连续传输信号的情况。

这种群同步码码型选择的主要原则是：一方面，要便于接收端识别，即要求群同步码具有特定的规律性，码型可以是全“1”码、“1”和“0”交替码等；另一方面，要使群同步码的码型尽量和信息码有所区别。μ 律 PCM 基群及 ΔM 增量调制系统采用分散插入式。例如，μ 律 24 路 PCM 系统中，采用“1”和“0”交替的帧同步码 101010…，如图 8-15 所示，它插在每一帧的最后一个比特。设奇帧的帧同步码为“1”码，则偶帧的帧同步码就为“0”码。一个抽样值用 8 位码表示，此时 24 路电话均抽样一次，共有 24 个抽样值、192 个信息码元。192 个信息码元作为一帧，在这一帧的最后（即第 193 比特）插入一个群同步码元，这样一帧共有 193 个码元。此码所占时隙是在第 24 路的 D_8 位之后的 D_9 位时隙。接收端检测出群同步信息后，再得出分路的定时脉冲。接收端要确定群同步的位置，就必须对收到的码进行检测。一种常用的检测方法为逐码移位法，它是一种串行的检测方法；另一种是 RAM 帧码检测法，它是利用 RAM 构成帧码提取电路的一种并行检测方法。如感兴趣，具体细节可以查阅有关参考书籍。

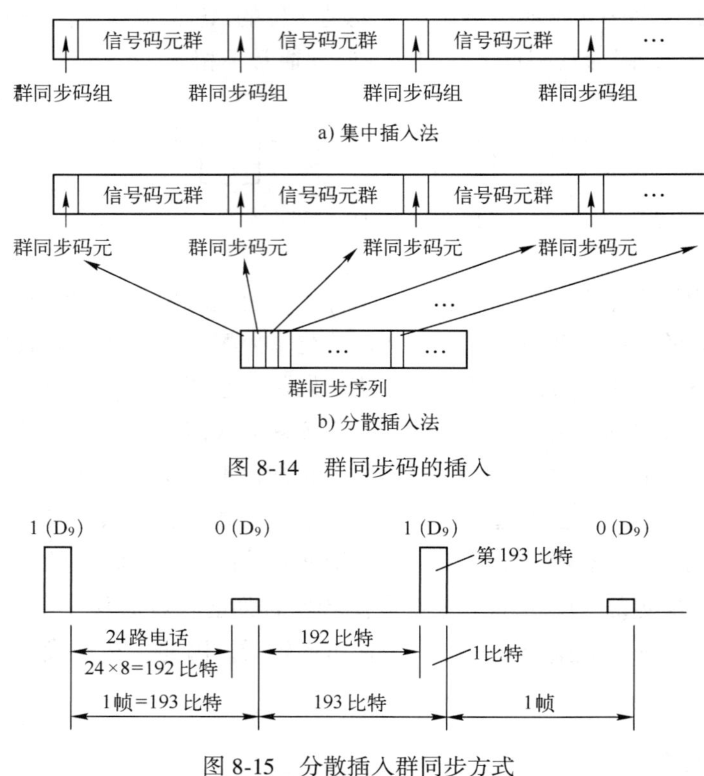

图 8-14 群同步码的插入

图 8-15 分散插入群同步方式

分散插入法的缺点是，当失步时，同步恢复时间较长。这是因为，如果发生了群失步，则需要逐个码位进行比较检测，直到重新收到群同步码，才能恢复群同步。此法的另一缺点是设备较复杂，因为它不像连贯式插入法那样，群同步信号集中插入在一起，而是要在每一子帧里插入一位码，这样群同步编码后还需要加以存储。

8.4.5 自同步法

自同步法是对信息进行适当编码，使这些码既代表所要传送的信息，本身又具有同步分群能力。如待发送天气预报的天气共分晴、云、阴、雨四种，它们分别用二进制码组

$C_1=0$，$C_2=101$，$C_3=110$，$C_4=111$ 表示。当接收端收到序列“0110111101…”时，各码字将会被正确地分开，唯一地译为“晴阴雨云…”。这种编码称为唯一可译码。构造唯一可译码的方法可用图 8-16 所示的码树表示。为了达到唯一可译码，用作码组的节点不能再有分支，如节点 101。有分支的节点不能用作码组，如节点 11。

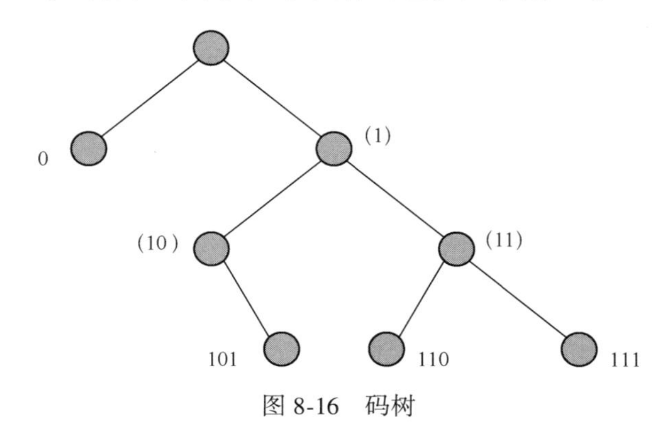

图 8-16　码树

上述编码的可译性是有条件的。可译条件就是必须正确接收到开头的符号。例如在上例中，若接收端未收到前两个符号，则序列“10111101…”将被译为“云雨…”，若接收端未收到第一个符号，则序列“110111101…”将被译为“阴雨…”。显然译码不正确。因此，要想做到自同步，编码还必须是可同步的，即由该编码中的码字构成的序列，在接收时若丢失了开头的一个或几个符号（不是一个完整的码字），在经过对开头少数几个码字译码后能自动获得正确的同步。例如，依次用 01、100、101、1101 表示云、雨、阴、晴四种天气。若发送的天气为“雨晴阴…”，其相应的码字为“1001101101…”。这时若假定第一个符号未收到，译码器将首先遇到序列“001101101…”中的前两个符号 00。因为没有这样的码字，不可译，故译码器知道同步错误，并选择第二个符号作为开头符号，译作“云阴阴…”。若接收端未收到前两个符号，则译码为“云阴阴…”。这样，经过开头两个码字的错误译码后，到第三个码字已自动获得正确的同步。这样的同步方法称为自群同步。

8.5　网同步

当通信是在点到点之间进行时，完成了载波同步、位同步和帧同步之后，就可以进行可靠的通信了。但现代通信往往需要在许多通信点之间实现相互连接而构成通信网。显然，为了保证通信网各点之间可靠地进行数字通信，必须在网内建立一个统一的时间标准，称为网同步。

图 8-17 为一复接系统。图中 A、B、C 等是各站送来的速率较低的数据流（A、B、C 本身又可以是多路复用信号），它们各自的时钟频率不一定相同。在总站的合路器里，A、B、C 等合并为路数更多的复用信号，当然这时数据流的速率更高了。高速数据流经信道传输到接收端，由收站分路器按需要将数据分配给 A′、B′、C′等各分站。如果只是 A 站

与 A′站的点到点之间的通信，那么它们之间的通信就是前几节介绍的方法。但在通信网中是多点通信，A 站的用户也要与 B′站和 C′站通信，若它们之间没有相同的时钟频率是不能进行通信的。保证通信网中各个站都有共同的时钟信号，是网同步的任务。

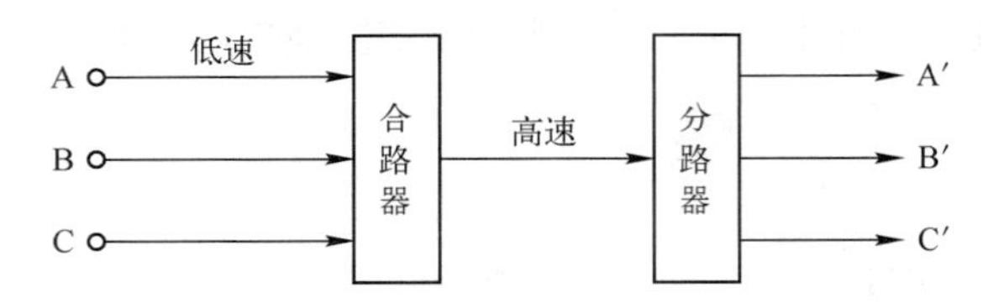

图 8-17　复接系统

实现网同步的方法主要有两大类。一类是全网同步系统，即在通信网中使各站的时钟彼此同步，各站的时钟频率和相位都保持一致。建立这种网同步的主要方法有主从同步法和相互同步法。另一类是准同步系统，也称独立时钟法，即在各站均采用高稳定性的时钟，相互独立，允许其速率偏差在一定的范围之内，在转接时设法把各处输入的数码率变换成本站的数码率，再传送出去，在变换过程中要采取一定措施使信息不致丢失。实现这种同步的方法有两种：码速调整法和水库法。

8.5.1　全网同步系统

全网同步方法采用频率控制系统去控制各交换站的时钟，使它们都达到同步，也就是使它们的频率和相位均保持一致，没有滑动。采用这种方法可用稳定度低而价廉的时钟，在经济上是有利的。

1. 主从同步法

主从同步法是指，在通信网内设置一个主站，它备有一个高稳定的主时钟源，再将主时钟源产生的时钟传输至网内的各个站去，如图 8-18 所示。这样各站的时钟频率（即定时脉冲频率）都直接或间接来自主时钟源，所以网内各站的时钟频率相同。各从站的时钟频率通过各自的锁相环来保持和主站的时钟频率一致。由于主时钟到各站的传输线路长度不等，会使各站引入不同的时延，因此各站都需设置时延调整电路，以补偿不同的时延，使各站的时钟不仅频率相同，而且相位也一致。

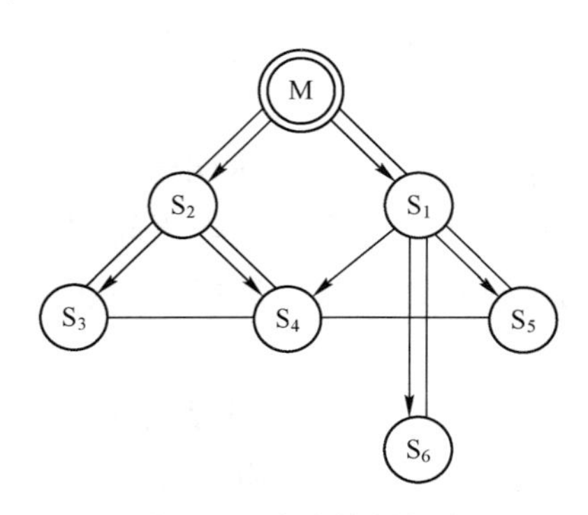

图 8-18　主从控制方式

这种主从同步法比较容易实现，它依赖单一的时钟，设备比较简单。此法的主要缺点是：若主时钟源发生故障，会使全网各站都因失去同步而不能工作；若某一中间站发生故障，不仅该站不能工作，其后的各站都会因失步而不能工作。

图 8-19 所示为另一种主从同步控制方法，称为等级主从同步方法。它所不同的是全网所有的交换站都按等级分类，其时钟都按照其所处的地位水平，分配一个等级。在主时钟发生故障的情况下，就主动选择具有最高等级的时钟作为新的主时钟，即主时钟发生故障时，由副时钟源替代，通过图中虚线所示通路供给时钟。这种方式改善了可靠性，但比较复杂。

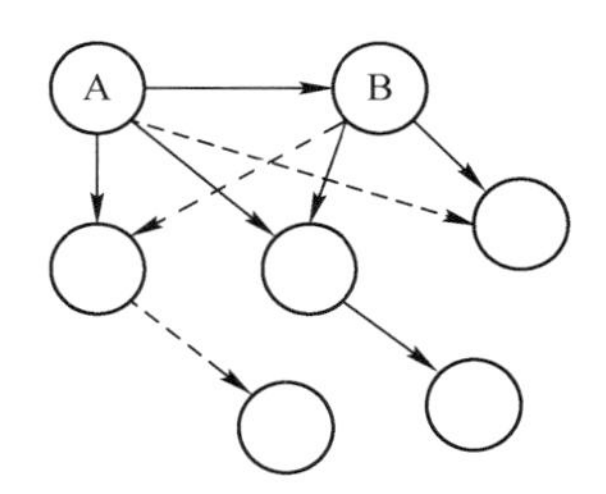

图 8-19　等级主从同步方法

2. 互控同步法

为了克服主从同步法过分依赖主时钟源的缺点，可让网内各站都有自己的时钟，并将数字网高度互连实现同步，从而消除仅有一个时钟可靠性差的缺点，这就是互控同步法。各站的时钟频率都锁定在各站固有频率的平均值上，这个平均值称为网频频率，从而实现网同步。这是一个相互控制的过程。当网中某一站发生故障时，网频频率将平滑地过渡到一个新的值。这样，除发生故障的站外，其余各站仍能正常工作，因此提高了通信网工作的可靠性。这种方法的缺点是每一站的设备都比较复杂。

8.5.2　准同步系统

1. 码速调整法

参与复接的各支路数字流若是异步的，复接时首先必须将这些异步的数字流进行码速调整，使之成为相互同步的数字流。接收端分路时，从这些相互同步的数字流中分别进行码速恢复，复原出各支路异步的数字流。这就是码速调整法。

码速调整有正码速调整、负码速调整和正/负码速调整 3 种。正码速调整也称正脉冲塞入法，原理框图如图 8-20 所示。在正码速调整中，复接器供给的抽样时钟频率 f 高于各支路数字流的速率。以其中的某一支路为例，设该支路数字流的速率为 f_1，即在复接设备中，支路的数字流以 f_1 的速率写入缓冲存储器，再假设以 f_2 的速率从缓冲存储器读出，且缓冲存储器起始处于半满状态，那么随着时间的推移，内存写得慢，读得快，存储量势必越来越少，最后导致“取空”而造成错误的信息传输。当存储量减小到某一门限值时，就由复接设备的控制信息产生器把该位置编成数字信息，通过控制信息合并器送至接收端，同时由控制器输出一个指令，使存储器在该确定位置禁读一位，这样存储器就得到了一次休息的机会。如此反复，存储器就不会出现“取空”的现象了。在对存储器禁读一位期间，人为地塞入一填充脉冲到输出数字流中。当各支路送至复接设备的数字流都经过这样的码速调整后，它们的速率和相位就一致了，即实现了同步。接收端的分路器把各支路分开，然后根据控制信息解码器的输出，通过控制器发出一禁止脉冲，使各支路输出中的填充脉冲不写入缓冲存储器，这样就得到了含有若干“空时隙”的数字流。存储器读出脉冲的时钟速率是输入不均匀脉冲速率的平均值，它通常是利用锁相环提取出来的。存储器用该速率读出脉冲就可恢复出支路的数字流了。

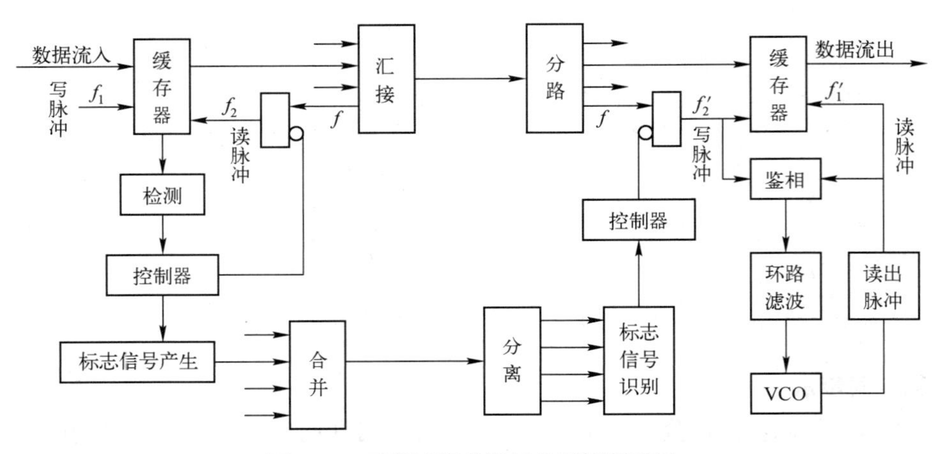

图 8-20　正码速调整准同步复接原理图

负码速调整的原理也类似。这时复接器供给的抽样时钟频率 f 低于所有各支路数字流的速率，由于此时写得快，读得慢，会发生存储器“溢出”。类似地，也可以通过复接设备的调整使“溢出”现象不再发生。

正/负码速调整时，由于各支路实际速率的不同，就既可能出现正码速调整的情况，又可能出现负码速调整的情况。

码速调整的主要优点是各支路可工作于异步状态，故使用灵活、方便。各站各自采用高稳定时钟，不受其他站的控制，它们之间的钟频允许有一定的容差。这样各站送来的信码流首先进行码速调整，使之变成相互同步的数码流，即对本来是异步的各种数码流进行码速调整。但存储器读出脉冲的时钟是从不均匀的脉冲序列中提取出来的，会有相位抖动，影响同步质量，这是码速调整法的主要缺点。

2. 水库法

水库法不是依靠填充脉冲或扣除脉冲的方法来调整速率，而是依靠在通信网的各站都设置极高稳定度的时钟源和容量足够大的缓冲存储器，使得在很长的时间间隔内存储器不发生“取空”或“溢出”的现象。容量足够大的存储器就像水库一样，即很难将水抽干，也很难将水库灌满，因而可用作水流量的自然调节，故称为水库法。

现在来计算存储器发生一次“取空”或“溢出”现象的时间间隔 T_0。设存储器的大小为 $2n$ 比特，起始为半满状态，存储器写入和读出的速率之差为 $\pm\Delta f$，则显然有

$$T=n/\Delta f$$

设数字码流的速率为 f，相对频率稳定度为 S，并令

$$S=\left|\frac{\pm\Delta f}{f}\right|$$

则可求得：

$$n=SfT \quad 或 \quad T=\frac{n}{fS}$$

这是水库法计算的基本公式。现举例如下：设 $f=512\ \text{kbit/s}$，并设

$$S=\left|\frac{\pm\Delta f}{f}\right|=10^{-9}$$

如果要求 T 不小于 24 h，则利用水库法可求得 n。即

$$n=SfT=10^{-9}\times512\times1024\times24\times3600\approx45\ \text{bit}$$

显然，这样的设备不难实现，若采用更高稳定度的振荡器，例如镓原子振荡器，其频率稳定度可达 5×10^{-11}，则可在更高速率的数字通信网中采用水库法进行网同步。但水库法每隔一定时间总会发生“取空”或“溢出”现象，所以每隔一定时间 T 要对同步系统校准一次。

上面简要介绍了数字通信网同步的几种主要方式。但是，目前世界各国仍在继续研究网同步方式，究竟采用哪一种方式，有待探索。而且，它与许多因素有关，如通信网的构成形式、信道的种类、转接的要求、自动化的程度、同步码型和各种信道的码率选择等。前面所介绍的方式，各有优缺点。目前数字通信正在迅速发展，随着市场的需要和研究工作的进展，可以预期今后一定会有更加完善、性能更加良好的网同步方式出现。

本章小结

同步是通信系统中一个非常重要的技术，是保证信息正确传输的前提和基础，通信系统的性能尤其是数字通信系统的工作很大程度上依赖于同步系统的好坏。通信系统常见的同步技术主要有载波同步、位同步、群同步和网同步，实现同步的方法可分为外同步法和自同步法。载波同步主要用于频带传输系统，用于同步解调或相干检测时，它是保证调制解调系统正确工作的基础。本章重点介绍了平方变换法、平方锁相环法和插入导频法（又可分为频域插入法和时域插入法）。位同步又称码元同步或比特同步，不管是基带传输还是频带传输都需要位同步，它也是帧同步和网同步的基础。插入导频法、微分整流法和微分整流型数字锁相法是常见的基本方法。群同步，也称帧同步，其主要作用是根据群（或帧）同步字符来划分或识别各帧数据。本章重点介绍了集中插入法、“0”比特插入/删除法、起止式同步法、分散插入法以及自同步法，这些方法在实际网络通信系统中都有广泛应用。最后，网同步涉及通信网中多点之间的通信同步，基本的网同步方法有时钟同步法、主从同步法、码速调整法和水库法，具体系统可根据不同的通信要求，采用或设计不同的方法。

思考与练习

1. 对抑制载波的双边带信号、残留边带信号和单边带信号用插入导频法实现载波同步时，所插入的导频信号形式有何异同点？

2. 对抑制载波的双边带信号，试叙述用插入导频法和直接提取法实现载波同步各有什么优缺点。

3. 一个采用非相干解调方式的数字通信系统是否必须有载波同步和位同步？其同步性能的好坏对通信系统的性能有何影响？

4. 为什么需要载波同步、位同步、群同步？实现它们的方法有哪些？

5. 什么是网同步？其实现方法有哪些？

6. 用插入导频法进行位同步，发送端相位应该怎样确定？接收端信号怎样防止位定时导频对信号的干扰？

7. 若波形与符号有如下对应关系：

符　号	波　形
0	−1
1	+1

请画出 1011000 巴克码的移位识别器，并画出当识别器输入为上述巴克码时的输出波形。

8. 若 1011000 巴克码前后随机数据为全“0”，识别特性如何？列出 j、A 表，并画图。若巴克码前后随机数据全为“1”，识别特性又如何？（波形与符号对应关系同前。）

9. 计算 5 位巴克码 11101 的自相关函数 $R(j)$，并作图。设 5 位巴克码前后数字序列为全“0”，试计算 j 为不同值时的自相关函数 $R(j)$。设 5 位巴克码前后数字序列取 0 和取 1 的概率都是 0.5，试计算识别器的输入/输出特性（波形与符号对应关系同前）。

10. 巴克码识别器中的判决门限电平的增大或减少，会引起群同步系统的假同步概率和漏同步概率如何变化？

第9章　差错控制编码

在实际信道传输数字信号的过程中，引起传输差错的根本原因在于信道中存在的噪声以及信道传输特性不理想所造成的码间串扰。为了提高数字传输系统的可靠性，降低信息传输的差错率，可以利用均衡技术消除码间串扰；通过增大发射功率、降低接收设备本身的噪声、选择好的调制解调方法、加强天线的方向性等措施，提高数字传输系统的抗噪性能，但上述措施也只能将传输差错减小到一定程度。要进一步提高数字传输系统的可靠性，就需要采用差错控制编码，对可能或已经出现的误码进行控制。因而差错控制是提高整个通信系统质量的一种编码技术。

信道编码的实质是通过给信息码元增加冗余度来提高信号传输的可靠性，其基本思想是在被传送的信息中附加一些监督码元，从而在接收端和发送端之间建立某种规律性的校验关系。当这种校验关系因传输错误而受到破坏时，可以被发现甚至纠正错误。这种检错与纠错能力是用信息量的冗余度来换取的。

差错控制编码的具体过程是：在发送端将传送的信息码元序列划分成组，每组有 k 个码元，以一定的规则在每组中增加 r 个码元（称冗余码元），这些多加入的冗余码元又称为监督元或校验元，它们是不含用户数据信息的。这种使原来不相关的信息序列中的码元通过增加冗余码元变成相关码元的方法称为编码。然后把这些信息码元及冗余码元组成的每组 $n=k+r$ 个码元序列送入信道传输。接收端根据收到的码元序列，按发送端编码规则，逐组进行检验（称译码），从而发现错误（检错）或者纠正错误（纠错）。

信道编码与信源编码不同，信源编码是为了提高数字通信传输有效性而采取的措施，其方法是通过各种编码技术去除信号中的多（冗）余信息，以降低传输速率和减少信号传输频带，信道编码是为了提高数字通信传输可靠性而采取的措施，其方法是在发送信号中增加一部分多余码。因此信道编码反过来又增加了发送信号的多余度，可见，信道编码是用增加多余码，利用“冗余”来提高抗干扰能力的，也就是以降低信息传输速率为代价来减少错误，或者说是用削弱有效性来增强可靠性，其实质是通过牺牲信息传输的有效性来换取可靠性的提高。因此，这两种冗余的性质并不相同，信源编码减少的多（冗）余是随机的、无规律的，而信道编码增加的多（冗）余是特定的、有规律的。对于一个真正实用的通信系统而言，两种编码可能都采用，它们分别为各自的目的服务，使系统最终达到有效性和可靠性的最佳折中。

本章首先给出了差错控制编码的基本概念，介绍了几种常用的简单分组码，在此基础上对分组码、循环码和卷积码的基本原理和性能进行了研究分析。

9.1 纠错编码的分类

在差错控制系统中，信道编码存在多种实现方式，同时也有多种分类方法：

1）按照信道编码的不同功能，可以将信道编码分为检错码和纠错码。检错码仅能检测错码，例如在计算机串口通信中常用到的奇偶校验码等；纠错码可以纠正误码，当然同时具有检错的能力，当发现不可纠正的错误时可以发出出错指示。

2）按照信息码元和监督码元之间的检验关系，可以将信道编码分为线性码和非线性码。若信息码元与监督码元之间的关系为线性关系，即满足一组线性方程式的约束关系，称为线性码；否则，称为非线性码。

3）按照信息码元和监督码元之间约束方式的不同，可以将信道编码分为分组码和卷积码。在分组码中，编码后的码元序列每 n 位分为一组，其中有 k 位信息码元和 r 个监督码元，$r=n-k$，监督码元仅与本码组的信息码元有关。卷积码则不同，监督码元不但与本码组的信息码元有关，而且与前面码组的信息码元也有约束关系，就像链条那样一环扣一环，所以卷积码又称为连环码。

4）按照信息码元在编码后是否保持原来的形式，可以将信道编码分为系统码和非系统码。在系统码中编码后的信息码元保持原样不变，而非系统码中的信息码元则发生了变化。除了个别情况，系统码的性能大体上与非系统码相同，但是非系统码的译码较为复杂，因此系统码得到了广泛的应用。

5）按照纠正错误的类型不同，可以将信道编码分为纠正随机错误码和纠正突发错误码两种。前者主要用于发生零星独立错误的信道，而后者用于对付以突发错误为主的信道。

6）按照信道编码所采用的数学方法不同，可以将信道编码分为代数码、几何码和算术码。其中代数码是目前发展最为完善的编码，线性码就是代数码的一个重要分支。

除上述的分类方法以外，还可以将信道编码分为二进制信道编码和多进制信道编码等。除此之外，随着数字通信系统的发展，可以将信道编码器和调制器统一起来进行综合设计，这就是所谓的网格编码调制（Trellis Coded Modulation，TCM）。同时将卷积码和随机交织器结合在一起，实现了随机编码的思想，并利用多次迭代方案进行译码，设计出了 Turbo 编码技术。

9.2 差错控制方式

常用的差错控制方式主要有三种：前向纠错（FEC）、检错重发（ARQ）和混合纠错（HEC），它们的结构如图 9-1 所示。图中有斜线的方框图表示在该端进行错误检测。在前向纠错方式中，发送端经信道编码后可以发出具有纠错能力的码字，接收端译码后不仅可以发现错误码，而且可以判断错误码的位置并予以自动纠正。然而，前向纠错编码需要附加较多的冗余码元，影响数据传输效率，同时其编译码设备比较复杂。但是由于不需要反馈信道，实时性较好，因此这种技术适合用在单工信道或实时系统中，例如早期的无线电寻呼系统中曾经采用的POCSAG（Post Office Code Standardization Advisory Group，邮政编码标准化咨询组）编码等。

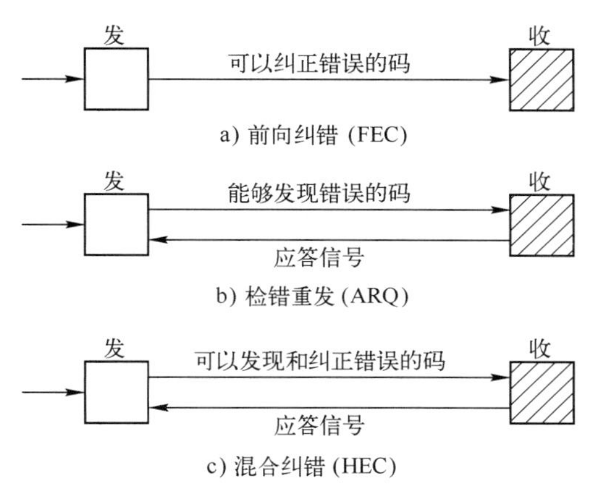

图9-1　差错控制方式

在检错重发方式中，发送端经信道编码后可以发出能够检测出错误的码字，接收端收到后经检测如果发现传输中有错误，则通过反馈信道把这一判断结果反馈给发送端，然后，发送端把前面发出的信息重新传送一次，直到接收端认为已经正确接收为止，典型系统检错重发方式的原理方框图如图9-2所示。

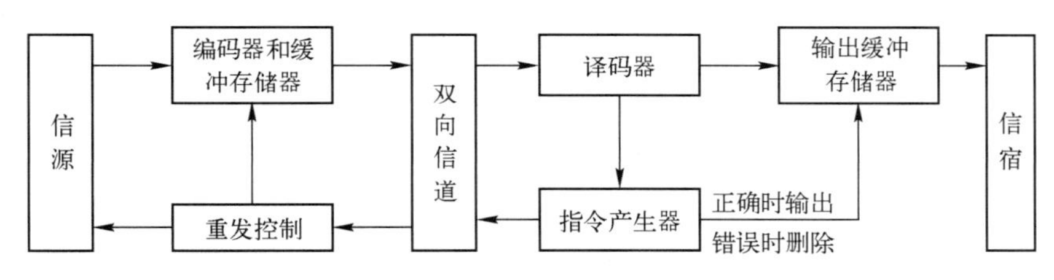

图9-2　检错重发系统组成框图

检错重发差错控制方法的优点主要表现在：

1）只需要少量的冗余码，就可以得到极低的输出误码率。

2）使用的检错码基本上与信道的统计特性无关，有一定的自适应能力。

3）与FEC相比，信道编/译码器的复杂性要低得多。

同时它也存在某些不足，主要表现在：

1）需要反向信道，故不能用于单向传输系统，并且实现重发控制比较复杂。

2）当信道干扰增大时，整个系统有可能处在重发循环中，因而通信效率一般低于严格实时的传输系统。

混合纠错方式是前向纠错方式与检错重发方式的结合。在这种系统中接收端不但具有纠正错误的能力，而且对超出纠错能力的错误有检测能力。遇到后一种情况时，系统可以通过反馈信道要求发送端重发一遍。混合纠错方式在实时性和译码复杂性方面是前向纠错方式和检错重发方式的折中。混合纠错方式在一定程度中弥补了检错重发和前向纠错两种方式的缺点，充分发挥了编码的检、纠错能力，在较强干扰的信道中仍可获得较低误码率，是实际通信中应用较多的纠错方式。

在这几种差错控制方式中选取哪一种取决于具体的应用场合。ARQ 技术通常在计算机网络与通信系统中常用，因为这种技术实现起来比较经济，而且在计算机网络系统中，通常是双工（双向）信道。FEC 技术用来纠正单工（单向）信道中发生的错误，单工信道不能给发送端回传 ACK/NAK 信号。FEC 技术也适合用在传输时延比较长的系统。

在一些信道中，错码在接收序列中的出现是随机的、独立的，即序列中前后码元之间是否发生错误，相互之间无关，这种信道称作随机信道。例如发送的序列为一长串的连零 $C=000000000\cdots$，而接收到的序列为 $R=0000010000\cdots$，即接收序列偶然出现一个错误。造成这种差错的主要原因是信道的高斯白噪声。那些受外部电磁干扰影响比较小、信道参数比较稳定的信道（如同轴电缆、光纤电缆、卫星通传信道等）都属于这类信道。在另一类信道中，错码是突发且成串出现的，即序列中前后码元之间是否发生错误，相互之间有一定的联系，这种信道称作突发信道。例如，发送的是长串连零序列，接收到的是 $R=000\underline{11101}100000\cdots$。这种错误被称作突发错误，其中下划线对应码元数就称作突发错误长度。引起这种错误的主要原因是强的脉冲干扰，或信道的参数突然发生变化导致信号的衰落。这类信道典型的有短波通信信道、移动通信信道等。

实际信道呈现的错误特性不是单纯的一种，往往是以某种错误为主，两者兼有，这种信道称作混合信道。根据信道的不同特性，信道编码的方法也有不同。相应地，有纠正随机差错码、纠正突发差错码和纠正混合差错码的方法。本章主要介绍能纠正随机错误的信道编码技术的原理和方法。

9.3 纠检错编码的基本原理

香农在 1948 年和 1957 年发表的“通信的数学理论”和“适用于有扰信道的编码理论某些成果”两篇论文中提出了关于有扰信道中信息传输的重要理论：香农第二定理。该定理指出：对于一个给定的有扰信道，若该信道的信道容量为 C，则只要信道中的信息传输速率 R 小于 C，就一定存在一种编码方式，使编码后的误码率随着码长 n 的增加按指数下降到任意小的值。或者说只要 $R<C$，那么就存在一种传输速率为 R 的分组纠错码，并且当码长趋于无穷大时，信息的数据传输差错概率将趋于 0。

以一组二进制码为例，假设要发送天气预报消息，而且天气只用两种状态表示：有雨和无雨。采用第一种编码方法，将有雨编为“1”，无雨编为“0”。两个码字只有一位差别。在信道噪声干扰下，如果“1”误传为“0”或者“0”误传为“1”，则在接收端都不可能识别出是否有错，只能得到错误的结论。因为所收到的码字都是预先约定好的码字（许用码）。这种情况只能收到错误的天气预报消息。采用第二种编码方法，将有雨编为“11”，无雨编为“00”。即给第一种编码再加一位重复码元，这样两个码字之间的差别就有两位。增加的重复码元就是监督码元，而原有的码元即是信息码元。该编码总的码长为 2，在信道噪声干扰下，如果干扰使码字中仅一位发生错误，即接收端出现“10”或

“01”的编码，接收端都会发现在预先约定好的码字（许用码）中并不存在这样的码字（这就是禁用码）。接收端收到了禁用码就可以判断必然是传输中出现了错误。但是发送端原来所发送的码字到底是“11”还是“00”，接收端还是不能判断。可见这种两个码字之间的差别有两位时，可以检测出一位错，但不能纠正错误。如果两位同时出错，即“11”误传为“00”或者“00”误传为“11”，也不可能识别是否有错，即该种编码只有检测出一位错码的能力。

采用第三种编码方法，将有雨编为“111”，无雨编为“000”。即给第一种编码再加两位重复监督码元。那么“111”和“000”这两个码字之间的差别就有三位。该编码总的码长为 3。传输过程中当码字受到干扰，将“111”或“000”错误地传输为“001”“010”“011”“100”“101”“110”时，接收端都可以很容易地判断出是传输出现了错误。因为这些码字都不是预先约定好的码字（许用码），而是禁用码。这些错误的码字可能是错一位造成的（如“000”错传为“001”），也可能是错两位造成的（如“111”错传为“001”），所以它可以发现两位错码。如果在二进制对称信道 BSC（离散无记忆信道，只有 0 和 1 两种符号，并且发送 0 而接收到 1，以及发送 1 而接收到 0，即误码的概率相同）中，且误码率 $p \leqslant 1/2$，则根据最大似然译码准则（看接收到的码字最像哪个许用码，即判决为该许用码）可以纠正一位错码，从而做出正确的判决。因为一般来说，一个码组在这种信道传输过程中出错位数多的概率比出错位数少的概率更小。比如上面所举的例子中，接收到的码字为“001”“010”“100”时，根据上述准则可认为是“000”错一位造成的，判决为“000”。当收到的码字为“011”“101”“110”时，则可认为是“111”错一位造成的，直接判决为“111”。可见这种编码可纠正一位错码，这就是最大似然判决法。从上述例子还可以看出，两个码字之间不同位数的多少直接决定着其检错和纠错能力的大小。两个码字之间不同的位数越多，其检错和纠错能力就越强。

事实上，在错误概率为 p 的无记忆二进制对称信道上，传输一个有 n 位比特的码字出现 $m(m \leqslant n)$ 个错误的概率为

$$p_m = C_n^m p^m (1-p)^{n-m}$$

在本例中，$n=3$，若 $p=10^{-2}=0.01$。由上式可以算出错一位码的概率为 $p_1=2.94\times 10^{-2}$，错二位码的概率为 $p_2=2.97\times10^{-4}$，错三位码的概率为 $p_3=10\times10^{-6}$。由此可见，错一位码的可能性要比错多位码的可能性大得多。因此接收端利用最大似然法判决，可以以相对很高的正确判决概率（或者说以很低的错判概率）判决接收到的码字。

9.4　码重、码距及纠检错能力

码重：码字的重量，定义为一个码字中“1”码的个数，通常用 W 表示。例如：码字 10011000 的码重 $W=3$，而码字 00000000 的码重 $W=0$。

码距：又称码间距离或汉明（Hamming）距离，是指两个相同长度的编码中任意两个码字之间对应位的码元取值不同的个数。如码组 10001 和 01101，有三个位置的码元不同，所以码距 $d=3$。

最小码距：一个编码集合中所有码字之间码距的最小值，用 $d_{\min}$ 表示。码距可用 d 表示，即

$$d(C_i, C_j) = \sum (C_i \oplus C_j) \tag{9-1}$$

式（9-1）表示码间距离 d 等于两个码字对应位模 2 相加后“1”的个数，或者说是相加（对应位异或）后结果的码重。

例如：若码集包含的码字有 10010，00011 和 11000，则各码字两两之间的码距分别为：10010 和 00011 对应位模 2 相加后结果为 10001，码重 = 2，因此两码字之间 $d=2$。同理，10010 和 11000 之间 $d=2$，00011 和 11000 之间 $d=5$，因此该码集的最小码距为 2，即 $d_{\min}=2$。

在分组码中，加入的监督位数越多，则纠检错能力越强，编码的效率越低。若码字的信息位数为 k，监督位为 r，码长 $n=k+r$，则编码效率为

$$\eta = \frac{k}{n} = \frac{n-r}{n} = 1 - \frac{r}{n}$$

由公式可以看出，编码位数中 r 越多，编码效率越低。纠错编码的任务就是要根据不同的信道干扰特性设计出纠检错能力强、效率高的纠检错码，且编/译码的设备不要太复杂。

由上面的天气预报例子的分析可见，冗余码位数增加后，编码的抗干扰能力增强。这主要是因为冗余码位数增加后，发送端使用的编码集合中码字之间最小码距 $d_{\min}$ 增大。$d_{\min}$ 反映了码字集中每两个码字之间的差别程度，如果 $d_{\min}$ 越大，从一个编码（许用码）错成另一个编码（许用码）的可能性就越小，则其检错、纠错能力也就越强。因此一个码字集中的最小码距是衡量差错控制编码纠、检错能力大小的标志。一般情况下，差错编码的纠错能力及检错能力与最小码距之间有如下关系：

1）若编码集合中许用码字之间最小码距满足 $d_{\min} \geqslant e+1$，则该码集中的编码具有检测 e 位差错的能力。因为当编码之间最小码距为 $d_{\min}$，即比错码位数大一位时，只要编码中出现的误码位数不超过 e，就不可能变成另一个允许使用的编码，所以接收端能发现这样的差错，如图 9-3 所示。

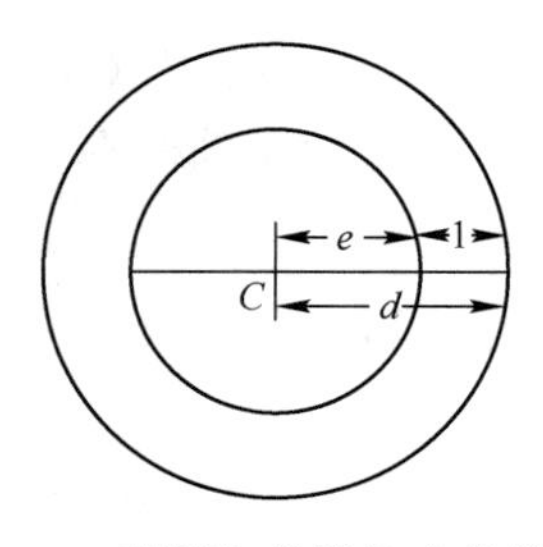

图 9-3　码距与检错能力的关系

2）若编码集合中许用码字之间最小码距满足 $d_{\min} \geqslant 2t+1$，则该码集中的编码具有纠正 t 位差错的能力。因为当码集中允许使用的编码发生 t 位差错时，形成的错误编码与另一

个允许使用的编码错 t 位码后形成的编码之间至少还有 1 位的码距，则这两个编码不会被混淆，就可纠正为原来的正确编码，否则可能被错误地纠正为另一个允许使用的编码而使差错更大（根据最大似然法），如图 9-4 所示。

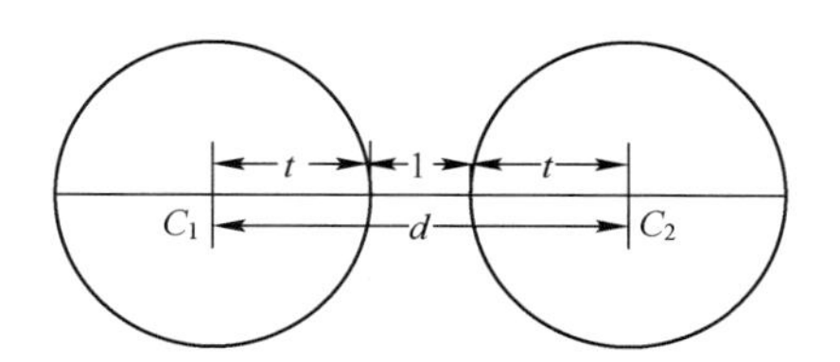

图 9-4　码距与纠错能力的关系

3）若编码集合中许用码字之间最小码距满足 $d_{min} \geqslant e+t+1$（$e>t$），则该码集中的编码具有纠正 t 位差错并检测 e 位差错的能力。需要注意的是，若接收到的编码与某一允许使用的编码之间的距离在纠错范围 t 内，则对其进行纠错；若接收到的编码与某一允许使用的编码之间的距离超过 t，则只能对其进行检错，检错能力范围为 e。或者说，某一允许使用的编码出现 e 位差错后与另一个允许使用的编码间距离必须至少为 $t+1$，否则会进入另一个允许使用编码的纠错范围而被错纠为另一编码，如图 9-5 所示。

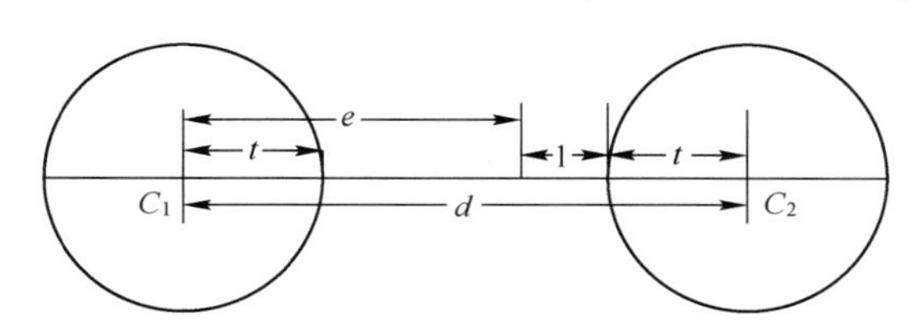

图 9-5　码距与纠、检错能力的关系

这 3 个关系式是编码理论中十分重要的基本关系，适用于任何一类编码。因此，提高信号抗干扰能力的方法是在信息码的基础上增加监督冗余码，即增加码距。

【例题 9-1】 求码组（000），（011），（101），（110）和码组（000），（111）的纠检错能力。

解：1）由于码组（000），（011），（101），（110）的最小码距 $d_{min}=2$，$e=d_{min}-1=1$，因此可以检出一位错码，但因为不满足关系式：$d_{min} \geqslant 2t+1$，因此不能纠错，更不能同时用于纠错和检错。

2）对于码组（000），（111），$d_{min}=3$，$e=d_{min}-1=2$，可以检出两位错码。当用于纠错时，可求得 $t=1$，能纠正一位错码。但由于不满足关系式：$d_{min} \geqslant e+t+1$（$e>t$），所以不能同时用于纠错和检错。

对于随机错误的情况，假设误码率为 P，$P \leqslant 1$，在码长为 n 的码字中刚好发生 r 个错码的概率为 $p_r=C_n^r P^r(1-P)^{n-r}$，当 $n=7$，$P=10^{-3}$时，可求得：

$$p_1 \approx 7\times10^{-3}, p_2 \approx 2.1\times10^{-5}, p_3 \approx 3.5\times10^{-8}$$

从上式计算可看出，若采用差错控制编码能纠正 1~2 位错码，就可以使误码率下降很多，效果非常显著。

9.5 常用的简单差错控制编码

在数字通信技术的发展过程中，人们通过不断的摸索和实践总结，创造出了多种简单有效的编码方法。下面介绍几种实用的简单差错控制编码。

1. 奇偶监督码

奇偶监督码（也称奇偶校验码）广泛应用于计算机数据传输中。奇偶监督码的编码规则是在每个分组的信息位后增加监督位，无论信息位有多少位，监督位只有一位。奇偶监督码可分为奇监督码和偶监督码两种。这两种编码的工作原理和检错能力相同。偶监督码是给信息位后增加一位监督位，使码字中“1”的数目为偶数。满足如下关系：

$$c_{n-1} \oplus c_{n-2} \oplus \cdots \oplus c_1 \oplus c_0 = 0 \tag{9-2}$$

式中，$c_{n-1}, c_{n-2}, \cdots, c_1$为信息位；$c_0$为监督位。式（9-2）即为偶监督码的监督关系，也称为校验方程。由校验方程可见它能检测出奇数个错。当发生奇数个错时，异或结果为1，不满足校验方程，可判断该码字有错。当发生偶数个错时，异或结果为0，满足校验方程。虽然码字有错，但检测不到，所以这种码不能检测偶数个错。在编码的过程中监督位是由信息位产生的，该编码监督位的产生方程为

$$c_0 = c_{n-1} \oplus c_{n-2} \oplus \cdots \oplus c_1 \tag{9-3}$$

奇监督码是给信息位后增加一位监督位，使码字中“1”的数目为奇数。其校验方程为

$$c_{n-1} \oplus c_{n-2} \oplus \cdots \oplus c_1 \oplus c_0 = 1 \tag{9-4}$$

奇监督码也是能检测出奇数个错。该编码监督位的产生方程为

$$c_0 = c_{n-1} \oplus c_{n-2} \oplus \cdots \oplus c_1 \oplus 1 \tag{9-5}$$

奇偶监督码的编码效率η较高，尤其是当码长n较大时，这一特点更为明显。在n值很大时，编码效率趋近于1，即

$$\eta = \frac{k}{n} = \frac{n-1}{n} = 1 - \frac{1}{n} \longrightarrow 1$$

在信道干扰不严重和码长n不大的情形下，应用奇偶监督码是很有效的。特别是在计算机内部及其输入/输出设备中，对单独偶发的错码来说，它是一种简单有效的方法。另外，奇偶监督码的编码和译码电路也容易实现，采用简单的数字电路即可完成。

2. 行列监督码

行列监督码也叫作方阵校验码或二维奇偶监督码。它是先把上述奇偶监督码的若干码组排成矩阵，每一码组写成一行，然后按列的方向增加第二维监督位。其编码原理与简单的奇偶监督码相似，不同之处在于每个码元都要受到纵、横两个方向的监督。以图 9-6 为例，有 28 个待发送的数据码元，将它们排成 4 行 7 列的方阵。方阵中每行是一个码组，每行的最后加上一个监督码元进行行监督，同样在每列的最后也加上一个监督码元进行列监督，然后按行（或列）发送。接收端按同样行列排成方阵，发现不符合行列监督规则的判为有错。它除了能检测出所有行、列中的奇数个错误外，也能发现大部分偶数个错误。但是，如果碰到差错个数恰为 4 的倍数，而且差错位置正好处于矩形 4 个角的情况，方阵

码无法发现错误。

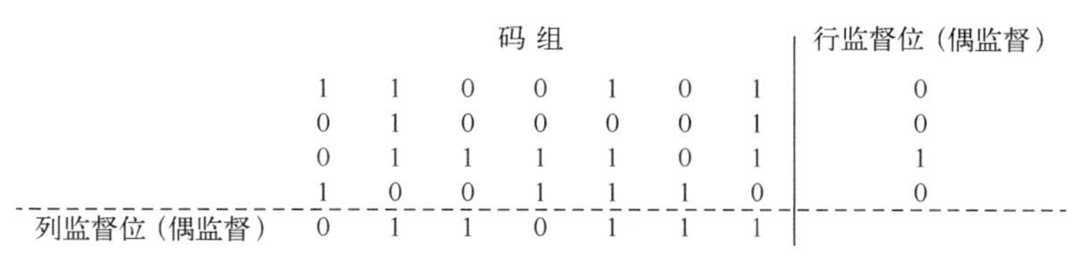

图 9-6 行列监督码

行列监督码在某些条件下还能纠错，观察第 3 行、第 4 列出错的情况，假设在传输过程中第 3 行、第 4 列的“1”错成“0”，因为此错误同时破坏了第 3 行和第 4 列的偶监督关系，所以接收端很容易判断是第 3 行第 4 列交叉位置上的码元出错，从而给予纠正。

行列监督码也常用于检查或纠正突发错误。它可以检查出错误码元长度小于或等于码组长度的所有错码，并纠正某些情况下的突发差错。行列监督码实质上是运用矩阵变换，把突发差错变成独立差错加以处理。因为这种方法比较简单，所以被认为是克制突发差错很有效的手段。

3. 恒比码

恒比码又称为等比码或等重码。恒比码的每个码组中，“1”和“0”的个数比是恒定的。我国电传通信中采用的五单位数字保护电码是一种 3:2 恒比码，也叫作 5 中取 3 的恒比码。即在五单位电传码的码组中（$2^5=32$），取其“1”的数目恒为 3 的码组 $C_5^3=10$，代表 10 个字符（0~9），如表 9-1 所示。因为每个汉字是以四位十进制数表示的，所以提高十进制数字传输的可靠性，相当于提高了汉字传输的可靠性。

表 9-1 3:2 恒比码

十进制数	1	2	3	4	5	6	7	8	9	0
3:2 恒比码	01011	11001	10110	11010	00111	10101	11100	01110	10011	01101

国际电传电报上通用的 ARQ 通信系统中，选用 3 个“1”、4 个“0”的 3:4 码，即 7 中取 3 码。它有 $C_7^3=35$ 个码组，分别表示 26 个字母及其他符号。在检测恒比码时，通过计算接收码组中“1”的数目，判定传输有无错误。除了“1”错成“0”和“0”错成“1”成对出现的错误以外，这种码能发现其他所有形式的错误，因此检错能力很强。实践证明，应用这种码，国际电报通信的误码率保持在 10^{-6}以下。

4. 重复码

重复码是在每位信息码元之后用简单重复多次的方法编码。例如重复两次时，用“111”传输“1”码，用“000”传输“0”码。接收端译码时采用多数表决法（极大似然法），当接收的码字中出现 2 个或 3 个“1”时判为“1”，当出现 2 个或 3 个“0”时判为“0”。这样的码可以纠正一个差错，或者检出 2 个差错。如果重复四次，就可以纠正 2 位错码了。

9.6　线性分组码

9.6.1　基本概念及原理

上面所讨论的简单差错控制编码主要应用于检测错误，若要使编码具有更强的检测错误和纠正错误的能力，必须增加更多的监督码。所谓线性分组码，是先将由“0”和“1”组成的二进制数字信息序列分成码元个数固定的一组组信息，然后为每组信息位附加若干位监督位，且信息位和监督位（又称校验位）之间的监督关系是线性的，也就是监督位能表示成信息位的线性和（模2加）形式，并能用一组线性方程来表示。线性分组码通常用(n,k)符号来表示，其中k是指每组信息的码元的位数，n是指添加r位监督位后编码码组的总位数，即$n=k+r$。则共有2^k个不同的组合，即不同的信息。每个组合是指由k个信息位与$r=n-k$个校验位组成的编码码字。因此，不难看出，一个(n,k)线性分组码最多有2^n种组合，但其中由k位信息位组成且满足线性编码规则的码组只可能有2^k种。通常，我们将这2^k种码组称为许用码，而剩余的2^n-2^k种码组称为禁用码，也就是说禁用码是不符合编码线性方程组的那些码组。

下面以（7,3）码为例讨论线性分组码的一般原理。设编码后的线性分组码为（$C_6C_5C_4C_3C_2C_1C_0$），其中信息位为$C_6C_5C_4C_3$，后3位$C_2C_1C_0$为监督位，则（7,3）线性分组码的监督方程式可设定成下列形式：

$$\begin{cases} C_3=C_6 \qquad +C_4 \\ C_2=C_6+C_5+C_4 \\ C_1=C_6+C_5 \\ C_0= \qquad C_5+C_4 \end{cases}$$

为简化表示，这里以及本章后面式中的“+”号均是指模2加“⊕”（异或）。也可写成标准的方程组形式：

$$\begin{cases} C_6+C_4+C_3=0 \\ C_6+C_5+C_4+C_2=0 \\ C_6+C_5+C_1=0 \\ C_5+C_4+C_0=0 \end{cases}$$

又可写成矩阵形式：

$$\begin{bmatrix} 1011000 \\ 1110100 \\ 1100010 \\ 0110001 \end{bmatrix} \begin{bmatrix} C_6 \\ C_5 \\ C_4 \\ C_3 \\ C_2 \\ C_1 \\ C_0 \end{bmatrix}^{\mathrm{T}} = \begin{bmatrix} 0 \\ 0 \\ 0 \\ 0 \end{bmatrix}$$

还可简写为：

$$\boldsymbol{H}\cdot\boldsymbol{C}^{\mathrm{T}}=0^{\mathrm{T}}\quad 或\quad \boldsymbol{C}\cdot\boldsymbol{H}^{\mathrm{T}}=0 \tag{9-6}$$

其中，$\boldsymbol{C}=[C_6C_5C_4C_3C_2C_1C_0]$，$0=[0000]$，$\boldsymbol{C}^{\mathrm{T}}$表示 $\boldsymbol{C}$ 的转置，$\boldsymbol{H}$ 定义为监督矩阵。

$$\boldsymbol{H}=\begin{bmatrix}1011000\\1110100\\1100010\\0110001\end{bmatrix}=[\boldsymbol{P}\quad \boldsymbol{I}_{\mathrm{r}}]$$

上式中，$\boldsymbol{P}$ 为 4×3 阶矩阵，$\boldsymbol{I}_{\mathrm{r}}$为 4×4 阶单位方阵。一般来说，二进制$(n,k)$系统码的监督矩阵可表示为

$$\boldsymbol{H}=\begin{bmatrix}\mathrm{P}_{11} & \mathrm{P}_{12} & \cdots & \mathrm{P}_{1k} & 1 & 0 & \cdots & 0\\ \mathrm{P}_{21} & \mathrm{P}_{22} & \cdots & \mathrm{P}_{2k} & 0 & 1 & \cdots & 0\\ \vdots & \vdots & & \vdots & \vdots & \vdots & & \vdots\\ \mathrm{P}_{n-k,1} & \mathrm{P}_{n-k,2} & \cdots & \mathrm{P}_{n-k,k} & 0 & 0 & \cdots & 1\end{bmatrix}=[\boldsymbol{P}\quad \boldsymbol{I}_{\mathrm{r}}]$$

这是一个$(n-k)\times n$ 阶矩阵，其中 $\boldsymbol{P}$ 为$(n-k)\times k$ 阶矩阵；$\boldsymbol{I}_{\mathrm{r}}$为 r 阶单位方阵。具有这种形式的 $\boldsymbol{H}$ 矩阵称为典型矩阵。由代数理论可知，若一矩阵能写出典型的$[\boldsymbol{P}\quad \boldsymbol{I}_{\mathrm{r}}]$形式，则其各行一定是线性无关的，否则将得不到 r 个线性无关的监督关系式，从而也得不到 r 个独立的监督位。因此 $\boldsymbol{H}$ 矩阵的各行应是线性无关的。非典型形式的监督矩阵可以经过线性变换化为典型形式，除非非典型形式的监督矩阵的各行不是线性无关的。

一致监督矩阵 $\boldsymbol{H}$ 完全确定了线性分组码的规律性，确定了 $\boldsymbol{H}$ 矩阵也就确定了线性分组码的构造方法。但是用 $\boldsymbol{H}$ 矩阵从已知的信息元中求监督码元是不方便的。因此有必要找出信息元和监督元之间的直接关系。实际上，对于上述（7，3）码，可将监督方程组写成下列形式：

$$\begin{aligned}C_6&=C_6\\C_5&=\quad C_5\\C_4&=\qquad C_4\\C_3&=C_6\qquad +C_4\\C_2&=C_6+C_5+C_4\\C_1&=C_6+C_5\\C_0&=\quad C_5+C_4\end{aligned}$$

可写成矩阵形式：

$$[C_6C_5C_4C_3C_2C_1C_0]=\begin{bmatrix}C_6\\C_5\\C_4\\C_3\\C_2\\C_1\\C_0\end{bmatrix}^{\mathrm{T}}=\begin{bmatrix}C_6\\ \quad C_5\\ \qquad C_4\\ C_6\qquad +C_4\\ C_6+C_5+C_4\\ C_6+C_5\\ \quad C_5+C_4\end{bmatrix}^{\mathrm{T}}=[C_6C_5C_4]\begin{bmatrix}1001110\\0100111\\0011101\end{bmatrix}$$

$$[C_6C_5C_4C_3C_2C_1C_0] == [C_6C_5C_4]\boldsymbol{G} \tag{9-7}$$

其中，$\boldsymbol{G}=\begin{bmatrix}1001110\\0100111\\0011101\end{bmatrix}=[\boldsymbol{I}_\text{K}\quad \boldsymbol{Q}]$，称为生成矩阵。通常 $\boldsymbol{G}$ 矩阵可写成如下形式：

$$\boldsymbol{G}=\begin{bmatrix}1 & 0 & \cdots & 0 & q_{1,k+1} & \cdots & q_{1,n}\\ 0 & 1 & \cdots & 0 & q_{2,k+1} & \cdots & q_{2,n}\\ \vdots & \vdots & & \vdots & \vdots & & \vdots\\ 0 & 0 & \cdots & 1 & q_{k,k+1} & \cdots & q_{k,n}\end{bmatrix}=[\boldsymbol{I}_\text{k}\quad \boldsymbol{Q}]$$

具有$[\boldsymbol{I}_\text{k}\quad \boldsymbol{Q}]$形式的 $\boldsymbol{G}$ 矩阵被称为典型生成矩阵。其中 $\boldsymbol{I}_k$为 k 阶单位方阵；$\boldsymbol{Q}$ 为 $k\times r$ 阶矩阵。由于 $\boldsymbol{C}=\boldsymbol{M}\cdot\boldsymbol{G}$，其中 $\boldsymbol{M}$ 是由 k 个信息位组成的行矩阵（上例中 $\boldsymbol{M}=[C_6C_5C_4]$），不难看出，由典型生成矩阵生成的线性分组码是系统码。又由于 $\boldsymbol{C}\cdot\boldsymbol{H}^\text{T}=0$，可推得 $\boldsymbol{G}\cdot\boldsymbol{H}^\text{T}=0$，即$[\boldsymbol{I}_\text{k}\quad \boldsymbol{Q}][\boldsymbol{P}\quad \boldsymbol{I}_\text{r}]^\text{T}=0$，从而可知：$\boldsymbol{P}$ 矩阵和 $\boldsymbol{G}$ 矩阵之间的关系为 $\boldsymbol{P}=\boldsymbol{Q}^\text{T}$ 或 $\boldsymbol{Q}=\boldsymbol{P}^\text{T}$。

线性分组码有两个重要性质。一个性质是它的封闭性，即任意两个码组的线性组合仍是该分组码中的一个许用码组。这就是说，若 C_1和 C_2是一种线性分组码的两个许用码组，则(C_1+C_2)仍是该线性分组码中的一个许用码组。该性质的证明比较简单：因为 C_1和 C_2为许用码组，则有 $C_1\cdot\boldsymbol{H}^\text{T}=0$ 和 $C_2\cdot\boldsymbol{H}^\text{T}=0$，将两式相加可知，$(C_1+C_2)\cdot\boldsymbol{H}^\text{T}=0$。所以$(C_1+C_2)$也是一个许用码组，即线性分组码具有封闭性。由于任意两个许用码组的码距是通过计算这两个码组的线性组合求得的，因此根据线性分组码的封闭性以及码重的定义，我们不难得出线性分组码具有的另一个性质，即线性分组码中任意两个许用码组之间的距离必是另一码组的码重，也就是说，线性分组码的最小距离等于非零码的最小码重。这一性质为我们提供了一种判断最小码距的方法。

【例题 9-2】 已知（6,3）码的生成矩阵为

$$\boldsymbol{G}=\begin{bmatrix}100101\\010011\\001110\end{bmatrix}$$

试求：1）所有许用码和最小码距。

2）分析纠检错能力。

解：1）由信息码组成的信息码组矩阵为 $\boldsymbol{M}=\begin{bmatrix}000\\001\\010\\011\\100\\101\\110\\111\end{bmatrix}$，由式（9-7）可求出码组矩阵为

$$C=\begin{bmatrix}000\\001\\010\\011\\100\\101\\110\\111\end{bmatrix}\cdot\begin{bmatrix}100101\\010011\\001110\end{bmatrix}=\begin{bmatrix}000000\\001110\\010011\\011101\\100101\\101011\\110110\\111000\end{bmatrix}$$

2）根据线性分组码的最小距离等于非零码的最小码重，因此 $\boldsymbol{C}$ 矩阵中的所有编码的非零码最小码重为 $W_{\min}=3$，所以最小码距 $d_{\min}=3$。因此，该编码具有纠一位错码和检两位错码的能力。

9.6.2 线性分组码的检错和纠错

数据在传输信道（包括调制解调等传输设备和线路）中传输时难免会因为受到各种干扰而出错。为了描述及处理数据在传输过程中可能出现的差错，这里引入一个新的概念：错误图样。它被定义为接收码组和发送码组之间的差（异或），一个错误图样对应一个传输码组（或序列）。在错误图样中，“0”表示该传输码组的对应位没有传错，“1”表示对应位出错。例如，设发送序列为 $\boldsymbol{C}=[0100101]$，接收序列为 $\boldsymbol{R}=[0110101]$，则错误图样为 $\boldsymbol{E}=\boldsymbol{R}+\boldsymbol{C}=[0010000]$，即说明接收码组中左数第 3 位出错。可见，在译码时，只要设法从 $\boldsymbol{R}$ 中找到错误图样 $\boldsymbol{E}$，就可判断是否出错以及错在哪里。如果错误图样为全“0”，接收端就认为没错；如不为“0”，接收端就可通过 $\boldsymbol{R}+\boldsymbol{E}=\boldsymbol{C}$ 来恢复发送端所发编码的差错位。因此译码的主要任务就是寻找错误图样 $\boldsymbol{E}$。更一般地，设每组数据经过编码后的发送码组为 $\boldsymbol{C}=[C_{n-1}\ C_{n-2}\cdots\ C_0]$，在传输过程中受到噪声干扰而出错，致使接收端收到的码组为 $\boldsymbol{R}=[R_{n-1}\ R_{n-2}\cdots\ R_0]$（与发送码组不同），则其差 $\boldsymbol{E}=\boldsymbol{R}+\boldsymbol{C}$ 就是信道中的噪声干扰引起的数据错误图样。若错误图样中的第 i 位 $E_i=1$，就说明 R_i 与 C_i 不同，也就是 C_i 发生错误。

由于每个码组 $\boldsymbol{C}$ 必须满足 $\boldsymbol{H}$ 矩阵每行所确定的线性方程（式 9-6），因而，接收端收到 $\boldsymbol{R}$ 后可用式 $\boldsymbol{R}\boldsymbol{H}^{\mathrm{T}}$ 检查，若结果等于“0”，则认为该码组 $\boldsymbol{C}$ 在传输过程中没有出错，否则就认为所接收的码组 $\boldsymbol{R}$ 出错。为方便纠检错，通常我们定义：

$$\boldsymbol{S}=[S_{r-1}\ S_{r-2}\cdots\ S_0]=\boldsymbol{R}\boldsymbol{H}^{\mathrm{T}}=(\boldsymbol{C}+\boldsymbol{E})\boldsymbol{H}^{\mathrm{T}}=\boldsymbol{C}\boldsymbol{H}^{\mathrm{T}}+\boldsymbol{E}\boldsymbol{H}^{\mathrm{T}}=\boldsymbol{E}\boldsymbol{H}^{\mathrm{T}}$$

为接收向量 $\boldsymbol{R}$ 的伴随式或校正子。显然，$\boldsymbol{S}$ 仅与错误图样 $\boldsymbol{E}$ 有关，而与发送的码字 $\boldsymbol{C}$ 无关。若 $\boldsymbol{E}=0$，则 $\boldsymbol{S}=0$；若 $\boldsymbol{E}\neq0$，则 $\boldsymbol{S}\neq0$。所以根据 $\boldsymbol{S}$ 是否为 0 可判断接收的码组是否出错。进一步，如果接收码组 $\boldsymbol{R}$ 中只有一位码元发生错误，又假设错在第 i 位，即 $\boldsymbol{E}_{n-i}=1$，而其他位都为“0”，则有：

$$
\boldsymbol{S}^{\mathrm{T}}=\begin{bmatrix} S_{r-1} \\ S_{r-2} \\ \vdots \\ S_0 \end{bmatrix}=\boldsymbol{H}\cdot\boldsymbol{E}^{\mathrm{T}}=\begin{bmatrix} h_{11}+\cdots+h_{1i}+h_{1j}+h_{1k}+h_{1l}+\cdots \\ h_{21}+\cdots+h_{2i}+h_{2j}+h_{2k}+h_{2l}+\cdots \\ \vdots \\ h_{n1}+\cdots+h_{ni}+h_{nj}+h_{nk}+h_{nl}+\cdots \end{bmatrix}\cdot\begin{bmatrix} 0 \\ \vdots \\ 0 \\ E_{n-i} \\ 0 \\ \vdots \\ 0 \end{bmatrix}=\begin{bmatrix} h_{1i} \\ h_{2i} \\ \vdots \\ h_{ni} \end{bmatrix}
$$

该式表明，$\boldsymbol{S}^{\mathrm{T}}$等于 $\boldsymbol{H}$ 矩阵中的第 i 列，接收端根据这个结果，便可判断出接收码的第 i 位发生错误，据此可实现纠错。如果接收码组中有多位码元同时出错，假设错误发生在第 i，j，k，l 位，即 $E_{n-i}=E_{n-j}=E_{n-k}=E_{n-l}=1$，$\boldsymbol{E}$ 的其余位为 0，则同理可求得伴随式的转置为

$$
\boldsymbol{S}^{\mathrm{T}}=\begin{bmatrix} S_{r-1} \\ S_{r-2} \\ \vdots \\ S_0 \end{bmatrix}=\boldsymbol{H}\cdot\boldsymbol{E}^{\mathrm{T}}=\begin{bmatrix} h_{11}+\cdots+h_{1i}+h_{1j}+h_{1k}+h_{1l}+\cdots \\ h_{21}+\cdots+h_{2i}+h_{2j}+h_{2k}+h_{2l}+\cdots \\ \vdots \\ h_{n1}+\cdots+h_{ni}+h_{nj}+h_{nk}+h_{nl}+\cdots \end{bmatrix}\cdot\begin{bmatrix} 0 \\ \vdots \\ 0 \\ E_{n-i} \\ E_{n-j} \\ E_{n-k} \\ E_{n-l} \\ \vdots \end{bmatrix}=\begin{bmatrix} h_{1l} \\ h_{2i} \\ \vdots \\ h_{ni} \end{bmatrix}+\begin{bmatrix} h_{1j} \\ h_{2j} \\ \vdots \\ h_{nj} \end{bmatrix}+\begin{bmatrix} h_{1k} \\ h_{2k} \\ \vdots \\ h_{nk} \end{bmatrix}+\begin{bmatrix} h_{1l} \\ h_{2l} \\ \vdots \\ h_{nl} \end{bmatrix}
$$

上式说明，此时的伴随式等于 $\boldsymbol{H}$ 矩阵的第 i，j，k，l 列的线性组合。如果该线性组合为 0，也就是说伴随式 $S=[00\cdots0]$，则接收端认为接收的码组 $\boldsymbol{R}$ 正确，即使有错也是不能判断出来的，此时的错误称为不可检错误，或者说此时发生的错误超出了该编码系统的纠检错能力。同理，如果这种出现多位错误对应的线性组合正好等于 $\boldsymbol{H}$ 矩阵中的某一列，则接收端译码时将会认为接收码组 $\boldsymbol{R}$ 中对应该列的那一位出错，并进行纠错，而不会认为是第 i，j，k，l 位出现错误，因此会越纠越错。这同样是因为实际发生的错误超出了该系统的纠检错能力。如果这个线性组合结果与 $\boldsymbol{H}$ 矩阵的任一列或对应列的线性组合都不相等且不为 0，则接收端只能检测出 $\boldsymbol{R}$ 有错，但不能纠错。当然，如果这个线性组合等于 $\boldsymbol{H}$ 矩阵中对应列的线性组合，可以证明：只要不超出线性分组码的纠错能力，接收端依据计算出的校正子 $\boldsymbol{S}$，就可以判断码组的错误位置并予以纠正。

例如，对于（7,3）线性分组码，如果已知 $\boldsymbol{H}$ 矩阵为

$$
\boldsymbol{H}=\begin{bmatrix} 1011000 \\ 1110100 \\ 1100010 \\ 0110001 \end{bmatrix}
$$

有

$$\boldsymbol{S}^{\mathrm{T}}=\boldsymbol{H}\cdot\boldsymbol{E}^{\mathrm{T}}\begin{bmatrix}1011000\\1110100\\1100010\\0110001\end{bmatrix}\cdot\begin{bmatrix}E_6\\E_5\\E_4\\E_3\\E_2\\E_1\\E_0\end{bmatrix}$$

若接收端根据接收码组 $\boldsymbol{R}$ 求得 $\boldsymbol{S}=[0000]$，则认为 $\boldsymbol{R}$ 没有出错。若接收码组中某一位发生错误，例如 $E_4=1$，而其他 $E_{i\neq 4}=0$，则可计算得 $\boldsymbol{S}=[1101]$，相当于 $\boldsymbol{S}^{\mathrm{T}}$等于 $\boldsymbol{H}$ 矩阵的第 3 列（从左数），接收端就可据此定位并纠正错误。

若接收码组中有两位错误，例如第 2 和 3 位（从左数）同时发生错误，即 $E_4=E_5=1$，而其他 $E_{i\neq 4,5}=0$，则可求得 $\boldsymbol{S}=[1010]$，但并不能据此判断出这两位出错，因为如果 $E_3=E_1=1$，$E_{i\neq 1,3}=0$，此时求得的 $\boldsymbol{S}$ 也等于［1010］，所以对于（7,3）码能发现两位错误（因为 $\boldsymbol{S}\neq[0000]$），但不能纠正错误，这是因为该（7,3）码的最小码距为 4，只具有纠一位检两位的译码能力。

若接收码组中有 4 位同时发生错误，例如第 2，3，4，6 位同时出错，即 $E_5=E_4=E_3=E_1=1$，则可求得 $\boldsymbol{S}=[0000]$，这说明该（7,3）码对于这种 4 位及其以上的错误既不能发现更不可能纠正（当然不是对于所有 4 位及其以上的错误都不能检查出来）。

综上所述，一个(n,k)码要能纠正所有单个错，则由所有单个错的错误图样 $\boldsymbol{E}$ 所确定的校正子 $\boldsymbol{S}$ 均不相同且不等于 0，若要能纠正小于等于 $t(\leqslant t)$个错误，则要求小于等于 t 个错误的所有可能组合的错误模式都必须有不同的伴随式 $\boldsymbol{S}$（共 2^r种）与之对应，即

$$2^r=2^{n-k}\geqslant C_n^0+C_n^1+\cdots+C_n^t=\sum_{i=0}^{t}C_n^i$$

上述也说明：(n,k)码要能纠正小于等于 t 个错误，其 $\boldsymbol{H}$ 矩阵中任意 $2t$ 列必须线性无关。而纠正小于等于 t 个错误码的最小码距 $d_{\min}$必须大于等于 $2t+1$，所以相当于 $\boldsymbol{H}$ 矩阵中任意 $d_{\min}-1$ 列必须线性无关，可以证明，这是(n,k)码要能纠正小于等于 t 个错误的充要条件。

依据 $\boldsymbol{G}$ 矩阵和 $\boldsymbol{H}$ 矩阵就能设计出线性分组码的编码电路和译码电路。但由于线性分组码是一大类的差错控制编码，因此现在还没有较通用的编码电路和译码电路设计方法。

【例题 9-3】已知（7,4）线性分组码某码组，在传输过程中发生一位误码。已知 $\boldsymbol{H}$ 矩阵和接收码组 $\boldsymbol{R}=(0000101)$，试将其恢复为正确码组。

$$\boldsymbol{H}=\begin{bmatrix}1110100\\1101010\\1011001\end{bmatrix}$$

解：1）首先确定码组的纠检错能力。由于（7,4）线性分组码最小码距 $d_{\min}=3$，故此码组可以纠正一位错码或检出两位错码。

2）计算：

$$S^{\mathrm{T}}=HR^{\mathrm{T}}=\begin{bmatrix}1110100\\1101010\\1011001\end{bmatrix}\begin{bmatrix}0\\0\\0\\0\\1\\0\\1\end{bmatrix}=\begin{bmatrix}1\\0\\1\end{bmatrix}$$

3）恢复正确码组。

因为此码组具有纠正一位错码的能力，且计算结果 S^{T} 与 H 矩阵中的第 3 列（从左数）相同，相当于得到错误图样 $E=(0010000)$，所以正确码组为

$$C=R+E=(0000101)+(0010000)=(0010101)$$

9.7　循环码

循环码是线性分组码的一个重要子集，是目前研究比较成熟的一类编码。循环码有许多特殊的代数性质，这些性质有助于按照要求的纠检错能力系统地构造该类编码。循环码不但具有较强的纠检错能力和较高的编码效率，还因为其具有循环性的特点而易于实现，很容易用带反馈的移位寄存器实现其编码硬件。正是由于循环码具有编码的代数结构清晰、性能较好、编译简单和易于实现的特点，因此它在数据通信和计算机纠检错系统中得到广泛应用。

9.7.1　循环码的基本概念

一个(n,k)循环码是码长为 n，有 k 位信息位的线性分组码，其最大特点就是该种线性码具有循环特性。所谓循环性，是指循环码中任一许用码组经过循环移位（左移或右移）后，所得到的码组仍然是许用码组，也就是说，这种编码不但具有线性封闭性，还具有循环移位不变性（循环封闭性）。若$[C_{n-1}\ C_{n-2}\cdots C_0]$是$(n,k)$线性分组码的一个许用码组，则$[C_{n-2}\cdots\ C_0\ C_{n-1}]$，$[C_{n-3}\cdots\ C_{n-1}\ C_{n-2}]$，…也是该$(n,k)$线性分组码的许用码组。表 9-2 给出了一种（7,3）循环码的全部码组。通过该表可以直观地看出这种码的循环性。例如，表中的第 2 个码组向左循环移一位，即得到第 3 个码组，第 5 个码组向左循环移一位，即得到第 2 个码组，等等。

循环码有多种描述方法，其中最主要的是多项式描述法。设$(C_{n-1}\ C_{n-2}\cdots\ C_0)$是一个 n 位的循环码组，为了方便研究，可将其对应为一个多项式 $C(x)=C_{n-1}x^{n-1}+C_{n-2}x^{n-2}+\cdots+C_0$，该多项式被称为码多项式。例如一个码组 $C=1011100$，可用码多项式 $C(x)=x^6+x^4+x^3+x^2$ 来描述。

表9-2　一种（7,3）循环码的全部码组

码组编号	信息码组	编码后码组	
		$C_6C_5C_4$	$C_3C_2C_1C_0$
1	0 0 0	0 0 0	0 0 0 0
2	0 0 1	0 0 1	0 1 1 1
3	0 1 0	0 1 0	1 1 1 0
4	0 1 1	0 1 1	1 0 0 1
5	1 0 0	1 0 0	1 0 1 1
6	1 0 1	1 0 1	1 1 0 0
7	1 1 0	1 1 0	0 1 0 1
8	1 1 1	1 1 1	0 0 1 0

【例题 9-4】 求 x^6 模 x^3+x+1 的余式。

解：用常除法可求得：

$$\begin{array}{r|l} & x^3+x+1 \\ \hline x^3+x+1 & x^6 \\ & \underline{x^6+x^4+x^3} \\ & x^4+x^3 \\ & \underline{x^4+x^2+x} \\ & \quad x^3+x^2+x \\ & \quad \underline{x^3+x+1} \\ & \qquad x^2+1 \quad (\text{余式}) \end{array}$$

也可写成 $\dfrac{x^6}{x^3+x+1}=(x^3+x+1)+\dfrac{x^2+1}{x^3+x+1}$ 或 $x^6\equiv x^2+1$[模 x^3+x+1]，符号“≡”表示按模取余的意思。

循环码多项式有一个重要性质，即在循环码中，若 $\boldsymbol{C}(x)$ 是一个长为 n 的许用码组对应的码多项式，则 $x^i\boldsymbol{C}(x)$ 在按模 x^n+1 运算下，其余式对应的码组仍然是一个许用码组。该性质可用一个数学式子表示：

$$x^i\cdot\boldsymbol{C}(x)\equiv\boldsymbol{C}'(x)[\text{模 } x^n+1] \text{或} \boldsymbol{C}'(x)\equiv x^i\cdot\boldsymbol{C}(x)[\text{模 } x^n+1]$$

其中，$\boldsymbol{C}'(x)$ 表示 $x^i\boldsymbol{C}(x)$ 在按模 x^n+1 运算下的余式，是一个次数小于 n 的码多项式。符号“≡”表示按模求余的意思。

该性质的证明很简单。若 $\boldsymbol{C}(x)=C_{n-1}x^{n-1}+C_{n-2}x^{n-2}+\cdots+C_0$，则有：

$$\begin{aligned} x^i\cdot\boldsymbol{C}(x) &= C_{n-1}x^{n-1+i}+C_{n-2}x^{n-2+i}+\cdots+C_{n-1-i}x^{n-1}+\cdots+C_1x^{1+i}+C_0x^i \\ &\equiv C_{n-1-i}x^{n-1}+C_{n-2-i}x^{n-2}+\cdots+C_0x^i+C_{n-1}x^{i-1}+\cdots+C_{n-i}[\text{模 } x^n+1] \end{aligned}$$

其中，$C_{n-1-i}x^{n-1}+C_{n-2-i}x^{n-2}+\cdots+C_0x^i+C_{n-1}x^{i-1}+\cdots+C_{n-i}=C'(x)$ 为余式，不难看出，它正是 $\boldsymbol{C}(x)$ 所表示的码组向左循环移位 i 次后所对应的码多项式。因此，根据循环码的定义，$\boldsymbol{C}'(x)$ 对应的编码也必为该循环码的一个许用码组。

9.7.2　循环码的生成矩阵

对(n,k)线性分组码，只要构造出生成矩阵$\boldsymbol{G}$或一致校验矩阵$\boldsymbol{H}$，则编码问题就解决了。由于循环码也是线性分组码的一个子集，因此也可按照线性分组码规则构造生成矩阵。即挑选出k个线性无关的许用码组作为基底，就可把2^k个所有许用码生成出来。

若从(n,k)循环码的2^k码字中挑选出一个前面$k-1$个信息位都为“0”的$n-k$次多项式$g(x)=x^{n-k}+g_{n-k-1}x^{n-k-1}+\cdots+g_1x+1$，则可知$g(x)$，$xg(x)$，$x^2g(x)$，…，$x^{k-1}g(x)$对应的$k$个循环码组都是线性无关的。因而，可以用这$k$个码组作为该循环码的基底，并以该基底作为矩阵的行构造生成矩阵$\boldsymbol{G}$，并以此可确定监督矩阵$\boldsymbol{H}$，那么该编码也就确定。

生成矩阵$\boldsymbol{G}$可用下面多项式表示：

$$\boldsymbol{G}(x)=\begin{bmatrix} x^{k-1}g(x) \\ \vdots \\ xg(x) \\ g(x) \end{bmatrix}$$

对k个信息码元进行编码，就是把二进制信息码元与矩阵$\boldsymbol{G}$相乘。设(n,k)码中的k个信息元为$\boldsymbol{M}=(m_{k-1}\ m_{k-2}\cdots\ m_0)$，则许用码多项式可通过下式求出：

$$\boldsymbol{C}(x)=\boldsymbol{M}\cdot\boldsymbol{G}(x)=[m_{k-1}m_{k-2}\cdots m_0]\cdot\begin{bmatrix} x^{k-1}g(x) \\ \vdots \\ xg(x) \\ g(x) \end{bmatrix} \tag{9-8}$$

根据$\boldsymbol{M}=(m_{k-1}\ m_{k-2}\cdots\ m_0)$的不同取值，就可得到该$(n,k)$循环码的所有$2^k$个许用码字。

但不难验证，按这种方法构造出的循环码不是系统码，也就是说，这种n位的循环码的前$k-1$位（左数）对应的校验码通常并不是该n位编码的后r位，或者说，前$k-1$位与后r位之间并不是信息位与校验码的关系。因此这种编码方法不直观。下面将进一步给出$g(x)$的几个特点，并据此给出构造线性循环系统校验码的编码方法。

9.7.3　循环码的生成多项式 $g(x)$

前面已说明，循环码具有循环特点，因而编码简单易实现。其实，只要知道循环码的生成多项式$g(x)$就可完全确定一个循环码。这里的$g(x)$就是上节提及的前面$k-1$个信息位都为“0”的$r=n-k$次多项式$g(x)=x^{k-1}+g_{n-k-1}x^{n-k-1}+\cdots+g_1x+1$。在所有的循环码多项式中，不难证明，$g(x)$其实是一个次数最低且常数项为1的非零码多项式，这里我们定义它为生成多项式。这是因为如果假设还有一个次数更低的循环码多项式，那么它所对应的循环编码的信息位必为全“0”，但由于我们假设$g(x)$是一个常数项不为0的非零码多项式，即它的校验码不为全“0”，这与线性分组码的编码特点矛盾。另外，$g(x)$的常数项必为1，因为如果它为0，则经过循环右移一位后，又会出现信息位为全“0”而监督位不为全

"0" 的矛盾情形。因而生成码多项式 $g(x)$ 的主要特点得证。另外，循环码多项式还具有与生成多项式 $g(x)$ 有关的几个重要特性，它们是构造线性系统循环码的重要基础。

【性质 1】 (n,k) 循环码存在唯一的 $r=n-k$ 次生成码多项式 $g(x)$。

这点很容易看出，因为一个确定的 (n,k) 循环码的所有许用码中不可能存在信息位相同而校验位不同的许用编码。否则，将这两个编码线性相加（模 2 加），则又会出现信息位为全 "0" 而监督位不为全 "0" 的情形。

【性质 2】 (n,k) 循环码的每个许用码多项式都是生成多项式 $g(x)$ 的倍式。反之，能够被 $g(x)$ 除尽的次数不大于 $n-1$ 次的多项式，也必是码多项式。

这个特性也很容易证明，因为从上节可知，循环码的所有许用编码都可通过式（9-8）求出，而式中生成矩阵 $\boldsymbol{G}(x)$ 各行都是 $g(x)$ 的倍式，所以 $\boldsymbol{C}(x)$ 其实是根据不同的信息码求得的关于 $\boldsymbol{G}(x)$ 各行的线性组合，即

$$\boldsymbol{C}(x)=\boldsymbol{M}\cdot\boldsymbol{G}(x)=[m_{k-1}m_{k-2}\cdots m_0]\cdot\begin{bmatrix}x^{k-1}g(x)\\ \vdots\\ xg(x)\\ g(x)\end{bmatrix}$$
$$=m_{k-1}x^{k-1}g(x)+m_{k-2}x^{k-2}g(x)+\cdots+m_0g(x)=\boldsymbol{Q}(x)g(x)$$

因而 $\boldsymbol{C}(x)$ 也必为 $g(x)$ 的倍式。因为循环码的各许用码组具有唯一性，所以能够被 $g(x)$ 除尽的次数不大于 $n-1$ 次的多项式，也必是码多项式。

【性质 3】 如果 $g(x)$ 是一个 $r=n-k$ 次循环码多项式，则必是 x^n+1 的一个因式，并且利用 $g(x)$ 就可构造出一个 (n,k) 循环码。

证明：由于 $g(x)$ 为 $n-k$ 次多项式，那么 $x^kg(x)$ 必为 n 次多项式，因而有 $\dfrac{x^kg(x)}{x^n+1}=1+\dfrac{\boldsymbol{C}(x)}{x^n+1}$，其中 $\boldsymbol{C}(x)$ 为 $\dfrac{x^kg(x)}{x^n+1}$ 的余式，其次数必小于 n 次。根据 9.7.1 节给出的循环码基本特点，$\boldsymbol{C}(x)$ 也必为许用码多项式，根据性质 2 可知，$\boldsymbol{C}(x)=\boldsymbol{Q}(x)g(x)$。因而有：

$$x^kg(x)=x^n+1+\boldsymbol{C}(x),\text{或 } x^n+1=[x^k+\boldsymbol{Q}(x)]g(x)$$

从而可知 $g(x)$ 必为 x^n+1 的一个因式，或 x^n+1 必为 $g(x)$ 的倍式。

这一结论为我们寻找循环码的生成多项式指出了一个方法，即 (n,k) 循环码的生成多项式应该是 x^n+1 的一个 $n-k$ 次的因式。例如 x^7+1 可分解为如表 9-3 所列的几种情形。

表 9-3　(x^7+1) 的因式分解表

(n,k)	码距	$g(x)$	$\boldsymbol{Q}(x)$
(7,6)	2	$x+1$	$(x^3+x^2+1)(x^2+x+1)$
(7,4)	3	(x^3+x^2+1)	$(x^3+x+1)(x+1)$
(7,3)	4	$(x^3+x+1)(x+1)$	(x^3+x^2+1)
(7,1)	7	$(x^3+x+1)(x^3+x^2+1)$	$x+1$

如果要求得（7,3）循环码的生成多项式 $g(x)$，就可从表 9-3 中找到一个 $n-k=4$ 次的因式。这样的因式有两个：

$$(x+1)(x^3+x^2+1)=x^4+x^2+x+1$$

以及

$$(x+1)(x^3+x+1)=x^4+x^3+x^2+1$$

它们都可作为（7,3）循环码的生成多项式。当然，选用的生成多项式 $g(x)$ 不同，所构造出的循环码组也不同。即（7,3）码存在两种不同的线性循环分组码。

循环冗余校验码不仅在数据通信系统中经常使用，而且在其他领域也得到了广泛应用，如压缩/解压软件以及硬盘扇区存储数据的正确性和可靠性验证等。CRC 码所用的生成多项式在不同的领域应用中也有许多不同的标准。例如常用的生成多项式标准有：

CRC-ITU-TV. 41：　$x^{16}+x^{12}+x^5+1$

CRC-16：　$x^{16}+x^{15}+x^2+1$

CRC-ITU：　$x^{16}+x^{15}+x^5+1$

CRC-32：　$x^{32}+x^{26}+x^{23}+x^{22}+x^{16}+x^{12}+x^{11}+x^{10}+x^8+x^7+x^5+x^4+x^2+x+1$

这些生成多项式都是由不同的标准机构制定。其中 CRC-ITU-TV. 41 给出的生成码多项式通常用于反馈重发的差错控制通信系统（n,n-16）循环码的编码及校验。CRC-16 多用于 IBM 公司的产品。CRC-ITU 标准是由国际电信联盟电信标准化部（ITU-T）制定。CRC-32 则是 IEEE-802 委员会制定的标准，多用于以太网帧数据包的传输校验。

在数据通信与网络中，通常 k 相当大，由一千甚至数千数据位构成一帧数据包，所以通常采用 CRC 编码产生的 r 位校验位，通常只能用于检测错误，而不能用于纠正错误。r 位生成多项式产生的 CRC 码可检测出所有的单错、双错、奇数位错和突发长度小于等于 r 位的突发错。并且 CRC 还能检测出百分之$[1-2^{-(r-1)}]$的突发长度为 $r+1$ 位的突发错和百分之$(1-2^{-r})$的突发长度大于 $r+1$ 位的突发错。例如，对上述 $r=16$ 的情况，就能检测出所有突发长度小于等于 16 的突发错以及 99.997%的突发长度为 17 的突发错和 99.998%的突发长度大于 17 的突发错。这里，突发错指几乎是连续发生的一串错，突发长度是指从出错的第一位到出错的最后一位的长度，但中间并不一定每一位都错。所以 CRC 码的检错能力是相当强的，在数据通信以及计算机网络中已得到广泛的应用。

9.7.4　循环系统码的编码

通过前几节的讨论，我们可得到如下线性循环系统码的编码方法：

1）选择生成多项式 $g(x)$，一般有表可查。

2）将待编码的信息多项式 $m(x)$ 乘以 x^r。

3）以 $g(x)$ 去除 $x^r m(x)$，求余式 $r(x)$。

4）将 $r(x)$ 附加在 $x^r m(x)$ 之后，即得到码多项式 $\boldsymbol{C}(x)$。

由这种方法构造的(n,k)循环码，显然是系统码，并且一定是循环码，下面我们给予简单证明：

设 k 位信息码为 $m=m_{k-1}m_{k-2}\cdots m_0$，则 $x^r m(x)$ 运算实际上就是将信息码的后面附加 r

个“0”，即 $x^r m(x)$ 对应的编码为 $m_{k-1}m_{k-2}\cdots m_0 00\cdots 0$，其中 m_0 后的“0”有 r 个。

又设 $\dfrac{x^r m(x)}{g(x)}=\boldsymbol{Q}(x)+\dfrac{r(x)}{g(x)}$，则有

$$x^r g(x)=\boldsymbol{Q}(x)g(x)+r(x)\text{，或 } x^r g(x)+r(x)=\boldsymbol{Q}(x)g(x)$$

由于 $x^r m(x)$ 最多是 $n-1$ 次的码多项式，因此 $r(x)$ 最多是 $r-1$ 次的码多项式，并且 $x^r m(x)+r(x)$ 等于 $\boldsymbol{Q}(x)g(x)$，是 $g(x)$ 的倍式。根据上节给出的性质 2 可知：$x^r m(x)+r(x)$ 必为许用码多项式，且 $r(x)$ 就是校验码多项式。因此将 $r(x)$ 对应的校验码替代 $m_{k-1}m_{k-2}\cdots 00\cdots 0$ 中后 r 个“0”的位置，产生的编码就是线性循环系统码。

【例题 9-5】 已知（7,3）循环码的信息位分别为 100、010 和 011，生成多项式为 $g(x)=x^4+x^2+x+1$，试求：

1）对应这些信息码的冗余码及编码后的许用码组。

2）典型生成矩阵。

解：1）当 $m=100$ 时，$\dfrac{x^r m(x)}{g(x)}=\dfrac{x^4\cdot x^2}{x^4+x^2+x+1}=x^2+1+\dfrac{x^3+x+1}{x^4+x^2+x+1}$，故求得冗余码多项式为 x^3+x+1，对应的冗余码为 1011，因而编码后的循环码为 1001011。

2）当 m 等于 010 时，有 $\dfrac{x^r m(x)}{g(x)}=\dfrac{x^4\cdot x}{x^4+x^2+x+1}=x+\dfrac{x^3+x^2+1}{x^4+x^2+x+1}$，或可写成 $x^5\equiv(x^3+x^2+x)$ 模 $[x^4+x^2+x+1]$，因此 $r(x)=x^3+x^2+x$ 对应的冗余码和循环编码为 1110 及 0101110。

3）同理，当 m 等于 001 时，可知其循环码就是生成多项式 $g(x)$ 对应的编码：0010111。

4）不难看出，上面所求的 3 个许用码组必为线性无关的码组。因此可用这 3 个编码构造该（7,3）循环码的生成矩阵 $\boldsymbol{G}$ 为

$$\boldsymbol{G}=\begin{bmatrix}1\,0\,0 & 1\,0\,1\,1\\ 0\,1\,0 & 1\,1\,1\,0\\ 0\,0\,1 & 0\,1\,1\,1\end{bmatrix}=[\boldsymbol{I}_k,\boldsymbol{Q}],\quad \text{对应的 } \boldsymbol{G}(x)=\begin{bmatrix}x^6+ & & & (x^3+x+1)\\ & x^5+ & & (x^3+x^2+x)\\ & & x^4+ & (x^2+x+1)\end{bmatrix}$$

从上式可看出，按照这种方法构造的 $\boldsymbol{G}$ 矩阵就是典型的生成矩阵，由此求出的循环编码也必为系统码。其中 $\boldsymbol{Q}$ 矩阵括弧内各行的码多项式就是各行信息码对应的冗余码多项式。

将上面的例题推而广之，不难求得任意 (n,k) 循环码的典型生成矩阵对应的码多项式矩阵如下：

$$\boldsymbol{G}(x)=\begin{bmatrix}x^{n-1}+ & & & r_{n-1}(x)\\ & x^{n-2}+ & & r_{n-2}(x)\\ & & \vdots & \\ & & x^{n-k+1}+ & r_{n-k+1}(x)\\ & & & g(x)\end{bmatrix}$$

其中，$r_i(x)\equiv x_i[\text{模 } g(x)], i=n-k+1,\cdots,n-1, r_i(x)$ 就是各行信息码对应的冗余码多

项式。

9.7.5 循环冗余码的译码

接收端的译码通常包括两个方面：检错和纠错。检错的译码原理非常简单。由于任意一个许用码组多项式 $\boldsymbol{C}(x)$ 都应该是生成多项式 $g(x)$ 的倍式，即 $\boldsymbol{C}(x)$ 应能被 $g(x)$ 整除，因此在接收端可以将接收码组多项式 $\boldsymbol{R}(x)$ 去除以生成多项式 $g(x)$。如果 $\boldsymbol{R}(x)$ 能被 $g(x)$ 整除，则接收端就默认接收码组 $\boldsymbol{R}(x)$ 没有出错，即认为 $\boldsymbol{R}(x)=\boldsymbol{C}(x)$；如不能被整除，有余式，就认为码组 $\boldsymbol{C}(x)$ 在传输过程中出错。因此可以用 $\boldsymbol{R}(x)/g(x)$ 的余式是否为零来判断接收码组是否出错。

根据这个原理可设计图 9-7 所示的检错译码电路原理图，其核心就是一个除法电路和缓冲移位寄存器。如果除法器所做的 $\boldsymbol{R}(x)/g(x)$ 运算结果余式为零，则认为接收的码组 $\boldsymbol{R}(x)$ 没错，这时就会将暂存于缓冲移位寄存器中的接收码组 $\boldsymbol{R}(x)$ 送出做进一步接收处理；若运算结果余式不等于零，则认为 $\boldsymbol{R}(x)$ 出错，但不能定位和纠正错误，这时就将缓冲移位寄存器中的接收码组删除，并向发送端发出一个重发指令，要求发送端重发该码组。

需要说明的是，有错码的接收码组 $\boldsymbol{R}(x)$ 也可能被 $g(x)$ 整除，这时出现的错码就不可能检出了，这种错误称为不可检错误。出现不可检错误的主要原因是这些错误超出了这种编码的检错能力。

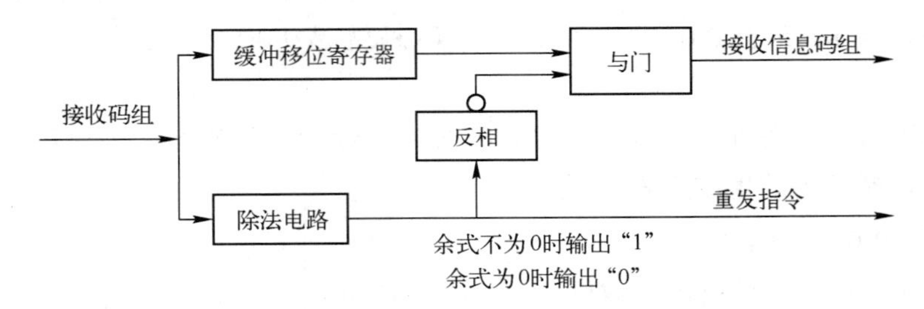

图 9-7　循环码检错译码器原理图

接收端为纠错而采用的译码方法比为检错而采用的译码方法复杂。为了能够正确地实现纠错，要求每个可纠正错误的错误图样必须与一个特定的余式有一一对应关系。这样才可能根据 $\boldsymbol{R}(x)/g(x)$ 的余式来唯一地确定错误图样，从而实现纠错。具体步骤如下：

1）用生成多项式 $g(x)$ 去除接收码组 $\boldsymbol{R}(x)$，求得余式 $r(x)$。

2）按余式 $r(x)$ 用查表的方法或通过某种运算得到错误图样 $\boldsymbol{E}(x)$，从而可据此确定错码位置（如果在纠错能力内）。

3）从 $\boldsymbol{R}(x)$ 中减去 $\boldsymbol{E}(x)$（两者异或），便可得到已纠正错误的原发送码组，即 $\boldsymbol{C}(x)=\boldsymbol{R}(x)-\boldsymbol{E}(x)$。

由于循环码是一种特殊的线性分组码，而线性分组码的纠错关键是要先求出伴随式 $\boldsymbol{S}$，再确定错误图样 $\boldsymbol{E}$，因此不难想到，这里的 $r(x)$ 其实就是伴随式 $\boldsymbol{S}$ 所对应的码多项式 $\boldsymbol{S}(x)$（最高 $r-1$ 次）。若设：

$$\boldsymbol{C}(x)=c_{n-1}x^{n-1}+c_{n-2}x^{n-2}+\cdots+c_0$$

$$\boldsymbol{E}(x)=e_{n-1}x^{n-1}+e_{n-2}x^{n-2}+\cdots+e_0$$

$$\boldsymbol{S}(x)=s_{r-1}x^{r-1}+s_{r-2}x^{r-2}+\cdots+s_0$$

则有：

$$\boldsymbol{S}=\boldsymbol{E}\cdot\boldsymbol{H}^{\mathrm{T}}=\boldsymbol{E}\cdot\begin{bmatrix}\boldsymbol{P}^{\mathrm{T}}\\ \boldsymbol{I}_{\mathrm{r}}\end{bmatrix}=\begin{bmatrix}\boldsymbol{Q}\\ \boldsymbol{I}_{\mathrm{r}}\end{bmatrix}$$

即

$$\boldsymbol{S}(x)=\boldsymbol{E}\cdot\begin{bmatrix}r_{n-1}(x)\\ \vdots\\ r_{n-k}(x)\\ x^{r-1}\\ \vdots\\ 1\end{bmatrix}$$

展开得：

$$\boldsymbol{S}(x)=e_{n-1}r_{n-1}(x)+e_{n-2}r_{n-2}(x)+\cdots+e_{n-k}r_{n-k}(x)+e_{r-1}x^{r-1}+\cdots+e_1x+e_0$$

由于式中 $r_i(x)$ 为 x^i 除以 $g(x)$ 的余式，即

$$r_i(x)\equiv x^i[\text{模 } g(x)],i=n-k,\cdots,n-1$$

所以代入后可推得：

$$\boldsymbol{S}(x)\equiv e_{n-1}x^{n-1}[\text{模 } g(x)]+e_{n-2}x^{n-2}[\text{模 } g(x)]+\cdots+e_{n-k}x^{n-k}[\text{模 } g(x)]+e_{r-1}x^{r-1}+e_{r-2}x^{r-2}+\cdots+e_1x+e_0$$

$$\boldsymbol{S}(x)\equiv[e_{n-1}x^{n-1}+e_{n-2}x^{n-2}+\cdots+e_{n-k}x^{n-k}+e_{r-1}x^{r-1}+e_{r-2}x^{r-2}+\cdots+e_1x+e_0][\text{模 } g(x)]$$

简写为

$$\boldsymbol{S}(x)\equiv\boldsymbol{E}(x)[\text{模 } g(x)]$$

又因为

$$\boldsymbol{E}(x)=\boldsymbol{R}(x)+\boldsymbol{C}(x)$$

故

$$\boldsymbol{S}(x)\equiv\boldsymbol{R}(x)[\text{模 } g(x)]$$

因此可得结论：接收码组的伴随式等于该接收码组模 $g(x)$ 后的余式。

上述步骤中第 1 步运算和检错译码时的运算相同，第 3 步也很简单。但第 2 步通常需要较复杂的设备，并且在计算余式和决定 $\boldsymbol{E}(x)$ 时需要把整个接收码组 $\boldsymbol{R}(x)$ 暂时存储起来。第 2 步的计算对于纠正突发错误或单个错误的编码还比较简单，如图 9-8 所示，可以用组合逻辑电路设计出余式和第一位有错的错误图样的对应关系来纠错。由于循环码具有循环移位的特点，如果第一位无错，而第 i 位有错，可以将余式计算电路（除法电路）在无输入情况下循环移位 $i-1$ 次，这时的余式必对应于错误图样循环移位 $i-1$ 次，即相当于第一位有错的情况，因此可以用第一位有错的方法进行纠错。这种译码方法称为捕错译码

法。另外，还有多数逻辑译码法等，其判决方法也有硬判决译码和软判决译码等。对于纠正多个随机错误的译码十分复杂，目前多采用微处理器或数字信号处理器来实现。

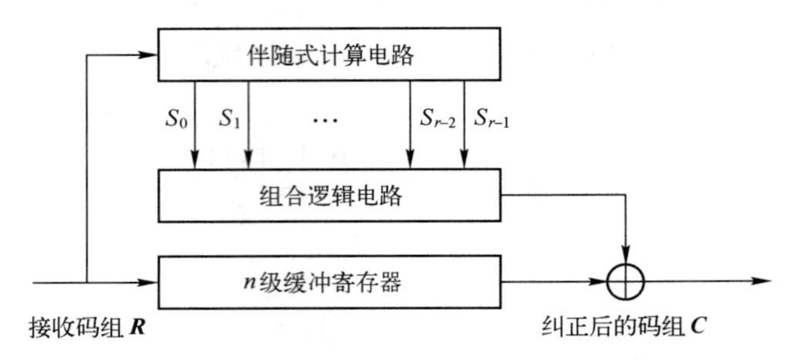

图 9-8　循环码纠错译码电路原理框图

9.8　汉明码

汉明码是 1949 年由汉明（R. W. Hamming）提出的一种能纠正单个随机错误的线性分组码，其主要编码参数如下：

1）码长：$n=2^r-1$。

2）信息位：$k=n-r=2^r-1-r$。

3）监督位：$r\geqslant 3$。

4）最小距离：$d_{\min}=3$。

根据伴随式定义：$\boldsymbol{S}=\boldsymbol{E}\boldsymbol{H}^{\mathrm{T}}$，如果错误图样不相同，则 $\boldsymbol{S}$ 也应不相同，即 $\boldsymbol{S}$ 必须与能纠正的错误图样一一对应才能正确纠错。汉明码能纠正所有单个错误，那么这 n 个单个错误的伴随式就应该对应 $\boldsymbol{H}$ 矩阵的每一列，因此就要求 $\boldsymbol{H}$ 矩阵的每一列均不相同且不为 0。而一个具有 r 行 n 列的 $\boldsymbol{H}$ 矩阵互不相同且不为 0 的列最多为 2^r-1 个，这就是汉明码的码长。即汉明码的 $\boldsymbol{H}$ 矩阵可以用任意次序的 2^r-1 列非 0 的 r 比特二进制数构成的向量组成。例如 $r=3$，可以得到一个 $n=2^3-1=7$ 的（7,4）汉明码，其 $\boldsymbol{H}$ 矩阵中的列由所有非 0 的 3 比特二进制向量构成：

$$\boldsymbol{H}=\begin{bmatrix}1011100\\1110010\\0111001\end{bmatrix}$$

由于任意两列均不相同，即线性无关（但三列可能线性相关），因此汉明码的最小距离 $d_{\min}=3$，能纠正任意单个随机错误。汉明码的编码效率为

$$\eta=\frac{k}{n}=\frac{n-r}{n}=1-\frac{r}{n}$$

当码长很大时，编码效率接近于 1，所以汉明码是一类可纠正单个错误的高效码。另外，具有循环移位特点的（n,k）汉明码就是循环汉明码，它与一般(n,k)汉明码一样具有相同的参数，也是一类重要的循环码。

本章小结

在数据通信中传输的信息一般都会因为各种噪声、码间串扰等影响而出错，为了提高系统的抗干扰性能，可以加大发射功率，降低接收设备本身的噪声，以及合理地选择调制、解调方法等。但在上述技术条件一定的情况下，还可以采用信道编码技术来进一步控制差错，这就是本章介绍的主要内容。

差错控制的实质是通过增加信息码元的冗余度来提高信号传输的可靠性，主要方式有三种：前向纠错（FEC）方式、检错重传（ARQ）方式以及混合纠错（HEC）方式。信号的差错类型主要有两类：随机差错和突发差错。不同的差错需要根据具体信道受干扰情形而采用不同的差错控制编码方法。

差错控制编码方法比较多，大致可分为检错码、线性分组码、循环码和卷积码等。本章主要介绍几种常用的方法，包括奇偶监督码、行列监督码、恒比码、重复码、线性分组码、循环码以及汉明码，主要用于有线通信系统中。其中循环码属于线性分组码的一种，既具有线性封闭性也具有循环封闭性，是目前研究比较成熟的一类编码。循环码的主要特点是有较强的纠检错能力和较高的编码效率，而且很容易用带反馈的移位寄存器实现其编译码硬件，因而在互联网与数字通信中得到广泛应用。

思考与练习

1. 什么是随机信道？什么是突发信道？什么是混合信道？

2. 常用的差错控制方法有哪些？各有什么优缺点？

3. 纠错编码的纠错能力和检错能力与最小码距之间的关系如何？

4. 什么是奇偶检验码？其检错能力如何？

5. 什么是方阵码？其检错或纠错能力如何？

6. 什么是线性分组码？它具有哪些重要性质？

7. 什么是循环码？它的生成多项式如何确定？

8. 如果（5,4）线性分组码的信息位为 0011，则校验位应是多少？

9. 汉明码有哪些特点？

10. 伴随式检错及纠错的原理是什么？

11. 线性分组码的最小码距与最小码重有什么关系？

12. 已知 8 个码组为（000000）、（001110）、（010101）、（011011）、（100011）、（101101）、（110110）、（111000），求这些码组间的最小距离 $d_{\min}$。

13. 已知两个码组（0000）、（1111），若用于检错，能检出几位错误？若用于纠错，能纠正几位错误？若同时用于检错与纠错，各能纠正和检出几位错误？

14. 给定（7,3）码 $\boldsymbol{H}$ 矩阵如下：

$$\boldsymbol{H}=\begin{bmatrix}1001000\\1100100\\0110010\\0010001\end{bmatrix}$$

试求 $\boldsymbol{G}$ 矩阵及所有许用码组，并计算出码的检错个数 m、纠错个数 r，以及同时检错和纠错的个数。

15. 一码长 $n=15$ 的汉明码，监督位 r 应为多少？编码效率如何？监督码元个数 r 与信息码元个数 k 之间的关系如何？

16. 已知（7,3）码的生成矩阵 $\boldsymbol{G}$ 如下，试列出所有许用码组，并求监督矩阵。

$$\boldsymbol{G}=\begin{bmatrix}1001110\\0100111\\0011101\end{bmatrix}$$

17. 设有一（7,4）线性分组码的监督方程组为：

$$\begin{cases}a_2=a_3+a_4+a_5\\a_1=a_4+a_3\\a_0=a_3\end{cases}$$

（1）求其典型一致监督矩阵 $\boldsymbol{H}$ 和生成矩阵 $\boldsymbol{G}$。

（2）当信息位为 1101 时，求监督位。

18. 已知（7,4）循环码的生成多项式为 $g(x)=x^3+x^2+1$，求典型生成矩阵。

19. 已知（7,4）循环码的全部码组为：(0000000)、(0001011)、(0010110)、(0011101)、(0100111)、(0101100)、(0110001)、(0111010)、(1000101)、(1001110)、(1010011)、(1011000)、(1100010)、(1101001)、(1110100)、(1111111)。试写出 $\boldsymbol{H}$ 矩阵、$\boldsymbol{G}$ 矩阵和生成多项式 $g(x)$。

20. 已知（6,3）线性分组码的一致监督方程为：

$$\begin{cases}c_4+c_3+c_2+c_0=0\\c_4+c_3+c_1=0\\c_5+c_3+c_0=0\end{cases}$$

其中 c_5、c_4、c_3 为信息码。

（1）试求其生成矩阵及监督矩阵。

（2）求最小码距，并分析纠错、检错能力。

（3）如果接收端收到码字 $R_1=011101$，$R_2=101011$，判断是否正确，若出错，该如何纠正？

第 10 章　数据通信的接口及规程

数据通信是在同一型号或不同型号的计算机之间或者各种类型的用户终端和计算机之间通过数据通信网络进行的，所以计算机或数据终端与数据通信网络的连接设备之间必然需要有标准的接口，即通信接口。这样在设计时可任意选择适合于该系统的所有设备来构成有效的系统，而且还可以把接口视为系统功能上的分界点，各系统的设计人员只需要遵守标准接口，就不必了解系统的所有部分，这给设计和维护工作带来很大方便。

国际标准化组织（ISO）为通信系统互连提出了开放系统互连参考模型（OSI/RM），在 7 层参考模型中，数据通信的接口和规程主要涉及 L1（物理层）和 L2（数据链路层）的内容。

图 10-1 所示为通信接口在计算机通信系统中所处的位置。图中的数据终端设备（Data Terminal Equipment，DTE）就是具有一定数据处理能力以及发送和接收能力的设备，它可以是计算机（带有通信控制器或前端处理机），也可以是一般数据通信终端。由于大多数 DTE 的数据传输能力是有限的，直接将相距较远的两个数据终端设备连接起来并不能进行通信，就需要在 DTE 和通信网络之间加上一个中间设备，这就是数据通信设备（Data Communication Equipment，DCE），其主要作用就是在 DTE 和通信网络的传输线路之间提供信号变换和编码功能，并负责建立、保持和释放数据链路的连接。它可以是调制解调器、多路复用器、集中器、线路适配器、信号变换器或自动呼叫与自动应答器、交换机等。为了使不同厂家的产品能够互连和互换，DTE 与 DCE 在插接方式、引线分配、电气特性及应答关系上均应符合统一的标准和规范，即 DTE-DCE 接口标准，对应于国际标准化组织（ISO）为各种计算机通信系统提出的开放系统互连参考模型中的物理层协议。这些标准包括机械特性、电气特性、功能特性和过程特性 4 个方面。

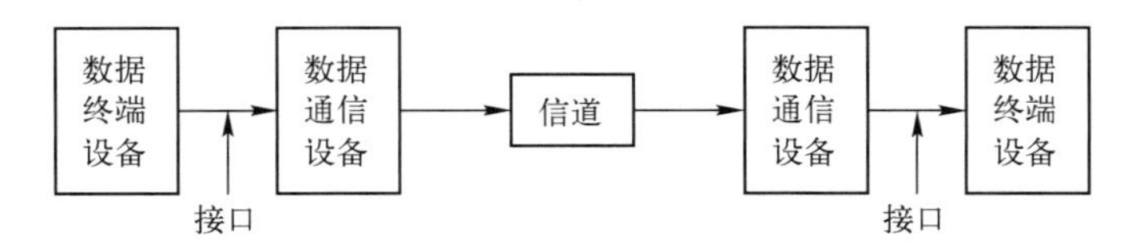

图 10-1　通信接口在计算机通信系统中的位置

1）“机械特性”涉及的是 DTE 到 DCE 之间的实际物理连接。为此，位于连接电缆两端的 DTE 和 DCE 必须具有“性别”相反的接插件。通常，一个称为“公插头”（又称插头），另一个称为“母插头”（又称插座）。例如在家庭用电中，由电源插座提供电源，用电设备必须具有相应的插头（两脚或三脚）。

2）“电气特性”与电压电平及电压变换的时序相关。DTE 和 DCE 都必须使用相同的编码（例如 NRZ-L），相向的电压电平必须表示相同的含义，还必须使用持续时间相同的信号元素。这些特性决定了能够达到的数据率和传输距离。

3）“功能特性”是指各种信号线分配的确切含义，即定义在 DTE 和 DCE 之间每条线的功能。信号线一般分为数据、控制、定时、地线等若干类型。

4）“过程特性”定义了通信双方为实现建立、维持、释放线路连接等过程所要求的各个控制信号变化的协调关系或时间序列，其依据是接口的功能特性。

目前，通信接口大多采用串行总线接口，比较典型的串行接口技术标准有 RS-232C、USB（由 Intel、IBM、Microsoft 等多家公司联合提出）、1394 火线等。像 IDE 或 PCI 这样的并行总线接口，虽然理论上能提供更大的带宽，但由于接口结构复杂，需要更多的控制软件和连接导线，会增加技术的实现成本和代价，而且并行导线容易产生信号干扰，因此并行接口不一定能够提供更快的传输速度。

10.1　串行通信接口标准

DTE 和 DCE 之间的串行通信是指两者之间传送的是串行二进制数据，除此之外，还要传递一些用于协调双方工作的控制信息。串行通信接口标准就是双方通信时需要共同遵循的某种约定，包括连接电缆的机械特性、电气特性、信号功能及传送过程的定义。

10.1.1　RS-232C 接口

RS-232C 接口标准是一种使用较早、应用广泛的串行通信接口标准，其涉及的范围非常广。20 世纪 60 年代中期，计算机等终端几乎毫无例外地使用电话交换网实现远程访问。20 世纪 80 年代，随着计算机的发展，特别是微型计算机的激增，RS-232C 除了远程通信外，还经常应用于本地通信。因此 RS-232C 接口标准在计算机和终端中被广泛地采用。RS-232C 接口标准由美国电子工业协会于 1969 年颁布。RS 是 Recommended Standard 的缩写，232 是标准的标记号，C 是版本号（曾经 3 次修改，分别被命名为 A、B、C 三个版本）。RS-232C 接口适合数据传输率为 0~20 kbit/s 范围内的通信，速率较低，目前多被 USB 等接口取代。

1. 电气特性

发送数据 TxD 和接收数据 RxD 线上的信号电平为：逻辑 1(MARK)= -15~-3 V，典型值为-12 V；逻辑 0(SPACE)= +3~+15 V，典型值为+12 V。RTS、CTS、DTR 和 DCD 等控制和状态信号，电平规定为：信号有效（接通，ON 状态）= +3~+15 V，典型值为+12 V；信号无效（断开，OFF 状态）= -15~-3 V，典型值为-12 V。以上规定说明了 RS-232C 标准对逻辑电平的定义。实际工作时应保证电平在-15~-3 V 或+3~+15 V 之间。

2. 机械特性和功能特性

由于 RS-232C 并未定义连接器的物理特性，因此出现了 DB-25，DB-15，DB-9 类型的连接器。RS-232C 标准共有 25 条线，其中 4 条数据线，11 条控制线，3 条定时线，7

条备用和未定义线，常用的只有 9 条。DB-25 连接器外形、各信号线功能名称及编号如图 10-2 所示。

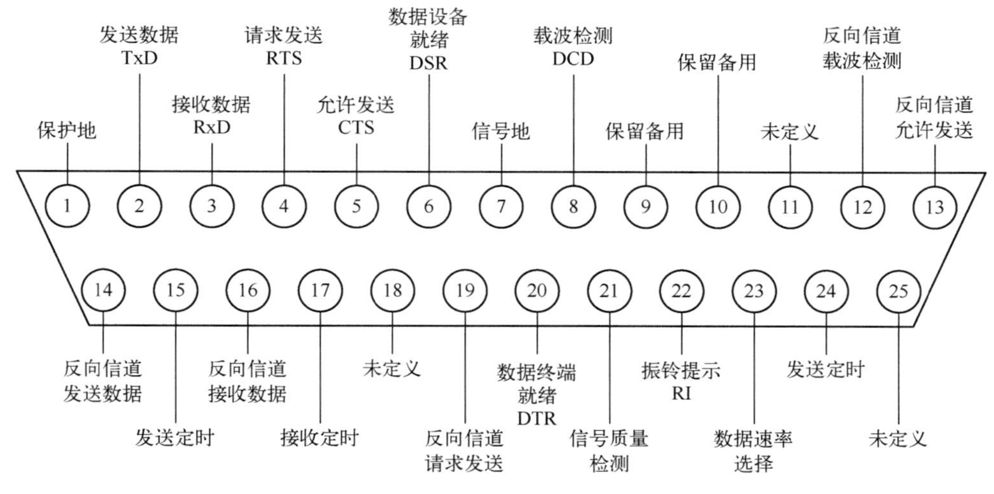

图 10-2　RS-232C 25 针连接器引脚分配图

3. 过程特性

当远距离通信时，DTE（计算机）之间一般需要通过 DCE（Modem）和通信网（电话网）实现连接，图 10-3 给出了计算机采用 Modem（DCE）和电话网通信时的信号连接，但当距离较近时（小于 15 m），两台 DTE 可直接相连，其连接方式如图 10-3 所示。为简单起见，下面以两台 DTE 之间直连方式（如图 10-4 所示）为例，说明双方信号交互过程。

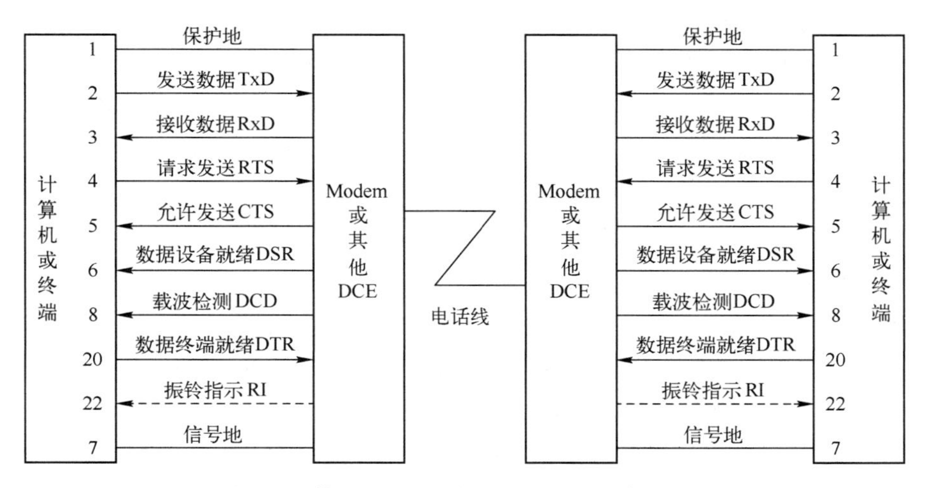

图 10-3　使用 Modem 时的 RS-232C 引脚的连线

1）一方的数据终端就绪（DTR）端和对方的数据设备就绪（DSR）端及振铃指示（RI）端互连。这时若 DTR 有效，对方的 RI 就立即有效，产生呼叫并应答响应，同时又使对方的 DSR 有效。

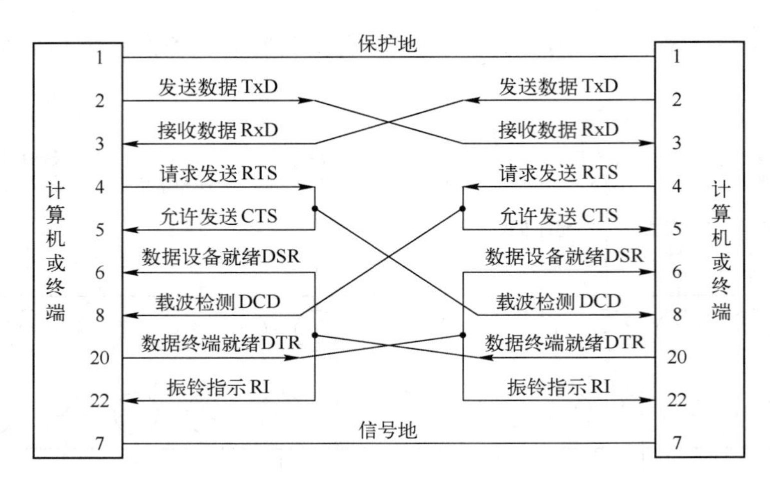

图 10-4 两台 DTE 之间直连方式

2）一方的请求发送（RTS）端及允许发送（CTS）端自连，并与对方的载波检测（DCD）端互连。这时若 RTS 有效，则 CTS 也立即有效，同时使对方的 DCD 有效，即检测到载波信号，表明数据通信信道已接通。双方的发送数据（TxD）端和接收数据（RxD）端互连。这意味着双方都是数据终端，只要上述双方握手关系一经建立，双方即可进行全双工或半双工数据传输。

10.1.2 通用串行总线

随着计算机和多媒体技术的飞速发展，计算机外设与接口的种类与日俱增。大量新外设对计算机提出了更高的要求，如高速度、双向传输数据等。在以前很多线路都不是可以随意插拔的，必须在开机前接好才能正常使用。如果在计算机工作期间插上或拔出，则虽然有的计算机还可以继续工作，但大多数情况下都会停止响应，或是插入的装置无法工作，甚至死机。对于板卡式的外设就更加不方便了，需要打开机箱，既麻烦又容易出问题。在这种情况下，通用串行总线（Universal Serial Bus，USB）应运而生，厂商希望用 USB 来取代现有的各种外接设备接口，并具备连接单一化、软件自动侦测以及热插拔的功能，即真正做到即插即用。

1. USB 概述

通用串行总线最初是由 IBM、Intel、Microsoft 等八家公司共同开发的一种外设连接技术，主要应用于 PC 领域。早在 1995 年就已经有 PC 机带有 USB 接口，但由于缺乏软件及硬件设备的支持，这些 PC 机的 USB 接口都闲置未用。1998 年后，随着微软在 Windows 98 中内置了对 USB 接口的支持模块，加上 USB 设备的日渐增多，USB 接口才逐步进入实用阶段。

目前，随着大量支持 USB 的 PC 机的普及，USB 已经成为 PC 机的标准接口。使用 USB 接口的设备也与日俱增，例如键盘、鼠标、摄像头、扫描仪、打印机、调制解调器、数码相机、游戏杆、电视盒、闪存、硬盘、外置网卡、音箱、手机充电器等。USB 设备之所以会被大量应用，主要具有以下优点：

1）可以热插拔。这就让用户在使用外接设备时不需要重复“关机再开机”动作。无论在 PC 机开机或关机时都可以将 USB 设备插上计算机。

2）携带方便。USB 设备大多以“小、轻、薄”见长，对用户来说，同样 80 GB 的硬盘，USB 硬盘的重量通常能比 IDE 硬盘轻一半。

3）标准统一。

4）可以连接多个设备。在 PC 上往往具有多个 USB 接口，可以同时连接几个设备，如果接上一个带有 4 端口的 USB HUB（集线器），就相当于一个 PC 的 USB 接口可以外接 4 个 USB 设备。一般来说，设备之间的连线长度不超过 5 m，USB 系统的级联不能超过 5 级（包括 ROOT HUB），USB 设备与 USB HUB 的总数不能超过 127 个。

5）无须外接电源。USB 提供内置电源，能向低压设备提供 5 V 电源，使得系统不用为新增的外设另外配备电源。利用此特点，也有厂商开发出适当的排线，将 USB 拿来当成供电插座使用，例如，作为移动电话的充电器，或是提供小型电灯的电力需要，与原本用来连接计算机的主要用途无关。

6）低成本。USB 接口电路简单，易于实现，特别是低速设备。USB 系统接口/电缆也比较简单，成本比 RS232 串口或并口低。

2. USB 的物理接口

USB 的物理接口包括电气特性和机械特性两部分。物理接口一般可分为两种：标准 USB 接口和 Mini USB 接口。

（1）标准 USB 接口

USB 总线中物理介质由一根 4 线的电缆组成，线缆的最大长度不超过 5 m。其中 V_{BUS}（电源）、GND（接地）用于为 USB 设备提供工作电源，另外两条 D+和 D−用于传输数据。数据信号采用双绞线传输，它们各自使用半双工差分信号并协同工作，以抵消长导线的电磁干扰，如图 10-5 所示。USB 标准采用翻转不归零制（Non-Return to Zero Inverted，NRZI）方式对数据进行编码，即电平保持时传送逻辑“1”，电平翻转时传送逻辑“0”。

每个 USB 设备都有“上行”（A 系列）或“下行”（B 系列）连接端口。A 系列通常在 PC 机上出现，B 系列一般在 USB 设备上出现。USB 电缆线两头的连接器对应也有两种系列：A 系列和 B 系列。如图 10-6 所示。图 10-6a 为 A、B 系列端口实物，图 10-6b 为 A、B 系列端口触点示意图。表 10-1 为标准 USB 连接器触点功能。

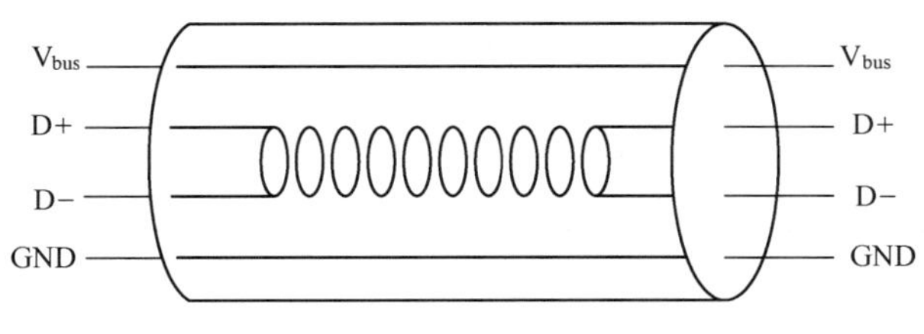

图 10-5　USB 电缆

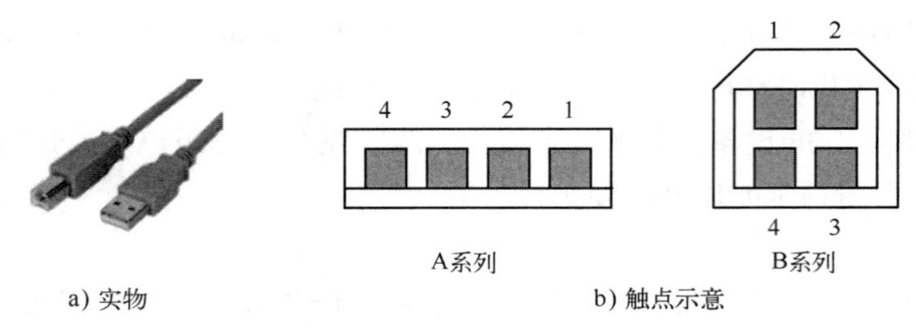

图 10-6　标准 USB 连接器 A 系列端口和 B 系列端口

表 10-1　标准 USB 连接器触点功能

触　　点	功能（主机）	功能（设备）
1	V_{BUS}(4.75~5.25 V)	V_{BUS}(4.4~5.25 V)
2	D−	D−
3	D+	D+
4	GND（接地）	GND（接地）

（2）Mini USB 接口

还有一种经常在数码相机、摄像机及移动硬盘等设备上使用的小型 USB 接口，也称 Mini USB 接口。Mini USB 连接器 A、B 系列端口及触点图如图 10-7 所示。表 10-2 所列为 Mini USB 连接器触点功能表。

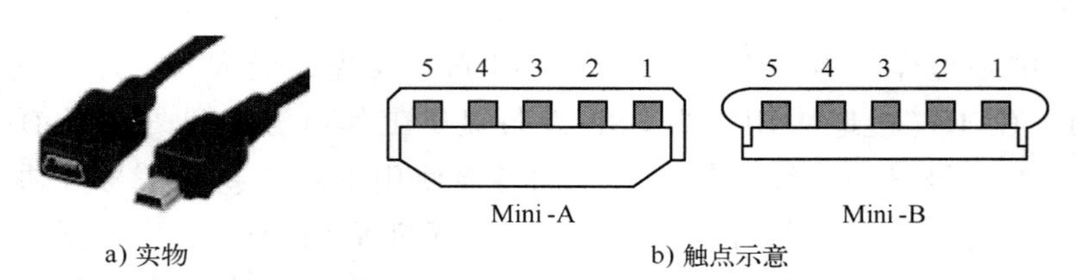

图 10-7　Mini USB 连接器 A 系列端口和 B 系列端口

表 10-2　Mini USB 连接器触点功能

触　　点	功　　能
1	V_{BUS}(4.4~5.25 V)
2	D−
3	D+
4	ID
5	GND（接地）

3. USB 系统的软件

USB 系统软件主要由以下三部分组成。

1）主控制器驱动程序。主控制器驱动程序完成对 USB 交换的调度，并通过根 HUB

或其他 HUB 完成对交换的初始化，在主控制器与 USB 设备之间建立通信信道。

2）设备驱动程序。设备驱动程序用来驱动 USB 设备的程序，通常由操作系统或 USB 设备制造商提供。

3）USB 芯片驱动程序。USB 芯片驱动程序在设备设置时读取描述寄存器以获得 USB 设备的特征，并根据这些特征，在请求发生时组织数据传输。

4. USB 传输方式

USB 总线属于一种轮询方式的总线。USB 传输支持 4 种数据类型：控制信号流、批量数据流、中断数据流和实时（或同步）数据流。控制信号流的作用是当 USB 设备加入系统时，USB 系统软件与设备之间通过控制信号流来发送控制信号，这种数据不允许溢出或丢失；批量数据流通常用于发送大量数据的场合；中断数据流用于传输少量随机输入信号的场合，包括事件通知信号、输入字符或坐标等；实时数据流用于传输连续固定速率的数据，它所需的带宽与所传输数据的抽样频率有关。

与数据流类型相对应，在 USB 规范中规定了 4 种不同的数据传输方式。

1）控制传输方式。这是一种可靠的、双向的、非周期的、由主机软件发起的请求或者回应的数据传输方式，主要用于发送和接收与 USB 设备配置信息有关的数据，如设置设备地址、读取设备描述符等，包括设备控制指令、设备状态查询及确认命令。控制传输的优先级最高，当一个 USB 设备插入到接口上时，主机首先进行插入检测，检测完毕之后，设备采用 0 号端点，以默认地址与主机进行控制传输。主机完成插入检测之后，对设备进行枚举，以了解设备，并加载其驱动。这时，主机希望了解 USB 设备的情况，需要知道它是一个什么设备，是一个大容量存储设备（如优盘），还是一个 USB 鼠标，它的数据传输能力如何，这些要通过获得一系列的描述符来得到。这些描述符包括设备描述符、配置描述符、接口描述符等。想要获得一个设备描述符，就要进行一次控制传输。

2）中断传输方式。这是一种小规模、低速、固定延迟的数据传输方式。中断传输是单向的，且仅输入到主机。该方式传输的数据量很小，但这些数据需要及时处理，以达到实时效果。此方式主要用在键盘、鼠标以及手柄等外部设备。USB 的中断是轮询（polling）类型，主机要频繁地请求端点输入。USB 设备在全速情况下，其端点查询周期为 1～255 ms；在低速情况下，其端点查询周期为 10～255 ms。因此，最快的查询频率是 1 kHz。

3）实时传输方式。这是一种在主机与设备之间周期性的、连续的数据传输方式。实时传输可以是单向的，也可以是双向的。该方式主要用于传输连续和实时的数据，用在对数据的正确性要求不高而对时间较为敏感的外部设备，如麦克风、音箱以及电话等。实时传输方式以固定的传输速率连续不断地在主机与 USB 设备之间传输数据，在传输数据发送错误时，并不处理这些数据，而是继续传输新数据。

4）批量传输方式。这是一种非周期的、打包的、可靠的数据传输方式，适合于数据量大而对时间和传输速率要求不高的场合。批量传输时，有数据错误检查机制，如果数据包传输过程出错，则会重新发出数据包。在一个空闲的总线中，批量传输是速度最快的传输类型。只有全速与高速设备，才支持批量传输。通常打印机、扫描仪、USB 硬盘、电子盘等设备都使用批量传输模式。批量传输可以是单向的，也可以是双向的。该传输可以推迟到有可用带宽时再进行，并且仅会在有可用带宽的基础上进行。对一个具有大量空闲带宽的USB系统来说，批量传输可能快一些；如果一个USB系统只有很少的可用带宽，该方式可能就需较长时间完成传输。USB 1.1接口可提供12 Mbit/s的连接速度，相比并口速度提高达到10倍以上，USB 2.0标准进一步将接口理论速度提高到480 Mbit/s，是普通USB速度的20倍，更大幅度降低了打印或文件传输的时间。USB 3.0标准的接口理论速度更是提高到惊人的5 Gbit/s。

从物理结构上看，USB系统是一个星形结构，但在逻辑结构上，每个USB逻辑设备都是直接与USB HOST相连进行数据传输的。当一个USB外设初次接入一个USB系统时，主机就会为该设备分配一个唯一的USB地址，并作为该设备的唯一标识，这称为USB的总线列举。USB使用总线列举方法在计算机运行期间动态检测外部设备的连接和摘除，并动态分配USB地址，从而在硬件意义上实现“即插即用”和“热插拔”。

在所有USB设备之间动态地分配带宽是USB总线的特征之一。当一台USB设备在连接并配置以后，主机即会为该USB设备的信道分配带宽；而当它从USB系统中摘除或处于挂起状态时，则它所占用的USB带宽即会被释放，并为其他的USB设备所分享。这种“分时复用”的带宽分配机制大大提高了USB的带宽利用率。USB系统将其有效的带宽分成各个不同的帧，每帧通常占用1 ms时长。每个设备每帧只能传送一个同步的传送包。在完成系统配置连接后，USB主机就会对不同的传送点和传送方式做一个统筹的安排，用来适应整个USB带宽。通常，实时传输方式和中断传输方式会占据整个带宽的90%，剩下的就安排给控制传输方式和批量传输方式传送数据。USB总线上数据传输的结构如图10-8所示。

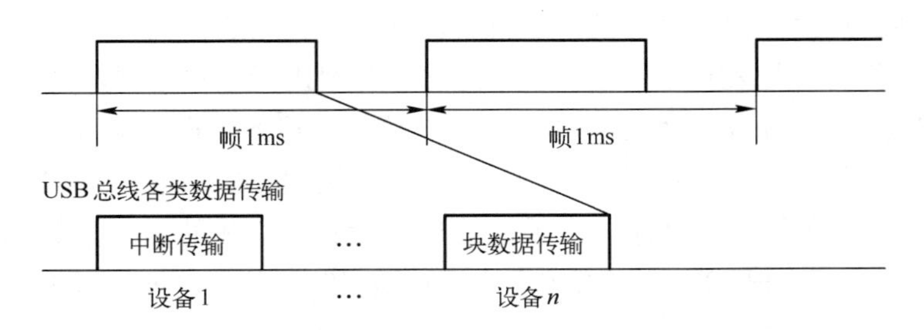

图10-8　USB总线上数据传输结构

USB总线的数据传输交换是通过包（或分组）来实现的。包是组成USB交换的基本单位。USB总线上每一次交换至少要交换3个包才能完成。USB设备之间进行传输时，首先由主机发出标志（令牌）包开始。标志包中有设备地址码、端点号、传输方向和传输类型等信息。其次是数据源向数据目的地发送数据包或者发送无数据传输的指示信息。在一次交换中，可以携带的数据最多为1024个比特。最后是数据接收方给数据发送方回送一个握手包，提供数据是否能正常发送出去的反馈信息，如果有错误则重发。除了实时传输方式之外，其他传输类型都需要握手包。这就是USB的包交换机制。这种方式与传统的专线专用方式不同，在这种方式下，几个不同目标可以组合在一起，共享总线，且不占用IRQ（Interrupt Request，中断请求）线，也不需要占用I/O地址空间，节约了系统资源，提高了性能，又减少了开销。

10.2　数据链路传输控制规程

数据链路是指在已经形成物理电路连接的基础上，把易出差错的物理电路改造成为相对无差错的逻辑电路，以便通信各方能够有效、可靠地传送数据信息。因此，数据链路不仅包括物理电路，还包括能正确传送数据的传输控制规程。传输控制规程是数据通信领域的术语，在计算机网络中对应数据链路层协议。数据链路传输控制规程研究的是在物理层提供的通信线路连接和比特流传输功能的基础上，如何在相邻两台计算机之间的链路层上提供可靠和有效的通信，使之对网络层表现为一条无差错的链路。为达到这一目的，数据链路层必须具备一系列相应的功能，包括数据编码、信息格式、帧同步、寻址、流量控制、差错控制、透明传输、链路管理和异常状态的恢复等。数据链路控制规程就是用来实现数据链路层这些功能的规范。下面就介绍帧同步、差错控制、流量控制和链路管理这四项主要功能。

10.2.1　数据链路传输控制规程的主要功能

1. 帧同步功能

在传输中发生差错后，为了将出错的相关数据进行重发，数据链路层将比特流组成以帧为单位进行传送。帧组织结构的设计必须要使接收端能够明确地从物理层收到的比特流中区分出帧的起始与终止，这就是帧同步要解决的问题。由于网络传输中很难保证计时的正确和一致，因此不能依靠时间间隔关系来确定一帧的起始与终止。下面介绍几种常用的帧同步方法。

1）**字节计数法**：该方法以一个特殊字符来表征一帧的起始，并以一个专门字段来标明帧内的字节数。接收方可以通过对该特殊字符的识别，从比特流中区分出帧的起始，并从专门字段中获知该帧中随后跟随的数据字节数，从而可确定出帧的终止位置。面向字节计数的同步规程的典型实例是 DEC 公司的数字数据通信报文协议（Digital Data Communications Message Protocol，DDCMP）。由于采用字节计数方法来确定帧的终止边界不会引起数据及其他信息的混淆，因而不必采用任何措施便可实现数据的透明性，即任何数据均可不受限制地传输。

2）**使用字符填充的首尾定界符法**：该方法用一些特定的字符来定界一帧的起始与终止。为了不使数据信息位中出现的与特定字符相同的字符被误判为帧的首尾定界符，可以在这种数据字符前填充一个数据链路转义（Data Link Escape，DLE）字符以示区别，从而实现数据传输的透明性。

3）**使用比特填充的首尾定界符法**：该方法以一组特定的比特模式（如 01111110）来标志一帧的起始与终止。为了不使信息位中出现的与该特定模式相同的比特串被误判为帧的首尾标志，可以采用比特填充的方法。比如采用特定模式“01111110”，则对信息位中的任何连续出现的 5 个“1”，发送方自动在其后插入一个“0”，而接收端则做该过程的逆操作，即每收到连续 5 个“1”，则自动删去其后所跟的“0”，以此恢复原始信息，实现数据传输的透明性，该方法又被称为“0”比特插入删除法，已在第 8 章介绍过。比特填充很容易由硬件来实现，性能优于字符填充方法。

4）**违法编码法**：该方法在物理层采用特定的比特编码方法时采用。例如曼彻斯特编码方法是将数据比特“1”编码成“高-低”电平对，将数据比特“0”编码成“低-高”电平对。而“高-高”电平对和“低-低”电平对在数据比特中是违法的。可以借用这些违法编码序列来界定帧的起始与终止。局域网 IEEE 802 标准中就采用了这种方法。违法编码法不需要任何填充技术便能实现数据传输的透明性，但它只适用于采用冗余编码的特殊编码环境。由于字节计数法中计数（count）字段的脆弱性（其值若有差错将导致灾难性后果）以及字符填充实现上的复杂性和不兼容性，目前较普遍使用的帧同步法是比特填充法和违法编码法。

2. 差错控制功能

通信系统必须具备发现（即检测）差错的能力，并采取措施纠正差错，使差错控制在所能允许的尽可能小的范围内，这就是差错控制过程，也是数据链路层的主要功能之一。接收端通过对差错控制编码（奇偶校验码或 CRC 码）的检查，可以判定一帧在传输过程中是否发生了差错。一旦发现差错，一般可以采用反馈重发的方法来纠正。这就要求接收端收完一帧后，向发送方反馈一个接收是否正确的信息，使发送方据此做出是否需要重新发送的决定。发送方仅当收到接收方已正确接收的反馈信号后才能认为该帧已经正确发送完毕，否则需要重发直至正确接收为止，这在第 9 章有详细描述。

物理信道的突发噪声可能完全“淹没”一帧，使得整个数据帧或反馈信息帧丢失，这将导致发送方永远收不到接收方发来的信息，从而使传输过程停滞。为了避免出现这种情况，通常引入计时器（Timer）来限定接收方发送反馈消息的时间间隔。当发送方发送一帧的同时也启动计时器，若在限定时间间隔内未能收到接收方的反馈信息，即计时器超时（Time out），则可认为传出的帧已出错或丢失，就要重新发送。

由于同一帧数据可能被重复发送多次，就可能引起接收方多次收到同一帧（但误认为不同帧）并将其递交给网络层。为了防止发生这种错误，可以采用对发送的帧编号的方法，即赋予每帧一个序号，从而使接收方能从该序号来区分是新发送来的帧还是已经接收但又重发来的帧，以此来确定要不要将接收到的帧递交给网络层。数据链路层通过使用计数器和序号来保证每帧最终都能被正确地递交给目标网络层一次。

3. 流量控制功能

首先需要说明的是，流量控制并不是数据链路层特有的功能，许多高层协议中也提供流量控制功能，只不过流量控制的对象不同而已。比如对于数据链路层来说，控制的是相邻两节点之间数据链路上的帧流量；而对于传输层来说，控制的则是从源到最终目的地之间端到端的数据包流量。

由于收发双方各自使用的设备工作速率和缓冲存储空间的差异，可能出现发送方发送能力大于接收方接收能力的现象。若此时不对发送方的发送速率（即链路上的信息流量）做适当的限制，则前面来不及接收的帧将被后面不断发送来的帧“淹没”，从而造成帧丢失而出错。由此可见，流量控制实际上是对发送方数据流量的控制，使其发送速率不致超过接收方的接收速率。也即需要有一些规则使得发送方知道在什么情况下可以接着发送下一帧，而在什么情况下必须暂停发送，以等待收到某种反馈信息后再继续发送。

4. 链路管理功能

链路管理功能主要用于面向连接的服务。在链路两端的节点进行通信前，必须首先确认对方已处于就绪状态，并交换一些必要的信息以对帧序号初始化，然后才能建立连接。在传输过程中则要维持该连接。如果出现差错，则需要重新初始化，重新自动建立连接。传输完毕后则要释放连接。数据链路层连接的建立、维持和释放就称为链路管理。在多个站点共享同一物理信道的情况下（如在局域网中），如何在要求通信的站点间分配和管理信道也属于数据链路层管理的范畴。

现有的数据链路控制规程总体上可以分为面向字符的传输控制规程和面向比特的传输控制规程两种类型。面向字符型数据通信规程以字符为基本单位进行数据传输，典型的有国际标准化组织（ISO）的基本型（BASIC MODE）传输控制规程（IS1745）和国际商业机器公司（IBM）的二进制同步通信（BSC）规程。面向比特型数据通信规程以比特为基本单位进行数据传输，国际标准化组织的高级数据链路控制规程（HDLC）和国际商业机器公司的同步数据链路控制规程（SDLC）等属于这类规程。下面首先简要介绍面向字符型数据通信规程的主要特点，然后重点介绍 ISO 的 HDLC 协议。

10.2.2　面向字符型传输控制规程的主要特点

面向字符型传输控制规程的主要特点是利用已经定义好的一组控制字符完成数据链路控制功能。其主要特点有：

1）以字符作为信息传输的基本单位，规定了 10 个控制字符用于传输控制，如表 10-3 所列。SYN 主要用于建立和保持收发两端的同步，每次传输，发送方都要先发送 SYN 字符，接收方通过识别 SYN 字符以建立帧同步，并且一直维持到接收一个传输结束字符，或者完成一次超时为止。在帧同步之前必须先建立位同步，否则传输不可能被识别。

表 10-3　传输控制字符

名　　称	英文缩写字符	ACSII 码
标题开始	SOH	0000001
正文开始	STX	0000010
正文结束	ETX	0000011
传输结束	EOT	0000100
询问	ENQ	0000101
确认	ACK	0000110
否定应答	NAK	0010101
数据链路转义	DLE	0010000
同步	SYN	0010110
组传输结束	ETB	0010111

SOH、STX、ETB、ETX 字符不能单独发送，主要用于信息报文中，用来连接标题和正文。例如，图 10-9 是 ISO 的基本型传输控制规程采用的基本信息报文格式。

SOH	标题	STX	信息报文正文	ETX	组校验码

图 10-9　基本型规程的信息报文基本格式

ACK 和 NAK 用于接收端对发送端发出的状态询问或是否接收到报文的肯定和否定应答。ENQ 用于发送端请求远程接收站给予应答。由于控制字符不允许出现在用户信息（或称正文）中，以免引起用户信息和控制信息的混淆，因此为了实现透明传输，面向字符型传输控制规程通常要通过加插特定的数据链路转义（DLE）字符来实现。它包括两个方面：一是通过 DLE 字符定义透明正文区域；二是在透明正文区域内出现的 DLE 字符之前，再附加一个 DLE 字符。

2）字符型控制规程都采用等待发送的方式，即发送一组信息之前必须要得到对方的允许和认可，这样在一对实体进行通信时，往往有多次收发状态的转换，会影响线路和通道的利用率。

3）字符型控制规程既可以采用异步传输方式，也可以采用同步传输方式。异步传输要在每个字符前、后加插起始位和停止位，会影响实际的传输效率。同步传输仅在一个信息组之前加插几个特定的同步字符（SYN），因此传输效率较高。

4）字符型控制规程必须要考虑信息的编码。例如，ISO 的基本型规程采用国际标准 5 号码。在差错控制方面，一般采用方阵码检错，即对每个字符增加一位奇偶校验位做垂直冗余校验，对每个信息组增加一个校验字符做水平冗余校验，水平冗余校验组成为一组 8 位的组校验字符（BCC）。

面向字符型传输控制规程在计算机通信网的发展过程中曾经起到重要的作用，主要适合中低速线路和通过电话网进行数据通信的情形。随着计算机通信网的发展，面向字符型的数据链路层协议的弱点逐渐暴露出来。其主要问题是通信线路利用率低、可靠性较差、数据传输不透明等，使其应用范围受到很大限制。

10.2.3　面向比特型传输控制规程

字符型控制规程是为适应 20 世纪 60 年代初期成批式通信的需要而出现的。进入 20 世纪 70 年代后，随着通信量的增长、各种应用范围的扩大，字符型控制规程已不适应这些新的应用，从而出现了面向比特型传输控制规程（简称“比特型控制规程”）。最早提供实际使用的比特规程是 IBM 公司于 1969 年发表的同步数据链路控制规程（SDLC），这是继 BSC 之后又一个新型的通信规程。1976 年 ISO 制定了高级数据链路控制规程（HDLC），并作为国际标准推荐。这两个规程采用相同的报文格式和类似的工作原理。与基本型规程相比，一个主要特点是引入了一个标志符 F（01111110）和“0”比特插入删除技术，实现了透明传输，适应了计算机间通信的需要。同时，这两个规程也使传输数据的控制机构简单化。

从 1981 年开始，ITU-T 开发了一系列基于 HDLC 规程的协议，叫作链路访问协议（LAPS，如 LAPB 协议、LAPD 协议、LAPM 协议、LAPX 协议等）。其他由 ITU-T 和 ANSI 研制的协议（如帧中继、PPP 协议等）也是从 HDLC 规程发展而来的，大多数局域网的访问控制协议也是如此。简而言之，现在使用的所有面向比特的规程要么是 HDLC 规程派生出来的，要么来源于 HDLC 规程。因此，通过了解 HDLC 规程就有了了解其他规程的基础。

1. 基本特征

1）字符型控制规程适用于半双工通信，而且链路结构是主/从型的，不管有多少个站，规定只有其中一个是主站，主站在信息传输过程中负责对整个链路的控制，其余站均为从站，仅执行主站指示的各种操作。主站和从站的规定是固定的，不能动态变换。而比特型控制规程能适应全双工通信，而且扩展了字符到规程的链路结构，允许由两个主站共同控制一条通信链路，在两个方向上采用类似的方式组织数据的发送和接收。每个站既能起主/从型结构中的主站作用，又能起从站作用，成为主/主型的结构。显然，这样的系统能直接用于多点链路计算机之间的通信。

2）比特型控制规程在主站和从站之间无论是传输数据或传输链路控制信息，均采用了统一的帧格式，并用唯一的标志符 F（01111110）作为界符。除标志符 F 外的所有信息不受任何比特式样和字符宽度的限制，具有良好的透明性。而字符型控制规程的许多控制符往往会引起多义性的解释，一旦受到损坏，便会出现无法设想的后果。因此，传输信息的透明性已成为比特型控制规程的基本属性和主要优点。

3）比特型控制规程在链路上传输信息采用连续发送方式，即发送一帧信息后，无须等待对方的应答就可发送下一帧信息。每帧单独编址传输。对连续发送的信息帧实行编号制，可以防止信息的丢失或重复。如进行双向通信，应答还可插入到对方的信息帧中，不必单独发送。与基本型控制规程采用的等待发送相比，比特型控制规程连续发送方式能显著提高传输效率。

4）比特型控制规程的可靠性好，它的所有数据和控制信息都采用差错控制校验序列保护。而不像字符型控制规程，在传输过程中报文的数据是采用组校验序列保护，但是控制序列（例如探询、询问、应答等）仅仅用字符的奇偶校验，不带有校验序列，得不到较好的保护。另外，比特型控制规程由于数据和控制信息都采用帧格式，控制简单，如果要扩充功能，只要改变帧内控制字段的内容和规范即可，而不像字符型控制规程那样采用转义字符的办法，从而避免了增添设备。

2. HDLC 协议的站点及链路结构

HDLC 协议定义了三种类型的站点，除了主站和从站外，还有复合站。主站对数据流进行组织，对链路进行控制，对链路差错实施恢复。由主站发往从站的帧称为命令帧，而由从站返回主站的帧称为响应帧。所以主站需要比从站有更多的逻辑功能，当主机与终端或其他外设相连时，主机一般是主站。在一个主站连接多个从站的情况下，主站通常使用轮询技术与各从站实行交互。而在点到点链路中每个站均可为主站。有些站可兼备主站和从站的功能，这种站称为复合站。用于复合站之间信息传输的协议是对称的，即在链路上主、从站具有同样的传输控制功能，这又称为平衡操作。相对地，那种操作时有主站、从站之分且各自功能不同的操作，称为非平衡操作。相应于平衡和非平衡操作，HDLC 协议还定义了三种链路结构。

1）**非平衡链路结构**。链路的两端，一端为主站，另一端为一个或几个从站，构成点到点或一点到多点链路。如图 10-10a、b 所示。在链路中由主站负责控制链路上的各从站，并发送工作方式命令，故称为不平衡链路结构。

2）**对称链路结构**。指链路上每个物理站点可看作由两个逻辑站点组成，一个是主站，一个是从站，即可以看作两个独立的点到点不平衡链路结构的复合，一个物理站点的逻辑主站和另一个物理站点的逻辑从站连接在一起，两个主站分别向对方的从站发送命令，从而构成两条不平衡链路，如图 10-10c 所示。实际上，命令和响应都是通过同一条物理链路来传输的。对称结构就像是非平衡结构一样工作，只是链路控制权可以在两个站点之间交换。

3）**平衡链路结构**。是指在点到点拓扑中两个站点都是复合型的，站点之间由一条链路连接，并且该链路可以由任一方控制，如图 10-10d 所示。HDLC 规程并不支持多点平衡结构，这使得局域网中有引入媒体访问控制规程的必要。

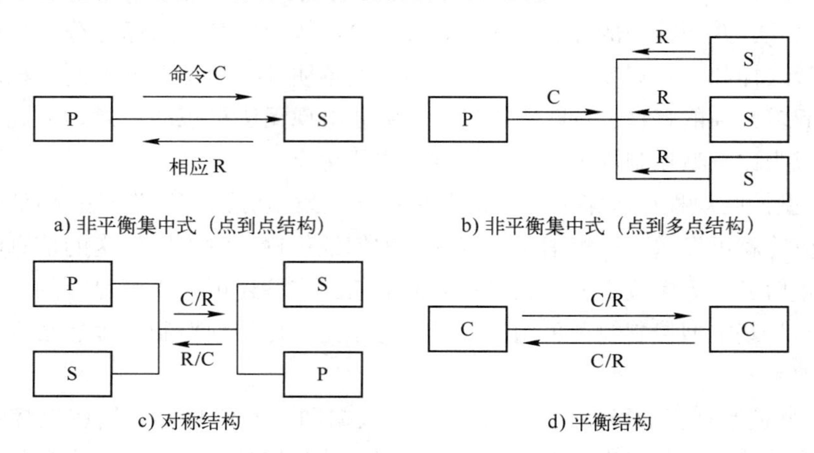

图 10-10　HDLC 规程的链路结构

3. HDLC 协议的操作方式

因为 HDLC 是为了满足各种应用而设计的，所以考虑它需要既能在交换线路上工作，也能在专用线路上工作；既能用于点到点结构，也能用于一点到多点结构；既能采用双向交替方式传输，也能采用双向同时的方式传输。因此定义了三种不同的数据传输操作方式：正常响应方式（NRM）、异步响应方式（ARM）以及异步平衡方式（ABM）。通常非平衡结构进行的交互总是采用正常响应方式。对称和平衡结构进行的交互可以通过传递命令帧设置成特定的方式。三种操作方式的主要工作特点是：

1）**正常响应方式**（Normal Response Mode，NRM）。适用于具有主从关系的站点之间通信，在这种方式下，从设备必须在传输前获得主站许可。一旦获得了许可，从设备就可以开始一次具有一帧或多帧数据的传输响应。正常响应方式适用于非平衡多点链路结构，能用于点到点、点到多点的链路中，以集中的方式操作，即由主站控制整个链路的操作，负责链路的初始化、数据流控制和不可恢复系统差错情况下的链路复位等。从站的功能很简单，它只有在收到主站的明确允许后才能响应并启动一次传输。传输可由一帧或多帧组成。从站发送完数据时，必须在最后一帧中指明该次响应传输的结束。在没有得到主站的再次允许之前不得启动新的传输。从站由主站发送 SNRM 命令而设为 NRM 方式。

2）**异步响应方式**（Asynchronous Response Mode，ARM）。与 NRM 一样，ARM 也适用于不平衡数据链路的操作方式。与 NRM 不同的是，ARM 只要信道空闲，从设备可以在没有得到许可的情况下发起一次传输，一次传输可以包含一帧或多帧，可用于传输信息字段或从站状态变化的信息。ARM 在其他方面并没有改变主从关系，但传输效率比 NRM 高。从一个从设备发出的所有传输（甚至是发送到同一链路上另一个从设备上的传输）也必须经过主设备中继再发到最终目的地。从站由主站发送 SARM 命令设为此方式。

3）**异步平衡方式**（Asynchronous Balanced Mode，ABM）。适用于通信双方均为复合站的点到点平衡链路结构，一方通过发送设置 ABM 方式的 SABM 命令建立。在该方式中，所有站点都是平等的，均可以在任意时间发送命令帧或响应帧。即一个复合站当未获得另一个复合站许可时，就可以开始一次传输。异步平衡方式一般对复合站的要求较高，复合站通常由计算机或智能终端构成。

此外，还有三种扩充方式，它们分别与上述三种基本方式相对应，不同之处在于扩充方式采用的是扩充顺序编号，其他功能和用途都相同。除了操作方式外，HDLC 协议还定义三种非操作方式：正常断开方式（NDM）、异步断开方式（ADM）和初始化方式（IM），要求从站/复合站在逻辑上与链路断开，不再进行各种帧的发送和接收。NDM 适用于非平衡数据链路，当处于此方式时，从站在逻辑上与数据链路断开，不能发送和接收信息，只能响应执行置方式、交换标志和测试命令。ADM 适用于非平衡或平衡数据链路，从站或作为命令接收器的复合站具有异步响应方式的机会。在双向交替的交换中，一旦检测到数据链路信道的空闲状态，以及双向同时交换中的任何时刻，都可以启动响应传输。这种响应传输仅限于请求置方式命令（DM），或从站以及接收命令的复合站判定无能力工作而请求初始化（RIM）。而 IM 属于初始化方式，这时从站/复合站的数据链路控制程序可以通过主站/另一复合站的作用进行初始化或重新生成。如果从站/复合站收到了置方式命令并通过响应得到确认，或由于内部制约而进入断开状态，IM 便终止。

数据链路信道状态是对数据链路是否在工作的一种描述，具体分为数据链路工作和数据链路空闲两种状态。在介绍这两种状态之前先介绍两个概念。

1）**放弃**：由主站、从站和复合站所使用的一种功能。当主站、从站和复合站发送放弃序列（连续 7 个“1”）后，使接收站抛弃（或不理睬）发送站所发送的在开始标志序列之后的所有比特序列。

2）**帧间时间填充**：当帧与帧之间存在时间间隔时，可在这段时间内传送连续的 F 标志，从而实现帧间时间填充。

那么，数据链路信道的两种状态是工作状态和空闲状态。

1）**工作状态**：指主站、从站或复合站正在发送一个帧，单个放弃序列或帧间时间填充时，数据链路便处于工作状态。在工作状态下，发送站保留继续传送的权利。

2）**空闲状态**：如果一个站检测出连续 15 个比特为“1”，则数据链路便处于空闲状态，表示远程数据站已停止其连续传输的权利。

4. HDLC 帧结构

HDLC 是在链路上以帧作为传输消息的基本单位，无论是信息报文还是控制报文都必须符合帧的格式。HDLC 的帧格式如图 10-11 所示。

F	A	C	I	FCS	F
01111110					01111110

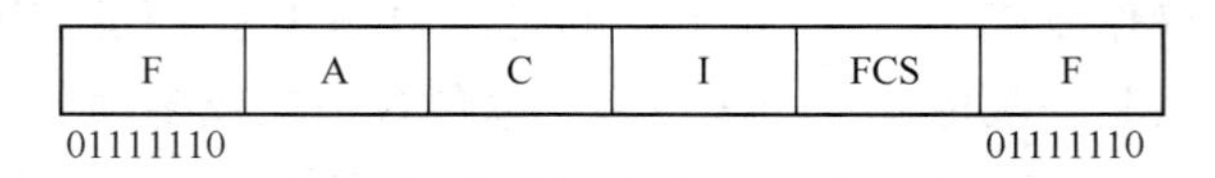

图 10-11　HDLC 的帧格式

在图 10-11 中，位于信息字段前面的标志字段（F）、地址字段（A）以及控制字段（C）统称为首部（header），而跟在信息字段（I）后面的帧校验序列（FCS）和标志字段（F）称为尾部（tailer）。

（1）标志字段（F）

标志字段以唯一的“01111110”模式在帧的两端起定界作用。某个标志字段可能既是一个帧的结束标志，也是下一个帧的起始标志。在用户网络接口的两侧，接收方不断搜索标志序列，用于一个帧起始时的同步。当接收到一个帧之后，站点继续搜索这个序列，用以判断该帧的结束。在帧与帧的空载期间，可连续地发送 F，用来做时间的填充，如图 10-12 所示。

…	F	A	C	I	FCS	F	A	C	I	FCS	F	…

a) F字段的同步作用

…	F	A	C	I	FCS	F	…	F	A	C	I	FCS	F	…

b) F字段的时间填充作用

图 10-12　标志位 F 的作用

然而，二进制数 01111110 有可能出现在帧中间的某个地方，因而会破坏帧一级的同步。为了避免出现这种情况，HDLC 规程使用了我们前述的“0”比特插入、删除技术。即在一个帧的传输起始标志和结束标志之间，每当出现 5 个连续的二进制“1”后，发送器就会插入一个附加的“0”。这就保证了除标志帧以外，所有的帧都不会有多于 5 个连续“1”的比特帧出现。接收方在检测到起始标志后，会时刻注意检查 5 个连续“1”之后的比特。如为“0”，则删除；如为“1”，再检查下一比特。如果第 7 个比特是“0”，则这一组被认为是标志字段；如果第 7 个比特是“1”，则表示是错误序列，接收站拒绝接收此帧。

例如，假设传送的数据流为 01111111111101111110，为了能使传输透明，发送方将在发送前进行比特填充，上述数据流变成 01111101111101011111010，接收方收到带有比特填充的数据流之后，再进行比特删除，去掉附加的三个“0”，将数据还原。

（2）地址字段（A）

对于命令帧而言，地址字段给出的是执行该命令的从站和复合站地址。对响应帧来说，地址字段给出的是做出应答的从站和复合站的地址。点到点链路只有两个站点，不需要这个字段，但为了统一，所有的帧都含有这个字段。地址字段通常为 8 bit，可寻址 256 个地址。但在早先的协议中，可以扩展格式，这时地址的实际长度为 7 bit，一般的扩展方法是末位置 0，表示后面紧跟的 8 位数据也是地址的组成部分，可按此方法加以扩充。因此，单个 8 位地址范围变成了 128。而每个 8 位组中的最低位是“1”还是“0”取决于它是不是地址字段的最后一个 8 位字段。除了该位之外，每个 8 位组中的其他 7 位组成了地址部分。扩展后的实际地址长度是 7 bit 的倍数，地址字段的构成如图 10-13 所示。

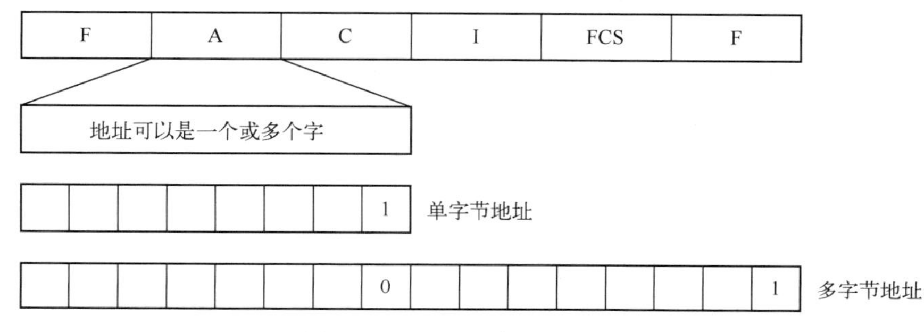

图 10-13　HDLC 帧的地址字段

不论是基本格式还是扩展格式，全“1”地址都解释为所有站点的地址（广播地址），它让主站工作于广播方式，所有从站都能收到这个帧，而全“0”则视为无站地址。

（3）控制字段（C）

控制字段用来标志帧的类型和功能，使对方站执行特定的操作。根据帧类型的不同，控制字段也不同。如果控制字段的第一个比特是“0”，该帧就是一个信息帧（I 帧）。如果头两个比特是“10”，该帧就是一个监控帧（S 帧）。如果头两个比特是“11”，则该帧就是一个无编号帧（U 帧）。所有这三种类型帧的控制字段都包含一个轮询/终止（P/F）位。

三种帧类型的控制字段如图 10-14 所示。其中，基本控制字段是 8 位，扩展控制字段长度则为 16 位。一个 I 帧在 P/F 位两侧具有两个 3 比特的帧序号，称为 N(S) 和 N(R)。N(S) 描述了当前发送帧的序号。N(R) 指明了在双向传输中期望对方返回的帧序号，因此 N(R) 是应答字段。如果最近接收的一个帧是正确的，N(R) 字段中的值将是序列中的下一帧的序号（待接收）；如果最近接收的一个帧有错误，N(R) 字段的值将是这个损坏帧的序号，表明该帧需要重传。

在 S 帧中的控制字段包含一个 N(R) 值，没有 N(S) 值。S 帧的作用是在接收端没有数据发送时使用，返回的 N(S) 值用来标识发送帧的序号。S 帧中在 P/F 位之前的两位是编码位，用于表示 S 帧的功能和主站配合实现流量和差错控制。

U 帧既没有 N(R) 值也没有 N(S) 值，所以又称为无编号帧。在 U 帧的 P/F 位之前有两位编码位，在 U 帧的 P/F 位之后有三位编码位，共 5 个比特位，32 种组合。用于表示

U 帧的类型和功能。当控制字段是一个字节时，P/F 位是具有双重功能的单个比特位。该位被置“1”时有效，当帧是主站发往从站的信息时，该位表示探询；当帧是从站发往主站的信息时，该位表示结束。

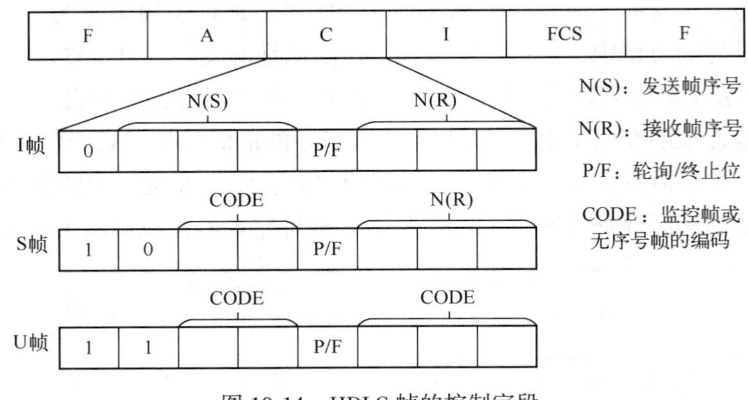

图 10-14　HDLC 帧的控制字段

（4）信息字段（I）

紧跟在控制字段之后的是信息字段。信息字段表示链路所要传输的用户实际信息，不受格式或内容的限制，其实际长度与站缓冲区的容量和链路差错特性有关，一般规定最大不超过 256 字节。

不是所有 HDLC 帧都含有信息字段，只有 I 帧和某些 U 帧才含有信息字段。I 帧中携带的是用户数据，而 U 帧中包含的则是网络管理信息，如图 10-15 所示。

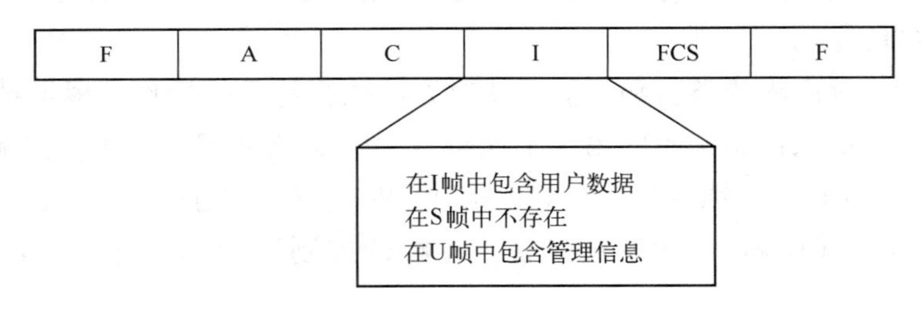

图 10-15　HDLC 帧的信息字段

（5）帧校验序列（FCS）

所有帧里都包含一个 16 位的帧校验序列，用于差错检测。HDLC 采用 CRC 循环冗余校验码，但标志序列和按透明规则插入的所有“0”不在校验范围内。循环码的生成多项式是 16 位的 CRC-ITU 码或 CRC-32 码，如图 10-16 所示。

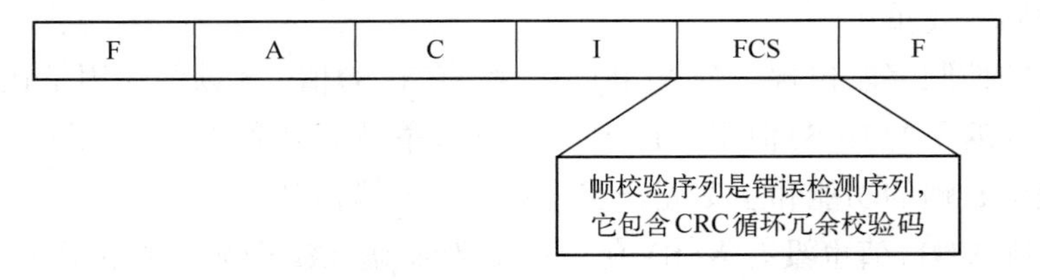

图 10-16　HDLC 帧的校验字段

5. HDLC 帧类型和功能

（1）信息帧（I 帧）

HDLC 规程约定：每个站都把它的发送帧序号 N(S)和接收帧序号 N(R)保存下来，用以指示发送/接收顺序情况。N(S)表示本站当前发送的帧序号，N(R)表示本站期望接收到对方站的帧序号，并累积确认此序号之前已接收到所有数据帧。例如，如果 N(R)段的值是 5，那么收到带有该 N(R)的帧的站点知道：它所发送的 0 号、1 号直至 4 号帧都已被正确接收，对方站正期待接收发送序号为 5 的信息帧。另外，为了保证 HDLC 规程的正常工作，在全双工通信的双方需要各自设置两个本地状态序号，由这两个值确定发送帧序号 N(S)和接收帧序号 N(R)的值。

P/F 位的轮询功能：按照 NRM 方式，带 $P=1$ 的命令帧表示主站对从站的响应请求。例如，主站可以通过带 $P=1$ 的 I 帧或 S 帧来要求从站作出传输数据帧的响应。从站不能自行发送数据帧。按照 ARM 方式，从站可以主动发送 I 帧，主站利用带有 $P=1$ 的命令帧，请求从站尽快发出带有 $F=1$ 的响应帧，强迫从站作出响应。

P/F 位的终止功能：对于 NRM 方式，从站必须把最后一个响应帧的 P/F 比特置“1”，即 $F=1$，然后从站停止发送，直到又收到主站发送来的带 $P=1$ 的命令帧后再开始下一次的发送。对于 ARM 方式，从站只有在响应带 $P=1$ 的命令帧时才发送带 $F=1$ 的响应帧，但从站不需要停止发送。别的响应帧可以跟在带 $F=1$ 的响应帧之后进行发送。因此，在 ARM 方式中，F 比特不表示从站的传输结束。

P/F 比特使用的成对性：带 P 比特的命令帧和带 F 比特的响应帧总是成对出现的，也就是说，主站发送了一个带 P 比特的命令帧后，从站必须在适当的时候发送一个带 F 比特的响应帧，否则不允许出现下一次 P/F 握手。而且，在一条数据链路上，在给定的时间内，只可能有一个带 $P=1$ 的命令帧是未确认的。利用 P/F 比特的成对性和 N(R)，可以较早地发现 I 帧的顺序差错。

（2）监控帧（S 帧）

如图 10-14 所示，控制字段的第 1、2 位是“10”的帧，即为监控帧（S 帧）。监控帧根据第 3、4 位的编码共有 4 种类型，表 10-4 列出了这 4 种监控帧的名称和功能。

表 10-4　HDLC 监控帧的名称和功能

格式	控制字段比特编码								名称	功能
	1	2	3	4	5	6	7	8		
监控帧	1	0	0	0	*	N(R)			RR	接收就绪
	1	0	0	1	*	N(R)			REJ	拒绝接收
	1	0	1	0	*	N(R)			RNR	接收未就绪
	1	0	1	1	*	N(R)			SREJ	选择拒绝

监控帧中没有信息字段，没有发送帧序号 N(S)，但有一个接收帧序号 N(R)，用来对从发送站收到的信息帧进行确认。共有 4 种不同格式及功能的监控帧，分别是接收就绪（RR）、接收未就绪（RNR）、拒绝接收（REJ）和选择拒绝（SREJ）。RR 和 RNR 用于所

有类型的链路通信，而 REJ 和 SREJ 仅用于全双工通信。

1）RR 帧：被一个站用来表示它已做好接收信息帧的准备。还可以用其中的 N(R)段来确认前面已经收到的帧。如果这个站原先曾用 RNR 表示它处于“忙”状态，那么它用 RR 命令表示它现在已经可以接收数据了。主站还可以用 RR 来轮询从站。

2）REJ 帧：用来请求重发自 N(R)序号开始的全部信息帧，而对序号为 N(R)-1 及以前的帧进行肯定确认。使用 REJ 帧可以实现回退 n 帧 ARQ 功能。

3）RNR 帧：可以被一个站用来表示它暂时不能够接收信息帧。RNR 中的 N(R)序号也可以确认前面已正确收到的帧。要清除接收未就绪状态，可以发送一个 RR 帧。

4）SREJ 帧：用来请求重发由 N(R)序号指定的帧，同时确认 N(R)-1 及其以前的所有信息帧都已被正确接收。SREJ 帧一旦发出，在它后面接收到的正确帧都会被保留下来，直到收到要求重发的那个帧为止。使用 SREJ 帧可以实现选择性拒绝 ARQ 功能。

RR 帧和 RNR 帧具有流量控制作用。RR 帧表示已做好接收帧的准备，期望对方继续发送，而 RNR 帧则表示期望对方停止继续发送（可能由于来不及处理到达的帧或缓冲区已存满）。如果以前曾发出 RNR 帧并处于“忙”状态，当本站有能力接收 I 帧时，可以发送 RR、REJ、无编号帧或者带 $P=1$ 的 I 帧，表示本站消除了“忙”状态。另外，主站可用带 $P=1$ 的 RR 帧来请求从站作出响应。需要说明的是，任一站在给定时间内只能建立一个 REJ 或 SREJ 异常状态，只有前一个异常状态被清除以后，才能再发送另一个 REJ 或 SREJ 帧。

（3）无编号帧（U 帧）

如表 10-5 所示，控制字段第 1、2 位是“11”的帧，即为无编号帧（U 帧）。顾名思义，无编号帧不带编号，即无 N(S)和 N(R)字段，而是用 5 个比特位来表示不同功能的 U 帧。总共可组合 32 种，但目前实际上只定义了 12 种命令帧和 8 种响应帧，具体名称和功能如表 10-5 所列。

表 10-5　HDLC 无编号帧的名称和功能

格式	控制字段比特编码								命　令	响　应
	1	2	3	4	5	6	7	8		
无编号帧	1	1	0	0	*	0	0	0	UI——无编号信息	UI——无编号信息
	1	1	0	0	*	0	0	1	SNRM——置正常响应方式	
	1	1	0	0	*	0	1	0	DISC——断链	RD——请求断链
	1	1	0	0	*	1	0	0	UP——无编号轮询	
	1	1	0	0	*	1	1	0		UA——无编号确认
	1	1	0	0	*	1	1	1	TEST——测试	TEST——测试
	1	1	1	0	*	0	0	0	SIM——置初始化方式	RIM——请求初始化方式
	1	1	1	0	*	0	0	1	FRMR——帧拒绝	FRMR——命令帧拒绝
	1	1	1	1	*	0	0	0	SARM——置异步响应方式	DM——断链方式
	1	1	1	1	*	0	0	1	REST——重置	
	1	1	1	1	*	0	1	0	SARME——置扩展的异步响应方式	

（续）

格式	控制字段比特编码								命　令	响　应
	1	2	3	4	5	6	7	8		
无编号帧	1	1	1	1	*	0	1	1	SNRME——置扩展的正常响应方式	
	1	1	1	1	*	1	0	0	SABM——置异步平衡方式	
	1	1	1	1	*	1	0	1	XID——交换标志	XID——交换标志
	1	1	1	1	*	1	1	0	SABME——置扩展的异步平衡方式	

6. HDLC 操作规程

与字符型控制规程类似，HDLC 控制规程的操作包括三个阶段：数据链路的建立、数据（信息帧）的传送以及数据链路的释放（或拆除）。

(1) 数据链路的建立

任何一方都可以通过发送“置方式命令”以及收到“UA 响应”来建立数据链路。这些命令的主要作用是：

1）通知对方请求数据链路的建立。

2）指出通信方式（NRM、ABM、ARM）。

3）指出使用的序号位数（3 或 7 bit）。如果另一方接受这个请求，那么它的 HDLC 模块向初始方返回一个无编号确认帧（UA），如果这个请求被拒绝，那么它发送一个断链模式（DM）帧。

(2) 数据（信息帧）传送

当数据链路建立后，双方都可以通过 I 帧开始发送用户数据，帧的序号从 0 开始。I 帧的 N(S) 和 N(R) 字段的帧序号用于支持流量控制和差错控制。HDLC 模块在发送 I 帧序列时，会按顺序对 I 帧进行编号，并将序号放在 N(S) 中，这些编号以 8 或 128 为模，取决于使用的是 3 bit 序号还是 7 bit 序号。N(R) 是对接收到的 I 帧的确认，有了 N(R)，HDLC 模块就能指出自己希望接收的下一个 I 帧的序号。

S 帧同样也用于流量控制和差错控制。其中，接收就绪 RR 帧通过指出希望接收到的下一帧来确认接收到的最后一个 I 帧。在缺少能够捎带确认的反向用户数据流（I）帧时就需要使用 RR 帧。接收未就绪（RNR）帧和 RR 帧一样，都可用于对 I 帧的确认，但它同时还要求对方暂停 I 帧的传输。当发出 RNR 帧的实体再次准备就绪之后，会发送一个 RR 帧。REJ 帧相当于回退 N 帧 ARQ，它指出最后一个接收到的 I 帧已经被拒绝，并要求重发以 N(R) 序号为首的所有后继 I 帧。选择拒绝（SREJ）帧用于对某一个帧的重发请求。

(3) 数据链路的释放（拆链）

当传输数据完成后，双方可以用“DISC 命令”和“UA 响应”的握手来拆除链路。即 HDLC 通过发送一个断链（DISC）帧宣布连接终止。对方必须用 UA 作答，表示接受拆链。拆链成功后，双方处于静止（中性）等待状态。拆链可能是由于数据传输结束，也可能是由于模块本身因某种错误而引起的中断。

10.3　规程应用举例

为了更好地理解 HDLC 操作，下面以图例说明 HDLC 的操作。

【例题 10-1】链路建立和拆除过程

链路建立和拆除是 HDLC 操作规程中最常用的操作规程之一。图 10-17 表示一种链路建立和拆除的过程。

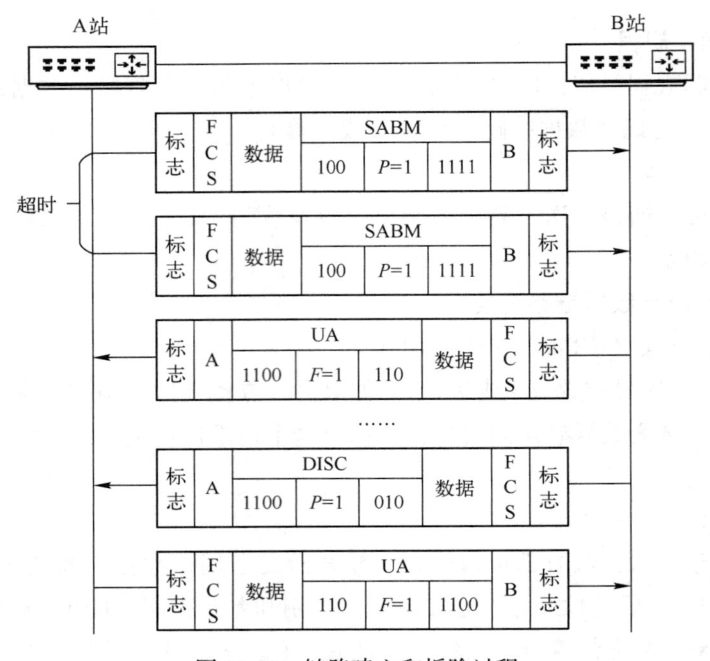

图 10-17　链路建立和拆除过程

图 10-17 中，A 站发出置异步平衡方式命令（SABM）并启动定时器（做超时判断）。B 站收到此命令后，以 UA 帧响应，并对本站的局部变量和计数器进行初始化。A 站收到应答后也初始化本地的局部变量和计数器，并停止计时。这时逻辑链路就建立起来了，双方可以交换数据。两个站均为复合站，并且，两个站点具有相同的地位和采用点到点的链路连接。如果在一定时间内没有得到应答信号，A 站将重发同一命令。如果 A 站重复发送 SABM 命令已经达到预定的次数，还未收到任何响应，则表示此链路不能建立，这时 A 站放弃建立链路，向上层实体报告建链失败，请求干预或处理。拆除链路的过程由双方中的任何一个站发起，本例中，B 站发一个 DISC 命令，而 A 站则以 UA 作答，表示同意拆除链路，B 站收到肯定回答 UA 后，双方拆除链路。另外，在实际使用中，如果接收站想要拒绝任何一种方式的建立命令，则可以返回一个 DM 帧作为响应，此时也将终止传送。

【例题 10-2】双工信息交换过程

在上述例子中的数据链路建立后，A、B 两站即可开始通信。图 10-18 表示全双工交换信息帧的过程。首先 A 站发送一个序号 N(S) = 0 的信息帧到 B 站，如果 B 站正确地收到这一信息，则 B 站也发送一个序号为 N(S)= 0，N(R)= 1 的信息帧到 A 站，A 站收到此信息后，则发送下一个序号为 1 的信息。当一个站连续发送了若干帧而没有收到对方发来的信息帧时，N(R)就简单地重复该站要接收的下一个信息帧序号，否则就加 1 递增（按模运算）。最后 A 站没有信息帧要发送时，就用一个 RR 监控帧（图 10-18 中，N(R)= 4，*F*=1）对 B 站给予应答。该例中也表示了肯定应答的累计效应，例如 B 站发送的 N(S)= 1，N(R)= 3 的信息帧就一次应答了 A 站发送的两个数据帧已被正确接收；A 站发送的 N(R)= 4，*F*=1 的 RR 监控帧也一次应答了 B 站发送的两个数据帧已被正确接收。

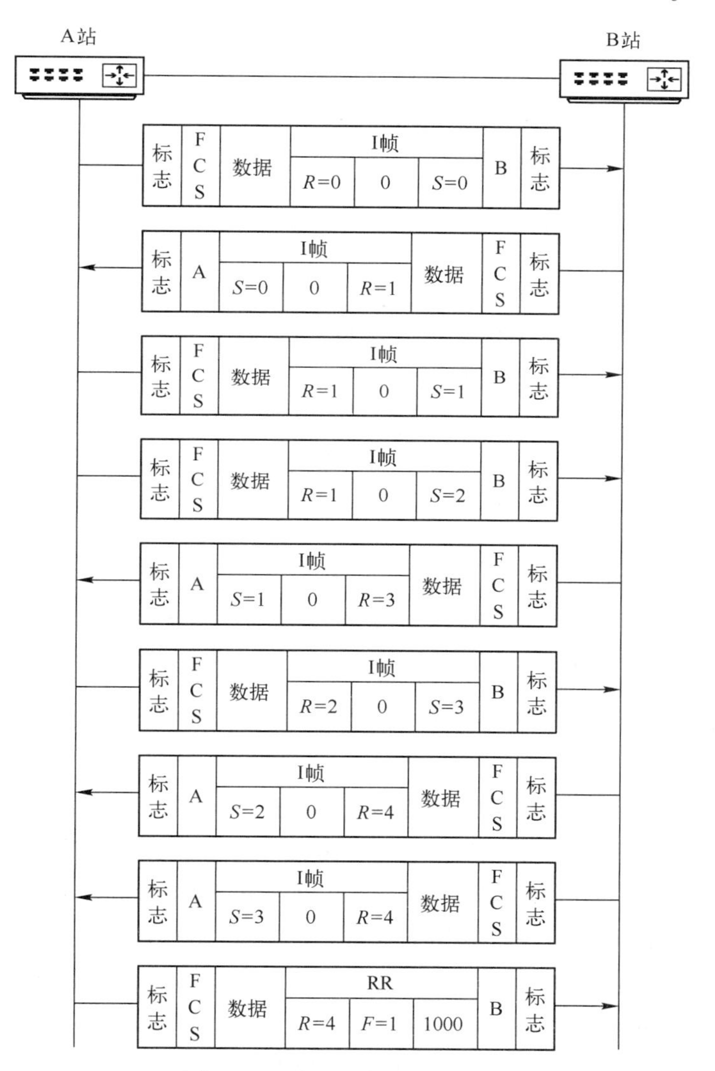

图 10-18　全双工数据交换过程

【例题 10-3】用拒绝接收命令（REJ）进行差错恢复过程

图 10-19 描述了使用 REJ 命令的情况。A 站连续发送了第 3、4、5 信息帧，但第 4 号帧出现差错且被丢掉。当 B 站接收到第 5 号帧时，它会因顺序不对而丢弃这个帧，并发送一个 N(R)= 4，*P*=1 的监控帧。这促使 A 站初始化重发过程，再次发送以第 4 号帧

为首的所有信息帧，并可以在重传的帧之后继续发送其他帧，如图中 N(S) = 6，N(R) = 0 的信息帧。

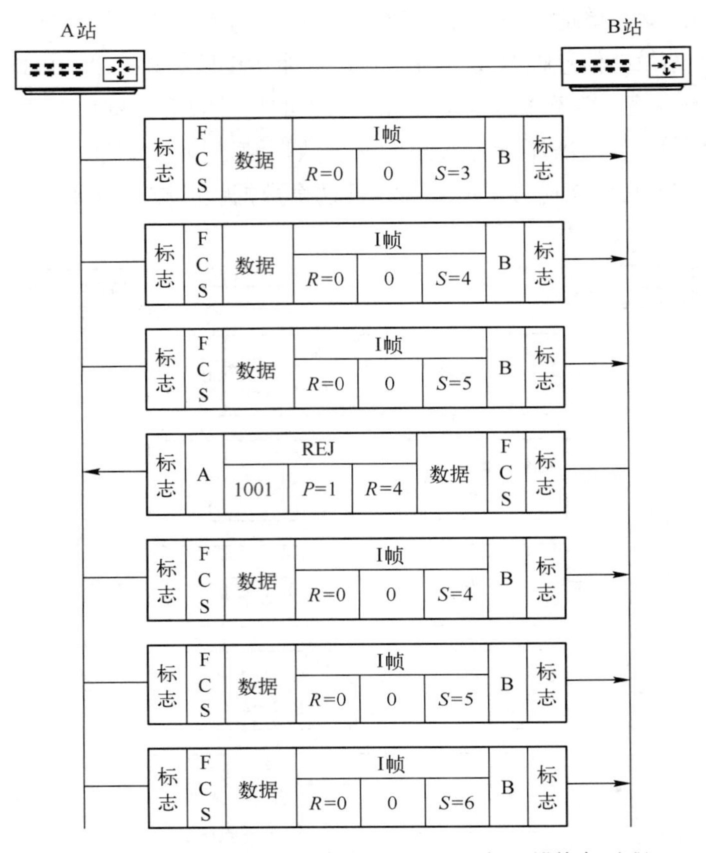

图 10-19　使用拒绝接收命令（REJ）进行差错恢复过程

上述示例并没有完全列举所有情形，但通过这些示例可以对 HDLC 规程的操作有比较深刻的理解。

【例题 10-4】 多点链路时的 HDLC 传输控制过程

如果主站有数据要向某个从站发送，可以采用选择/响应方式进行，如图 10-20 所示。

多点链路上的主设备（大型机）首先向 B 站发送一个 RNR 的监控帧（编码 1010，P = 1），它通知从设备 B 做好接收数据的准备。B 站准备就绪后，可通过发送一个 RR 监控帧予以响应，且 F = 1。主设备接到从站点 B 的响应后就可以开始发送数据帧，如果接收正确，B 站就用 RR 帧给予确认。

如果主站要启动从站发送数据，可以采用轮询/响应方式，即在多点链路上的主站通过一个 RR 监控帧轮询某个从设备。帧的地址字段给出被轮询的从设备地址，控制字段则包含有标志该帧为 RR 的监控帧（编码 1000），并设置轮询位 P = 1，N(R) = 0。如果某从站有数据要发送，例如有两帧数据要发送，则可用编号为 0 和 1 的两个信息帧来响应。第二帧的 P/F 位应置“1”，表示数据发送结束。主站收到该两帧数据后，可通过发送一个 N(R) = 2 的 RNR 监控帧进行应答确认，告诉从站这两个信息帧已被正确接收。

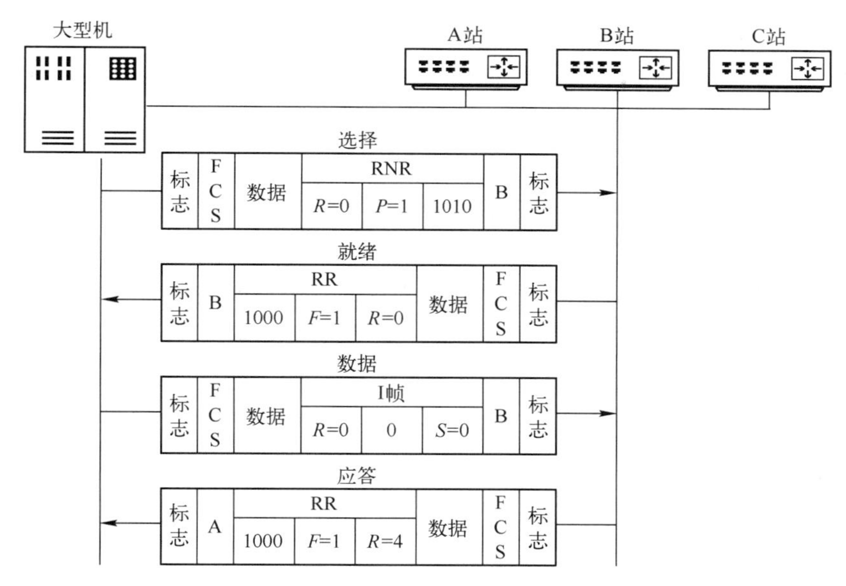

图 10-20　采用 HDLC 规程的多点链路控制

由以上简单示例可以看出，HDLC 规程的特点是数据报文可透明传输，有较高的链路传输效率，信息帧顺序编号，可防止漏收或重收，可靠性高，传输控制功能和处理功能分离，具有较大的灵活性，应用广泛。

10.4　HDLC 的子集与相关协议

对应于 HDLC 规程的 NRM、ARM 和 ABM 三种操作方式，HDLC 有三种规程类别，分别是非平衡操作的正常响应类别、非平衡操作的异步响应类别和平衡操作的异步响应类别。三种规程类别所规定的命令和响应十分丰富，包括了各种应用环境的全部要求。然而，任何一种特定的应用不必实现所有要求。因此，可以定义一个最基本的命令/响应集合，简称基本集，其他命令和响应归入可选的集合中。基本集是必须实现的功能，然后根据应用环境特点，选择适量的可选功能加以扩充，即可组成一种适用的操作规程。目前，有几种在 HDLC 的基础上形成的数据链路控制协议，如链路访问协议（Link Access Procedure，LAP）、平衡的链路访问协议（Link Access Procedure Balanced，LAP-B）、链路访问协议-D 通道（LAP-D）以及逻辑链路控制协议（Logical Link Control，LLC）等，这些协议又称为 HDLC 子集，在工业界同样有重要的应用，详细内容可参考有关书籍或文献。

本章小结

数据通信是通信设备之间的信息交换，是利用各种物理线路、传输和交换等设备将若干计算机或网络连接来实现的。因此要保证数据信息能顺利地进行相互交换和传输，这些设备之间必然需要有标准的连接接口以及相互通信的规程或协议。

本章主要介绍了两种比较经典且应用比较广泛的通信接口标准 RS232-C 和 USB 接口，重点描述了它们四个方面的接口特性，即机械特性、电气特性、功能特性和过程特性。其中 USB 接口主要用于 PC 领域，由于其传输速度快、使用简便，目前得到相当广泛的应用。

通信规程对应于 OSI 开放系统互联参考模型的数据链路层协议，其主要功能包括帧同步、透明传输、差错控制、流量控制和链路管理等几个方面。数据链路通信规程可分为面向字符的传输控制规程和面向比特的传输控制规程。后者目前得到广泛应用，10.2 节重点介绍了 HDLC 协议，包括站点类型、链路结构、操作方式、帧结构、帧类型及功能等，并在 10.3 节给出了典型的应用举例。另外，当前还有几种在 HDLC 的基础上形成的数据链路控制协议，如 LAP、LAPB、LAPD 及 LLC 等，这些协议又称为 HDLC 子集，在互联网及工业界同样有重要的应用。

思考与练习

1. 传输控制规程主要包括哪些内容？你认为最关键的是什么？

2. 面向字符的控制规程中常用的 10 个通信控制字符是什么？哪些用于格式控制？哪些用于规程控制？

3. 简述 USB 接口的特点。

4. USB 总线由哪几个主要部分组成？

5. 一个 USB 设备要正常工作，必须满足哪些条件？

6. 为什么要数据成帧，有哪些常用的方法？

7. 数据链路控制对于保证数据通过物理线路传输的正确性是非常重要的。数据链路控制的功能主要包括哪几方面的内容？

8. 在数据帧的传输过程中，为什么要采用“0”比特插入/删除技术？试说明它的基本工作原理。

9. 下列字符是字符型控制规程从相邻高层接收来的数据，准备组帧交给物理层发送，为了能够以透明方式传送，必须进行字符填充。问字符填充后的输出是什么？

DLE STX DLE A DLE ETX

10. 若 HDLC 帧数据段中出现比特串“01000001111110101111110”，问比特填充后的输出是什么？

11. 面向字符的传输控制规程有哪些特点和不足？有哪些不足在面向比特的传输控制规程中得到改进？

12. HDLC 的地址字段中包含的是哪个站的地址？

13. 在 HDLC 规程的 NRM 方式下，试画出主次站都发送信息帧的过程示意图。

14. 主站点向从站点发送如图 P10-1 所示的三种 HDLC 帧。分别回答如下问题：

（1）从站点的地址是什么？

（2）帧的类型是什么？

（3）发送方的序列号（如果存在）是什么？

（4）确认序列号（如果存在）是什么？

（5）帧是否携带用户数据？如果是，该数据的值是什么？

（6）帧是否携带管理数据？如果是，该数据的值是什么？

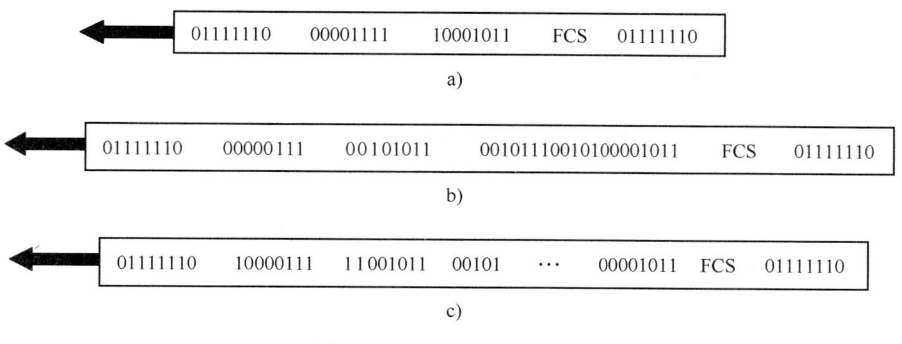

图　P10-1　三种 HDLC 帧

第 11 章　现代通信网络简介

所谓通信网是指由一定数量的节点（包括终端设备和交换设备）和连接节点的传输链路相互有机地组合在一起（或是由通信枢纽与通信线路组成），以实现两个或多个规定点间信息传输的通信体系。传统通信网络由传输、交换、终端三大部分组成，这三大部分又称为通信网的三要素。用户终端是通信网的外围设备，它将用户发送的各种形式的信息转变为电磁信号送入通信网络传送，或将从通信网络中接收到的电磁信号转变为用户可识别的信息，例如普通电话、可视电话、手机、计算机等。交换系统主要指网络的转接节点（Node），是各种信息的集散中心，是实现信息交换的关键环节。传输部分又称为网络的链路（Link），是信息传递的通道，它将用户终端与交换系统以及不同的交换系统相互连接起来，形成网络，并在通信协议的支持下完成数据终端之间的数据传输与数据交换。常用的信息传输技术包括光纤通信、数字微波通信、卫星通信、移动通信等。通信网的功能就是要适应用户呼叫的需要，以用户满意的程度传输网内任意两个或多个用户之间的信息。

现代数据通信网络是计算机技术与现代通信技术相结合的产物，将信息采集、传送、存储及处理融为一体，并朝着更高级的综合体方向前进。纵观通信技术的发展历史，虽然只有短短的一百多年，却发生了翻天覆地的变化，由当初的人工转接到后来的电路转接，以及到现在的程控交换和分组交换，由当初只是单一的固定电话到现在的卫星电话、移动电话、IP 电话等，电信业务也从以语音为主向以数据为主转移，交换技术也相应地从传统的电路交换技术逐步转向基于分组的数据交换和宽带交换，以及适应下一代网络基于 IP 的业务综合特点的软交换方向发展，人类社会已经进入信息化社会的大发展时代。

本章将首先简要介绍通信网的结构及性能要求，然后主要介绍构成现代通信网络主要的网络传输与交换技术。

11.1　通信网结构

现代通信网络通常可分为信息网，支撑网以及智能网，其中信息网是进行交互型语音、数据、视频等通信的主要信息传输网络，如图 11-1 所示。一个完整的电信网除了有以传递信息为主的信息或业务网外，还需要有若干个用以保障业务网正常运行、增强网络功能、提高网络服务质量的支撑网络，这就是支撑网。支撑网主要包括 7 号信令网、数字同步网和电信管理网。在支撑管理网中传递的是相应的控制、监测及信令等信号。按其功能不同，可将支撑网分为信令网、同步网和管理网。信令网由信令点、信令转接点、信令链路等组成，旨在为公共信道信令系统的使用者传送信令。同步网为通信网内所有通信设备的时钟（或载波）提供同步控制信号，使它们工作在同一速率（或频率）上（面向基准频率的生成、传送、分配和监控，其作用是为其他网络提供定时参考信号)。管理网是为保持通信网正常运行和服务所建立的软、硬件系统，通常又可分为话务管理网和传输监控网两部分。智能网是在原有的网络基础上，为快速、方便、经济、灵活地生成和实现各种电信新业务而建立的附加网络。

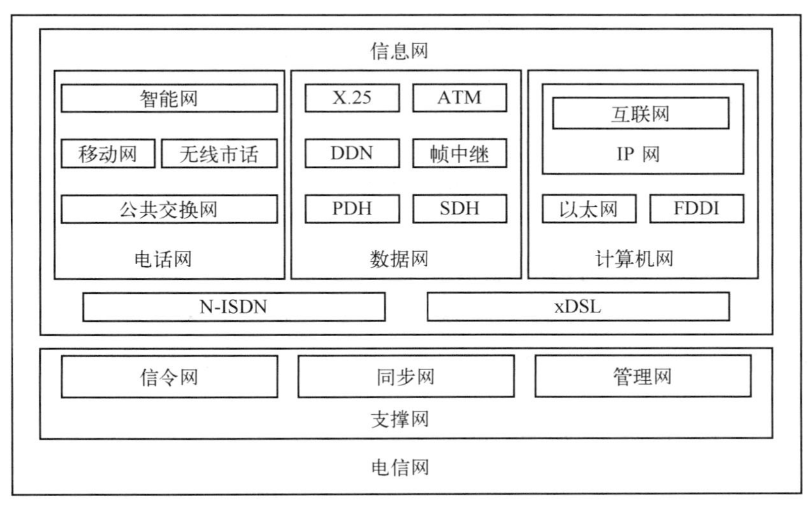

图 11-1　电信网结构框图

现代通信网络比较复杂，从不同的角度看网络，会有不同的理解和描述，为此引入了网络分层的概念。例如，可以从功能上、逻辑上、物理实体和对用户服务的界面上等不同的角度和层次描述网络分层。从功能上可以将网络分为信息应用、业务网和接入与传送网，如图 11-2 所示。在该分层结构图中，上层信息应用表示各种信息应用与服务种类；中层业务网是指提供各种信息服务业务的手段与装备，是接通电话、电报、传真、数据、图像视频等各类通信业务的网络。例如，电话网、电报网，数据网、广电网等，其中电话网是各种业务的基础，电报网是通过在电话电路加装电报复用设备而形成的，数据网可由传输数据信号的电话网络或数据分组交换网络构成。业务网具有等级结构，即在业务中设立不同层次的交换中心，并根据业务流量、流向、技术及经济分析，在交换机之间以一定的方式相互连接。分组结构中的下层接入与传送网表示支持业务网的各种接入与传送手段和基础设施。

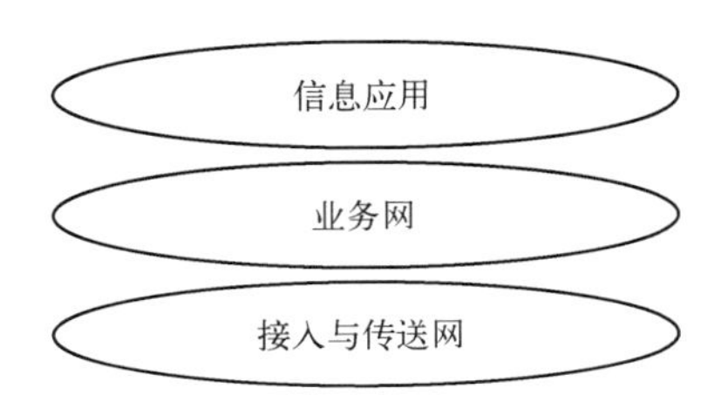

图 11-2　现代通信网的分层结构

现代通信网络采用这种分层的结构形式，且每层都可以有不同的支撑技术，这些支撑技术是网络中的核心技术，并构成了现代通信的技术基础，使各种通信技术与通信网络有机地融合，并能清晰地显现各种通信技术在网络中的位置与作用。网络的分层使各层的功能相对独立，这样网络规范与具体实施方法无关，从而简化了网络的规划和设计。因此单独地设计和运行每一层网络，要比将整个网络作为单个实体设计和运行简单得多。随着信息服务多样化的发展及技术的演进，尤其是随着软交换等先进技术的出现，现代通信网与支撑技术还会出现变化，如增加控制层等平面。

另外，按网络实际的物理连接方式，可将网络分为用户驻地网、接入网和核心网，或局域网、城域网和广域网等；按传输媒介种类，可将网络分为架空明线网、电缆通信网、光缆通信网、卫星通信网、移动通信网等；按交换方式，可将网络分为电路交换网、报文交换网、分组交换网、宽带交换网等；按网络拓扑结构，可将网络分为网状网、星形网、环形网、栅格网、总线网等。

一个完整的通信网包括硬件和软件。传输系统和转接交换系统以及网络终端设备是构成通信网的物理实体。为了使全网协调合理地工作，还要有各种规定，如信令方案、协议、网络结构、路由方案、编号方案、资费制度与质量标准等，这些均属于软件。

11.2 一般通信网的性能要求及交换技术

为了使通信网能快速、有效、可靠地传递信息，通常对通信网提出接通的任意性与快速性、信号传输的透明性与传输质量的一致性、网络的可靠性与经济合理性这 3 项要求。

1）接通的任意性与快速性。接通的任意性与快速性是指网内的一个用户应能快速地接通网内任一其他用户。影响接通的任意性与快速性的主要因素包括：第一，通信网的拓扑结构不合理会增加转接次数，使阻塞概率上升，时延增大；第二，通信网的网络资源不足可造成阻塞概率的增加；第三，通信网的可靠性降低，会造成传输链路或交换设备出现故障，甚至丧失其应有的功能。

2）信号传输的透明性与传输质量的一致性。信号传输的透明性是指在规定业务范围内对用户信息不加任何限制，都可以在网内传输；传输质量的一致性是指网内任何两个用户通信时应具有相同或相仿的传输质量，而与用户之间的距离无关。通信网的传输质量直接影响通信的效果，因此要制定传输质量标准并进行合理分配，使网中的各个部分均能满足传输质量指标的要求。

3）网络的可靠性与经济合理性。网络的可靠性是使通信网平均故障间隔时间（两个相邻故障间隔时间的平均值）达到要求。提高网络的可靠性往往要影响网络的经济合理性，因此应根据实际需要在可靠性与经济性之间取得折中和平衡。

11.3 通信网的交换方式

通信网络的本质是传输与交换，数字微波通信、光纤通信、卫星通信以及移动通信是现代通信传输的几大主要手段。网络交换方式主要分为电路交换（或线路交换）和存储转发交换方式。电路交换方式实现的是一种面向连接的通信方式，即通信双方在通信之前要事先建立一条临时的专用物理连接通道，以实现双方的信息传输，数据传输完毕后再释放被占用的通道。电路交换原理如图 11-3 所示，请求通信的输入端呼叫被请求的输出端，线路接通之后，由中间若干个交换机负责在两者之间建立一条物理通路，双方的通信完全是直通的透明传输，其通信内容和通信格式均不受交换机的制约，也不需要中间的变换和存储等处理。最常见的电路交换方式的应用就是现有公用电话系统。

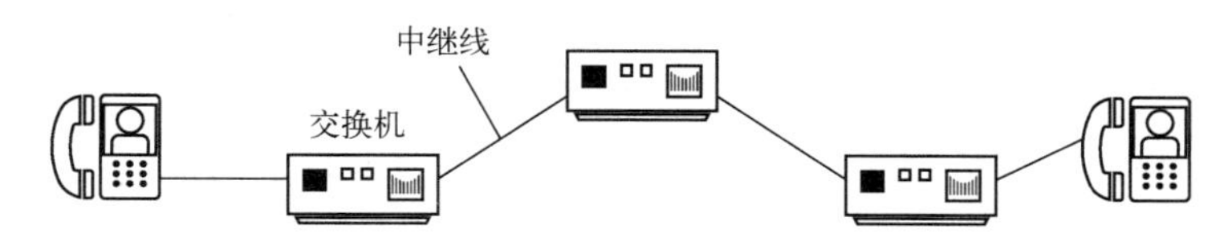

图 11-3　电路交换

存储转发交换方式又可分为报文交换和分组交换方式。报文交换的通信双方通常不需要预先建立一条专用的物理数据通道，但需要将发送的数据附加上目的地址、源发地址等信息作为一个整体报文（长短不定）发送给中间交换设备，中间交换设备采用存储转发的传输方式先将报文缓存，然后根据报文的目的地址选择一条合适的空闲线路将报文转发给下一交换设备，如此一一转发下去，直至该数据报文到达目的站点，如图 11-4 所示。

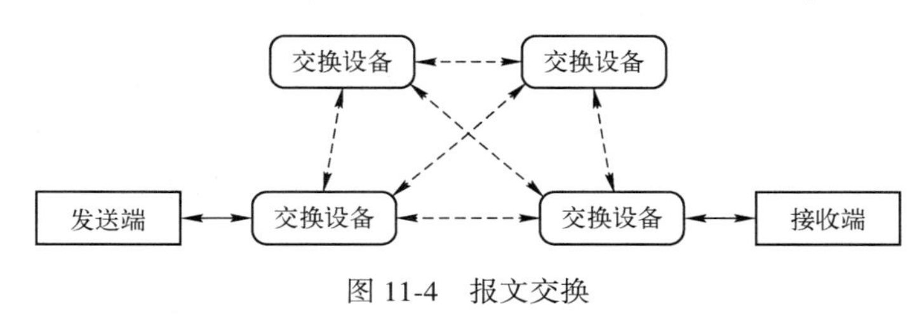

图 11-4　报文交换

报文交换要求交换机一次性转发一个完整报文，交换时延较长且不利于纠检错。报文交换的一种改进方式是分组交换，它将用户传送的报文数据划分成一定长度的多个小的分组（通常有最大长度限制），在每个分组的前面附加一个分组头，用于指明该分组数据来自哪里、发往何处等地址信息以及如何纠检错等，然后由分组交换机根据每个分组数据的目的地址，将它转发至目的地址。分组交换的主要优点是：

1）对数据传送的最大长度进行了限制，从而降低了分组交换设备所需要的存储空间。

2）分组是较小的传输单位，只有出错的分组才会被重发而非整个报文，因此可大大降低对整个大报文重发的比例，提高了网络传输速度和效率。

3）发送端发出第一个分组后，可以连续发送随后的分组，这些分组可能选择不同路径被中间分组交换设备接收、处理和转发，相当于将一个大的报文拆分成若干个小分组后并发传输，从而可成倍提高网络传送速率。现在计算机网络的数据通信技术主要是采用这种交换方式。

11.4　现代电信网络及交换

电话通信网络是利用明线、电缆、光缆、微波、卫星等传输介质实时传输语音的双向通信网络，是电信部门最基本、最主要的通信业务，也是日常生活中使用最多的通信业务。由于数字通信具有容量大、质量好、可靠性高、交换能力强、业务功能多等显著优点，因此传统的模拟电话通信开始向数字化方向发展。数字化的电话通信网络能同时传输语音、非语音业务，形成容量大、灵活性强、功能多样的宽带通信网。

电话网作为历史最悠久的通信网络，其核心是电话交换机。最早的电话通信是电话机直接用导线连接起来，但用户增加时，要使众多用户相互间都能两两通话，就需要电话交换机，由电话交换机完成任意两个用户的连接。电话交换机经历了磁石式、共用电池式、步进制、纵横制、程控制 5 个发展阶段，各阶段的主要差别是电话交换机的实现方式不同。其中，电话交换由“机电”方式向“程控”方式演变是 20 世纪电话通信的重大变革。数字程控交换机处理速度快、体积小、容量大、灵活性强、服务功能多，便于改变交换机功能，便于建设智能网，可以向用户提供更多、更方便的电话服务。随着电信业务从以语音为主向以数据为主转移，交换技术也相应地从传统的电路交换技术逐步转向基于分组的数据交换和宽带交换，以及适应下一代网络基于 IP 的业务综合特点的软交换方向发展。

交换技术与交换系统是电信网络的核心，现代电信网络的发展史就是现代交换技术的发展史，交换技术的更新带来电信网络的革命与升级换代。如图 11-5 所示，数字程控交换机是现代电信网络的核心设备，主要功能是完成用户之间的接续。数字程控交换机硬件系统可分为话路部分和控制部分。话路部分包括数字交换网络和外围模块；控制部分由计算机系统组成，采用存储程序控制方式。电话交换机的基本功能有：

1）呼叫检测功能。

2）接收被叫号码。

3）对被叫进行忙闲测试。

4）若被叫空闲，则应准备好空闲的通话回路。

5）向被叫振铃，向主叫送回铃音。

6）被叫应答，接通话路，双方通话。

7）及时发现话终，进行拆线，使话路复原。

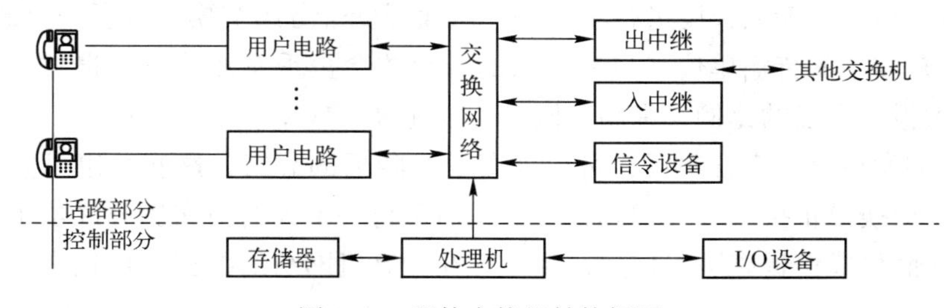

图 11-5　程控交换机结构框图

图 11-5 给出了一种程控交换机的基本结构图，图中数字交换网络是整个话路部分的核心。交换就是信息（语音、数据等）从某个接口进入交换系统经交换网络的交换从某个接口出去，以实现任意入线和出线的互连。交换网络有两大类接口：用户接口和中继接

口。接口的功能主要是集中用户话务量，通过 PCM 链路与数字交换网络相连，并将进入交换系统的信号转变为交换系统内部所适应的信号，或者是相反的过程，这种变换包括信号码型、速率等方面的变换。用户接口向用户终端提供接口电路，是交换机连接用户线的接口；中继接口是不同数字程控交换机之间的接口，实现码型转换、信号提取等功能，可分为模拟中继器和数字中继器。信令设备提供局间信令及各种信号音。控制系统是交换系统的“指挥中心”，各种接口以及其他功能部件都是在控制系统的控制协调下有条不紊地工作的。控制系统是由处理机及其运行的系统软件、应用软件和操作管理和维护（Operation Administration and Maintenance，OAM）软件所组成的。现代交换系统普遍采用多处理机方式，并使用信令与用户和其他交换系统（交换节点）进行协调和沟通，以完成对交换的控制。信令是通信网中规范化的控制命令，它的作用是控制通信网中各种通信连接的建立和拆除，并维护通信网的正常运行。

目前，采用电路交换的数字电话网仍然是提供实时电话业务的基本手段，是电信运营商收入的主要来源之一。电路交换和电话网奠定了电信网运营和管理的基础，对其他网系和下一代网络的发展具有十分重要的借鉴意义。

交换局与交换局之间的通信需要，导致了建设交换网的需要。图 11-6 是一个时隙交换图，其中完成时隙交换的交换网基本单元（见图 11-6）包括 T 型时分接线器、S 型空分接线器以及数据交换机（DSE）。

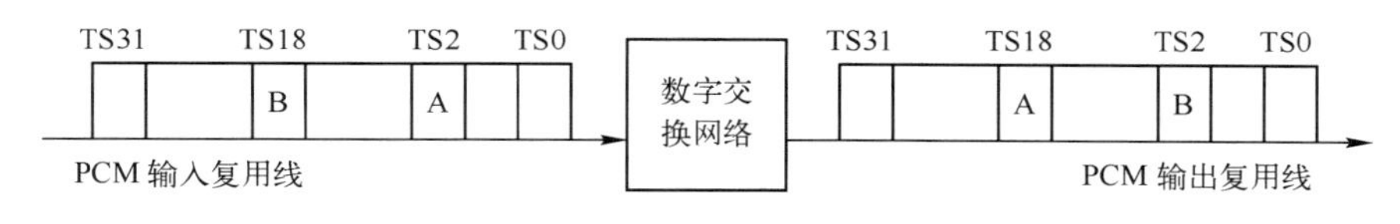

图 11-6　时隙交换示意图

T 型时分接线器（简称 T 接线器）可以完成同一条 PCM 线不同时隙的交换，主要由信息存储器（Information Memory，IM）和控制存储器（Control Memory，CM）组成，如图 11-7 所示。

信息存储器用来暂时存储要交换的脉冲编码信息，故又称“缓冲存储器”。控制存储器用来寄存脉冲编码信息的时隙地址，又称“地址存储器”。T 接线器中 IM 的存储单元数由 PCM 输入复用线每帧内的时隙数决定，IM 中每个存储单元的位数则取决于每个时隙中所含的码位数。例如，图 11-7 中 PCM 复用线每帧有 32 个时隙，则 IM 容量应为 32 个存储单元，其每一时隙有 8 位码，则 IM 每一存储单元至少要能够存储 8 位码。

T 接线器的工作方式有两种：一种是“顺序写入，控制读出”方式，如图 11-7a 所示；另一种是“控制写入，顺序读出”方式，如图 11-7b 所示。它们都将 T3 时隙和 T19 时隙所传数据进行了交换。

S 型空分接线器又称为空间交换单元，简称 S 接线器，如图 11-8 所示，其作用是完成不同 PCM 复用线之间同一时隙的信码交换。图 11-9 表示 2×2 的交叉接点矩阵，它有 2 条输入复用线和 2 条输出复用线。控制存储器的作用是对交叉接点矩阵进行控制，控制方式有输入控制方式和输出控制方式两种。

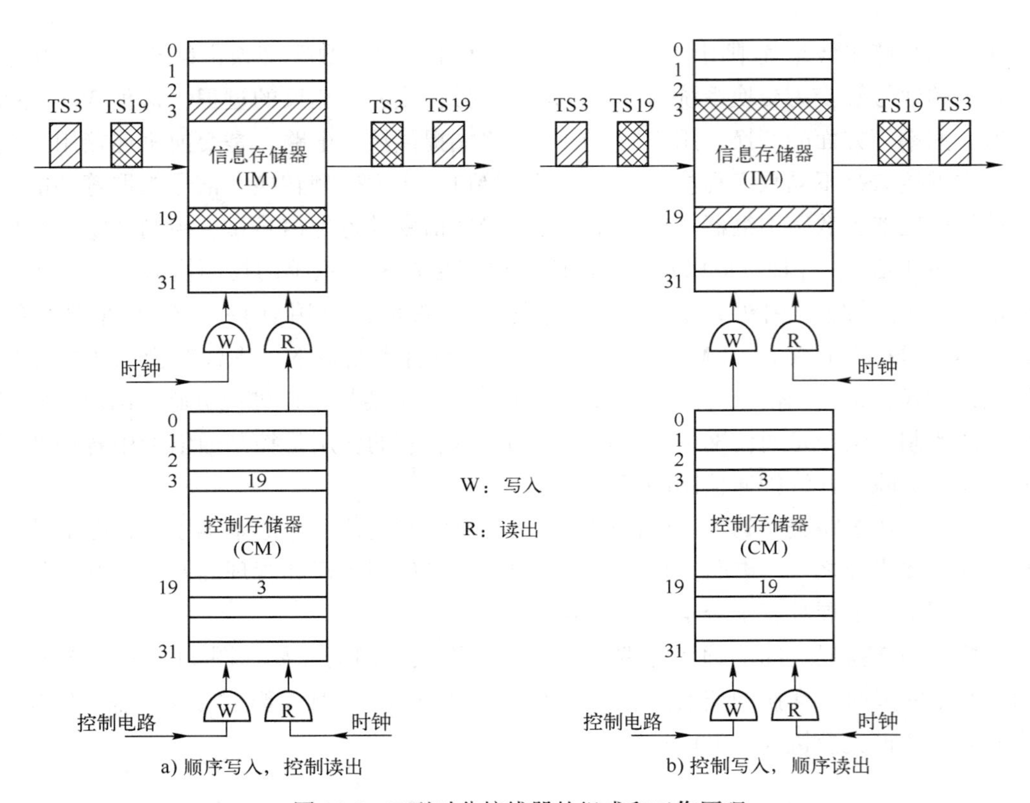

图 11-7　T 型时分接线器的组成和工作原理

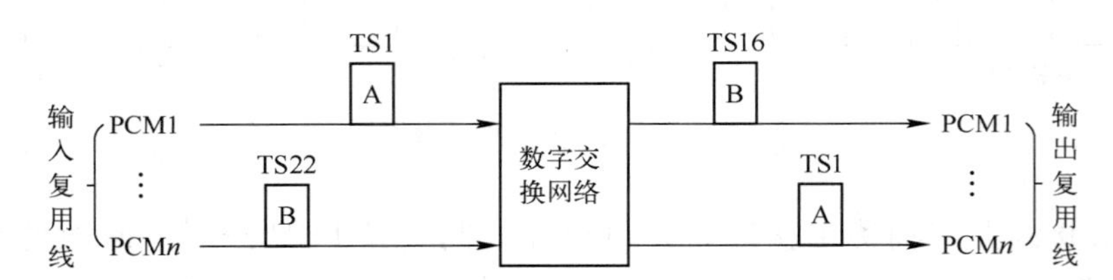

图 11-8　S 型空分接线器完成不同 PCM 复用线之间同一时隙信码交换的示意图

输入控制方式如图 11-9a 所示。它按输入复用线来配置 CM，即每一条输入复用线有一个 CM，由这个 CM 来决定该输入 PCM 线上各时隙的信码，要交换到哪一条输出 PCM 复用线上去。输出控制方式如图 11-9b 所示。它按输出 PCM 复用线来配置 CM，即每一条输出复用线有一个 CM，由这个 CM 来决定哪条输入 PCM 线上哪个时隙的信码，要交换到这条输出 PCM 复用线上来。

T 型时分接线器和 S 型空分接线器是程控交换技术中最基本的交换单元电路。单独的 T 接线器和 S 接线器只适用于容量比较小的交换机，而对于大容量的交换机通常选用空分交换芯片和时分交换芯片构成数字交换网络，以完成任意输入线和任意输出线之间的时隙交换。对于不同规模的交换机，数字交换网络具有不同的组网结构，可构成 T–S–T、T–S–S–T、T–S–S–S–T、S–T–S、S–S–T–S–S 等结构，以适应大、中、小型数字交换机的网络容量需要。例如 TST 数字交换网络为三级交换网络，两侧为时间接线器，中间为空间接线器，这是一种较为典型的网络，如图 11-10 所示。

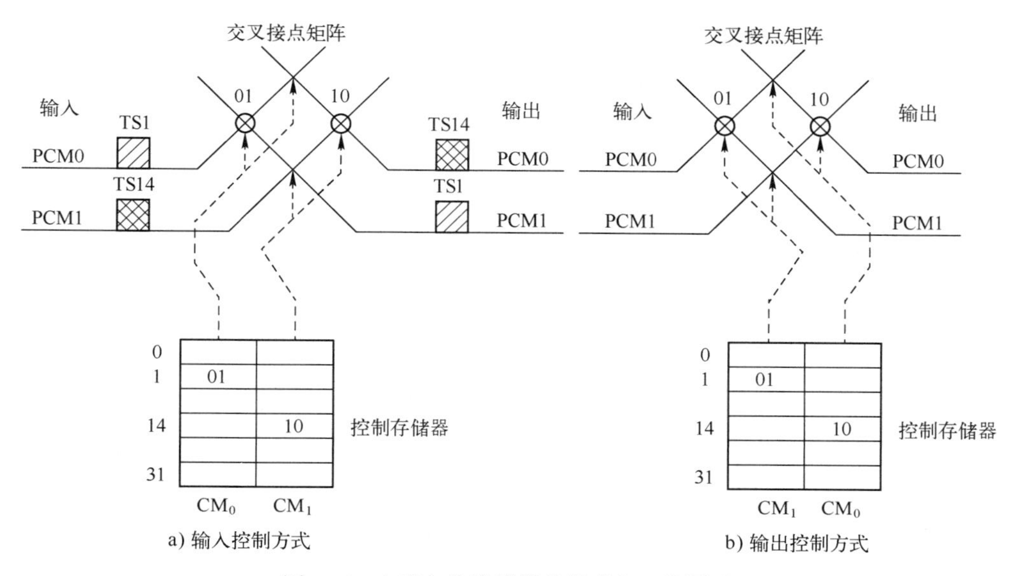

图 11-9　S 型空分接线器的组成和工作原理

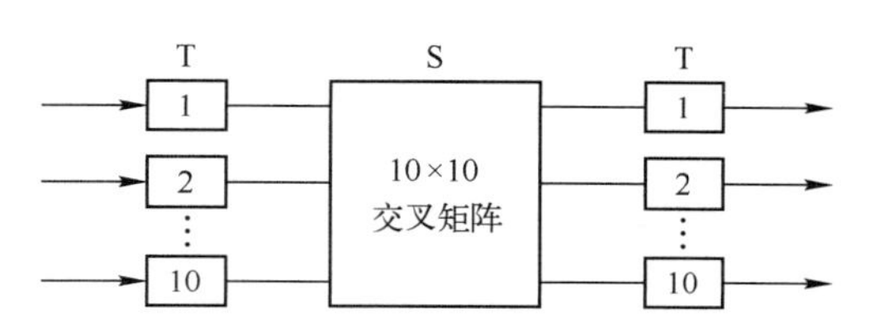

图 11-10　TST 三级网络结构示意图

图 11-11 是一个典型的 TST 三级交换网络的示例图。假定 PCM1 上的 TS2 与 PCM8 上的 TS31 需要进行交换，即两个时隙代表 A、B 两个用户通过 TST 交换网络建立连接，构成双方通话。由于数字交换采用四线制交换，因此需建立去话（A→B）和来话（B→A）两个方向的通话路由。交换过程如下：

（1）A→B 方向

即发话是 PCM1 上的 TS2，受话是 PCM8 上的 TS31。

PCM1 上的 TS2 把用户 A 的语音信息 a 顺序写入输入 T 接线器的语音存储器的 2 单元，交换机控制设备为此次接续寻找一空闲内部时隙，现假设找到的空闲内部时隙为 TS7，处理机控制语音存储器 2 单元的语音信息 a 在 TS7 读出，则 TS2 的语音信息交换到了 TS7，这样输入 T 接线器就完成了 TS2→TS7 的时隙交换。

S 接线器在 TS7 将入线 PCM1 和出线 PCM8 接通，使入线 PCM1 上的 TS7 交换到出线 PCM8 上。输出 T 接线器在控制存储器的控制下，将内部时隙 TS7 中语音信息写入其语音存储器的 31 单元，输出时在 TS31 时刻顺序读出，这样输出 T 接线器就完成了 TS7→TS31 的时隙交换。

（2）B→A 方向

即发话是 PCM8 上的 TS31，受话是 PCM8 上的 TS2。

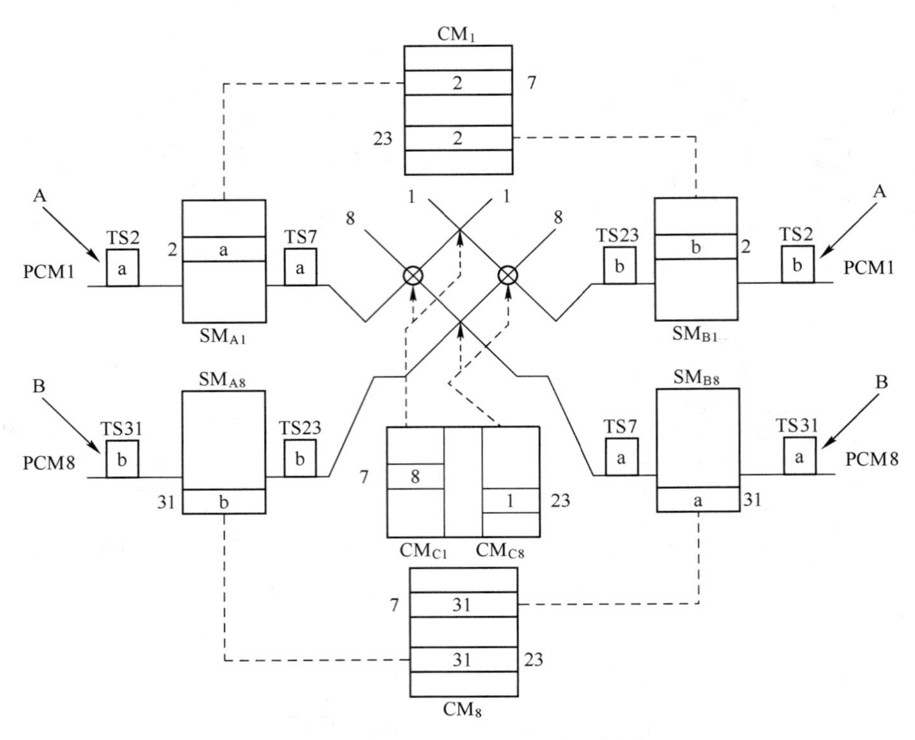

图 11-11 TST 三级交换网络示例图

PCM8 上的 TS31 把用户 B 的语音信息 b 顺序写入输入 T 接线器的语音存储器的 31 单元，交换机控制设备为此次接续寻找一空闲内部时隙，现假设找到的空闲内部时隙为 TS23，处理机控制语音存储器 31 单元的语音信息 b 在 TS23 读出，则 TS31 的语音信息交换到了 TS23，这样输入 T 接线器就完成了 TS31→TS23 的时隙交换。

S 接线器在 TS23 将入线 PCM8 和出线 PCM1 接通，使入线 PCM8 上的 TS23 交换到出线 PCM1 上。输出 T 接线器在控制存储器的控制下，将内部时隙 TS23 中语音信息 b 写入其语音存储器的 2 单元，输出时在 TS2 时刻顺序读出，这样输出 T 接线器就完成了 TS23→TS2 的时隙交换。当要求交换网络的规模更大时，可采用 T-S-S-T、T-S-S-S-T、S-T-S、S-S-T-S-S 等多级数字交换网络构成的数据交换机，能完成不同 PCM 线不同时隙的交换。

传统电路交换机将传输与交换、呼叫控制与业务应用功能结合在单个昂贵的交换设备中，是一个集成、封闭和厂商专用的系统，新业务的开发和部署也以专用设备和专用软件为载体，导致开发成本高、时间长，难以适应快速变化的市场环境和多样化的用户需求。软交换是下一代网络的核心技术，其思想是在电信网向下一代网络演进的过程中产生的，它充分吸取了电信网、智能网和 IP 技术的优点，采用开放式分层体系结构，不但实现了网络的融合，更重要的是实现了业务的融合，具有充分的优越性。以软交换为核心的典型交换系统结构如图 11-12 所示。

软交换独立于传送网络，主要完成呼叫控制、资源分配、协议处理、路由、认证、计费等主要功能，同时可以向用户提供现有电路交换机所能提供的所有业务，并向第三方提供业务编程能力。软交换打破了传统电路交换机的封闭结构，采用全新的模块化结构，将传送承载、呼叫控制和业务控制三大功能模块之间的接口打开，采用标准的通用协议，构成一个开放、分布式和适应多厂商的系统结构，便于运营商灵活选择最佳和最经济的组合来构建网络，加速新业务和新应用的开发和部署，推进语音、数据和多媒体业务的融合。

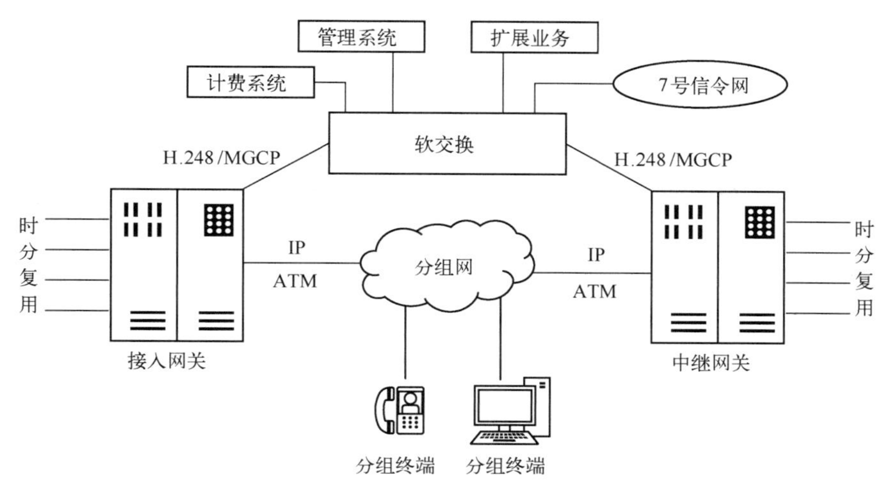

图 11-12　基于软交换的典型系统结构示意图

传统电路交换机的用户模块演变为接入网关，中继模块演变为中继网关，呼叫控制功能演变为软交换设备，设备内的时分交换网络演变为一个分组交换网，各部分之间采用标准的协议进行互通。

软交换是下一代网络 NGN 的控制功能实体，是下一代网络呼叫与控制的核心。NGN 是基于分组的网络，能够提供语音、视频、数据等多媒体综合业务，利用多种宽带能力和具有 QoS 保证技术。它采用开放、标准的体系结构，用户可自由接入到不同的业务提供商，并支持通用移动性，可融合固定和移动业务。基于软交换的 NGN 网络组成如图 11-13 所示。网络自下而上分成接入层、传送层、控制层和业务层，各层之间采用标准化接口。

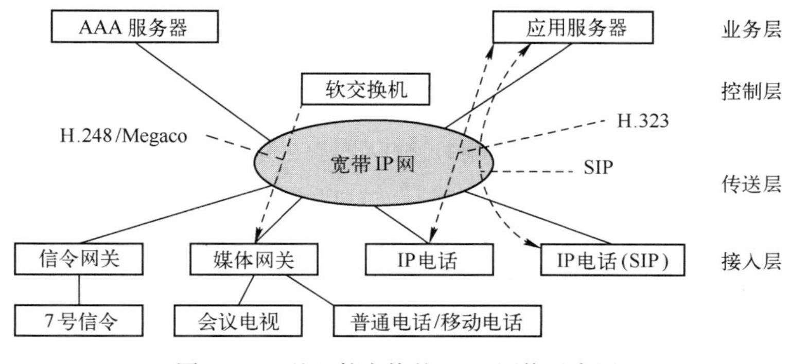

图 11-13　基于软交换的 NGN 网络示意图

接入层负责将各种不同的网络和终端接入分组核心网，将各种业务量进行集中，并利用公共的传送平台进行信息传送。通过各种接入手段将用户连接至网关，由网关接入传送层，实现不同用户的接入，并实现不同信息格式之间的转换。接入层设备不具有呼叫控制功能，必须和控制层设备相配合，才能完成所需要的操作。

传送层对各种不同业务和媒体流提供传送的公共平台，一般采用基于分组的传送方式。目前比较公认的传送网为 IP 骨干网。其他各层如业务层、控制层、接入层都直接挂接在 IP 骨干网上，在物理上都是 IP 骨干网的终端设备。这些设备之间的业务流和信令流都是通过 IP 进行传输的。

控制层完成呼叫控制、媒体接入控制、资源分配、协议处理、路由、认证、计费等功能。该层的主要实体为软交换机，有时也称作媒体网关控制器。软交换与媒体网关间的信令，可使用媒体网关控制协议 H. 248/Megaco，用于软交换对媒体网关的承载控制、资源控制及管理。软交换与 IP 设备间信令，可使用会话起始协议（SIP）或 H. 323 等。SIP 是一个独立于底层的、基于文本的应用层信令协议，用于建立、修改和终止 IP 网上双方或多方多媒体会话，实现基于分组网络的 SIP 终端的通信能力。H. 323 协议原是 ITU 为在局域网上开展多媒体通信制定的，其初衷是希望该协议用于多媒体会议系统，但目前却在 IP 电话领域得到广泛应用并被认为是在分组网上支持语音、图像和数据业务最成熟的协议。

业务层在呼叫控制的基础上向用户提供各种增值业务，同时提供业务和网络的管理功能。该层的主要功能实体包括应用服务器（Application Server，AS），特征服务器，策略服务器，认证、授权和计费服务器（Authentication，Authorization，Accounting，AAA），目录服务器，数据库服务器，业务控制点（SCP），网管及安全系统（提供安全保障）等。其中，应用服务器负责各种增值业务的逻辑产生和管理，并提供开放的应用编程接口（Application Programming Interface，API），为第三方业务的开发提供统一的创作平台；AAA 服务器负责提供接入认证和计费功能。

在软交换网络中，核心交换组网设备是软交换机或软交换服务器，提供传统的长途和本地业务，完成呼叫控制、信令处理、资源管理、计费、用户管理等功能。除了软交换机外，在边缘接入层还有许多软交换设备，综合接入设备、媒体网关、信令网关、SIP 终端与服务器是几种主要的软交换组网设备。

综合接入设备（Integrated Access Device，IAD）是适用于小企业和家庭用户的接入产品，可提供语音、数据、多媒体业务的综合接入，包括呼叫处理、资源管理、语音及分组语音处理、协议处理等功能。在网络侧，IAD 的接口类型可以是数字用户线路（Digital Subscriber Line，DSL）、10/100 M 以太网接口、1000 M 以太网（GE）接口等。在用户侧，IAD 的接口主要是 Z 接口（模拟用户接口）、10/100 M 以太网接口等。

媒体网关（Media Gateway，MG）是完成媒体流格式转换处理的设备。媒体网关不具备任何呼叫控制功能，只是按照控制层软交换机的指令执行操作。媒体网关只负责终接局间中继，并且按照来自媒体网关控制器的指令完成媒体流的处理。在软交换网络中，存在多种完成不同功能的媒体网关设备，如接入网关、中继网关、无线网关等。中继网关提供中继接入，可以与软交换机及信令网关配合替代传统电话 PSTN 的汇接/长途局。

信令网关（Signaling Gateway，SG）是 IP 传送网和 7 号信令网的边界设备。它可向/从

IP 设备发送/接收 7 号信令信息，并可管理多个网络之间的交互和互连，以便实现无缝集成。其实质就是为了实现 PSTN 端局与软交换设备之间的 7 号信令互通，实现信令承载层电路交换与 IP 分组交换的转换功能。

在软交换技术的组网应用中，根据接入方式的不同可分为窄带和宽带两类组网方案。窄带组网方案即利用软交换技术为 PSTN 窄带用户提供语音业务，具体包括长途/汇接和本地网两类方案；宽带组网方案即为宽带用户，主要为 DSL（数字用户线路）和以太网用户提供语音以及其他增值业务解决方案。

目前，国内外许多电信运营商都部署了商用的软交换网络，其技术也日趋成熟。从发展情况看，运营商在建设软交换网络时一般分三个步骤：第一步是利用软交换技术实现长途网的优化改造，如中国移动、中国电信等运营商已经建成了覆盖全国的长途软交换网，用于分流长途语音业务，并逐步将长途业务转向软交换网；第二步是利用软交换技术实现替代和新建本地网的功能，软交换的本地网应用已经成为新兴运营商竞争市场和传统运营商替换老化设备和进行网络扩容的重要手段；第三步是利用软交换技术提供新型增值业务。目前，许多电话交换设备供应商和数据设备供应商均推出了自己的软交换设备，国内厂商包括中兴、华为和大唐，国外厂商包括阿尔卡特、北方电讯、西门子、朗讯、Cisco、Sonus、UT 斯达康等公司。各厂商提供的软交换设备均遵从软交换技术的总体架构，只是在具体实现方式上存在着一些差异。

11.5 数字微波通信系统

11.5.1 数字微波通信简介

微波是指频率在 300 MHz～300 GHz（波长 1 m～0.1 mm）范围内的电磁波，是全部电磁波频谱的一个有限频段。根据微波传播的特点，可视其为平面波。平面波沿传播方向是没有电场和磁场纵向分量的，电场和磁场分量都是和传播方向垂直的，所以称为横电磁波，有时简称为电波，记为 TEM（Transverse Electric and Magnetic field）波。工业和天电干扰，太阳黑子对微波通信影响较小。另外，特长波和长波是地面波，地面波绕射能力非常强，几百千米都可以过去，用于无线和航行。再就是中波 MF，广播里都用，有绕射能力，但是没有长波的绕射能力强。短波 HF 不是地面波，它反射到电离层，电视在用 VHF、UHF 频段，UHF 算是微波频段（但我们并未称其为微波）。微波后面的是光波，光其实也是一种电磁波，所以也是一种电磁波通信。

数字微波通信是指利用微波（射频）携带数字信息，它是在微波频段通过地面视距及再生中继进行信息传播的一种无线通信手段。通常基带信号处理在中频完成，再通过频率变换到微波频段。微波的绕射能力很差，所以只能是视距通信，因此传输距离有限，如果我们要长距离的传输，就需要接力，一个站一个站接起来，所以叫微波中继通信，图 11-14 是微波系统组网示意图。微波网络的拓扑结构与光网络类似，常见的有环形、点到点线型、枢纽型等，如图 11-15 所示。

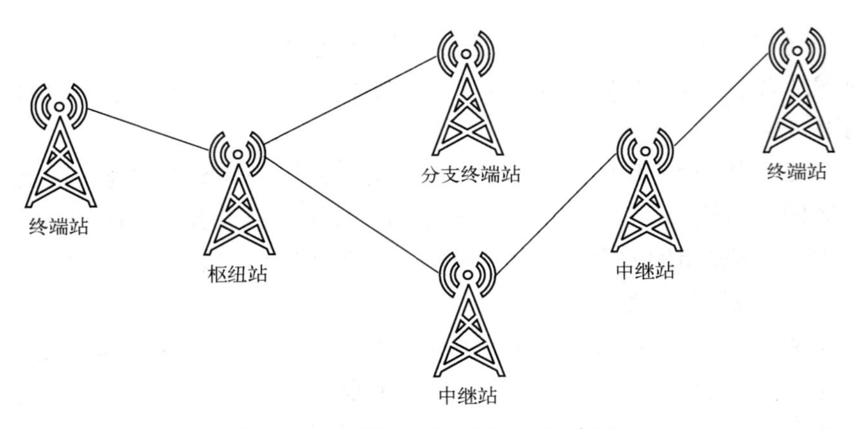

图 11-14　微波通信系统组成示意图

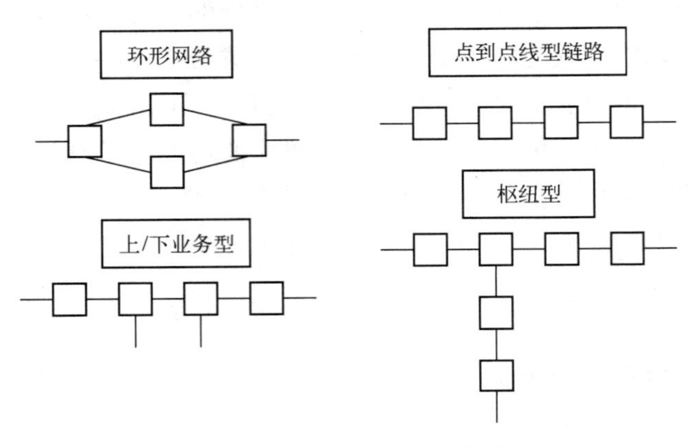

图 11-15　微波常见组网方式

微波站通常可分为终端站、中继站和枢纽站。终端站处于线路两端或分支线路终点，它只对一个方向收信和发信。终端站可以对上下所有的支路信号，并可以作为监控系统的几种监视站或主站。中继站处于线路中间，只完成微波信号的放大和转发，不上下话路信息，设备比较简单。枢纽站处于主干线上，完成数个方向的通信任务，也可以上下全部或部分支路信号。键控系统中，枢纽站一般作为主站。

11.5.2　我国数字微波通信系统的发展历史

微波通信技术问世已半个多世纪，最初的微波通信系统都是模拟制式的，它与当时的同轴电缆载波传输系统同为通信网长途传输干线的重要传输手段。我国的模拟微波通信技术的研究、开发、引进和应用始于 1958 年，有很长的历史。20 世纪 70 年代起研制出了中小容量（如 8 Mbit/s、34 Mbit/s）的数字微波通信系统，这是通信技术由模拟向数字发展的必然结果。20 世纪 80 年代后期，随着同步数字系列（SDH）在传输系统中的推广应用，出现了 N×155 Mbit/s 的 SDH 大容量数字微波通信系统。现在数字微波通信和光纤通信、卫星通信、移动通信是现代通信传输的主要手段。

准同步数字体系（PDH）是 20 世纪 60 年代由 ITU 的前身 CCITT 提出。我国于 20 世纪 60 年代末从国外引进了一条 1. 544 Mbit/s 的 PDH 微波设备。1979 年我国建设了第一条干线 PDH 微波电路（京汉电路，由电力部从国外引进）。1986 年我国自行研制了 4 GHz 的 34 Mbit/s PDH 微波系统，建于福建省福州市与厦门市之间。1987～1989 年原邮电部建设了京沪 6 GHz 的 140 Mbit/s PDH 微波电路。1992 年我国在湖北省武昌与阳逻之间自行研制了6 GHz 的 140 Mbit/s PDH 微波系统（国家“七五”科技攻关成果）。1995 年以后，由于移动覆盖的需要，中小容量的 PDH 微波得到了快速发展，一种安装及拆卸容易、小型化的分体设备逐渐取代了全室内设备。

同步数字体系（SDH）在国际上是从 1992 年发展起来的。我国第一条 SDH 微波电路是在 1995 年由吉林省广电厅负责引进并建造的，1995～1996 年原邮电部开始引进并建设 SDH 微波电路，1997 年我国自行研制的 6 GHz 的 SDH 微波电路（国家“九五”科技攻关成果）在山东通过鉴定验收，2000 年后信息产业部已原则上停建国家干线公网用 SDH 微波电路，我国专网，如广电、煤炭、石油、水利和天然气管道行业，由于行业的特点及自身的需求，已成为 SDH 微波建设的主力军。SDH 小型化分体微波设备也开始在移动、应急和城域网中应用。

11.5.3　数字微波通信的主要特点

在当今世界的通信革命中，微波通信仍是最有发展前景的通信手段之一。其主要特点为信号可以“再生”，便于数字程控交换机的连接以及采用大规模集成电路，保密性好，数字微波系统占用频带较宽，等等。此外，数字微波通信还具有传输容量大、长途传输质量稳定、建设周期短、投资少和易于维护等特点，受到各国的普遍重视。20 世纪 90 年代以来，随着电信传输技术的不断发展，同步数字体系（SDH）已成为新一代数字传输体制。SDH 具有传输容量大、组网灵活、长途传输质量高等优点，应用日益广泛，不仅可用于光纤传输系统，而且也大量应用于微波传输系统。现在，在数字微波传输网中 SDH 已逐步取代了准同步数字体系（PDH）。因此，虽然数字微波通信发展历史不长，却与光纤通信、卫星通信、移动通信一起被国际公认为最有发展前途的现代信息传输手段。

微波通信不仅应用于城市市区的固定节点或临时节点和馈送路由，而且也用于很长的长途路由。例如，俄罗斯的运营部门“俄罗斯电信”建设了一条总长度超过 8000 km 的 SDH 数字微波接力系统的长途路由，该网络利用现有的基础设施，总容量为 8 个射频波道(6 个主用波道+2 个保护波道)，每个波道承载 155 Mbit/s。再如，加拿大用光纤和微波一起组成传送网，以克服地理条件的困难。我国的大容量 SDH 微波电路首推 1998 年建设的京汉广干线微波，占用 2 个频段，按 2×2×(7+1)配置，总传输容量达 4.8 Gbit/s。在大城市和市区建设的数字节点和分配网络，数字微波常常是可以与光缆相比的唯一可选择方案。事实上，除了在大城市和小城镇内埋设地下电缆费用非常昂贵外，在闹市区开挖管道常常是很难得到批准的，这种情况在欧美发达国家表现尤为突出。据称，在欧美发达国家用于移动覆盖的传输中 80%～90%采用数字微波系统。

在世界上许多国家中，微波接力链路可能是穿越数千里林区、山区、大草原、沙漠、沼泽地和其他困难地域的唯一可用的大容量传输介质。而且，由于功率消耗相当低，应用太阳能电源已经成为在这种条件严酷的地区应用数字微波接力系统的一个重要因素。

由于微波电路不易被人为破坏，不易受自然灾害的影响，因此微波系统是组成我国通信网的不可缺少的组成部分，是保证通信网安全所不可缺少的。1976 年唐山大地震时，在京津之间的同轴电缆全部断裂的情况下，六个微波通道全部安然无恙。因而，只要仔细、合理地进行网络规划，以合适的信息容量覆盖所在区域，微波接力链路与其他现代传输介质一起将支持和补充光纤传送网。

但微波也存在着相应的缺点：需要具备视距传输条件，两站之间传输的距离不能很远；频率必须申请；通信质量受环境的影响较大；通信容量可以做到很大。

11.5.4 微波频段选择和射频波道配置

微波传输常用频段包括 7G/8G/11G/13G/15G/18G/23G/26G/32G/38G（由 ITU-R 建议规定）。各个频段的使用如图 11-16 所示。

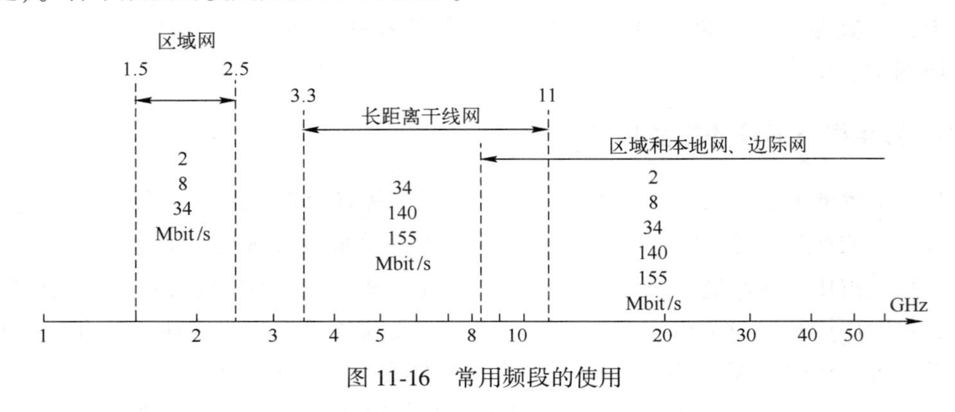

图 11-16 常用频段的使用

1）对于长站距的 PDH 微波电路（一般距离在 15 km 以外），通常建议采用 8 GHz 频段；若站距不超过 25 km，可考虑采用 11 GHz 频段，具体视当地的气候条件和微波传输断面而定。

2）对于短站距的 PDH 微波电路（一般用于接入层，距离在 10 km 以内），通常采用 11 GHz、13 GHz、14 GHz、15 GHz 和 18 GHz 频段。

3）对于长站距的 SDH 微波电路（一般距离在 15 km 以外），建议采用 5 GHz、6 GHz、7 GHz 和 8 GHz 频段；若站距不超过 20 km，也可考虑采用 11 GHz 频段，具体视当地的气候条件和微波传输断面而定。

7G、8G、11G、13G、15G、18G、23G 微波的频率资源国际上规定用于雷达，传输用的微波通常都在 4G 以上，2G 让给移动通信，以前微波通信用过 1.5G，后来 ITU-T 改让移动通信使用 2G，9G 用于气象雷达。

无线电资源是受管控的资源，光缆不受限制，微波频率是要申请的，但是有一段是不需要申请的，以前 1.8G、2.4G 作为扩频用，像微波炉，蓝牙等，可以在噪声里传播，但是现在干扰太大，2.4G 也不允许随便用了。

在微波每个频段中还定义了多种频率范围，收发间隔和波道间隔，如图 11-17 所示。其中波道间隔等同于波道带宽（空口带宽）。在采用某种频段时，中心频率、收发间隔和波道间隔都是有规定的，这可以在相应的频率规范中查找。

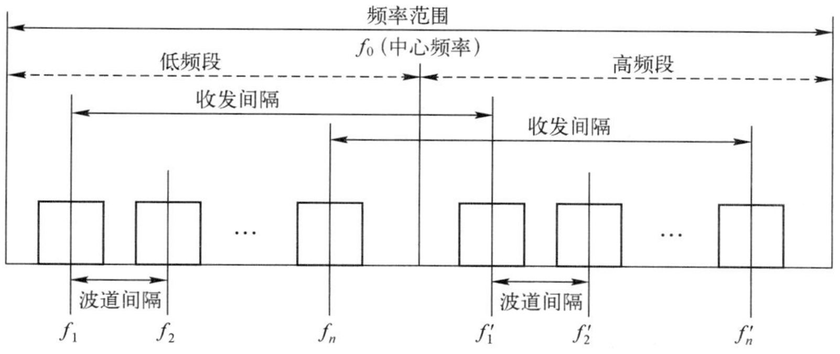

图 11-17　微波频段设置的几个简单概念

在决定采用某种微波频段之后，要进行射频波道的配置。射频波道配置就是将一特定的频段细分为许多更小的部分，以适应发射机所需要发射的频谱，这些被细分的部分我们称为“波道”。通常，任一波道都以波道配置的中心频率和一个序数来表征。波道频带宽度主要取决于所传送的信号的频谱，即取决于容量和所采用的调制方法。在进行射频波道配置时，所考虑的主要因素如下：

1）最有效地利用有限的射频频带。

2）在一个微波站上，发信频率和收信频率之间必须有足够的间隔，以防止发信机对收信机产生严重的干扰。

3）在多波道工作系统中，相邻波道之间必须有足够的频率间隔，以免相互之间产生干扰。

4）在所分配的频带边缘必须留有足够的保护带，以免干扰相邻频带上工作的系统。

5）大多数射频波道配置方案是以等间隔方案为基础。

TU-R F. 746-3“微波接力系统的射频波道配置”建议，应优先采用等间隔方案作为新的射频波道配置的基础。通常最基础的波道间隔为 2. 5 MHz 和 3. 5 MHz，采用这种波道间隔的数字微波系统分别支持北美和欧洲系列比特率。将会进一步细分到 1. 75 MHz 间隔，以便支持小容量移动覆盖中仅需 1E1 或 2E1 的传输需求。

11. 5. 5　数字微波通信系统模型

数字微波通信系统模型是一个比较典型的数字通信系统，如图 11-18 所示。其中发射端的信源是提供原始信号的装置，其输出是数字信号。信道编码是为了提高数字信号传输的可靠性。因为信道中不可避免地存在噪声和干扰，可能使传输的数字信号产生误码。为了在接收端能自动检查和纠正错误的码元，可在输入的数字系列中使用信道编码器，按照一定的规律加入一些附加的码元，并形成新的数字系列。在接收端，根据新的数字码元系列的规律性来检查接收信号有无误码。调制是将数字信号调制到频率较高的“载频”上去，以便适合无线信道传输。接收端的解调、信道译码等几个方框与发射端几个方框的功能是一一对应的反转换。

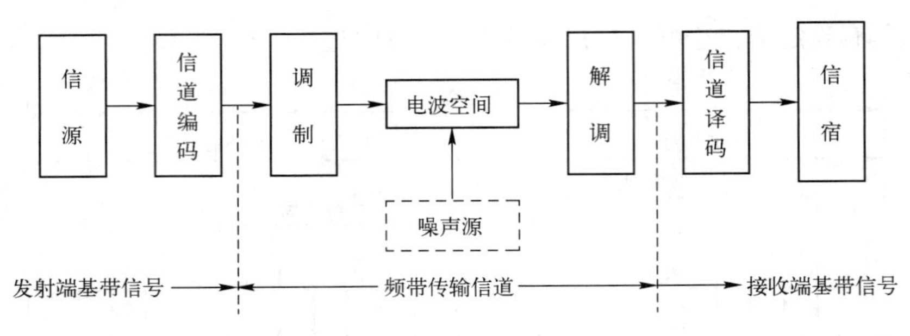

图 11-18　数字微波通信系统模型

11.5.6　数字微波的调制方式

由于未经调制的数字基带信号不能在无线微波信道中传输，所以必须将基带信号变换成频带信号的形式，即用基带信号对载波进行数字调制。调制之后得到的信号是中频信号（见图 11-19）。一般情况下，上行中频信号的频率是 350 MHz 或 850 MHz，下行中频信号的频率是 140 MHz 或 70 MHz。

要通过微波传输，还需通过上变频将其变为射频信号。上变频就是将中频信号与一个频率较高的本振信号进行混频的过程，然后取混频之后的上边带信号。下变频是上变频的逆过程，原理一样，只是取本振信号与微波信号的不同组合，取的是混频之后的下边带信号。本振信号频率轻微的漂移将引起发射信号和接收信号频率较大的漂移，因此它们的频率稳定度主要取决于本振信号的频率稳定度。数字微波调制的简单过程如图 11-19 所示。

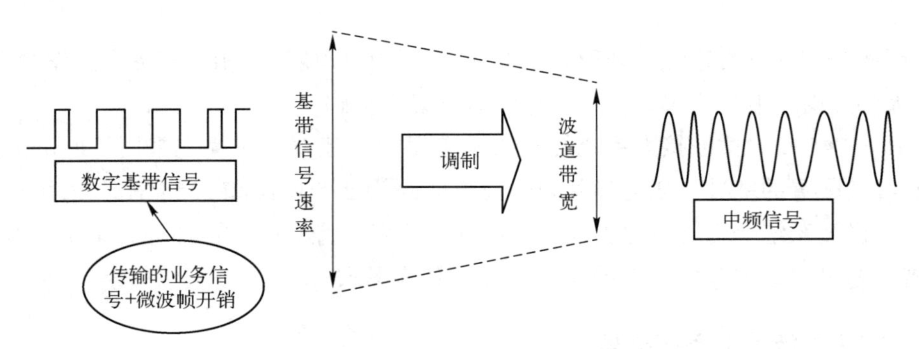

图 11-19　数字微波信号的调制过程

数字微波系统中常采用 PSK 和 QAM 调制，相移键控（PSK）是目前中小容量数字微波通信系统中采用的重要调制方式，它具有较好的抗干扰性能，并且这种调制方式比较简单，性价比较高。目前中小容量数字微波通信系统中采用较多的是四进制相移键控（4PSK 或 QPSK）的调制，典型的生产厂家有 NEC、爱立信和诺基亚等。频移键控（FSK）也是目前中小容量数字微波通信系统中采用的重要调制方式，但它的抗干扰性能和解码门限没有相移键控（PSK）好，同时它所占的微波带宽也较 PSK 调制大。目前中小容量数字微波通信系统中常采用四进制频移键接（4FSK）调制，典型的生产厂家有 DMC

（前美国数字微波公司）和哈里斯等。多进制正交振幅调制（MQAM）是在大容量数字微波通信系统中大量使用的一种载波键控方式。这种方式具有很高的频谱利用率，在调制进制数较高时，信号向量集的分布也比较合理，同时实现起来也较方便。

在 PDH 微波系统中主要采用 PSK 调制方式，4PSK（4QAM）及 8PSK，也有采用多进制正交振幅调制（MQAM）技术的，例如 16QAM。在 SDH 微波系统中，最广泛采用的是 MQAM 技术，常用有 32QAM、64QAM、128QAM 及 512QAM 等调制方式。QAM 调制的频带利用率比较高。表 11-1 为各种调制方式的高频信道频带利用率和标称的数字微波信道频带利用率的理论值。

表 11-1　几种常见的调制方式的信道频带利用率之比

调制方式	基带信道频带利用率	高频信道频带利用率	标称数字微波信道频带利用率
4FSK	2	<1	<2
4PSK	2	1	2
8PSK	2	1.5	3
16PSK	2	2	4
16QAM	2	2	4
64QAM	2	3	6

基带传输信号的频带利用率为复用设备的传输带宽（$2F_B$）与基带信号（$0-F_B$）的带宽之比。对于二进制数字信号，基带传输信道的频带利用率为 $2F_B/F_B=2$（bit/s/Hz）高频信道，“基带信号”为经过调制后的双边带信号。在实际工作中，由于基带传输信道不会是理想的矩形，因此信道带宽应适当放宽，标称数字微波信道利用率比理论值要小些。

11.5.7　数字微波系统的应用

数字微波的主要应用领域有以下几个方面：

1）移动基站回程传输。野外的移动基站在接收无线信号之后，要将信号回传到基站控制器（BSC）以进入核心网进行传输，这个过程就叫作移动基站的回程传输。

2）光网络补网。在传输光网络和 BSC 之间，由于地理位置等其他原因，不便于铺设光缆，则需要采用微波传输的方式。

3）重要链路备份。在两个主要传输站点之间，为了在光缆断裂的情况下将对信息传输的影响降到最低点，将微波传输作为光传输的一种备份。

4）企业专网。由于某些特殊行业的限制，比如石油传输管道，或者电视信号在野外的中继，由于条件限制，不能铺设光缆，则需要采用微波传输。

5）大客户接入。在大的企业集团的总部和分支机构之间，由于成本限制，不可能大面积的铺设光缆，则需要采用微波传输。

在宽带无线接入的组网中，应根据实际需要选择拓扑结构。基于 PMP 的点到多点的拓扑结构，传统且常用，网络形式可能会是环网，非常类似于环形光网络中的中心站和端点站的关系。基于 TDM/IP 微波环网的拓扑结构，新型且有效。这两种结构各有特点，各自有其应用的环境，可以互为补充。

目前，移动基站回程传输是运用得比较多的。这是因为随着大规模的4G网络的运行，会出现许多新的问题。一方面，从4G网络覆盖的广度考虑，由于4G基站的覆盖范围要小于3G基站，因此4G网络中LTE站点将更加密集。其中，为了满足4G网络连续覆盖，将需要在现有站点的4G覆盖盲区中新建站点，而在部分新建站点中，光纤资源短缺。尤其是在超大城市（如北京、上海、广州等）中，光纤部署的进度和困难程度都无法满足网络建设的要求，移动回程网络资源面临着巨大的压力和挑战。另一方面，从4G网络覆盖的深度考虑，对于数据热点区域和覆盖边缘区域，为了改善用户的感知和体验，基于宏基站下的Small Cell小站将在下一阶段4G建设中更加广泛的部署。Small Cell小站的部署将更加灵活、覆盖范围更小、部署密度更大，这种回传方案也对网络建设提出了新的挑战。现在国内运营商已经将微波传输解决方案正式投入4G网络的建设中。微波传输产品作为移动回程传输的重要解决方案，由于其结构紧凑、部署灵活、安装快速、维护简单等特点，在全球运营商的网络中得到广泛的部署。

目前在3G和4G网络中应用的微波主要以分组微波产品为主。得益于芯片工艺和系统技术的发展，以及更加开放的频率政策和资源，分组微波产品的传输容量已经大大超过了上一代TDM微波产品。目前先进的微波产品调制解调模式已经可以最高支持到2048QAM，相比于传统TDM微波最高256QAM的调制方式，频谱利用效率提高了40%。另外，在传统频段开放使用的56 MHz或更大的频率带宽和近期运营商关注的E-band频段（80 GHz），使微波产品的传输容量进一步提升。由于E-band频段丰富和干净的频谱资源，可以通过分配更大的带宽（例如250 MHz~1.25 GHz）实现超大的空口业务传输容量，又如在E-band频段、256QAM调制方式和500 MHz带宽条件下，最大可实现3.2 Gbit/s的空口业务传输容量。

针对4G移动网络的业务特点，微波传输设备通过自适应调制解调接收对抗传输过程中的各种衰落，在传输环境和条件恶化的时候，通过调制解调方式的变化来改变微波系统的性能，从而保证业务的正常传输。调制解调变化而引起的带宽变化，通过微波系统的QoS功能，实现对不同优先级业务的分类处理。微波设备内部有8个级别的QoS机制，包括分类、调度、整形、冲突避免机制等可以实现对4G业务更加精细和灵活的处理。通过对内部每个业务队列长度的调整，可以根据不同业务的类型和性质，优化业务传输的时延和吞吐量。

随着近年来LTE网络在全球的大量部署，以及数字微波多样化的产品、先进的技术和功能稳定的系统性能、简单紧凑的结构和超低的功耗、强大的环境适应能力、部署快速安装方便，使微波产品在移动传输网络建设过程中作为重要的传输手段受到运营商普遍的重视。在国内4G/5G建设过程中，微波产品也将日益发挥重要的作用，为各运营商的网络建设提供更多的选择并提高网络建设的效率。

11.6 移动通信系统

移动通信是移动体之间或移动体与固定体之间的通信。移动体包括人、汽车、火车、船、飞机、航天器等。移动通信的主要特点包括移动性、电波传播条件复杂、噪声和干扰严重、系统和网络结构复杂、要求频带利用率高和设备性能好等。使用模拟传输信号的移动通信称为模拟移动通信。为了提高通信质量和服务性能，增加系统容量，目前都采用数字移动通信系统。

11.6.1　移动通信发展简述

第一代移动通信系统（简称 1G）是模拟通信系统，空中接入方式为频分多址（FDMA）接入方式。由于传输的信号是模拟信号，具有传输频谱效率低、网络容量有限、保密性差等缺点。典型的 1G 系统有美国的 AMPS 和欧洲的 TACS 等。

第二代移动通信系统（2G）是一种数字蜂窝移动通信系统。典型的 2G 系统有欧洲的 GSM 系统，采用时分多址（TDMA）接入技术；美国的 IS-95 系统采用码分多址（CDMA）接入技术，即使用相互正交的地址码来完成对用户的识别。2G 系统的传输数据为数字语音和数字数据信号，因此具有频谱利用率高、容量大、可提供多种综合业务、可采用多种先进的数字技术、保密性好等特点，但数据传输率不高，通常在 9.6 bit/s～32 kbit/s 之间。

第 2.5 代移动通信系统（2.5G）是在第二代移动通信系统的基础上，通过增加网络和数据业务的协议，加强了数据传输能力，提高了数据传输速度。但由于它是基于第二代系统的，因而无法从根本上提高系统容量和频谱效率。其主要代表有欧洲的 GPRS（General Packet Radio Service）和美国的 CDMA2000-1x 系统等。

第三代移动通信系统（3G）是一种能够将移动通信与国际互联网等多媒体通信结合起来的新一代通信系统。其主要技术标准有欧洲的 WCDMA、北美的 CDMA2000 和中国的 TD-SCDMA 等。其主要技术特点是频谱利用率高、服务质量好和数据传输率高（室内至少 2 Mbit/s、室外步行至少 384 kbit/s、车速环境至少 144 kbit/s）、支持多媒体业务传输、支持上下行链路数据传输速率的不对称需求、易于从第二代系统过渡、支持全球无缝漫游。

第四代移动通信系统（4G）是数字移动通信系统的进一步的演进。典型系统包括 LTE（Long Term Evolution）、UMB（Ultra Mobile Broadband）等。支持 100 Mbit/s 以上传输速率的蜂窝系统和高达 1 Gbit/s 以上速率的漫游/本地无线接入系统等。LTE 的主要目标是在 20 MHz 下行信道的峰值数据传输速率可达 50 Mbit/s（2.5 bit/s · Hz）。UMB 是 CDMA2000 系列标准的演进升级版本，每传输信道可升级至 20 MHz 的带宽，可在现有或新分配的频段中部署。表 11-2 给出了移动通信发展经历的典型技术和系统的对比。

表 11-2　移动通信技术发展历程

发展历程	特　征	典型代表
第一代（1G）	模拟蜂窝系统、FDMA 接入方式	AMPS 和 TACS
第二代（2G）	数字蜂窝系统、TDMA/CDMA 接入方式	GSM
第 2.5 代（2.5G）	增强的数据传输能力	GPRS、CDMA2000-1x

（续）

发展历程	特　征	典型代表
第三代（3G）	全球漫游、高质量多媒体业务、系统容量和管理能力以及保密性等大大改善	WCDMA、CDMA2000、TD-SCDMA
第四代（4G）	高速率、支持各种数据及语音业务、全IP、多协议、新技术	LTE、UMB、802.16m
第五代（5G）	Gbit/s的标准，高频传输技术，可满足高清视频，虚拟现实等大数据量传输以及自动驾驶、远程医疗、物联网等实时应用	IMT-2020

5G网络通信技术是当前世界上最先进的一种网络通信技术之一。5G的性能目标是高数据速率、减少延迟、节省能源、降低成本、提高系统容量和大规模设备连接，高频传输技术是5G网络通信技术的核心技术。5G网络的主要优势在于数据传输速率远远高于以前的蜂窝网络，可达10 Gbit/s以上，比先前的4G LTE蜂窝网络快100倍。另一个优点是较低的网络延迟（更快的响应时间），低于1 ms，而4G为30~70 ms。由于数据传输更快，5G网络将不仅仅为手机提供服务，而且还将成为一般性的家庭和办公网络，与有线网络竞争。不仅如此，5G网络通信技术在传输的稳定性上也有突出的进步。5G网络通信技术应用在不同的场景中都能进行很稳定的传输，可以适应多种复杂的场景，不会因为工作环境的场景复杂而造成传输时间过长或者传输不稳定的情况，会大大提高工作人员的工作效率。低频传输的资源越来越紧张，而5G网络通信技术的运行需要更大的频率带宽。

11.6.2　GSM网络

GSM数字移动通信系统主要由移动交换子系统（MSS）和基站子系统（BSS）两大部分组成。其系统的体系结构如图11-20所示。移动台（MS）可以是手机或车载台，每个MS有唯一的设备识别码。所有的GSM移动台无法独立工作，需配上某一移动通信运营商提供的用户识别卡（SIM）才能正常工作。每片SIM卡拥有唯一的GSM移动用户标识号与移动用户识别码。基站子系统（BSS）包括基站控制器（BSC）和基站收发信设备（BTS），一个BSC可控制多个BTS，通常一个BSC管辖的区称为一个位置区。移动交换子系统（MSS）包括移动业务交换中心（MSC）、归属位置寄存器（HLR）、访问位置寄存器（VLR）、鉴权中心（AUC）和设备识别寄存器（EIR）等。

移动设备通过基站（BTS）上的空中接口连接到网络上，多个基站通过基站控制器（BSC）接入到骨干网中。GSM网络使用两级数据库体系结构完成移动性及安全性管理。访问位置寄存器（VLR）是位于服务移动设备区域的一个数据库，保存了移动设备的临时资料。归属位置寄存器（HLR）位于移动设备的家乡网络，其永久拥有移动设备资料的副本并且有一个指针指向移动设备当前的访问位置寄存器。当一个用户在不同的访问位置寄存器覆盖区移动时，它将新的访问位置寄存器注册到自己的归属位置寄存器中。此外，归属位置寄存器和鉴权中心及访问位置寄存器相互作用，来决定是否给移动设备提供服务。

移动业务交换中心（MSC）是移动通信网络的业务节点设备，它具有面向其他功能实体（如BSS、HLR、AUC、EIR和OMC等）和面向固定网络（如PSTN、ISDN和PDN等）的各种接口。它提供交换功能，即当一个移动用户呼叫另一个移动用户或固定用户，或反之时，MSC 与 BSC 一起完成对传输链路的选路与连接功能。移动本地网中设有一个或多个 MSC，当有多个 MSC 时，可指定其中的一个或两个 MSC 为关口 MSC（GMSC）。移动本地网中各 MSC 通过 GMSC 与 PSTN、ISDN 以及 PLMN（公共陆地移动通信网）等公网相连接。

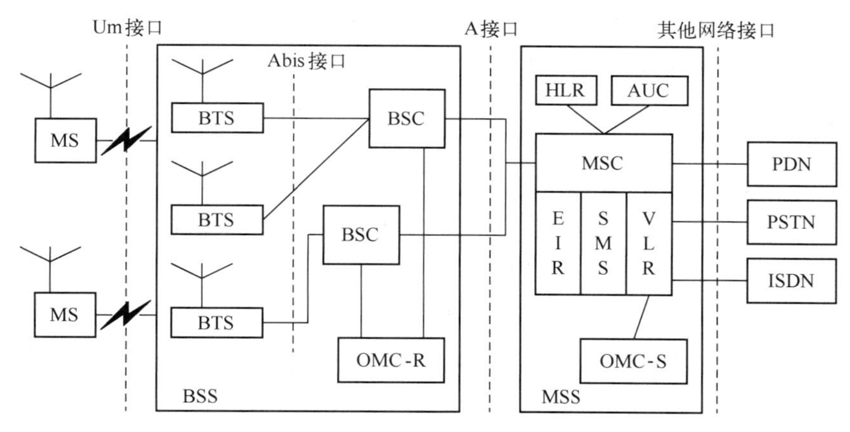

图 11-20　GSM 系统网络结构示意图

访问位置寄存器（VLR）和 MSC 一一对应，并处在同一物理实体之中。VLR 用来暂存其管辖区内所有服务的用户数据，暂存数据来自 HLR 和 BSC，包括移动用户识别、MS 所处位置区识别及业务、登记和鉴权等信息。当 MS 进入某一 MSC/VLR 业务区或在某一业务区开机申请位置登记时，接受登记的 VLR 将该 MS 的用户识别号和 VLR 识别号送其归属的 HLR，若是合法用户，则 VLR 从归属的 HLR 获取其用户数据并暂存在 VLR 中。当此 MS 被呼叫时，被呼 MS 归属的 HLR 要求该 VLR 给被呼 MS 分配一漫游号并送入 HLR 中暂存（如某一漫游号为 13x00M1M2M3ABC，其中的 x00M1M2M3 部分唯一地决定了被呼 MS 所在的移动本地网及所属的 MSC）。主呼 MS 所在的 MSC 可将被呼 MS 归属的 HLR 中暂存的被呼 MS 漫游号作为该次呼叫路由选择的依据。

归属位置寄存器（HLR）是移动运营商用于管理移动用户的数据库，一个移动本地网一般设有一个或两个 HLR。每个移动用户均应在某一 HLR 进行注册登记，如某一 MS 移动用户识别码中的 H0H1H2H3 即为其归属 HLR 的代码。HLR 主要存储两类信息：一是移动用户的静态数据，如用户类别、用户识别号码、访问能力和补充业务等信息；二是当前的位置信息，即包含当前该 MS 所在的 VLR 识别号和在接续期间暂存的被呼 MS 漫游号。

设备识别寄存器（EIR）用于防止非法使用盗窃的或没有入网许可证的移动设备进网使用，它存储了有关移动设备身份和黑名单的数据库，根据 MS 开机时发出的设备识别码完成对移动设备的识别、监视和闭锁等功能。鉴权中心（AUC）是网络对移动用户合法性的检查实体。可在移动用户始呼、被呼和位置更新时对用户实施鉴权，并对鉴权数据更新，以保障用户的合法权益。公共陆地移动通信网（PLMN）设有各级操作维护中心（OMC），用来对设备与网络的运行进行管理。

与第一代系统相比，GSM 网络的主要特点有：

1）频谱效率高。这是因为 GSM 采用了高效调制解调器、信道编码、交织、均衡和语音编码技术。

2）容量较高。由于每个信道传输的带宽增加（GSM 信道带宽为 200 kHz，模拟信道约为 25 kHz），使得同频复用载干比（载波信号强度/干扰信号强度）要求降低至 9 dB，故 GSM 系统的同频复用模式可以缩小到 4/12 或 3/9 甚至更小（模拟系统为 7/21）。加上半速率语音编码的引入和自动话务分配以减少越区切换的次数，使 GSM 系统的容量效率（每兆赫每小区的信道数）比第一代的 TACS 系统高 3~5 倍。

3）语音质量好。鉴于数字传输技术的特点以及 GSM 规范中有关空中接口和语音编码的定义，在门限值以上时，语音质量总是达到相同的水平，与无线传输质量无关。

4）开放的接口。GSM 标准所提供的开放性接口不仅限于空中接口，而且网络之间及网络中各实体之间可有诸如 A 接口和 Abis 接口等。

5）安全性高。通过鉴权、加密和 TMSI 号码的使用，达到安全的目的。鉴权用来验证用户的入网权利，加密用于空中接口，由 SIM 卡和网络 AUC 的密钥决定。TMSI 是一个由业务网络给用户指定的临时识别号，以防止有人跟踪而泄露其地理位置。

6）与 ISDN 和 PSTN 等网络互连。与其他网络互连通常利用现有的接口，如 ISUP 和 TUP 等。

7）在 SIM 卡的基础上实现漫游。漫游是移动通信的重要特征，它标志着用户可以从一个网络进入另一个网络。GSM 系统可以提供全球漫游，当然也需要网络运营商之间的某些协议，例如计费等。在 GSM 系统中，漫游是在 SIM 卡识别号以及被称为 IMSI 的国际移动用户识别号的基础上实现的，这意味着用户不必带着终端设备而只需带着 SIM 卡进入其他国家即可。即终端设备可以更换，但用户号码和计费账号都可不变（这与第一代系统不同）。

11.6.3 3G 网络

通信产业是典型的网络产业，该产业的技术进步具有典型的网络特性。第三代移动通信技术（3G）比 2G 主要在实现移动网络分组化、提升网络业务实现能力和增值空间方面得到了很大提高。通过更先进的无线技术，为终端用户提供 2 Mbit/s 的高速接入，使无线用户能够体验到和固定网络用户带宽一样的宽带感受。正是这种分组化和高速接入的特性，使 3G 对承载网特别是传输网的要求和 2G 网络有较大的不同，可以支持更多的新业务。根据对 3G 网络业务和市场的细分，下列数据业务成为 3G 网络新业务发展的重点：

1）移动多媒体短信息。无论是在中国还是国外的 2G 网络中，短消息都已经成为语音业务后发展最快的业务。3G 网络会突破纯文本短信息的方式，发展为图像、多媒体与文本相结合的短消息业务，这需要协调加大短信息的信息容量，同时需要开发丰富的供下载的数据库。

2）移动 E-mail。E-mail 是最实用、最受欢迎的移动数据业务，因为一般移动用户也是互联网电子邮件的用户，而移动 E-mail 的快速、便捷也会让电子邮件的用户成为未来潜在的移动用户。另外，对很多消费者而言，移动 E-mail 也许是他们接触并使用的第一个真正的移动数据业务，它直接影响用户对移动数据业务消费的习惯。

3）娱乐业务。移动娱乐业务是拉动整个移动产业发展的最重要的引擎之一。MP3 下载、手机游戏、卡通贺卡、幽默内容和时尚信息等服务项目，可以由具有丰富数据和服务功能的主题网站或门户网站提供，这部分业务成为移动业务利润最高的业务。

4）高端数据业务。针对大客户和高端用户的电子商务、移动局域网和移动登录等高端业务，具有消费稳定、未来发展潜力广阔的前景。

除了分组化之外，3G 移动网络在用户分布和基站流量等方面也有着和 2G 网络不同的特征，包括动态性和突发性的特征更加明显，以及对传输网络的要求更高等。智能光网络作为下一代光网络中最重要的技术之一，在电路连接和无阻塞交叉处理的基础之上，有机地融入动态路由控制，使传输网络从静态到动态，为 3G 移动网的发展提供了有力的保障。

在 3G 网络中，核心网承载 IP 化是一个重要特征，在 3G 核心网相关的长途干线网和城域交换中心之间，IPRouter + WDM 为 3G 提供充分的带宽、路由和交换能力。而多业务传送平台 MSTP 作为硬件平台，提供丰富的 ATM、IP 分组化处理能力，适应 3G 网络基站接入业务需求。智能光网络和 MSTP 的有机结合，实现了基于软件的控制平面和基于硬件的多业务传送平台的“软硬结合”，组成了 3G 基站接入网的传输方案。

不仅仅是在 3G 移动网领域，光网络技术向多业务、智能化和波长调度方向发展已经成为不争的事实，甚至多业务、智能化的光网络技术在大量的业务网中也已经得到了应用。可以预想，在未来包括 3G 在内的各种业务网中，传输网将更加适应业务网的各种需求。

3G 网络主要有三个标准。第一个是 TD-SCDMA（Time-Division Synchronous Code Division Multiple Access）是由中国电信科学研究院与德国西门子公司联合研发的，是 ITU 正式发布的第三代移动通信空间接口技术规范之一，得到了 CWTS（中国无线通信标准研究组）及 3GPP（第三代合作计划）的全面支持。TD-SCDMA 集 CDMA、TDMA 和 FDMA 技术优势于一体，是一种系统容量大、频谱利用率高和抗干扰能力强的移动通信技术。其主要技术特点是采用了同步码分多址技术、智能天线技术和软件无线电技术以及时分复用双工模式，载波带宽为 1.6 MHz。

TD-SCDMA 所呈现的先进的移动无线系统是针对所有无线环境下对称和非对称的 3G 业务所设计的，它运行在不成对的射频频谱上。其传输方向的时域自适应资源分配可取得独立于对称业务负载关系频谱分配的最佳利用率。因此，TD-SCDMA 通过最佳自适应资源的分配和最佳频谱效率，可支持速率从 8 kbit/s ~ 2 Mbit/s 的语音和互联网等所有的 3G 业务。

在 3G 移动通信网络中，TD-SCDMA 需要大约 400 MHz 的频谱资源，采用时分复用不需要成对的频率，能节省目前紧张的频谱资源，而且设备成本相对较低，特别对上下行通信不对称和不同传输速率的数据业务而言，时分复用更能凸显其优越性。TD-SCDMA 采用的独特智能天线技术，能显著提高系统的容量，而且可以降低基站的发射功率，减少干扰。TD-SCDMA 软件无线电技术能利用软件修改硬件，在设计和测试方面非常方便，不同系统间的兼容性也易于实现。但是，TD-SCDMAD 的成熟性欠缺，且在抗衰减和终端用户的移动速度方面也有一定的不足。

宽带码分多址（Wideband Code Division Multiple Access，WCDMA）移动通信系统源于欧洲和日本技术的融合，采用直接序列扩频模式，载波带宽为 5 MHz，数据传输速率可达 2 Mbit/s（室内）和 384 kbit/s（步行）。WCDMA 采用码分多址复用的双工传输模式，它继承了第二代移动通信体制 GSM 标准化程度高和开放性好的特点，与 GSM 网络具有良好的兼容性和互操作性，因此 GSM 的广泛采用为其系统升级带来了很大的便利和优势。WCDMA 标准化进展顺利，它支持高速数据传输和可变速数据传输，支持异步和同步的基站运行方式，组网方便、灵活。调制方式采用上行 BPSK、下行 QPSK，导频辅助的相干解调方式，适应多种速率的传输，同时对多速率和多媒体的业务可通过改变扩频比和多码并行传送的方式来实现。上、下行快速高效的功率控制大大减少了系统的多址干扰，提高了系统容量，同时也降低了传输的功率。另外，WCDMA 采用异步传送模式的微信元传输协议，能够允许在一条线路上传送更多的语音呼叫，呼叫数由原先的 30 个提高到 300 个，在人口密集的地区线路不容易发生拥塞。WCDMA 还采用了自适应天线和微小区技术，提高了系统的容量。

CDMA2000（Code Division Multiple Access 2000）是由美国高通公司提出的，摩托罗拉、朗讯和后来加入的韩国三星都有参与。目前使用 CDMA 的国家和地区主要有日本、韩国、北美和中国。所以相对于 WCDMA 来说，CDMA2000 的适用范围要小一些，使用者和支持者也少一些。CDMA2000 标准的主要特点是沿用了基于美国国家标准协会 ANSI-41D 的核心网，采用多载波方式，载波带宽为 1.25 MHz，在无线接入网和核心网增加支持分组业务的网络实体。

CDMA2000 是从 CDMA 1x 蜕变进化出来支援 3G 的一种制式，它能够简单和有效地由 CDMA 1x 过渡到 3G 进程。即 CDMA2000 的发展共分两个阶段：第一阶段的数据传输率为 144 kbit/s，第二阶段的数据速率则提高到 2 Mbit/s，此时 CDMA2000 开始支持移动多媒体服务。CDMA2000 和 WCDMA 在原理上没有本质区别，都起源于 CDMA 技术，但 CDMA2000 实现了对 CDMA 系统的完全兼容，为技术的成熟性和可靠性带来了保障，同时也使 CDMA2000 成为从第二代向第三代移动通信过渡最平滑的选择，但 CDMA2000 对频率资源有很大的浪费。表 11-3 给出了中国三大运营商采用的 3G 技术和指标对比。

表 11-3　中国三大运营商 3G 网络总体对比

类别	运营商	当前技术种类	具体技术及宽带
TD-SCDMA	中国移动	TD-SCDMA+HSDPA	TD-HSDPA，下行 3.6 Mbit/s，上行 384 kbit/s
WCDMA	中国联通	WCDMA+HSPA	HSUPA，下行 25 Mbit/s，上行 5 Mbit/s
CDMA2000	中国电信	CDMA2000+EVDO+WiFi	EVDO Rev. A，下行 73.5 Mbit/s，上行 27 Mbit/s

3G 相比 2G 虽然技术领先，在移动带宽上是 2G 的几十倍，但由于智能手机的爆发性发展，人们需要更快的移动网络。因此，在 3G 刚迎来春天的时候，4G 就到来了，可以说 3G 是使用时长最短的一代移动通信系统（尤其是中国的 TD-SCDMA 系统）。

11.6.4 LTE与4G网络

4G标准化过程有两个备选方案，一个是由第三代合作计划（3rd Generation Partnership Project，3GPP）开发的LTE（Long Term Evolution，长期演进），另一个则是来自IEEE802.16委员会的WiMAX（微波接入全球互通），这是一个支持高速固定无线通信的标准。LTE开始于2004年3GPP的多伦多会议，早期LTE并非人们普遍以为的4G技术，而是介于3G和4G技术之间的一个过渡网络，是3.5G的全球标准，它改进并增强了3G的空中接入技术，采用OFDM和MIMO作为其无线网络演进的唯一标准，在20 MHz频谱带宽下，LTE能够提供下行326 Mbit/s与上行86 Mbit/s的峰值速率，改善了小区边缘用户的性能，提高了小区容量并降低了系统延迟。LTE因其高速率、低时延等优点，得到世界各主流通信设备厂商和运营商的广泛关注，并已逐步开始大规模商用。

LTE的系统架构如图11-21所示，其总体结构在TS36.300/401中也有描述。E-UTRAN为演进通用陆地无线接入网，由eNodeB（eNB，LTE基站）构成，相邻eNodeB之间通过X2接口实现Mesh连接，这种设计相当于拉近了网络和用户的距离，使网络对用户来说更近、更快、更简单和更透明，也符合4G扁平网络架构的要求。每个eNB又和演进型分组核心网（Evolved Packet Core，EPC）通过S1接口相连。EPC以IP为中心，既承载语音也承载数据（3G核心网并存两个子域结构），它主要包括移动管理实体（MME）、服务网关（SGW）、分组数据网关（PGW）等设备。其中MME主要负责管理用户终端访问网络和资源控制，包括用户标识、身份认证和鉴权等。SGW主要处理与用户终端发送和接收的IP数据包，是无线电端与EPC之间的连接点。可以通过SGW将分组从一个eNB路由到另一个区域的eNB，也可以通过PGW路由到外部网络，例如因特网。PGW是EPC与外部IP网络之间的连接点，主要功能包括路由、IP地址/IP前缀分配、政策控制、过滤数据包、传输层数据包标记、跨运营商计费以及访问非3GPP网络等。LTE取消了3G系统中的重要网元RNC（无线网络控制器），eNB除了具有原来的NodeB（3G系统基站）功能外，还承担了原来的无线网络控制器（RNC）功能，包括物理层功能（混合自动重传请求HARQ等）、MAC层功能（自动重传请求ARQ等）、调度、无线接入许可控制、接入移动性管理以及小区间的无线资源管理功能等。接入网主要由演进型eNodeB和接入网关（aGW）构成，这种结构类似于典型的IP宽带网络结构。与3G系统的网络架构相比，LTE网络架构中节点数量减少，网络架构更加趋于扁平化，可降低呼叫延时以及用户数据的传输时延，也会带来运维成本的降低。

3GPP LTE接入网在能够有效支持新的物理层传输技术的同时，还需要满足低时延、低复杂度和低成本要求。3GPP无线接入网RAN1工作组专门负责物理层传输技术的甄选、评估和标准制定。他们在对各公司提交的候选方案进行征集后，确定了以正交频分多路复用（OFDM）作为物理层基本传输技术的方案。OFDM技术是LTE系统的技术基础和主要特点，OFDM系统参数的设定对整个系统的性能会产生决定性的影响，其中载波间隔又是OFDM系统最基本的参数。经过理论分析与仿真比较，最终确定为15 kHz，上下行的最小资源块为375 kHz，也就是25个子载波宽度，数据到资源块的映射方式可采用集中或离散方式。循环前缀（Cyclic Prefix，CP）的长度决定了OFDM系统的抗多径能力和覆盖能力。短CP方案为基本选项，长的CP有利于克服多径干扰，支持LTE大范围小区覆盖和多小区广播业务，系统可根据具体场景选择采用长短两套循环前缀方案。

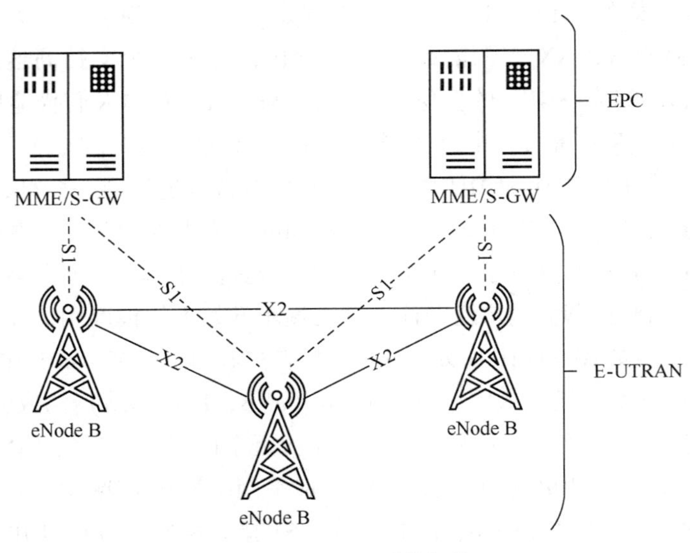

图11-21　LTE系统架构

LTE的信道编码具有更广泛的意义，不仅包含严格的信道编码，实现检错和纠错功能。还包括速率匹配、交织、传输和控制信道向物理信道映射与反映射等功能，LTE的MAC层采用RB-common自适应调制编码（AMC）方式，即对于一个用户的一个数据流，在一个传输时间间隔（TTI）内，一层的分组数据单元（PDU）只采用一种调制编码组合(但在MIMO的不同流之间可以采用不同的AMC组合)。与WiMAX和WiFi相比，WiMAX是将不同的编码和调制方式组合成若干种方案供系统选择，WiFi为了提高数据传送性能，允许动态速率切换，但具体速率切换的算法由设备厂商自定义。LTE与WiMAX和WiFi的调制方式基本相同，包括四种类型：BPSK、QPSK、16QAM和64QAM，不同点主要在于信道编码及速率方面。总体来看，WiMAX的AMC类型最多，选择比较灵活，能够更好地适应环境变化，但参数配置比较复杂，增加了系统的复杂度。LTE的AMC类型比较少，比较固定，降低了系统复杂度，有利于系统兼容性和标准化。WiFi的信道编码只采用了传统的卷积编码，性能虽然有所欠缺，但比较简单，易于实现。另外，从AMC调度的角度来看，LTE系统把调度器放在基站侧进行控制，这样调度器就可以及时地根据信道状况和衰落性能自适应改变调制方式和其他传输参数，同时减少用户设备内存要求和系统的传输延迟。WiMAX和WiFi没有将信道分类，其调度相对简单，但需要终端参与，进而增加了终端的复杂度。在QoS保证方面，LTE通过系统设计和严格的QoS机制，保证实时业务的服务质量，符合4G核心网结构的要求。

LTE虽然在网络架构上和4G高度一致，可以满足4G的技术基础，但LTE的无线传输能力较4G的要求还有一定差距。4G支持更大带宽，有更高的频谱效率和更高的峰值速率，LTE的最大带宽是20 MHz，还不足以达到4G的要求，需要扩充到更高带宽，比如

40 MHz、60 MHz，甚至更高，所以 LTE 升级到 4G，需要提高带宽和峰值速率。提高峰值速率通常有两种方法。第一种方法是对频域进行扩充，通过频谱聚合的方式进行带宽增强，即把几个 LTE 的 20 MHz 的频道捆绑在一起使用。第二种方法是通过增加天线数量以提高峰值频谱效率，即利用空间维度进行扩充。最直接的方法是在基站站点上增加天线，即采用更高阶的 MIMO 技术，在 LTE 阶段可以做到在基站侧设置 4 个天线，终端侧设置 4 个接收天线和一个发射天线，但这样只能做到下行 4 发 4 收、上行 1 发 4 收。为了进一步提高峰值频谱效率，基站侧可以增加到 8 个天线，终端侧可以增加到 8 个接收天线和 4 个发射天线，这样就可做到下行 8 发 8 收、上行 4 发 8 收。

此外，还可以采用多点协同和无线中继等技术提高小区边缘用户速率。多点协同技术是利用相邻的几个基站同时为一个用户服务，从而提高用户的数据传输速率。无线中继技术是在原有基站站点的基础上，通过增加一些新的中继节点，下行数据先到基站，然后传输给中继节点，中继节点再传输至终端用户，上行则反之。这种方法拉近了基站和终端用户的距离，可以改善终端的链路质量，从而提高系统的频谱效率和用户数据传输速率。

从版本 10 开始，LTE 提供 4G 服务，称为 IMT-Advanced（或 4G）。4G 系统能为各种移动终端，包括笔记本、智能手机、平板电脑等之间的通信提供宽带网络接入，支持移动 web 访问和高清晰移动电视、游戏服务等高宽带应用。其主要特点总结如下：

1）基于全 IP 分组交换网络。

2）支持约 100 Mbit/s 的峰值速率的高速移动接入。

3）动态共享和使用网络资源，以使每个小区支持更多的用户同时上网。

4）支持异构网络的平滑切换，包括 2G 和 3G 网络、小蜂窝、中继和无线局域网。

5）支持高质量的下一代多媒体应用服务。

6）不支持传统的电路交换服务，仅提供 VoLTE（Voice over LTE）的电话服务。

LTE-Advanced 有两种制式：TDD 和 FDD，其中 3G 的 TD-SCDMA 可演进到 TDD 制式，而 WCDMA 网络则可演进到 FDD 制式。例如，美国 AT&T 和 Verizon 等主要运营商使用基于频分复用的 LTE。而中国移动则采用了基于时分复用的 LTE。

11.6.5 5G 网络

与 4G 技术类似，5G 相关的标准化组织有两个：ITU 和 3GPP。3GPP 的目标是根据 ITU 的相关需求，制定更加详细的技术规范与产业标准，规范产业的行为。其相关标准化工作主要涉及 3GPP SA2、RAN2、RAN3 等多个工作组。整体 5G 网络架构标准化工作预计将通过 Rel-14/15/16 等多个版本完成，原计划在 2020 年底，ITU 将发布正式的 5G 标准（因此该标准也被称为 IMT-2020）。IMT-2020 建议 3GPP 在 5G 核心网标准化方面未来重点工作包括：在 Rel-14（Release）研究阶段聚焦 5G 新型网络架构的功能特性，优先推进网络切片、功能重构、多接入边缘计算 MEC、能力开放、新型接口和协议以及控制和转发分离等技术的标准化研究。Rel-15 启动网络架构标准化工作，重点完成基础架构和关键技术特性方面内容。研究课题方面将继续开展面向增强场景的关键特性研究，例如增强的策略控制、关键通信场景和UE（用户端）relay等。Rel-16完成5G架构面向增强场景的标准化工作。

2017年12月21日，国际电信标准化组织在3GPP RAN第78次全体会议上，5G NR（新空口）首发版本被正式宣布冻结并发布，比之前计划的发布时间提前了半年时间。此次发布的5G NR版本是3GPP Release 15标准规范中的一部分，首版5G NR标准的完成是实现5G全面发展的一个重要里程碑，它将极大地提高了3GPP系统能力，并为垂直行业发展创造更多机会，为建立全球统一标准的5G生态系统打下基础。

5G标准第一版分为非独立组网（Non-Stand Alone，NSA）和独立组网（Stand Alone，SA）两种方案。非独立组网作为过渡方案，以提升热点区域频宽为主要目标，依托4G基地台和4G核心网工作。独立组网能实现所有5G的新特性，有利于发挥5G的全部能力，是业界公认的5G目标方案。

5G网络架构主要包括5G接入网和5G核心网，如图11-22所示。其中NG-RAN代表5G接入网，5GC代表5G核心网，而它们之间的接口叫作NG接口。5G无线接入网主要就包括两种节点：gNB和ng-eNB。gNB向UE提供NR用户面和控制面协议功能的节点，并且经由NG接口连接到5GC。ng-eNB向UE提供E-UTRA用户面和控制面协议功能的节点，并且经由NG接口连接到5GC，也就是为4G网络用户提供NR的用户平面和控制平面协议和功能。NG-RAN节点之间的网络接口，包括gNB和gNB之间、gNB和ng-eNB之间、ng-eNB和gNB之间的接口都称为Xn接口。gNB和ng-eNB承载的主要功能包括无线资源管理、连接设置和释放、用户数据和控制信息的路由、无线接入网共享、会话管理、QoS流量管理、网络切片（提供特定网络功能和网络特征的逻辑网络）等。5G的核心网主要包含以下几个节点：

1）**AMF**：全称Access and Mobility Management Function，接入和移动管理功能，终端接入权限和切换等由它来负责，主要负责接入和移动管理功能（控制面）。

2）**UPF**：全称User Plane Function，用户面管理功能，与UPF关联的PDU会话可以由（R）AN节点通过（R）AN和UPF之间的N3接口服务的区域，而无须在其间添加新的UPF或移除/重新-分配UPF。用于支持用户平面功能。

3）**SMF**：全称Session Management Function，会话管理功能，提供服务连续性，服务的不间断用户体验，包括IP地址和/或锚点变化的情况。主要负责会话管理功能。

5G网络系统涉及以下九大关键技术。

（1）高频段通信

未来的5G移动通信系统面临超大的流量密度、超高的传输速率、更低的传输时延以及更可靠的网络性能和覆盖能力等需求。目前，移动通信工作频段主要集中在3 GHz以下，这使得频谱资源十分拥挤，为了寻找更丰富的频谱资源，人们开始向高频段（如厘米波、毫米波频段）进军。高频段毫米波的主要传播特性是：首先，由于路径损耗与频率变化的平方成正比，故在较短距离内会产生较大的损耗，但传播方向性强且衰减大，使得其抗干扰性较好、安全性高；第二，高频段波长较小，元器件尺寸小；第三，高频段可用的频谱带宽大，1%的相对带宽可以提供数百兆乃至吉比特的可用带宽；第四，高频段传播的频率复用性也较高，因为短距离内的高度衰减，所以可允许小范围内存在大量微小区，提高频率复用度。用高频段带来的最大问题是覆盖能力会大幅减弱。覆盖同一个区域，需要的基站数量将大大超过 4G。目前，世界各国对于 5G 频谱的规划还没有达成一致，但业界统一的认识是研究 6~100 GHz 频段，该频段拥有高达 45 GHz 的丰富空闲频谱资源，可用于传输高达 10 Gbit/s 甚至更高的用户数据速率业务。美国已释放 11G 高频谱用于 5G 网络。我国工信部已下发通知，明确了我国的 5G 初始中频频段为 3.3~3.6 GHz、4.8~5 GHz 两个频段（另外中国移动拥有 2.6 GHz 频段），同时，24.75~27.5 GHz、37~42.5 GHz 高频频段正在征集意见。而国际上主要使用 28 GHz 进行试验（这个频段也有可能成为 5G 最先商用的频段）。

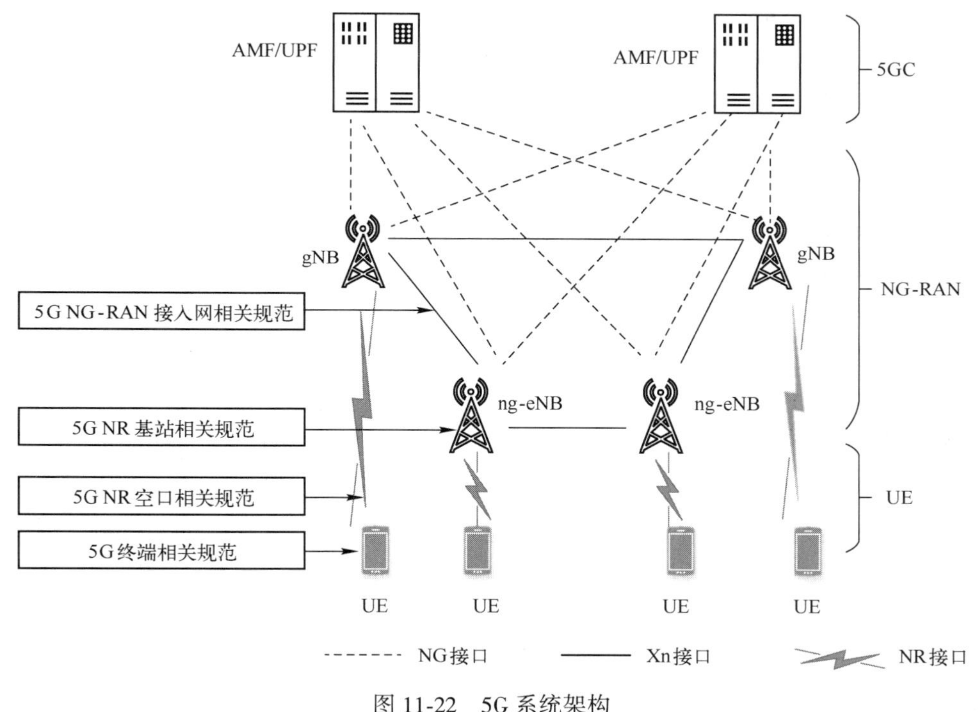

图 11-22　5G 系统架构

(2) 非正交多址接入技术

为了进一步提高频谱效率，继 OFDM 的正交多址技术之后，学术界提出了非正交多址技术（NOMA）。非正交多址技术的基本思想是在发送端采用非正交发送，主动引入干扰信息，在接收端通过串行干扰删除（SIC）接收机实现正确解调。然而，采用 SIC 技术的接收机在复杂度方面有一定的提高，因此 NOMA 的本质可以说是用提高接收机的复杂度来换取频谱效率。

目前，一种主流的 NOMA 技术方案是基于功率分配的 NOMA，其子信道传输依然采用正交频分复用（OFDM）技术，子信道之间是正交互不干扰的，但是一个子信道上不再只分配给一个用户，而是多个用户共享。同一子信道上不同用户之间是非正交传输的，这样就会产生用户间干扰，因此需要在接收端采用 SIC（碳化硅）技术进行多用户检测。在发送端，对同一子信道上的不同用户采用功率复用技术进行发送，不同的用户信号功率按照相关算法进行分配，这样到达接收端的每个用户信号功率都不一样。SIC 接收机再根据不同用户信号功率大小，按照一定的顺序进行干扰消除，实现正确解调，同时也达到了区分用户的目的。国内设备厂商华为、中兴和大唐都提出了自己的多址技术，分别叫作 SCMA、MUSA 和 PDMA。虽然技术细节有所不同，但基本上都属于 NOMA。国内这三家设备厂商都声称频谱效率比 LTE 提升了 3 倍，但高通则认为 5G 的多址将继续采用 OFDM 技术。

（3）超密集异构网络

5G 网络正朝着网络多元化、宽带化、综合化、智能化的方向发展。随着各种智能终端的普及，面向 2020 年及以后，移动数据流量将呈现爆炸式增长。在未来 5G 网络中，减小小区半径、增加低功率节点数量，是保证未来 5G 网络支持 1000 倍流量增长的核心技术之一。因此，超密集异构网络成为未来 5G 网络提高数据流量的关键技术。未来无线网络将部署超过现有站点 10 倍以上的各种无线节点，在宏站覆盖区内，站点间距离将保持 10 m 以内，并且支持在每平方千米范围内为 25 000 个用户提供服务。同时也可能出现活跃用户数和站点数的比例达到 1∶1 的现象。密集部署的网络拉近了终端与节点间的距离，使得网络的功率和频谱效率大幅度提高，同时也扩大了网络覆盖范围，扩展了系统容量，并且增强了业务在不同接入技术和各覆盖层次间的灵活性。

虽然超密集异构网络架构在 5G 中有很大的发展前景，但也会带来一些问题。一是节点间距离的减少将使网络拓扑更加复杂，从而容易出现与现有移动通信系统不兼容的问题。二是同频干扰，共享频谱资源干扰，不同覆盖层次间的干扰等引起的问题突出。现有通信系统的干扰协调算法只能解决单个干扰源问题，而在 5G 网络中，相邻节点的传输损耗一般差别不大，这将导致多个干扰源强度相近，进一步恶化网络性能，使得现有协调算法难以应对。三是超密集网络部署使得小区边界数量剧增，加之形状的不规则，导致频繁复杂的切换。为了满足移动性的需求，势必出现新的切换算法；另外，网络动态部署技术也是研究的重点。由于大量用户节点的开启和关闭具有突发性和随机性，使得网络拓扑和干扰具有大范围动态变化特性，尤其是各小站中较少的服务用户数容易导致业务的空间和时间分布出现剧烈的动态变化。

（4）内容分发网络

在 5G 中，面向大规模用户的音频、视频、图像等业务急剧增长，网络流量的爆炸式增长会极大地影响用户访问互联网的服务质量。如何有效地分发大流量的业务内容，降低用户获取信息的时延，成为网络运营商和内容提供商面临的一大难题。仅仅依靠增加带宽并不能解决问题，它还受到传输中路由阻塞和延迟、网站服务器的处理能力等因素的影响，这些问题的出现与用户到服务器之间的距离有密切关系。内容分发网络（Content Distribution Network，CDN）将会对未来 5G 网络的容量与用户访问具有重要的支撑作用，它是在传统网络中添加新的层次，即智能虚拟网络。CDN 系统综合考虑各节点连接状态、负载情况以及用户距离等信息，通过将相关内容分发至靠近用户的 CDN 代理服务器上，实现用户就近获取所需的信息，使得网络拥塞状况得以缓解，降低响应时间，提高响应速度。CDN 网络架构在用户侧与源服务器之间构建多个 CDN 代理服务器，可以降低延迟、提高 QoS（服务质量）。当用户对所需内容发送请求时，如果源服务器之前接收到相同内容的请求，则该请求被 DNS（域名服务器）重定向到离该用户最近的 CDN 代理服务器上，由该代理服务器发送相应内容给用户。因此，源服务器只需要将内容分发给各个代理服务器，便于用户从就近且带宽充足的代理服务器上获取内容，降低网络时延并提高用户体验。随着云计算、移动互联网及动态网络内容技术的推进，内容分发技术逐步趋向于专业化、定制化，在内容路由、管理、推送以及安全性方面都面临新的挑战。

（5）D2D 通信

在 5G 网络中，网络容量、频谱效率需要进一步提升，更丰富的通信模式以及更好的终端用户体验也是 5G 的演进方向之一。设备到设备（Device-to-Device D2D）的通信具有潜在的提升系统性能、增强用户体验、减轻基站压力、提高频谱利用率的前景。因此，D2D 是未来 5G 网络中的关键技术之一。D2D 通信是一种基于蜂窝系统的近距离数据直接传输技术。D2D 会话的数据直接在终端之间进行传输，不需要通过基站转发，而相关的控制信令，如会话的建立、维持、无线资源分配以及计费、鉴权、识别、移动性管理等仍由蜂窝网络负责。蜂窝网络引入 D2D 通信，可以减轻基站负担，降低端到端的传输时延，提升频谱效率，降低终端发射功率。当无线通信基础设施损坏或者在无线网络的覆盖盲区时，终端可借助 D2D 实现端到端通信甚至接入蜂窝网络。在 5G 网络中，既可以在授权频段部署 D2D 通信，也可在非授权频段部署 D2D 通信。

（6）M2M 通信

M2M（Machine to Machine，M2M）作为物联网最常见的应用形式，在智能电网、安全监测、城市信息化、环境监测等领域实现了商业化应用。3GPP 已经针对 M2M 网络制定了一些标准，并已立项开始研究 M2M 关键技术。M2M 的定义主要有广义和狭义 2 种。广义的 M2M 主要是指机器对机器、人与机器间以及移动网络和机器之间的通信，它涵盖了所有实现人、机器、系统之间通信的技术。狭义的 M2M 仅仅指机器与机器之间的通信。智能化、交互式是 M2M 有别于其他应用的典型特征，这一特征下的机器也被赋予了更多的“智慧”。

（7）信息中心网络

随着实时音频、高清视频等服务的日益激增，基于位置通信的传统 TCP/IP 网络无法满足数据流量分发的要求。网络呈现出以信息为中心的发展趋势。信息中心网络（Information-Centric Network，ICN）的思想最早是 1979 年由 Nelson 提出来的，后来被 Baccala 强化。作为一种新型网络体系结构，ICN 的目标是取代现有的 IP。ICN 所指的信息包括实时媒体流、网页服务、多媒体通信等，而信息中心网络就是这些片段信息的总集合。因此，ICN 的主要概念是信息的分发、查找和传递，不再是维护目标主机的可连通性。不同于传统的以主机地址为中心的 TCP/IP 网络体系结构，ICN 采用的是以信息为中心的网络通信模型，忽略 IP 地址的作用，甚至只是将其作为一种传输标识。全新的网络协议栈能够实现网络层解析信息名称、路由缓存信息数据、多播传递信息等功能，从而较好地解决计算机网络中存在的扩展性、实时性以及动态性等问题。ICN 信息传递流程是一种基于发布订阅方式的信息传递流程。首先，内容提供方向网络发布自己所拥有的内容，网络中的节点就明白当收到相关内容的请求时如何响应该请求。然后，当第一个订阅方向网络发送内容请求时，节点将请求转发到内容发布方，内容发布方将相应内容发送给订阅方，带有缓存的节点会将经过的内容缓存。其他订阅方对相同内容发送请求时，邻近带缓存的节点直接将相应内容发送给订阅方。因此，信息中心网络的通信过程就是请求内容的匹配过程。传统 IP 网络中，采用的是“推”传输模式，即服务器在整个传输过程中占主导地位，忽略了用户的地位，从而导致用户端接收过多的垃圾信息。ICN 网络正好相反，采用“拉”的模式，整个传输过程由用户的实时信息请求触发，网络则通过信息缓存的方式，实现快速响应用户。此外，信息安全只与信息自身相关，而与存储容器无关。针对信息的这种特性，ICN 网络采用有别于传统网络安全机制的基于信息的安全机制。和传统的 IP 网络相比，ICN 具有高效性、高安全性且支持客户端移动等优势。

（8）移动云计算

近年来，智能手机、平板电脑等移动设备的软硬件水平得到了极大的提高，支持大量的应用和服务，为用户带来了很大的方便。在 5G 时代，全球将会出现 500 亿连接的万物互联服务，人们对智能终端的计算能力以及服务质量的要求越来越高。移动云计算将成为 5G 网络创新服务的关键技术之一。移动云计算是一种全新的 IT 资源或信息服务的交付与使用模式，它是在移动互联网中引入云计算的产物。移动网络中的移动智能终端以按需、易扩展的方式连接到远端的服务提供商，获得所需资源，主要包含基础设施、平台、计算存储能力和应用资源。软件即服务（Software as a Service，SaaS）为用户提供所需的软件应用，终端用户不需要将软件安装在本地的服务器中，只需要通过网络向原始的服务提供者请求自己所需要的功能软件。平台即服务（Platform as a Service，PaaS）是为用户提供创建、测试和部署相关应用等服务。PaaS 自身不仅拥有很好的市场应用场景，而且还能够推进 SaaS 的发展。而基础设施即服务（Infrastructure as a Service，IaaS）提供基础服务和应用平台。

（9）SDN/NFV

软件定义网络（Software Defined Network，SDN）和网络功能虚拟化（Network Function Virtualization，NFV）作为一种新型的网络架构与构建技术，其倡导的控制与数据分离、软件化、虚拟化思想，为突破现有网络的困境带来希望。在欧盟公布的 5G 愿景中，明确提出将利用 SDN/NFV 作为基础技术支撑未来 5G 网络的发展。SDN 架构的核心特点是开放性、灵活性和可编程性。SDN 架构主要分为 3 层：基础设施层位于网络最底层，包括大量基础网络设备，该层根据控制层下发的规则处理和转发数据；中间层为控制层，该层主要负责对数据转发面的资源进行编排，控制网络拓扑，收集全局状态信息等；最上层为应用层，该层包括大量的应用服务，通过开放的北向 API（为厂家或运营商进行接入和管理网络的接口）对网络资源进行调用。SDN 将网络设备的控制平面从设备中分离出来，放到具有网络控制功能的控制器上进行集中控制。控制器掌握所有必需的信息，这样可以消除大量手动配置的过程，简化管理员对全网的管理，提高业务部署的效率。SDN 不会让网络变得更快，但它会让整个基础设施简化，降低运营成本，提升效率。未来 5G 网络中需要将控制与转发分离，进一步优化网络的管理，以 SDN 驱动整个网络生态系统。

网络切片是网络功能虚拟化（NFV）应用于 5G 阶段的关键特征。一个网络切片将构成一个端到端的逻辑网络，按切片需求方的需求灵活地提供一种或多种网络服务。网络切片主要包括切片管理和切片选择两项功能。切片管理功能有机串联商务运营、虚拟化资源平台和网管系统，为不同切片需求方（如垂直行业用户、虚拟运营商和企业用户等）提供安全隔离、高度自控的专用逻辑网络。切片选择功能实现用户终端与网络切片间的接入映射，能综合业务签约和功能特性等多种因素，为用户终端提供合适的切片接入选择。用户终端可以分别接入不同切片，也可以同时接入多个切片。

11.7　物联网无线通信系统

物联网是新一代信息技术的重要组成部分，是在计算机互联网的基础上，利用局部网络及相关通信技术把传感器、控制器、机器、人员和物品等连接在一起，目的是构造一个覆盖全世界万事万物的巨大网络，实现信息化、智能化的远程管理和控制，并将对经济和社会的发展产生重大影响。当前物联网之所以能取得迅速发展，一方面是由技术和成本因素的推动，另一方面则是由物联网巨大的价值创造潜力拉动。当前传感器和宽带价格出现大幅下降，数据传输和存储的成本也在不断降低，智能手机的普及和无线网络覆盖范围的扩大为民众连接物联网创造了条件，云计算技术和大数据分析工具的改进也为物联网海量数据的分析提供了技术支持。

物联网可分为三层：感知层、通信层和应用层。感知层主要是通过传感器完成实时信息的搜集和发送，实现物理世界和数字空间的连接，物联网功能的实现必须依赖感知层设备搜集和提供数据。大多数的传感器需要连接至聚合器和网关，它们可以通过局域网（通信层）的形式建立起联系，当然也有部分传感器可以通过广域网与后台服务器或应用直接相连。通信层负责将感知层的各种设备连接起来，通过各种有线和无线网络实现信息传输功能。应用层主要负责数据的计算、加工、分析和管理等。物联网应用覆盖领域广泛，例如城市、交通、家居、医疗、工厂、环境、能源、文化和旅游等。

无线通信在物联网数据传输中占有重要地位，常见的传输网络可分为两类：一类是ZigBee、WiFi 等短路径的通信连接技术，另一类是广域网。低功耗广域网（Low-Power Wide-Area Network，LPWAN）是一种节点功耗较低的无线通信广域网络，能以低速率实现远距离通信，多数技术可以实现几千米甚至几十千米的网络覆盖，比较适合于大规模的物联网应用部署。LPWAN 技术可分为非 3GPP 技术和 3GPP 技术。非 3GPP 技术包括 LoRa（远距离无线电）、SixFox 等，其中以 LoRa 技术为代表；而 3GPP 技术包括 NB-IoT（窄带互联网）、LTE-M、EC-GSM 等，其中以 NB-IoT 技术为代表。目前业内最主要的 LPWAN 技术就是 LoRa、SigFox 以及华为主推的 NB-IoT 技术。自 2016 年以来，LPWAN 中的连接数量迅速增加，到 2019 年已达到 14 亿个连接，并超过了传统的蜂窝连接。预计到 2021 年使用 LPWAN 技术的 IoT 连接数量将占链接总数的 11%。下面将简单介绍上述 LPWAN 技术以及物联网常用到的 NFC（近场通信）、ZigBee（紫峰）等近距离无线通信技术的特点。

11.7.1　窄带物联网

窄带物联网（Narrow Band-Internet of Things，NB-IoT）是一种基于蜂窝的技术，可直接部署于GSM、UMTS（Universal Mobile Telecommunications System）或LTE网络，可以支持大量的低吞吐率、超低成本设备的连接，并且具有覆盖广、连接多、低功耗、优化的网络架构等特点，是近年来LPWAN技术中的热门，可在全球范围内大量应用，适合广泛部署在智能家居、智能城市、智能生产等领域，例如物流追踪、环境监控、智能电网、智能车锁、智能停车、智能电动车及智能自行车等。

目前的NB-IoT是将LTE用于物联网的一个相对较新的变体，它工作在授权频段，与使用标准LTE的全部10 MHz或20 MHz带宽不同，NB-IoT使用包含12个15 kHz的LTE子载波的180 kHz宽的资源块，数据速率在100 kbit/s～1 Mbit/s范围之内。这种更加简化的标准可以为联网设备提供很低的功耗。在5G时代，现实环境已开始发生改变，然而基于蜂窝移动网络采用的物联网技术还是以eMTC与NB-IoT为主，面向5G网络的互联网连接业务的设计与开发也越来越多，3GPP也在5G物联网技术标准中列入了eMTC与NB-IoT的后期演进。未来，NB-IoT技术还会有进一步的发展，成为5G时代物联网核心技术的重要组成部分。

NB-IoT体系架构主要分为五个部分：NB-IoT终端、基站、物联网核心网、物联网平台（云平台）、第三方应用。NB-IoT终端属于物联网层次架构中的感知层，负责实时监测并收集相关数据。基站、物联网核心网、云平台属于传输层，其中物联网核心网是NB-IoT体系架构的核心部分，该层主要负责数据的传输、存储，并对数据加以分析。应用层包含了用户基于物联网平台的各种应用，例如智能停车、智能路灯、智慧农业等。NB-IoT基本架构如图11-23所示。

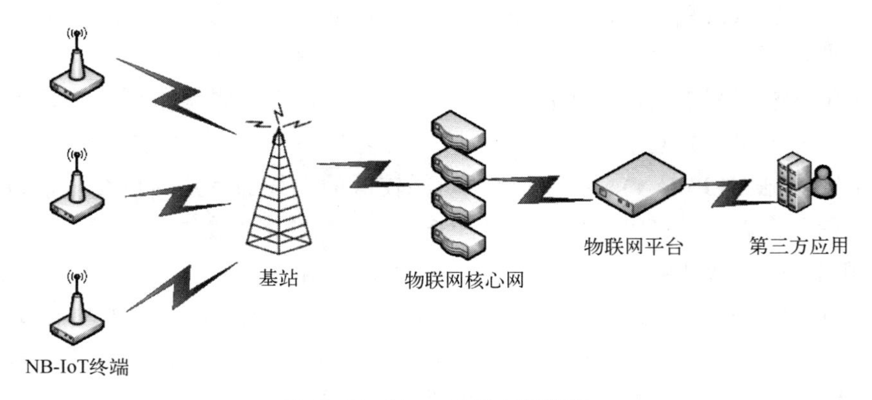

图11-23　NB-IoT基本架构图

NB-IoT技术的主要特点有：

（1）低功耗

相比于其他物联网通信技术，NB-IoT的一块电池可以用12.5年。NB-IoT终端可使用AA电池，终端功耗仅为15 μW，同时可以延长终端的使用寿命，进一步降低该技术的成本。

（2）海量连接

NB-IoT 的终端可以支持大批量部署，目标是在一个 cell-site 扇区内至少支持 52 547 个设备的接入。NB-IoT 技术实现海量连接的方式主要有两种，分别是降低信令开销和窄带传输。降低信令开销可以提高数据包在传输过程中的效率，同时可以节省 4~5 条信令。窄带传输占用的频带资源相比 LTE 降低了许多，因而资源利用率更高，可连接数也更多。另外，NB-IoT 终端设备发送的数据量很小，并且对延迟不敏感。与基站连接的大部分终端都处于休眠状态，但由于 NB-IoT 终端的上下文信息由基站和核心网络维护，一旦需要发送数据，可以立即将终端激活，因此 NB-IoT 的基站可以设计更多的用户接入。经过统计发现，在同一基站的情况下，NB-IoT 通信技术相比于 2G/3G/4G/ZigBee 物联网通信技术，可以提供 50~100 倍的接入数。

（3）广覆盖

广覆盖主要来自两方面。下行主要依靠增加各自信道的最大重传次数以获得覆盖增强。上行除了增加信道最大重传次数外，还通过提升其功率谱密度来增强其覆盖面积。例如：NB-IoT 技术使用的载波带宽为 3.75/15 kHz，而现有的 2G/3G/4G 上行链路使用 200 kHz 的载波带宽，去除保护带宽实际为 180 kHz，则上行功率谱密度（PSD）增益约为 11 dB，如下式计算所示，因此，有可能覆盖更远的距离。

$$\begin{aligned}\text{PSD 增益} &= 10\lg(\text{发射功率 }A/\text{带宽 }A)/(\text{发射功率 }B/\text{带宽 }B)\\ &= 10\lg(15\ \mu\text{W}/15\ \text{kHz})/(15\ \mu\text{W}/180\ \text{kHz}) = 10.7\ \text{dB}\end{aligned}$$

理论上，NB-IoT 技术可以部署在任何频段，但出于覆盖范围的考虑，通常选择低于 1 GHz 的低频段进行部署。因为低频带比高频带具有更低的路径损耗和更强的衍射能力。

与传统技术相比，NB-IoT 技术支持重复传输数据，可以带来重复的收益，但是却以牺牲数据传输速率为代价。重复传输次数每增加一倍，数据传输速率将降低一半。3GPP 标准定义了 NB-IoT 上行链路的重复传输次数最多可以达到 128 次。但是，考虑到传输速率和基站容量，NB-IoT 终端的上行链路重复传输次数通常限制为 16 次，理论上可增益 9 dB。

（4）低成本

NB-IoT 网络的低成本体现在两个方面。首先，NB-IoT 的部署成本相对较低，无须重建新基站，可以使用已有的 2G/3G/4G 基站进行升级部署。其次，通过简化 NB-IoT 终端的结构来降低成本。另外，NB-IoT 采用 180 kHz 窄带系统可以降低基带复杂度，以及采用单天线、半双工等技术可以降低射频成本，预计将来成本可降至 1 美元。

11.7.2　远距离无线电

远距离无线电（LoRa）源于英文 Long Range，是在 2013 年由 Semtech 公司推出的私有技术，2015 年成立 LoRa 联盟，其联盟成员现已超过 500 家公司，包括芯片生产厂家、传感器生产厂家、网络运营商等，它们都致力于推广 LoRa 网络协议，实现低功耗广域网的全球化发展与应用。

LoRa 是一种长距离大容量通信技术，也是一种 LPWAN 技术，其无线传输技术的物理层基于线性 Chirp 扩频调制（Chirp Spread Spectrum），有很好的抗干扰性，可以降低传输信号的多径效应，而且延续了频移键控调制的低功耗特性，其有效传输距离远远超过 FSK 和 OOK 调制技术的无线通信系统。相比于 NB-IoT，LoRa 工作于非授权的 Sub-GHz 频段（频率在 1 GHz 以下，27 Hz～960 MHz），包括 433 MHz（亚洲）、868 MHz（欧洲）、915 MHz（北美）等，对信噪比要求低，功率谱密度和传输速率也较低，更易于较低功耗的远距离数据通信。LoRa 提供双向通信，信号的波长相对较长，可提高它的穿透力和避障能力，大大改善接收的灵敏度（超过-148 dBm），使其可视通信距离达到 15 km，接收电流仅为 14 mA，待机电流为 1.7 mA，极大延长了电池使用寿命。极端情况下，LoRa 的网关或基站可以覆盖整个城市或几十千米。LoRa 数据速率在 300 bit/s～50 kbit/s 之间，具体取决于传播因子和信道带宽。LoRa 采用前向纠错编码技术（FEC），可提高信号传输的可靠性，并使用 AES128 加密方法，使得通信更加安全。另外，LoRa 网络容量很大，一个 LoRa 网关理论上可连接上百万个 LoRa 节点，且支持多信道多数据速率的并行处理，网络通信成本较低。

基于终端和集中器/网关的系统可支持定位和距离测量，LoRa 对距离的测量是基于信号的空中传输时间而非传统的接收信号强度指示（Received Signal Strength Indication，RSSI），10 km 范围内，其定位距离可达 5 m。LoRa 典型应用场景包括：需要使用超长时间的电池（几年）、节点之间长距离、低速率（每个小时只需传输几次数据）。LoRa 已经在航天和军事方面得到应用。图 11-24 是 LoRa 技术的典型应用场景图。

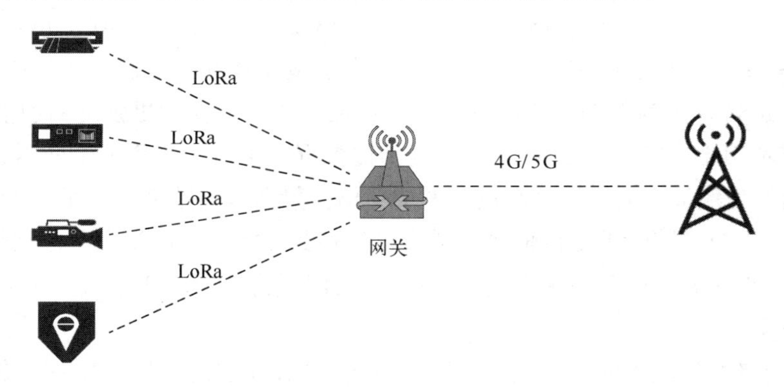

图 11-24　LoRa 典型应用场景图

11.7.3　SIGFOX 网络

SIGFOX 是法国一家 LPWAN 网络运营商，其所开发的 SIGFOX 网络技术是一种基于其专利技术提供端到端的物联网连接解决方案，目前已有超过 50 个国家实现了网络部署，包括美国的旧金山，网络覆盖面积达 120 万平方公里。SIGFOX 公司是这方面的技术领导者。

SIGFOX 技术只针对物联网无线传输领域内的短信息服务，其数据包大小为固定的 12 字节，这样不仅可以满足物联网终端需求参数的通信需要，也节省了各个节点占用信道资源的时间，从而提高了工作效率。SIGFOX 同 LoRa 技术一样，使用未经授权的 ISM 频谱，例如欧洲 868 MHz、北美 915 MHz 和亚洲 433 MHz。SIGFOX 部署自己的专用基站，用经软件认可的无线电把它们连接到后端服务器并使用基于 IP 的网络。终端设备在超窄带（100 Hz）ISM 频带载波的调制下，使用二进制相移键控（BPSK）连接到这些基站。SIGFOX 使用超窄带可有效地利用频带带宽，能通过对无线电波的相位进行调整，从而实现编码的程序，这样接收机只能收听一小段频谱，以减轻噪声的影响。SIGFOX 使用廉价的端点无线电但更复杂的基站来管理网络，以实现低噪声特性，并产生非常低的功耗、高接收机灵敏度和低成本的天线设计，适合各种小数据量的物联网应用场景。SIGFOX 虽然传输速率很低（100~600 bit/s），但能够实现长距离的网络覆盖以及通用的功能特性。SIGFOX 的一个基站覆盖范围可以大于 40 千米，一个总面积约为 30 500 平方公里的国家（例如比利时），SigFox 网络部署只需 7 个基站便能覆盖整个国家。相比之下，LoRa 的覆盖范围一般小于 20 km，需要三个基站才能覆盖一个城市（比如巴塞罗那）。NB-IoT 在三种 LPWAN 技术里覆盖范围最低，一般小于 10 km。此外，NB-IoT 的部署仅限于 LTE 基地、车站等，不适合偏远农村或郊区等 LTE 覆盖不到的地区。表 11-4 是 3 种 LPWAN 网络的主要技术特点。

表 11-4　低功耗广域网技术特点比较

	LoRa	NB-IoT	Sigfox
技术特点	FSK+扩频	蜂窝	超窄带
网络部署	独立建网	蜂窝基站复用	SigFox 网络
传输距离	远距离	远距离	远距离
速率	300 bit/s~50 kbit/s	100 kbit/s~1 Mbit/s	100~600 bit/s
射频带宽	125~500 kHz	200 kHz	100 Hz
接收灵敏度	-148 dBm	同蜂窝网络	-126 dBm
电池寿命	约 10 年	约 10 年	约 20 年
频段	非授权频段	授权频段	非授权频段

11.7.4　ZigBee 网络

ZigBee 技术是无线传感器网络（WSN）的热门技术，是一种低数据传输速率的短距离无线通信技术，具有扩展性强、容易部署、低功耗、自组织等特点。它是 2002 年由英国 Invensys 公司、日本三菱电气、美国摩托罗拉等公司共同研发的技术，IEEE 于 2003 年针对 ZigBee 技术制定了 IEEE802.15.4 无线规范（包括物理层和链路控制层）。它非常适合用于工业控制、环境监测、智能家电和小型电子设备之间的无线传输，其有效覆盖范围根据不同速率约为 0~300 m。

IEEE 802.15.4 定义了两种物理层。一种物理层的工作频段为 868/915 MHz，采用 DSSS 扩频技术、BPSK 调制解调技术以及差分编码技术。868 MHz 频段（欧洲）支持一个信道，915 MHz 频段（美国）支持 10 个信道。这两个信道均为免费频段。另一种物理层使用的频段为 2.45 GHz（ISM），在每个符号周期，被发送的 4 个信息比特转化为一个 32 位的伪随机（PN）序列，共有 16 个 PN 码对应于这 4 个比特的 16 种变化，这 16 个 PN 码先进行正交，随后系统对 PN 码进行 O-QPSK 调制，支持 16 个信道。表 11-5 给出了两种物理层的频段和数据传输速率。

表 11-5　ZigBee 频段和数据传输速率

物理层/MHz	频段/MHz	扩频参数		数据参数		
		Chip 速率/(kchip/s)	调制方式	比特率/(kbit/s)	符号速率	符号
868/915	868~868.6	300	BPSK	20	20	二进制
	902~928	600	BPSK	40	40	二进制
2450	2400~2483.5	2000	O-QPSK	250	62.5	十六进制

ZigBee 网络根据设备功能的不同可分为精简功能设备（RFD）和全功能设备（FFD）。RFD 只支持星形结构，功能简单，RFD 之间不能直接通信，只能与 FFD 进行通信。而 FFD 则可以实现标准协议的全部功能和特性，有非常强大的存储和计算能力，并且可以与任何设备通信。ZigBee 技术具有强大的组网能力，可以形成星形、树型和网状型，可根据实际项目需要来选择合适的网络结构。还可以通过“多级跳”的方式来通信，而且这种网络还具备自组织和自愈功能的动态组网特性，每个 ZigBee 网络节点不仅本身可以作为监控对象在自己信号覆盖的范围内直接与其他节点进行通信，还可以自动中转别的网络节点传过来的数据资料，并且支持节点移动传输，因而可以组成极为复杂的网状网络，这是 ZigBee 网络的一个最重要特性。目前 ZigBee 网络技术成熟，已在军事、工业控制、农业、医疗、家居智能控制等方面有广泛的应用。表 11-6 给出了 ZigBee 等几种无线通信技术的大致性能参数对比，仅供参考。

表 11-6　几种无线通信技术的性能参数对比

技术参数	ZigBee	蓝牙	NB-IoT	LoRa	WiFi
数据传输速率	250 kbit/s	1 Mbit/s	160~250 kbit/s	0.3~50 kbit/s	11~54 Mbit/s
传输距离	10~100 m	20 m	10 km	1~10 km	20~200 m
技术成本（模块）	1~2 美元	10~20 美元	10 美元	5 美元	25 美元
功耗/mA	5	20	120	47	10~50
安全性	较高	一般	一般	较差	一般

11.7.5　Z-Wave 网络

Z-Wave 网络是由丹麦公司 Zensys 主导的无线组网协议，是一种新兴的基于射频的、低成本、低功耗、高可靠、半双工的短距离无线通信技术。Z-Wave 联盟（Z-Wave Alliance）虽然没有 ZigBee 联盟强大，但是 Z-Wave 联盟的成员均是已经在智能家居领域有现行产品的厂商，该联盟已经具有 160 多家国际知名公司，包括思科、英特尔等大公司，范围基本覆盖全球各个国家和地区。

Z-Wave 网络的工作频带为 908.42 MHz（美国）和 868.42 MHz（欧洲、中国），相比 ZigBee 或蓝牙所使用的 2.4 GHz 频带正变得日益拥挤和相互干扰，工作在 Z-Wave 这些频带上的设备则相对较少，通信的可靠性也更能得到保证。Z-Wave 采用曼彻斯特编码信号以及 FSK（BFSK/GFSK）调制方式，数据传输速率为 9.6～40 kbit/s。信号的有效覆盖范围在室内是 30 m，室外可超过 100 m。节点发射功率为 1 mW，适用于窄带宽应用，虽然随着通信距离的增大，设备的复杂度、功耗以及系统成本会增加，但相对于现有的各种无线通信技术，Z-Wave 技术还是功耗和成本最低的，这是有力推动该网络技术发展的一个重要因素。Z-Wave 技术设计已典型地用于住宅、照明、商业控制以及状态读取应用，例如抄表、照明及家电控制、HVAC、接入控制、防盗及火灾检测等场景。

Z-Wave 网络采用网状拓扑结构（又称“多跳”网络），是一种灵活的体系结构，用于在设备间高效传送数据。Z-Wave 定义了 3 种类型的网络设备：控制器（controller）、路由从设备（routing slave）和从设备（slave）。如图 11-25 所示，图中描述了一个简单的 Z-Wave 网状网络，其中节点 C 表示控制器，R 表示路由从设备，S 表示从设备。控制器能初始化整个网络，具有自我修复和自主报错的功能，且包含路由表及具有动态分配路由权限的功能。每个控制器具有唯一的网络识别码，当控制器添加一个智能设备到网络时，就会给设备分配网络识别码和节点识别码。网络识别码表示设备属于同一个无线网络，节点识别码识别同一个网络中的不同设备，通常网络内每个网络最多可以容纳 232 个节点，不同网络识别码的网络中，从设备基本不包含网络拓扑信息，也不具备 Z-Wave 网络节点的管理功能，从设备主要用来接收指令并完成指令赋予的任务，从设备（或子节点）之间工作相互独立，互不影响。路由从设备具有从设备所有的功能，可以在 Z-Wave 网络中发挥路由器的功能，能够主动向网络中的其他节点发送路由信息。Z-Wave 网络可将任何独立的设备转换为智能网络设备，从而可以实现控制和无线监测。用户通过 Z-Wave 网络来控制智能设备之间的通信，可实现在一个地方就能操控所有智能设备，不仅可以遥控无线近距离网络中的家电设备，甚至可以通过广域网对 Z-Wave 网络中的设备进行控制。

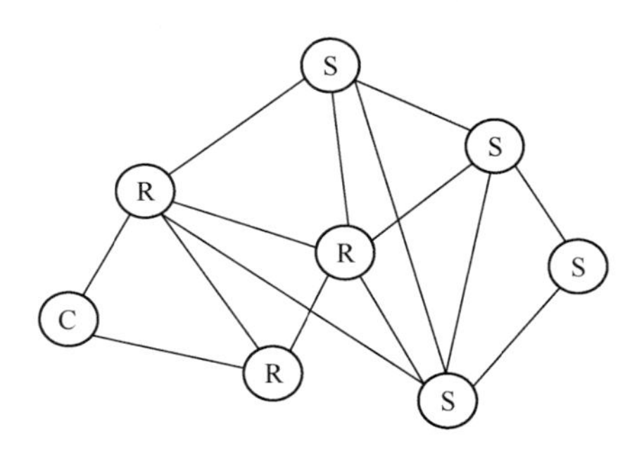

图 11-25　Z-Wave 网络拓扑示意图

11.7.6　近场通信

近场通信（Near-Field Comunication，NFC）技术，是由飞利浦公司和索尼公司共同开发的一种短距离、高频率的无线电技术，它是在非接触式射频识别（RFID）技术的基础上，结合无线互连技术研发制成，能给日常生活中越来越普及的各种电子产品提供一种十分安全快捷的通信方式。NFC 中文名称中的“近场”是指临近电磁场的无线电波，类似于手机无线电信号的传播原理（远场通信）。但不同的是，电磁波在10个波长以内，电场和磁场是相互独立的，这时的电场没有多大意义，但磁场却可以用于短距离通信，所以称之为近场通信。

NFCIP-1标准规定NFC的通信距离为10 cm以内，运行频率为13.56 MHz，传输速度有106 kbit/s、212 kbit/s、424 kbit/s三种，通过卡、读卡器以及点到点三种业务模式进行数据读取与交换。NFCIP-1标准详细规定了NFC设备的传输速度、编解码方法、调制方案以及射频接口的帧格式，还定义了NFC的传输协议，其中包括启动协议和数据交换方法等。NFC工作模式分为主动模式和被动模式。在主动模式中，发起设备和目标设备在向对方发送数据时，都必须主动产生射频场，它们都需要供电设备来提供产生射频场的能量。这种通信模式是网络通信的标准模式，可以获得非常快速的连接速率。在被动模式中，NFC主设备可以检测非接触式卡或NFC目标设备，与之建立连接。NFC发起设备（也称为主设备）需要供电设备，主设备利用供电设备的能量来提供射频场，并将数据发送到NFC目标设备（也称为从设备），从设备不产生射频场，可以不需要供电设备，而是利用主设备产生的射频场转换为电能，为从设备的电路供电。从设备接收主设备发送的数据，并且利用负载调制（load modulation）技术，以相同的速度将数据传回主设备，传输速率需在106 kbit/s、212 kbit/s、424 kbit/s中选择其中一种。

与RFID相比，NFC是一种提供轻松、安全、快捷通信的无线连接技术，其传输范围比RFID小。由于NFC采取了独特的信号衰减技术，因此NFC具有距离近、带宽高、能耗低、私密性好等特点。RFID的传输范围可以达到几米甚至几十米。NFC与现有非接触智能卡技术兼容，目前已经成为得到越来越多主要厂商支持的正式标准。另外，RFID更多地应用在生产、物流、跟踪、资产管理上，而NFC则在门禁、公交、手机支付等领域内发挥着巨大的作用。同时，NFC还优于红外和蓝牙传输方式。作为一种面向消费者的交易机制，NFC比红外更快、更可靠而且简单得多。与蓝牙相比，NFC面向近距离交易，适用于交换财务信息或敏感的个人信息等重要数据。蓝牙能够弥补NFC通信距离不足的缺点，适用于较长距离数据通信。因此，NFC和蓝牙互为补充，共同存在。事实上，快捷轻型的NFC协议可以用于引导两台设备之间的蓝牙配对过程，促进了蓝牙的使用。

本章小结

现代电信网络是数据通信网络，是计算机技术与现代通信技术相结合的产物，通常可分为信息网，支撑网以及智能网。交换技术与交换系统是电信网络的关键，交换技术的更新带来电信网络的革命与升级换代，软交换是下一代网络的呼叫与控制核心，它独立于传送网络，除了可以向用户提供现有电路交换机所能提供的所有业务外，还能通过软件完成呼叫控制、资源分配、协议处理、路由、认证、计费等功能，并向第三方提供可编程能力。通过软交换技术使网络各实体之间实现协同配合，让NGN中的各种复杂协议变得简单化。

数字微波通信是在微波频段通过地面视距传播进行数字信息传输的一种无线通信手

段，可以用来传输电话信号，也可以用来传输数据信号与图像信号。它属于一种基于时分复用技术的多路数字通信体制，早期基于 PDH 传输体系，现在主要基于 SDH 传输体制，具有传输容量大、组网灵活、长途传输质量高等优点，应用日益广泛，尤其在国内 4G/5G 建设过程中，微波产品也将日益发挥重要的作用，为各运营商的网络建设提供更多的选择。

移动通信是目前人们应用最为广泛的无线通信技术，是计算机与移动互联网发展的重要成果。移动通信技术经过了第一代、第二代、第三代、第四代技术的发展，目前已经迈入了第五代的时代，它运行在更高的频段和更宽的频谱带宽上，通过密集网络、多天线传输、智能等技术，5G 能为各种应用提供无所不在的连接，如汽车通信、触觉式反馈远程控制、大容量视频下载、远程传感器等极低数据速率传输以及物联网应用。

当前物联网技术发展迅速，物联网通信技术也日趋成熟，尤其是物联网的无线通信技术。常用的物联网无线通信技术可分为两类：一类是短距离通信技术，包括无线 ZigBee、WiFi、蓝牙、Z-Wave 等；另一类是低功耗广域网（LPWAN），包括 NB-IoT 和 LoRa 等。LPWAN 网络的核心特征是电池寿命长、网络结构简单、设备成本低、部署成本低、覆盖范围广、支持大量设备以及高质量的服务。

物联网是一个多样化的网络，各技术之间并不是完全排斥的，互补共存要远远大于替代。低功耗广域网络和局域网络技术形成的互补共存在物联网中有多种体现方式，包括对原有解决方案的扩展、增加生存周期的能力，因此设计方案时要综合考虑带宽、覆盖范围、网络容量、可靠性、电池寿命、成本、交互频率和扩展性等因素，才能最终形成合理的设计方案。当前多种物联网无线通信技术标准都有其各自的应用场景，这也是物联网各种无线通信技术发展的必然结果。

思考与练习

1. 简述电信网结构。
2. 通信网的交换方式有哪些？各有何特点？
3. 简述 PCM 时隙交换思想。
4. 下一代 NGN 网络基本结构及组成如何？软交换主要实现哪些功能？
5. 数字微波通信有什么特点？
6. 微波使用的主要频段范围有哪些？
7. 移动通信的主要特点是什么？
8. 3G 标准有哪些？TD-SCDMA 标准有何特点？
9. 简述 4G 标准的技术特点。
10. 简述 5G 标准的技术特点。
11. 当前常见的物联网无线通信技术都有哪些？各有什么特点？
12. NB-IoT 技术的主要特点是什么？主要应用场景有哪些？

参 考 文 献

[1] 谢希仁. 计算机网络 [M]. 7版. 北京: 电子工业出版社, 2017.

[2] 比尔德, 斯托林斯. 无线通信网络与系统 [M]. 朱磊, 许魁, 译. 北京: 机械工业出版社, 2017.

[3] 郑林华, 丁宏, 向良军. 通信系统与网络 [M]. 北京: 电子工业出版社, 2014.

[4] 刘衍珩, 王健, 等. 数据通信 [M]. 北京: 机械工业出版社, 2013.

[5] 王虹, 卢珞先, 朱健春. 通信系统原理 [M]. 北京: 国防工业出版社, 2013.

[6] 蔡开裕, 朱培栋, 徐明. 计算机网络 [M]. 2版. 北京: 机械工业出版社, 2008.

[7] 吴玲达, 杨冰, 杨征. 计算机通信原理与系统 [M]. 长沙: 国防科技大学出版社, 2008.

[8] FOROUZAN B A, FEGAN S C. 数据通信与网络 (原书第4版) [M]. 吴时霖, 吴永辉, 吴之艳, 等译. 北京: 机械工业出版社, 2006.

[9] 达新宇, 陈树新, 王瑜, 等. 通信原理教程 [M]. 北京: 北京邮电大学出版社, 2005.

[10] 吴玲达, 等. 计算机通信原理与技术 [M]. 长沙: 国防科技大学出版社, 2003.

[11] 杨世平, 申普兵, 何殿华, 等. 数据通信原理 [M]. 长沙: 国防科技大学出版社, 2001.

[12] 樊昌信, 张甫翊, 徐炳祥, 等. 通信原理 [M]. 5版. 北京: 国防工业出版社, 2001.

[13] 毛京丽, 常永宇, 张丽, 等. 数据通信原理 [M]. 2版. 北京: 北京邮电大学出版社, 2000.

[14] 吴玲达, 李国辉, 史永焕. 计算机通信 [M]. 长沙: 国防科技大学出版社, 1994.

[15] 郑君里, 杨为理, 应启珩. 信号与系统 [M]. 北京: 人民教育出版社, 1981.

[16] 张永强, 高尚, 石莹, 等. NB-IoT技术特性及应用 [J]. 计算机技术与发展, 2020, 30 (7): 51-55.

[17] 武文强. 基于NB-IoT的物联网及其应用研究 [J]. 智能处理与应用, 2020 (7): 89-94.

[18] 曹倩, 王海玲. 5G/B5G移动通信网络频谱资源分配研究 [J]. 通信技术, 2020, 53 (8): 1918-1922.

[19] 马路娟, 许鸿奎, 孙雪梅, 等. 5G背景下通信原理课程改革探讨 [J]. 教育教学论坛, 2020 (8): 183-185.

[20] 麻鹏程. 5G移动通信网络技术的应用 [J]. 电子技术与软件工程, 2020 (8): 3-4.

[21] 袁向兵．主流 LPWAN 技术分析与选择决策方法［J］．信息系统工程，2020（8）：134-135.

[22] 杨贵新，张燕芬，吴新．基于 LoRa 的广域无线传输系统的设计［J］．计算机与网络，2020（10）：56-59.

[23] 许杰．物联网无线通信技术应用探讨［J］．无线互联科技，2018（7）：19-20.

[24] 尚琴，陈金鹰，李扬．基于低速率的短距离无线通信新技术 Z-Wave［J］．现代传输，2006（6）：58-60.

[25] 丁飞，张西良．Z-Wave 与 ZigBee 的比较及应用分析［J］．现代电信科学，2005（12）：54-57.

推荐阅读

计算机网络：自顶向下方法（原书第7版）

作者：[美] 詹姆斯・F. 库罗斯（James F. Kurose）基思・W. 罗斯（Keith W. Ross）

译者:陈鸣 ISBN：978-7-111-59971-5 定价：89.00元

自从本书第1版出版以来，已经被全世界数百所大学和学院采用，被译为14种语言，并被世界上几十万的学生和从业人员使用。本书采用作者独创的自顶向下方法讲授计算机网络的原理及其协议，即从应用层协议开始沿协议栈向下逐层讲解，让读者从实现、应用的角度明白各层的意义，进而理解计算机网络的工作原理和机制。本书强调应用层范例和应用编程接口，使读者尽快进入每天使用的应用程序环境之中进行学习和“创造”。

计算机网络：系统方法（原书第5版）

作者：[美] 拉里 L. 彼得森（Larry L. Peterson）布鲁斯 S. 戴维（Bruce S. Davie）

译者:王勇 张龙飞 李明 薛静锋 等 ISBN：978-7-111-49907-7 定价：99.00元

本书是计算机网络方面的经典教科书，凝聚了两位顶尖网络专家几十年的理论研究、实践经验和大量第一手资料，自出版以来已经被哈佛大学、斯坦福大学、卡内基-梅隆大学、康奈尔大学、普林斯顿大学等众多名校采用。

本书采用“系统方法”来探讨计算机网络，把网络看作一个由相互关联的构造模块组成的系统，通过实际应用中的网络和协议设计实例，特别是因特网实例，讲解计算机网络的基本概念、协议和关键技术，为学生和专业人士理解现行的网络技术以及即将出现的新技术奠定了良好的理论基础。无论站在什么视角，无论是应用开发者、网络管理员还是网络设备或协议设计者，你都会对如何构建现代网络及其应用有“全景式”的理解。